小城镇规划标准研究

中国城市规划设计研究院
中国建筑设计研究院　编著
沈阳建筑工程学院

中国建筑工业出版社

图书在版编目(CIP)数据

小城镇规划标准研究/《小城镇规划标准研究》编委会编.—北京：中国建筑工业出版社，2002

ISBN 7-112-04992-X

Ⅰ.小...　Ⅱ.小...　Ⅲ.城镇-城市规划-标准-研究-中国　Ⅳ.TU984.2

中国版本图书馆 CIP 数据核字(2002)第 005710 号

本书为我国“九五”小城镇重点研究课题“小城镇规划标准研究”的成果。该课题由国家科技部立项、建设部归口管理。中国城市规划设计研究院、中国建筑设计研究院(原中国建筑技术研究院)和沈阳建筑工程学院承担完成。成果分为1个综合研究，9个专题研究(其中包括2个基础性研究、12个规划标准研究和13个专题研究报告)。成果涵盖了小城镇规划急需的大部分标准研究和规划建设急待解决的热点问题研究。

该书可作为从事小城镇规划建设管理和研究人员的学习、工作参考用书。

小城镇规划标准研究

中国城市规划设计研究院
中国建筑设计研究院　编著
沈阳建筑工程学院

*

中国建筑工业出版社出版、发行(北京西郊百万庄)
新华书店经销
北京蓝海印刷有限公司印刷

*

开本：787×1092 毫米　1/16　印张：25 1/2　字数：620 千字
2002 年 6 月第一版　2004 年 5 月第二次印刷
印数：3001—4200 册　定价：46.00 元

ISBN 7-112-04992-X
TU·4453（10495）

本社网址：http://www.china-abp.com.cn
网上书店：http://www.china-building.com.cn

序　言

我国有13亿人口,9亿在农村。解决“三农”问题(农业、农村、农民问题)是国家经济、社会发展中具有重要和深远意义的战略问题。“发展小城镇是带动农村经济和社会发展的一个大战略。”

《中共中央关于制定国民经济和社会发展第十个五年计划的建议》提出:“要积极稳妥地推进城镇化”,“发展小城镇是推进城镇化的重要途径。”

发展小城镇,规划是龙头。20世纪90年代以来,我国小城镇处在快速发展时期,小城镇无论在经济与社会发展方面,还是在规划、建设和管理方面,都取得了巨大的成就。但也存在着许多突出的问题。诸如小城镇规划编制及建设标准很不完善,有的无章可循;规划水平普遍较低;不重视县(市)域城镇体系规划;小城镇现状规模多数偏小,影响集聚与辐射;小城镇人均建设用地偏高;小城镇基础设施和公共服务设施滞后或配套混乱;小城镇环境意识淡薄,产业结构和布局不合理,生态环境恶化;小城镇防灾减灾能力薄弱以及管理落后等等。

如何正确处理这一系列急待解决的实际问题?如何在规划实践中落实中央关于发展小城镇的方针政策和原则,都直接关系到我国小城镇的发展方向,关系到小城镇快速、健康和可持续发展。本书不但提供了解决上述一系列问题的参考答案,而且读来还会受到新的启发和思考。

本书是中国城市规划设计研究院、中国建筑设计研究院和沈阳建筑工程学院承担的国家“九五”小城镇重点研究课题《小城镇规划标准研究》的成果,已通过验收和鉴定。

上述三个单位不负国家科技部、建设部的委托和期望,圆满地完成了研究任务,并将成果尽快转化为生产力。在中国建筑工业出版社的重视和支持下,这项课题成果仅在通过国家验收鉴定后3个月,就很快成书出版,无疑对加速科研成果的推广应用,是一大贡献。

本书已涵盖了小城镇规划标准研究的大部分内容,但尚缺道路交通规划等一些相关标准的研究。欣闻相关延续研究部分已列入“十五”国家重点科技攻关计划项目《居住区与小城镇建设关键技术研究》中,相信我国小城镇规划标准及其研究必将更上一层楼。

作为小城镇热点专题的研究成果,本书个别概念尚不很严谨,个别提法有待商榷,有的地方也有待进一步深入研究与完善,但本书仍不失为当前小城镇规划、建设、管理及研究方面一部适用的工具书。业界同仁,不可不读,不可不备。

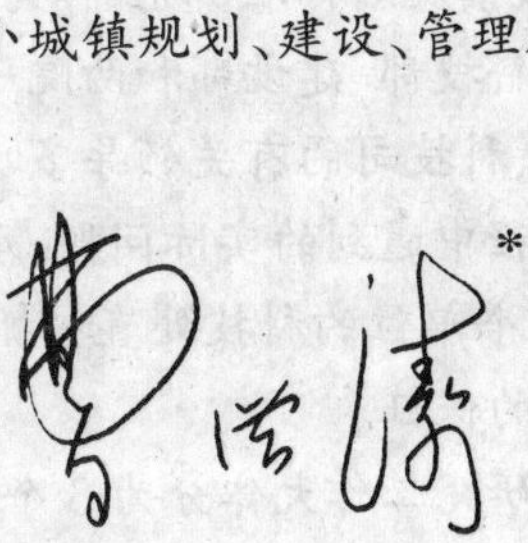
*

2002年3月25日于北京西郊

* 曹洪涛同志是原国家建委城市建设局副局长、国家城市建设总局副局长、城乡建设环境保护部顾问,自20世纪50年代以来一直从事我国城市规划的领导工作。——编者注

前　　言

1　课题立项

自20世纪80年代以来,我国小城镇有了很大的发展。建设投资总额不断增加,住宅和公共建筑面积增长较快,供水、供电等基础设施明显改善。到2000年底,全国建制镇数量达到19780个(其中县城关镇1888个,县城关镇以外的建制镇17892个);集镇27552个。建制镇人口为12267.58万人(不含县城关镇),其中非农业人口5252.76万人;集镇人口5802.64万人,其中非农业人口1449.16万人。建制镇的现状用地面积1819797公顷(不含县城关镇);集镇的现状用地面积906584公顷。

近年来,特别是党的"十五"大提出要"搞好小城镇规划建设"以来,小城镇问题比以往任何时候都更加受到各级人民政府和各方面前所未有的重视。小城镇的地位和作用日益突出;"小城镇,大战略"取得共识;发展小城镇的重要意义更加被人们所认识。

在市场经济条件下,小城镇在建设和发展过程中面临新的形势,遇到许多新的情况和新的问题,迫切需要用科学的规划去指导和引导小城镇的建设和发展。但是用什么样的标准去做好小城镇的规划,这是一个首先需要研究和解决的问题,是一个基础的、重要的问题。1999年初,中国城市规划设计研究院、原中国建筑技术研究院向国家科技部、建设部提出了有关小城镇规划研究的立项申请。1999年9月,国家科技部农村与社会发展司组织有关专家对"小城镇规划标准研究"项目的可行性报告进行了评审。1999年10月,该项目正式立项。

2　工作保证和工作过程

"小城镇规划标准研究"作为当前小城镇迫切需要研究的重点课题,自立项到研究完成,始终得到科技部、建设部和两院一校领导的高度重视。科技部农村与社会发展司、建设部城乡规划司、科技司的有关领导多次深入课题组指导、座谈,了解课题进展情况,帮助解决调研和研究过程中遇到的实际问题;承担课题的3个单位都有1~2名院领导主管或直接负责参与课题;3个单位的科技处直接抓课题的进度与管理,这些都为课题研究顺利进行和完成提供了有力的保证。

本次研究工作大体分为3个阶段:1999年10月至2000年6月,完成课题准备,调研、形成初稿;2000年7月至2001年2月,补充调研、修改初稿;2001年3月至2001年6月,修改、完成全部成果。

各专项研究负责人及主要执笔人：

前言、综合研究报告：**汤铭潭、刘仁根**；

专题一　小城镇的界定、类型及发展方向研究：**晏群**；

专题二　小城镇规划编制标准研究：**张文奇**；

专题三　小城镇镇域村镇体系层次与规模的研究：**张福昌、刘亚臣**；

专题四　小城镇建设用地标准制订及节约用地途径研究：**任世英、邵爱云**；

专题五　小城镇公共建筑规划设计标准及优化研究：**杜白操、汤铭潭**；

专题六　小城镇居住小区规划设计标准及优化研究：**杜白操、汤铭潭**；

专题七　小城镇基础设施规划标准研究：**汤铭潭**；

专题八　小城镇环境保护规划标准研究：**郝天文**；

专题九　小城镇规划制图标准研究：**任世英、赵辉**。

专题研究报告编写人员：

1. 关于"小城镇"的涵义及范围(**晏群**　编写)；

2. 小城镇镇域经济发展趋势预测(**孔凡文**　编写)；

3. 小城镇镇域农业剩余劳动力转移趋势的预测(**殷鸣镝　武宏伟**　编写)；

4. 不同地区小城镇镇域村镇体系层次的分级标准和村庄规模的合理化指标研究(**张福昌　刘亚臣**　编写)；

5. 小城镇镇域迁村并点的合理规模与标准建议(**冯明凯　赵天力**　编写)；

6. 小城镇镇域规划的相关问题建议(**刘亚臣　李殿生**　编写)；

7. 小城镇规划设计中节约用地的途径研究(**任世英**　编写)；

8. 小城镇公共建筑用地面积控制指标制定研究(**汤铭潭**　编写)；

9. 小城镇公共建筑规划设计优化途径研究(**杜白操**　编写)；

10. 小城镇居住小区规划设计优化途径研究(**杜白操**　编写)；

11. 我国小城镇基础设施现状调查与剖析(**汤铭潭**　编写)；

12. 基础设施在小城镇经济社会发展中的作用调查与研究(**汤铭潭**　编写)；

13. 小城镇环境保护的现状及规划对策(**郝天文**　编写)。

全部成果由**刘仁根、汤铭潭**负责专题协调和完成统稿、校审。

3　课题成果

本课题涉及1个综合研究、2个基础性研究、12个规划标准研究和13个专题研究报告。成果和调查表共分4册：第一册为综合研究报告；第二册为专题研究条文及条文说明；第三册为专题研究报告及课题附件；第四册为若干调查表汇总。

(1) 综合研究报告除论述课题背景、研究的宗旨、方法与专题设置外，重点概括和提出了各专题的研究成果和创新点，并对课题的实践原则和意义、相关政策建议和需要深入研究的若干专题建议等作了课题延伸研究。

(2) 专题研究条文及条文说明分为9个方面，按照国家技术标准编制的格式进行编写。

除专题一、专题三2个基础性专题研究外，主要集中为12个规划标准研究：规划编制、建设用地、公共建筑、居住小区、给水工程、排水工程、供电工程、通信工程、防洪工程、环境卫生工程、环境保护、规划制图。

(3) 专题研究报告及课题附件部分，主体是13个专题研究报告，它们不仅是有关专项规划标准研究条文的支撑，也是各专题和整个课题的重要组成部分。

(4) 调查表汇总。课题组除了进行实地调查外，还结合专题需要，发放了有关小城镇现状和规划基本情况的调查表共200余份，实际收回51份，限于篇幅现将其中的10份单独汇总成册。

4 课题特点

本次研究具有以下几个特点：

(1) 调查研究广泛，工作基础扎实。

(2) 实事求是，从小城镇建设发展的实际出发。

(3) 既注意与现行标准衔接，又注意创新。

(4) 研究成果具有重要的实践意义。

5 感谢

一年多来，本课题研究得到了科技部农村与社会发展司、建设部科技司、城乡规划司有关领导的关注和指导。科技部迟计处长、建设部何兴华副司长、刘金声处长等同志对我们的工作给予了具体指导和协助。调研过程中得到有关省、市、镇行政主管部门、科研设计单位的支持和帮助。中国城市规划设计研究院科技委对有关专题进行了审查。中国城市规划设计研究院李晓江、李迅副院长、科技处谈绪祥处长、何冠杰高级城市规划师、中国建筑设计研究院张军副院长、科技处熊衍仁处长、沈阳建筑工程学院科技处周静海处长，为课题的申请、立项、管理做了大量工作。课题组成员所在的业务所室的领导给予了大力支持。特别是作为《村镇规划标准》第一起草人的赵柏年和熊衍仁处长多次参加课题组的协调会，并有针对性地提出了很好的建议。此外，邹德慈、夏宗玕、王健平、汪志明、林秋华、戴月、官大雨、谢映霞以及傅芳生等专家对成果初稿提出了具体的修改建议。对以上提及的领导、同行和专家，对为本课题研究付出辛勤劳动的同志，在此一并致以衷心的谢意！

本课题从专题研究的角度提出的概念、表述等，个别地方还不够严谨，错误之处也在所难免，有待在实践和进一步研究中加以完善和改正，望读者和同仁不吝指正。

"小城镇规划标准研究"课题组

2001年6月

小城镇规划标准研究课题

承担单位

中国城市规划设计研究院
中国建筑设计研究院
沈阳建筑工程学院

承担单位主管负责人

刘仁根 中国城市规划设计研究院 副院长、教授级高级城市规划师
张 军 中国建筑设计研究院 副院长、高级工程师
张福昌 沈阳建筑工程学院 党委书记、教授

项目负责人

刘仁根 中国城市规划设计研究院 副院长、教授级高级城市规划师
何建国 中国建筑设计研究院 所长、高级工程师

专题研究组成人员(按专题顺序排列)

专题之一:

晏 群 中国城市规划设计研究院 高级城市规划师

专题之二:

张文奇 中国城市规划设计研究院 教授级高级城市规划师

专题之三:

张福昌 沈阳建筑工程学院 教 授
刘亚臣 沈阳建筑工程学院 副教授
孔凡文 沈阳建筑工程学院 副教授
殷鸣镝 沈阳建筑工程学院 副教授

冯明凯　沈阳建筑工程学院　副教授
武宏伟　沈阳建筑工程学院　讲　师
李殿生　沈阳建筑工程学院　讲　师
赵天力　沈阳建筑工程学院　讲　师

专题之四:

任世英　中国建筑设计研究院　研究员
邵爱云　中国建筑设计研究院　城市规划师

专题之五:

杜白操　中国建筑设计研究院　教授级高级建筑师
汤铭潭　中国城市规划设计研究院　教授级高级工程师

专题之六:

杜白操　中国建筑设计研究院　教授级高级建筑师
汤铭潭　中国城市规划设计研究院　教授级高级工程师

专题之七:

汤铭潭　中国城市规划设计研究院　教授级高级工程师

专题之八:

郝天文　中国城市规划设计研究院　高级工程师

专题之九:

任世英　中国建筑设计研究院　研究员
赵　辉　中国建筑设计研究院　城市规划师

目 录

第一篇 “小城镇规划标准研究”综合研究报告

1 课题背景 …… (3)
1.1 我国小城镇发展形势及国外小城镇建设借鉴 …… (3)
1.2 我国小城镇规划建设存在的问题和规划标准研究的必要性 …… (5)
2 课题研究的宗旨、方法与专题设置 …… (9)
2.1 研究宗旨 …… (9)
2.2 研究方法 …… (9)
2.3 研究专题设置 …… (10)
3 专题研究的主要内容、成果、特色与创新概述 …… (11)
3.1 专题之一:小城镇的界定、类型及发展方向研究 …… (11)
3.2 专题之二:小城镇规划编制标准研究 …… (13)
3.3 专题之三:小城镇镇域村镇体系层次与规模的研究 …… (20)
3.4 专题之四:小城镇建设用地标准制订及节约用地途径研究 …… (22)
3.5 专题之五:小城镇公共建筑规划设计标准及优化研究 …… (27)
3.6 专题之六:小城镇居住小区规划设计标准及优化研究 …… (32)
3.7 专题之七:小城镇基础设施规划标准研究 …… (38)
3.8 专题之八:小城镇环境保护规划标准研究 …… (53)
3.9 专题之九:小城镇规划制图标准研究 …… (56)
4 课题研究的实践原则和意义 …… (60)
4.1 课题研究的实践原则 …… (60)
4.2 课题研究的实践意义 …… (61)
5 小城镇规划建设相关政策和需要深入研究的若干问题建议 …… (63)
5.1 相关政策建议 …… (63)
5.2 需要深入研究的若干问题建议 …… (64)

第二篇 “小城镇规划标准研究”条文及条文说明

“小城镇规划标准研究”专题之一:小城镇的界定、类型及发展方向研究 …… (69)
《小城镇的界定、类型及发展方向研究》条文说明 …… (79)
“小城镇规划标准研究”专题之二:小城镇规划编制标准研究 …… (95)
《小城镇规划编制标准研究》条文说明 …… (119)
“小城镇规划标准研究”专题之三:小城镇镇域村镇体系层次与规模的研究 …… (133)
《小城镇镇域村镇体系层次与规模的研究》条文说明 …… (141)

"小城镇规划标准研究"专题之四:小城镇建设用地标准制订及
节约用地途径研究 …………………………………………… (151)
《小城镇建设用地标准制订及节约用地
途径研究》条文说明 …………………………………………… (159)
"小城镇规划标准研究"专题之五:小城镇公共建筑规划设计标准及优化研究 ……… (167)
《小城镇公共建筑规划设计标准及优化研究》
若干专题与条文说明 …………………………………………… (177)
"小城镇规划标准研究"专题之六:小城镇居住小区规划设计标准及优化研究 ……… (185)
《小城镇居住小区规划设计标准及优化研究》
若干专题与条文说明 …………………………………………… (199)
"小城镇规划标准研究"专题之七:小城镇基础设施规划标准研究 …………………… (209)
《小城镇基础设施规划标准研究》条文说明 ………………… (233)
"小城镇规划标准研究"专题之八:小城镇环境保护规划标准研究 …………………… (257)
《小城镇环境保护规划标准研究》条文说明 ………………… (269)
"小城镇规划标准研究"专题之九:小城镇规划制图标准研究 ………………………… (283)
《小城镇规划制图标准研究》图例 ……………………………… (291)
《小城镇规划制图标准研究》条文(图例)说明 ……………… (303)

第三篇 "小城镇规划标准研究"专题研究报告

1 关于"小城镇"的涵义及范围 ………………………………………………… (313)
2 小城镇镇域经济发展趋势预测 ……………………………………………… (323)
3 小城镇镇域农业剩余劳动力转移趋势的预测 ……………………………… (330)
4 不同地区小城镇镇域村镇体系层次的分级标准和
村庄规模的合理化指标研究 ………………………………………………… (338)
5 小城镇镇域迁村并点的合理规模与标准建议 ……………………………… (343)
6 小城镇镇域规划的相关问题建议 …………………………………………… (351)
7 小城镇规划设计中节约用地的途径研究 …………………………………… (358)
8 小城镇公共建筑用地面积及建筑面积控制指标制定研究 ………………… (362)
9 小城镇公共建筑规划设计优化途径研究 …………………………………… (366)
10 小城镇居住小区规划设计优化途径研究 …………………………………… (369)
11 我国小城镇基础设施现状调查与剖析 ……………………………………… (371)
12 基础设施在小城镇经济社会发展中的作用调查与研究 …………………… (377)
13 小城镇环境保护的现状及规划对策 ………………………………………… (382)
附录 小城镇规划标准研究课题鉴定意见及鉴定委员会名单 ……………… (397)

第一篇

“小城镇规划标准研究”综合研究报告

1 课 题 背 景

1.1 我国小城镇发展形势及国外小城镇建设借鉴

1.1.1 发展小城镇是带动农村经济和社会发展的一个大战略，是国家经济发展、富民强国、缩小城乡差别和工农差别的重大举措。

党的十五届三中全会通过的《中共中央关于农业和农村工作若干重大问题的决定》明确指出："发展小城镇，是带动农村经济和社会发展的一个大战略，有利于乡镇企业相对集中，更大规模地转移农业富余劳动力，避免向大中城市盲目流动，有利于提高农民素质，改善生活质量，也有利于扩大内需，推动国民经济更快增长。"

我国13亿人口，9亿在农村。解决农业、农村、农民问题，即"三农"问题是国家经济社会发展中具有重要和深远意义的战略问题。"三农"问题的核心是增加农民收入，而从根本上看，只有减少农民，才能富裕农民；只有把农业富余劳动力从土地上逐步转移出去，才能大幅度提高农业的劳动生产率和综合经济效益；才能缩小城乡差别和工农差别；我国城镇化水平才能迅速提高；整个经济社会才能有更大飞跃。

改革开放以来，特别是90年代以来，我国小城镇建设的伟大实践证明：发展小城镇，较大规模转移农业富余劳动力，充分发挥小城镇相对良好的基础设施条件，为合理调整乡镇企业布局，实现适当集中和集约经营，降低生产成本，提供重要支撑，同时有利扩大内需，改变我国农产品低水平过剩的现状，并为城市工业的进一步发展极大地开拓市场空间，"发展小城镇，是带动农村经济和社会发展的一个大战略。"

1.1.2 发展小城镇是"十五"推进城镇化的重要途径

经历了20年的改革和发展，我国的工业化程度已经达到了世界中等收入国家的水平，但是城镇化却低于发展中国家水平。我国实现现代化，城镇化滞后工业化，已严重影响城乡经济协调发展。我国经济暴露出以需求不足为特征的矛盾，其外在表象是城市短缺，实质是城乡二元化结构。只有推进城镇化和城乡一体化，才能根本消除矛盾、扩大需求，农村城镇化过程将创造巨额的投资和消费需求。

《中共中央关于制定国民经济和社会发展第十个五年计划的建议》提出："要积极稳妥地推进城镇化。"而发展小城镇是推进城镇化的重要途径。

发展小城镇，加快农业富余劳动力向非农产业的转移，加快具备条件的农村人口进入城镇定居，这样一方面可以促进农民收入持续增长，加快农业现代化，提高工业化和城镇化水平，另一方面使小城镇通过集聚人口，完善功能，发挥农村区域经济文化中心的作用。

发展小城镇是我国城镇化的重要组成部分。大中小城市和小城镇协调发展是符合我国国情的城镇化道路。乡村城镇化是一个长期的渐进过程，乡村城镇化本身将创造巨额投资的消费需求，为城乡建设提供有利的机遇。因而，小城镇的发展有其深远意义。

1.1.3 我国城镇化发展的主要动因和小城镇发展的形势及特点

新中国成立以来，随着国家大规模工业化建设的推进，我国城镇化在相当低水平的基础上一度加速，但由于种种原因，城镇化进程十分缓慢，城镇化水平明显落后工业化水平。改革开放以来，我国城镇得到较大发展，特别是小城镇发展很快、大大加速了城镇化进程。

表1.1.3为1983～1999年我国城市、建制镇人口增长，反映了其间我国城镇化水平的提高。

1983～1999年我国城市、建制镇城镇人口增长　　表1.1.3

年份	城市数	建制镇数	全国人口(万人)	城镇人口(万人)	城镇化率(%)	城镇化年均增长百分点
1983	289	2786	102495	24126	23.54	
1990	467	12084	114333	30191	26.41	0.325
1999	667	*19780	125909	38892	30.89	0.285

资料来源：《中国统计年鉴》1984、1991、2000。

表中*为2000年统计数，引自建设部城乡规划司、建设部城乡规划管理中心：2000年全国设市城市及其人口统计资料。

1983年到1999年我国城镇化水平从23.54%提高到30.89%，提高了7.35个百分点，年平均增长0.46个百分点。据有关预测，“十五”期间，我国城镇化将继续保持较快速度增长，到2005年城镇化水平将达到34%左右，城镇人口达到4.6亿；到2010年城镇化水平将达到40%左右，城镇人口总量达到6.7亿。

1990年到1999年我国城镇人口增长8701万人，而按1990年到1999年我国市镇人口年平均自然增长9.07‰计，9年自然增长仅2556万人，其余6145万人均为集聚到城镇的农村人口。

上述表明，增加城镇数量和城镇吸纳农村人口，特别是小城镇吸纳农村人口，是我国城镇化加快步伐的主要动因。

当前，我国小城镇正面临快速发展时期，小城镇发展的一个明显特点是发展快，差别大。我国地域辽阔，不同地区、不同地域分布形态、小城镇发展各不相同，差别很大。

第一类是位于大中城市规划区范围内的郊区建制镇，由于依托中心城市，与城市发展差别较小，较多成为大中城市的卫星镇。

第二类是距中心城市相对较近，沿主要交通干线等较集中分布的小城镇。如东部的长江三角洲、珠江三角洲、京津唐地区、辽东半岛、山东半岛、闽东南和浙江沿海等城镇密集地区；中部的江汉平原、湘中地区、中原地区等城镇密集区和长春—吉林、石家庄—保定、呼和浩特—包头等省域城镇发展核心区；西部的四川盆地、关中地区等城镇密集区的小城镇。

上述小城镇处于城镇发展核心区、密集区或连绵区，并一般位于城镇发展历史较长、发育程度较高的沿海地区或平原地区，往往依托区域内重要综合交通走廊和水、电、通信等重要区域基础设施，经济社会发展较快。其主要地带将形成省、市农村区域经济发展中心。

东部地带将成为我国农村区域城镇化和现代化推进最快的地区，由于区域经济社会的超常规发展，远期各类基础设施，配套服务设施的高度完备，有望在我国率先出现一批“都市化小城镇”和“田园小城市”。

西部地区的四川盆地、关中地区等城镇密集区的小城镇，处于我国西部开发前哨，是城镇超常发展核心区的重要组成部分。西部开发给西部小城镇发展带来千载难逢的良好契机；同时，小城镇——大战略融入西部大开发大战略之中，西部小城镇发展也将有力推进西部大开发(见第五部分政策建议)。

第三类是相对独立分散的小城镇，主要分布在山区、边远地区、中西部一般地区。这类小城镇依托区域和城市基础设施困难，经济发展相对落后，城镇化和现代化水平较低。加快交通网络和信息网络的建设对促进这类小城镇发展尤为重要。

此外，不同地区有不同资源和不同经济发展条件，小城镇经济发展还有一个明显的区域经济特点。依靠区域基础设施的合理布局和建设，形成城镇发展联系的经济与基础设施的轴线、走廊与网络，为小城镇合理的城镇体系布局，资源的优化配置，比较优势的充分发挥，区域的经济协作创造条件。

1.1.4 国外小城镇建设借鉴

世界上发达国家20世纪80年代初城镇化水平大多已达70%～80%。分析国外小城镇建设特点，可作借鉴的主要有以下几个方面：

1.1.4.1 基础设施的综合交通走廊往往成为城镇密集发展的经济轴线。

韩国的京釜经济轴、日本的京阪经济轴，通过推进大城市之间的高速综合交通系统，促使区域人口和经济的高度集聚，城镇沿轴线密集分布和高度发展。

1.1.4.2 数量众多的城镇依托区域内的重要综合交通走廊和其他基础设施，形成呈带状分布的城市连绵区，已成为区域经济重心和枢纽地区，工业化发展的先导区域。

如城镇化发展水平很高的美国东海岸、欧洲北部、英格兰中部、日本东海岸的太平洋沿海、韩国的京釜沿线，以及美国、加拿大的五大湖区地区。

1.1.4.3 “田园城市”、“都市化的村庄”在推动城镇化进程，缓解大中城市在人口、土地和环境问题等方面的压力上发挥重要作用。

意大利、法国、西班牙、荷兰、日本等国的小城镇，多数为环境优雅的田园城市。第二次世界大战以后，欧美发达国家开始由“高度城镇化”转向“有机分散”和“逆城镇化”发展阶段，建成不少“卧城”、“卫星城”或新城等不同类型、不同功能的小城镇。20世纪50年代初至60年代末，欧洲上述国家和亚洲日本，小城镇建设经久不衰，在缓解大中城市人口、土地和环境等方面的压力上发挥重要作用。美国80年代建设“都市化的村庄”，发展景观优美、环境优雅、设施齐全的小城镇，都市化的小城镇的吸引力使美国已有50%的人口居住在小城镇。

1.1.4.4 通过法规与规范化，推动小城镇建设。

1968年，美国通过实行“新城镇开发法”，首批就建成63个规模2万人左右的小城镇，城镇化水平明显提高。

1.1.4.5 基础设施高度现代化，实现和促进了小城镇的高度现代化和城市化。

由于交通和通信基础设施的高度发展，城镇时空距离缩短，以及各类基础设施、配套服务设施的高度完备，许多发达国家小城镇建设与城市已没有明显区别。

1.2 我国小城镇规划建设存在的问题和规划标准研究的必要性

发展小城镇，规划是龙头。当前小城镇规划和建设存在着许多问题，如果不重视和及早研究解决，势必造成建设投资的更大浪费，势必严重影响资源的合理开发利用、势必严重影响小城镇的健康和可持续发展。

中央领导同志视察小城镇后指出:"小城镇建设也要搞好规划、正确引导,注意节约用地和保护环境,要合理利用、开发各种自然资源,不要在马路两侧盖房了,不能农村不像农村,城市不像城市,城市也像农村,农村也像城市。"提出了城镇的形象和功能问题。小城镇在总体规划和详细规划中的用地、布局建设,不同于一般城市,也是需要规划研究的内容。

为了保证小城镇建设健康、稳步、可持续发展,当务之急,需要及早解决规划、建设中的一些突出问题。其中主要是:

1.2.1 法规与标准不配套,难以适应小城镇的实际情况;小城镇规划编制及建设标准很不完善或无章可循。

我国城市规划法的适用范围虽然包括建制镇,但我国建制镇已从1984年前的以县城和工矿区为主体,发展为当前的以镇管村体制的由传统的乡镇发展而来的建制镇为主体,其数量已占建制镇总数的90%左右。受城乡二元分割的影响和当时的认识局限,对于界于城乡之间,起城乡联系纽带作用的小城镇未能在立法和相关技术标准制定工作中引起足够的重视,导致城市法规和技术标准未能较好涵盖小城镇,而小城镇单独立法和制定标准又十分困难的局面。

我国目前与小城镇规划相关的法律、法规和技术标准主要有:

《中华人民共和国城市规划法》;

《城市规划编制办法》;

《城市规划编制办法实施细则》;

《村镇规划编制办法》;

《村镇规划标准》;

《城市用地分类与规划建设用地标准》;

《城市居住区规划设计规范》;

《城市给水工程规划规范》;

《城市电力规划规范》;

《城市防洪工程设计规范》。

上述中的有关城市标准、规范主要适用于设市城市,难于指导建制镇的规划。而1993年发布的《村镇规划标准》适用于全国村庄、集镇,虽包括县城以外的建制镇,但不包括县城镇,且其中工程规划标准没有量化指标。

总的来说,上述相关标准没有或缺乏小城镇规划设计的各项标准的应有条款,没有针对我国不同地区、不同等级层次和规模、不同发展阶段的小城镇规划的合理水平和定量化指标。法规与标准的不配套,难以适应小城镇的实际情况,造成小城镇规划编制及建设标准很不完善或无章可循。

1.2.2 小城镇规划水平较低

小城镇规划未能像城市规划那样引起社会普遍重视,近年来,一些省市虽然专门成立了村镇规划设计单位,但整体实力还相当薄弱,规划设计人员严重缺乏,规划水平普遍较低,规划编制缺乏科学合理与规范,难以适应当前小城镇规划建设的需要。主要表现在:

1.2.2.1 普遍缺少县(市)域城镇体系规划。

由此造成城镇体系网络、层次不清,城镇职能难以正确定位。

1.2.2.2 只做总体用地布局,难以全面指导小城镇具体建设。

1.2.2.3 缺乏切合实际的调查与分析，规划编制内容、深度达不到要求，难于具体指导建设。

1.2.3 小城镇现状人口规模多数偏小，而且规划的人口发展规模依据不足，影响其集聚和辐射功能的发挥(参见本篇第五部分政策建议)。

1.2.4 小城镇人均建设用地偏高，各地差别很大

我国小城镇与村庄的人均建设用地比城市高出近 1/3，同时，我国幅员辽阔、自然环境、生产条件、风俗习惯非常多样，长期缺乏规划与管理的建设，导致全国各省(自治区、直辖市)现状人均建设用地水平差别很大。根据有关部门提供的 1988～1999 年小城镇与村庄建设统计资料，1988 年各省建设用地指标中，镇区为幅值 50～742m^2/人，村庄幅值为 55～865m^2/人，1999 年镇区幅值为 64～428m^2/人，村庄幅值为 60～462m^2/人，相差幅度虽由 15 倍缩小为 7 倍左右，但总的来说差别还是很大，说明节约用地是小城镇规划和建设中的一个突出问题。

1.2.5 基础设施和公共服务设施滞后或配套混乱

基础设施和公共服务设施反映了城镇化和现代化水平，直接关系到小城镇的经济、社会发展和人们生活水平的提高。

我国小城镇基础设施规划建设现状整体水平普遍不高，道路缺乏铺装，给水普及率和排水管线覆盖率低，基础设施建设普遍滞后，“欠账”严重，建设不配套，环境质量下降，基础设施工程规划一是缺乏城镇基础设施统筹规划，各自为政、自成一统，水厂等设施重复建设严重，未能建立起区域性(城镇群)大配套的有效供给体系；二是编制县(市)域城镇体系规划起步晚，县(市)域基础设施规划水平低，不能充分发挥其对县(市)域小城镇基础设施建设的指导作用。

1.2.6 环境质量和生态建设差，防灾减灾能力薄弱

一些地方只重视发展速度和经济效益，环境意识淡薄，产业结构和布局不合理，一些污染大、工艺落后的工厂企业迁到小城镇，加上小城镇基础设施滞后，东部沿海地区尚有不少建制镇无系统排污管渠，绝大多数小城镇没有集中污水处理厂，中西部经济发展一般地区和欠发达地区许多小城镇只有明渠或简单排水渠道，更没有系统排污管渠，不少城镇污水未经处理就近排入水体，污染严重。如据重庆市有关调查，由此造成一些地区次级河流污染相当严重，以致下游地区人畜饮水都成问题。

小城镇生活垃圾的收集、运输设施数量少、不配套，多数小城镇生活垃圾主要采用露天堆放等简易处理方式。

一些小城镇固体垃圾和建筑垃圾无序随意堆放，侵占溪流、池塘、水洼，对小城镇水体和周围生态环境也造成严重破坏。

许多小城镇镇容、镇貌脏、乱、差现象突出，以路为市，以街为市，车辆、人流混杂。

此外，小城镇洪灾与当地环境生态严重破坏，防灾能力降低有密切关系。如对重庆一些山区小城镇调查，由于一是多年来毁林开荒、广种薄收、山高陡峭、耕作粗放、森林资源遭到破坏，水土流失严重，水土流失面积占土地面积的 60％以上；二是山区小城镇建设不结合当地地形地貌及地质条件，追求规模，采用削山填沟、高边坡深开挖方式建设，不但破坏自然生态组合，造成隐患，而且大量的弃渣、弃土、破坏植被、引起水土流失，加上山区小城镇防洪工程设施薄弱，造成山洪、暴雨崩塌、滑坡和泥石流等灾害频繁。

上述说明，小城镇的基础设施、生态环境和防灾减灾在小城镇规划和建设中也都是必须重视研究的问题。

1.2.7 规划建设管理机构不健全、人员严重不足，难以承担小城镇规划建设管理工作任务。

我国目前约有1/3的乡镇未设立建设管理机构、平均每个建制镇只有1.66个村镇建设助理员，由于行政编制的限制，许多乡镇没有专门负责建设管理工作的人员。加上缺乏稳定的行政经费来源，人员更换频繁，队伍不够稳定，也严重影响了小城镇建设管理工作，不利于管理素质和水平的提高。

小城镇规划、建设、管理运行机制直接关系到小城镇规划意图能否贯彻和落实，这也是小城镇规划、建设中存在问题之一。

解决小城镇规划建设中存在的问题，必须加强对小城镇规划标准的系统研究，上述也正是本课题的立项出发点，也正是本课题的立项背景。

2 课题研究的宗旨、方法与专题设置

2.1 研究宗旨

本课题通过对我国小城镇规划标准的系统研究，提出一套较完整的相关技术基础性文件，为制订我国小城镇规划标准提供作为技术支撑的科学、翔实的背景材料和有重要参考价值的依据，为我国制订新的小城镇规划标准提供技术保证。同时为当前急需的提高小城镇规划建设和管理水平、增强小城镇的发展后劲，促进小城镇经济和社会健康、可持续发展，提供科学的技术指导。

2.2 研究方法

我国地域辽阔，小城镇量大面广，不同地区小城镇的人口规模、自然条件、历史基础、经济社会发展差别很大；同时，小城镇是“城之尾、乡之首”，是城乡结合部的社会综合体，发挥上接城市、下连农村的社会和经济功能；小城镇按其区位分布、规模大小、服务功能又可分为多种不同类别的小城镇，其对规划和建设也有不同的侧重要求。针对我国小城镇的上述特点和实际情况，课题采用的主要研究方法是：

2.2.1 在调查面和调查点上尽量考虑较大的覆盖范围和各种类型小城镇的典型性和代表性，同时注意收集各地较有指导意义的示范镇、试点镇的相关材料。

实行课题分组调查和通过二院一校承担的小城镇规划项目的地区、省进行相关调查，调查的地区与省有：

东北地区：辽宁、黑龙江、吉林；

华北地区：主要为北京、天津、河北、山西、内蒙古；

华东地区：主要为山东、江苏、上海、浙江、福建；

中南地区：河南、湖北、广东；

西南地区：主要为重庆、四川、云南；

西北地区：主要为新疆、甘肃。

上述共调查21个省（直辖市、自治区）600多个小城镇的建设现状资料与规划资料。其中实地调查80多个镇。

2.2.2 采取宏观与微观相结合、建设与规划相结合、城镇纵向体系与横向对比相结合、整体研究与专题分析相结合、定性分析与量化研究相结合、理论与实践相结合。

为此，在上述省、市小城镇基层调查的同时，课题组同上述大多数省、市村镇建设主管部门、有关规划设计研究单位进行了座谈，进行了市地区小城镇面上调查了解与分析。课题组共发放调查表200多份，实际收回51份。采用“请进来，走出去”进行各种类型专家及基层专题座谈百余次。课题组召开协调研讨会议 10 多次。此外,还进行了浙江、江苏、福建、广东、安徽、山东、苏州等省市网站的网上调查和辽宁、江苏、山东、宁夏、福建等省、自治区的问卷调查。

2.2.3 一些专题还采用"各类实例调查—发展预测—综合分析—纵横对比—筛选确定—专家论证—修改完善"的系统工程研究方法。

2.2.4 加强专题核心相关研究,本课题完成的 13 个专题研究报告,实际也是相关标准研究的重要基础和支撑。

2.2.5 课题组部分人员曾先后出国考察了美国、英国、日本、澳大利亚、西欧等国和地区的小城镇建设,这次研究中注意对比国内外小城镇规划与建设,充分借鉴国外小城镇建设经验。

2.3 研究专题设置

根据当前急需解决的小城镇规划建设中存在问题的研究和对小城镇规划标准体系的分析,本课题按立项的可行性报告和合同书分为 9 个研究专题,即:

专题一:小城镇的界定、类型及发展方向研究;

专题二:小城镇规划编制标准研究;

专题三:小城镇镇域村镇体系层次与规模的研究;

专题四:小城镇建设用地标准制订及节约用地途径研究;

专题五:小城镇公共建筑规划设计标准及优化研究;

专题六:小城镇居住小区规划设计标准及优化研究;

专题七:小城镇基础设施规划标准研究;

专题八:小城镇环境保护规划标准研究;

专题九:小城镇规划制图标准研究。

上述专题研究包括 2 个基础性专题(专题一、三)研究和 12 个小城镇规划相关标准研究,以及 13 个专题研究报告。

此外,课题综合研究报告还包括了课题相关的延伸研究。

3 专题研究的主要内容、成果、特色与创新概述

3.1 专题之一：小城镇的界定、类型及发展方向研究

3.1.1 主要研究内容：

3.1.1.1 小城镇界定研究

界定小城镇、明确小城镇规划标准研究的载体，是本次课题研究的基础和前提，是本课题的基础性研究之一。

针对目前在小城镇概念理解上含混不清的状况，本专题提出关于小城镇界定的下述观点：

作为介于(狭义)城市与农村居民点之间过渡型居民点的一种，小城镇专指行政建制"镇"或"乡"的"镇区"部分，且"建制镇"应作为行政建制"镇"的"镇区"部分的专称；小城镇的基本主体是建制镇(含县城镇)，但其涵盖范围视不同地区、不同部门的事权需要，应允许上下适当延伸，不宜用行政办法全国"一刀切"地硬性规定小城镇的涵盖范围。

在上述观点的分析研究基础上，明确本次小城镇规划标准研究的载体为县城镇及其他建制镇(含规划期将发展为建制镇的集镇)。同时，根据小城镇规划标准相关研究的需要，上述研究载体可适当上、下延伸。

3.1.1.2 小城镇类型与发展方向研究

1. 从实际需要出发，本课题对小城镇按等级层次、人口规模、职能类型、经济发展水平、空间位置进行了分类。

按规划等级层次划分，小城镇可分为县城镇、中心镇、一般镇 3 级。同时明确提出了"中心镇"与"重点镇"是概念与作用完全不同的两类城镇。小城镇规划除明确中心镇外，尚应确定规划期内拟发展的重点镇。

"中心镇"一般系指在县(市)域内的一片地区中位置相对居中、与周边村镇有密切联系、有较大经济辐射和带动作用的小城镇。中心镇是县(市)域内一定区域范围的农村经济文化中心。

"重点镇"系指条件较好、具有发展潜力、政策上重点扶持发展的小城镇。确定重点镇主要是为了管理上的需要，体现政府的政策导向。

按人口规模划分，小城镇可分为大、中、小 3 个等级，各等级人口规模应符合表 3.1.1-1 的规定：

小城镇人口规模分类　　单位：万人　　**表 3.1.1-1**

	小	中	大
人口规模	<1	1~3	>3

按职能分类，小城镇可分为综合型、工业主导型、商贸流通型、交通枢纽型、旅游服务型、三农（农业、农村、农民）服务型及其他专业型几种类型。

按经济发展水平划分，小城镇可分为经济发达地区、经济中等发达地区（经济发展一般地区）、经济欠发达地区3种类型。

按空间位置形态划分，小城镇可分为以“城镇连绵带”形态存在的小城镇和以独立形态存在的小城镇两大类。

以完整、独立形态存在的小城镇，占据小城镇的主流。按照空间位置，小城镇又可再分为如下3种类型：位于城市周边地区的小城镇；经济发达、城镇具有带状发展趋势地区的小城镇；远离城市独立发展的小城镇。

- 小城镇
  - 城市周边地区
    - 大中城市周边
      - 城市规划建设用地范围内
      - 卫星城范围内
      - 介于上述二者之间
    - 小城市及县城周边
  - 经济发达、城镇具有带状发展趋势地区
  - 远离城市独立发展
    - 经济实力较强
    - 经济实力较弱

对不同空间位置形态存在的小城镇提出了不同的规划建设发展要求。

2. 小城镇的发展方向选择。

明确小城镇的总体发展方向是：承上启下、服务三农；控制总量、集聚规模；量力而行、抓住重点；因地制宜、突出特色；功能配套、重在“建成”；以人为本、优化环境。

3.1.2 主要研究成果：

小城镇的界定、类型及发展方向研究条文（含相关名词术语释义）、条文说明和研究报告：关于“小城镇”的涵义及范围。

3.1.3 主要创新点：

纠正目前关于“小城镇”的一些含混和错误的认识，界定小城镇定义，明确小城镇规划标准研究的主要载体。主要包括以下几方面内容：

3.1.3.1 针对“小城镇”的概念及涵盖范围，提出：

1. “小城镇”应指行政建制“镇”或“乡”的“镇区”部分，而不是其行政管辖范围——“镇（乡）域”。

2. 为区别于行政建制“乡”的“镇区”——“集镇”（非建制镇），应专称行政建制“镇”的“镇区”为“建制镇”，即“建制镇”应为行政建制“镇”的“镇区”的专用名称。

3. 小城镇最基本的主体是建制镇（含县城镇）。

4. 小城镇的涵盖范围可以视工作需要上下适当延伸，不能用人为的行政方法强求统一，但小城镇涵盖范围需延伸时要加以说明。

3.1.3.2 提出“城市”只是行政建制“市”的一部分（是核心、主体部分），而且“城市”仅指行政建制“市”的“城区”而不是“市区”。

3.1.3.3 提出“中心镇”与“重点镇”的概念，明确其不同的作用。

3.1.3.4 对小城镇的空间位置进行了分类，提出其发展中应注意的问题。

3.2 专题之二:小城镇规划编制标准研究

3.2.1 主要研究内容:

3.2.1.1 小城镇规划分类及规划编制要求

按规划要求分甲类(县驻地镇、即县城镇)和乙类(县驻地以外的建制镇)。

甲类小城镇,其规划一般分为两个阶段,第一阶段为县域城镇体系规划和总体规划阶段,包括县域城镇体系规划、镇域规划和镇区总体布局规划;第二阶段为详细规划阶段,包括镇区控制性详细规划和修建性详细规划(修建性详细规划可视具体情况而定,一般只限近期重点修建地段)。

乙类小城镇,其规划分为两个阶段,第一阶段为总体规划阶段,包括镇域规划和镇区总体布局规划;第二阶段为详细规划阶段,包括镇区控制性详细规划和重要地段的修建性详细规划。有些规模较小的小城镇(1 万人以下)视经济状况和规划条件可在规划范围、编制内容、成果表现等方面作适当简化。无论小城镇的总体规划还是详细规划,都应从小城镇的实际出发。

3.2.1.2 小城镇规划的内容、深度和期限

1. 县域城镇体系规划内容、深度

(1) 规划内容:

1) 分析全县基本情况,综合评价县域与城镇的发展和开发建设条件;

2) 明确产业发展的空间布局;

3) 预测县域人口增长,确定城镇化目标;

4) 确定县域城镇发展战略,划分城镇经济区;

5) 提出城镇体系的等级结构、规模结构和职能分工;

6) 确定城镇体系的空间布局;

7) 统筹安排区域基础设施、社会设施;

8) 确定保护县域生态环境、自然和人文景观以及历史文化遗产等的原则和措施;

9) 确定重点发展的城镇,提出近期重点发展城镇的规划建议;

10) 近期建设规划;

11) 提出实施规划的政策和措施。

(2) 规划的深度:

县域城镇体系规划涉及的城镇包括建制镇、独立工矿区和集镇(详见《城镇体系规划编制审批办法》)。

2. 镇域规划的内容、深度

(1) 规划内容:

1) 镇域基本条件(自然条件、历史沿革、经济基础等)分析与评价;

2) 确定镇的性质和发展方向,划定镇区的规划区范围;

3) 确定乡镇企业的发展与布局,进行产业结构分析和布局(一、二、三产业构成和地域分布);

4) 与土地利用规划相协调,处理好城镇建设与基本农田保护的关系。安排基础设施和

社会服务设施；

5）确定中心村和村庄布局（含迁村并点规划设想）。划定需要保留和控制的绿色空间；

6）确定生态环境保护的目标和措施、确定自然人文景观和历史文物的保护要求与措施。

（2）规划的深度：

1）产业布局按一、二、三产业分别考虑，其中第一产业按种植业、林业、渔业、牧业划分；第二、三产业不再细分；

2）基础设施内容包括：公路及村间路；10千伏以上电力线、变电站；对外交通；通讯光缆；输水渠、给水泵站、排水设施等；

3）社会服务设施包括：卫生所、幼儿园、敬老院、小学、中学、供销社、农贸市场及批发市场、汽车停靠站等；

4）基本确定中心村用地发展方向和范围；

5）各类土地的面积、分布及土地利用结构。

3. 镇区总体布局规划的内容、深度

（1）规划内容：

1）确定镇区人口和用地发展规模；

2）确定镇区建设和发展用地的空间布局、用地组织以及镇区中心；

3）确定过境公路（含车站）、铁路（含站场）、港口码头、机场、运输管道的位置及布局，处理好对外交通设施与镇区的关系；

4）确定镇区道路系统的走向、断面、主要交叉口形式，确定镇区广场、停车场的位置、容量；

5）综合协调并确定城市供水、排水、供电、通讯、燃气、供热、环卫等设施的发展目标和总体布局；

6）确定园林绿地系统的发展目标及总体布局；

7）确定城镇环境保护目标，提出防治污染措施；

8）编制城镇防灾规划，提出人防、抗震、消防、防洪、防风、防泥石流、防海潮、防地方病的规划目标和总体布局；

9）确定需要保护的风景名胜、文物古迹、传统街区，划定保护和控制范围，提出保护措施；

10）确定旧区改建、用地调整的原则、方法和步骤，提出改善旧城区生产、生活环境的要求和措施；

11）进行综合技术经济论证，提出规划实施步骤、措施和方法的建议；

12）编制近期建设规划，确定近期建设目标、内容和实施部署。

（2）规划的深度：

镇区总体规划基本按城市总体规划的深度进行。其中用地布局和道路规划的内容比城市总体规划要深，用地分类划分以中类为主、小类为辅；道路规划要给出主要道路交叉口的坐标和标高。

4. 规划期限

县域城镇体系规划和镇域规划的规划期限：近期5～10年，远期20年。

镇区总体布局规划的期限：近期3～5年，中期10年，远期20年。

5. 控制性详细规划的内容、深度

(1) 规划内容

1) 详细规定规划用地范围内各类用地界限和适用范围，规定各地块建筑高度、建筑密度、容积率、绿地率等控制指标；

2) 规定各类用地内适建、不适建、有条件可建的建筑类型；

3) 规定交通出入口方位、停车泊位、建筑后退红线距离、建筑间距等；

4) 确定规划范围内的路网系统及其与外围道路的联系。确定各条道路的红线位置、控制点坐标和标高；

5) 确定绿地系统；

6) 确定各单项工程管线的走向、管径、控制点坐标和标高以及工程设施的用地界限；

7) 根据需要确定编制修建性详细规划的面积、范围；

8) 制定相应的规划实施细则。

(2) 规划的深度：

按城市控制性详细规划进行编制。

6. 修建性详细规划的内容、深度

(1) 规划内容

1) 建设条件分析及综合经济论证，找出现状存在的问题及规划应注意解决的主要问题和措施；

2) 做出建筑、道路和绿地等的空间布局和景观规划设计，布置总平面图；

3) 道路交通规划设计；

4) 绿地系统规划设计；

5) 工程管线规划设计；

6) 竖向规划设计；

7) 估算工程量、拆迁量和总造价，分析投资效益；

(2) 规划的深度：

按城市修建性详细规划进行编制。

3.2.1.3 小城镇规划成果表现形式

小城镇规划成果包括规划文件和图纸，规划文件包括规划文本和附件，附件包括规划说明书和基础资料汇编。

1. 县域城镇体系规划成果表现形式

(1) 规划文本的格式和内容见本专题二附录一。

(2) 规划图纸：比例1/50000～1/100000，包括：

1) 县域地理位置图；

2) 县域综合现状图；

3) 县域人口与城镇布局规划图；

4) 重点城镇发展规划图；

5) 县域土地利用及基本农田保护图；

6) 县域综合交通规划图；

7）县域基础设施规划图；

8）县域社会服务设施规划图；

9）县域环境保护与防灾规划图；

10）近期建设和发展规划图；

11）其他需反映的重点地区、重要内容的图（如沿江、沿海、沿湖地段的整治规划图；旅游规划图；历史文物保护规划图等）。

（3）规划说明书内容：

1）工作简要过程；

2）县域基本情况；

3）对上版规划的意见和评价；

4）编制背景、依据、指导思想、主要技术方法；

5）区域社会经济发展背景分析；

6）县域社会经济发展目标、发展战略和空间布局；

7）县域城镇化发展战略及发展水平预测；

8）县域城镇体系职能结构、等级和规模结构、空间结构分析；

9）县域土地及空间资源合理利用协调规划；

10）县域基础设施建设与布局规划；

11）县域社会服务设施建设与布局规划；

12）县域历史文物保护规划及旅游发展规划；

13）县域环境保护与防灾规划；

14）近期建设规划；

15）实施规划的措施及政策建议。

2. 镇域规划成果表现形式

（1）规划文本的格式和内容见本专题二附录二。

（2）规划图纸：比例一般为1/5000～1/20000，包括：

1）镇域地理位置图（比例尺：视所在县、市的面积而定，一般为1/50000～1/100000）

2）镇域现状图；

3）镇域产业结构与规划布局图；

4）镇域土地利用及基本农田保护图；

5）镇域居民点规划布局图；

6）镇域基础设施规划布局图（如内容多，可按各专项分别出图）；

7）镇域环境保护及综合防灾图；

8）镇域历史文物古迹保护及绿地景观规划图。

（3）规划说明书内容：

1）工作简要过程；

2）镇域基本情况；

3）对以前与镇域发展相关规划的意见和评价；

4）编制背景、依据、指导思想、主要技术方法；

5）区域社会经济发展背景分析；

6）镇域社会经济发展目标、发展战略和空间布局；
7）镇域土地及空间资源合理利用协调规划；
8）镇域基础设施建设与布局规划；
9）镇域社会服务设施建设与布局规划；
10）镇域历史文物保护规划及旅游发展规划；
11）镇域环境保护与防灾规划；
12）近期建设规划；
13）实施规划的措施及政策建议。

3. 镇区总体布局规划成果表现形式

（1）规划文本的格式和内容见本专题二附录三。

（2）规划图纸：比例为1/2000～1/5000，包括：
1）镇区现状图；
2）镇区用地评价图；
3）镇区总体规划图；
4）居住用地规划图（可合并在总体规划图中）；
5）公共设施用地规划图（可合并在总体规划图中）；
6）道路交通规划图；
7）绿地系统及景观规划图；
8）环境保护及环境卫生规划图（可与上图合并）；
9）工程规划图（包括给水、排水、电力、电讯、供热、燃气规划等内容，如内容复杂可分别出图）；
10）防灾规划图（可与上图合并）；
11）近期建设规划图；
12）远景规划图（视情况有条件时才出）。

（3）规划说明书内容：
1）工作简要过程；
2）镇区基本情况；
3）对上版规划的意见和评价；
4）编制背景、依据、指导思想、主要技术方法；
5）区域社会经济发展背景分析；
6）镇区社会经济发展目标；
7）镇区建设用地范围、用地条件评价和规划建设目标；
8）镇区性质与职能；
9）镇区人口规模分析（包括建成区内常住人口和暂住一年以上的人口）；
10）对外交通条件分析；
11）道路系统规划；
12）居住用地规划；
13）公共设施用地规划；
14）工业、仓储用地规划；

15）绿地系统及景观规划；

16）基础设施规划（包括给水、排水、供电、电信、燃气、供热等工程规划）；

17）环境保护与环境卫生规划；

18）防灾规划；

19）近期建设规划；

20）实施规划的措施及政策建议。

4．镇区控制性详细规划成果表现形式

（1）规划文本格式和内容见本专题二附录四。

（2）规划图纸：比例 1/1000～1/2000，包括：

1）位置图

标明控制性详细规划的范围及与相邻地区的位置关系；

比例尺视总体规划图纸比例尺和控制性详细规划的面积而定。

2）用地现状图

分类标明各类用地范围（县城镇按《城市用地分类与规划建设用地标准》（GBJ 137—90）分至小类；县城以下的建制镇按《村镇规划标准》（GB 50188—93）分至小类），标绘建筑物现状、人口分布现状、市政公用设施现状。

比例尺 1/1000～1/2000。

3）土地利用规划图

标明各类规划用地的性质、规模和用地范围及路网布局。

比例尺 1/1000～1/2000。

4）地块划分编号图

标明地块划分界限及编号（与文本中控制指标相一致）。

比例尺 1/5000。

5）各地块控制性详细规划图

标明各地块的面积、用地界限、用地编号、用地性质、规划保留建筑、公共设施位置；标注主要控制指标；标明道路（包括主、次干路和支路）走向、线型、断面，主要控制点坐标、标高；停车场和其他交通设施用地界限。

比例尺 1/1000～1/2000。

6）各项工程管线规划图

标绘各类工程管线平面位置、管径。

比例尺 1/1000～1/2000。

（3）规划说明书内容：

1）工作概况；

2）总体规划对该控制性详细规划范围的规定和要求；

3）对以往相关规划的意见和评价；

4）对控制性详细规划范围内各项建设条件的现状分析；

5）建设用地控制规划；

6）道路系统规划；

7）绿地系统规划；

8）各专项工程管线规划；

9）规划实施细则。

5. 镇区修建性详细规划成果表现形式

规划成果包括规划设计说明书和规划设计图纸。

(1) 说明书内容：

1）现状条件分析；

2）规划原则和总体构想；

3）用地布局；

4）空间组织和景观特色要求；

5）道路和绿地系统规划；

6）各项专业工程规划及管线综合；

7）竖向规划。

(2) 主要技术经济指标：

1）总用地面积；

2）总建筑面积；

3）住宅建筑总面积，平均层数；

4）容积率、建筑密度；

5）住宅建筑容积率，建筑密度；

6）绿地率；

7）工程量及投资估算。

(3) 规划图纸：比例为1/500～1/2000，包括：

1）规划地段位置图

标明规划地段在城市中的位置以及和周围地区的关系。比例尺：根据总体规划或分区规划、控制性详细规划的图纸比例尺而定。

2）规划地段现状图

标明自然地形地貌、道路、绿化、工程管线及各类用地建筑的范围、性质、层数、质量等。比例尺：1/500～1/2000。

3）规划总平面图

标明规划建筑、绿地、道路、广场、停车场、河湖水面的位置和范围。

图纸比例尺同规划地段现状图。

4）道路交通规划图

标明道路的红线位置、横断面、道路交叉点坐标标高、停车场用地界限。

图纸比例尺同规划总平面图。

5）竖向规划图

标明道路交叉点、变坡点控制高程，室外底坪规划标高。

图纸比例尺同规划总平面图。

6）工程管网规划图（根据需要可按单项工程出图或出综合管网图）

标明各类市政公用设施管线的走向、管径、主要控制标高，以及有关设施和构筑物位置。

图纸比例尺同规划总平面图。

7）表达规划设计意图的模型或鸟瞰图。

3.2.2　主要研究成果：

小城镇规划编制标准研究条文和条文说明。

3.2.3　主要创新点：

3.2.3.1　提出小城镇规划编制研究分类

根据小城镇在农村区域经济社会发展中的地位作用不同，相应地其规划编制的内容、范围、深度要求不同，提出规划编制要求不同的甲、乙两类小城镇，并分别提出相关的不同规划阶段。特别是在详细规划阶段，应视具体情况确定其规划的范围、内容和深度。

3.2.3.2　提升县域城镇体系规划的地位

按照现行的有关规定，县域城镇体系规划应纳入县城总体规划中。从实际看，这是区域规划工作中目前存在的一个突出问题。县域城镇体系规划应是高于县城总体规划层次的规划，而不应仅是县城总体规划编制的一个组成部分。这次研究将县域城镇体系规划独立于县城总体规划之外，进一步确立了县域城镇体系规划的地位。

3.2.3.3　目前编制镇域规划尚无规范，本专题首次提出镇域规划编制的任务、内容、深度和成果表现形式的具体规定和要求。

3.3　专题之三：小城镇镇域村镇体系层次与规模的研究

3.3.1　主要研究内容：

3.3.1.1　总则

1. 研究目的；

2. 小城镇镇域村镇体系层次与规模规划原则：

(1) 与国民经济和社会发展战略相适应，与县域城镇体系规划相衔接；

(2) 规划布局有利于生产力合理布局、资源合理配置、有效利用及可持续发展；

(3) 体现乡镇特点和地方特色；

(4) 区域差异性和因地制宜原则；

(5) 市场经济原则；

(6) 区域整体性原则；

3.3.1.2　影响小城镇镇域村镇体系和规模要素

1. 镇域经济、社会发展水平和发展速度；

2. 人口和农业剩余劳动力及其转移；

3. 镇域资源条件；

4. 所在区位；

5. 传统优势和产业特色。

3.3.1.3　小城镇镇域村镇体系层次与规模规划总体构架

1. 小城镇镇域村镇体系层次和规模分级

按其辖域与职能分为基层村、中心村、镇（一般镇或中心镇或县城镇）3个层次；按规划范围的常住人口分为大、中、小3级。

2. 可按经济发达地区、经济中等发达地区和经济欠发达地区具体划分，并考虑兼顾小城镇的区域地理差异。

3. 根据小城镇职能确定不同职能分类和规模分级；小城镇职能分类主要为综合性小城镇，某种经济职能为主的小城镇和特殊职能的小城镇。

3.3.1.4 小城镇镇域村镇体系规模分级与人口预测

1. 小城镇规划规模分级(详见专题一)；

2. 村庄规划规模分级

村庄规划规模分级标准 **表 3.3.1.4**

规模分级 \ 常住人口数量（人） \ 村镇层次	基层村	中心村
大　型	>1000	>2000
中　型	300～1000	1000～2000
小　型	<300	<1000

3. 小城镇的人口规模预测

采用综合分析法预测，并应按其居住状况、生活和社会活动不同分类预测。

3.3.1.5 迁村并点的人口因素考虑原则

迁村并点应考虑多种影响因素，其人口因素考虑原则为：

1. 经济发达地区

(1) 平原地区迁并不足 300 人的自然村或居民点；

(2) 丘陵地区迁并不足 200 人的自然村或居民点；

(3) 山地地区迁并不足 150 人的自然村或居民点。

2. 经济中等发达地区

(1) 平原地区迁并不足 250 人的自然村或居民点；

(2) 丘陵地区迁并不足 150 人的自然村或居民点；

(3) 山地地区迁并不足 100 人的自然村或居民点。

3. 经济欠发达地区

(1) 平原地区迁并不足 200 人的自然村或居民点；

(2) 丘陵地区迁并不足 100 人的自然村或居民点；

(3) 山地地区迁并不足 50 人的自然村或居民点。

3.3.1.6 相关问题建议

1. 镇域规划应以县域规划为基础。

2. 迁村并点应在政策引导，条件吸引基础上进行并结合移民拆迁和灾后重建。

(1) 中心镇加强配套基础设施和公共设施建设，引导乡镇企业向工业小区集中，住宅向居住小区集中；

(2) 原则停止村庄新建工厂和镇区散建住宅的规划审批；

(3) 编制总量限制下，小城镇可自行设置规划建设管理机构，下放县级相关下派机构；

(4) 提取一定比例的县(市)城市维护建设税，用于试点镇建设；

(5) 农村剩余劳动力就近就地转移，与当地城镇化水平相适应；

(6) 加快户籍制度改革。

3.3.1.7 专题研究还包括小城镇经济发展的现状和趋势；小城镇镇域农业剩余劳动力转移的现状、模式、途径和特点及转移趋势。

3.3.2 主要研究成果：

条文；条文说明；研究报告：

1. 小城镇镇域经济发展趋势预测；
2. 小城镇镇域农业剩余劳动力转移趋势的预测；
3. 不同地区小城镇镇域村镇体系层次的分级标准研究和村庄规模的合理化指标；
4. 小城镇镇域迁村并点的人口因素考虑原则；
5. 小城镇镇域规划的相关问题建议。

3.3.3 主要研究特色和创新点：

3.3.3.1 综合研究和预测小城镇经济发展和剩余劳动力转移；

3.3.3.2 提出我国小城镇镇域村镇体系层次与规模规划标准建议的原则；

3.3.3.3 综合分析影响我国小城镇镇域村镇体系层次和规模的要素，提出其规划总体构架；

3.3.3.4 提出小城镇镇域村镇体系中小城镇和村庄规划规模分级建议；

3.3.3.5 提出小城镇迁村并点考虑人口因素的原则要求；

3.3.3.6 提出小城镇镇域规划、迁村并点等政策。

3.4 专题之四：小城镇建设用地标准制订及节约用地途径研究

3.4.1 主要研究内容：

3.4.1.1 小城镇建设用地标准

1. 小城镇用地分类

(1) 小城镇用地是指建制镇(或集镇)建设规划区内的各项用地的总称。建设规划区包括小城镇建设的现状用地、发展用地和规划需要控制的区域。

(2) 小城镇用地按土地使用的主要性质分 9 大类 28 小类、各类别用字母与数字结合的代号表示。小城镇分类和代号应符合表 3.4.1-1 的规定。

小城镇用地分类和代号 **表 3.4.1-1**

类别代号		类别用地	范围
大类	小类		
R		居住建筑用地	各类居住建筑及其间距和内部道路、场地、绿化等用地
	R1	居民住宅用地	居民住宅、庭院及其间距用地
	R2	村民住宅用地	村民独家使用的住房和附属设施及其户间间距用地、进户小路用地；不包括自留地及其他生产性用地
	R3	其他居住用地	R1、R2 以外的居住用地，如单身宿舍、青年公寓、老年人住宅等用地

续表

类别代号		类别用地	范围
大类	小类		
C		公共建筑用地	各类公共建筑物及其附属设施、内部道路、场地、绿化等用地
	C1	行政管理用地	政府、团体、经济贸易管理机构等用地
	C2	教育机构用地	幼儿园、托儿所、小学、中学及各类高、中级专业学校、成人学校等用地
	C3	文体科技用地	文化图书、科技、展览、娱乐、体育、文物、宗教等用地
	C4	医疗保健用地	医疗、防疫、保健、休养和疗养等机构用地
	C5	商业金融用地	各类商业服务业的店铺,银行、信用、保险等机构,及其附属设施用地
	C6	集贸设施用地	集市及各种专项贸易的建筑和场地。不包括临时占用街道、广场等设摊用地
M		生产建筑用地	独立设置的各种所有制的生产性建筑及其设施和内部道路、场地、绿化等用地
	M1	一类工业用地	对居住和公共环境基本无干扰和污染的工业,如缝纫、电子、工艺品等工业用地
	M2	二类工业用地	对居住和公共环境有一定干扰和污染的工业,如纺织、食品、农副产品加工、小型机械等工业用地
	M3	三类工业用地	对居住和公共环境有严重干扰和污染的工业,如采矿、冶金、化学、造纸、制革、建材、大中型机械制造等工业用地
	M4	农业生产设施用地	各类农业建筑,如打谷场、饲养场、农机站、育秧房、兽医站等及其附属设施用地;不包括农林种植地、牧草地、养殖水域
W		仓储用地	物资的中转仓库、专业收购和储存建筑及其附属道路、场地、绿化等用地
	W1	普通仓储用地	存放一般物品的仓储用地
	W2	危险品仓储用地	存放易燃、易爆、剧毒等危险品的仓储用地
T		对外交通用地	对外交通的各种设施用地
	T1	公路交通用地	公路站场及规划范围内的路段、附属设施等用地
	T2	其他交通用地	铁路、水运及其他对外交通的路段和设施等用地
S		道路广场用地	规划范围内的道路、广场、停车场等设施用地
	S1	道路用地	干路、支路用地。包括其交叉路口用地;不包括各类用地内部的道路用地
	S2	广场用地	公共活动广场、停车场用地;不包括各类用地内部的场地
U		公用工程设施用地	各类公用工程和环卫设施用地,包括其建筑物、构筑物及管理、维修设施等用地
	U1	公用工程用地	给水、排水、供电、邮政、电信、广播电视、供气、供热、殡葬、防灾和能源等工程设施用地
	U2	环卫设施用地	公厕、垃圾站、粪便和垃圾处理设施等用地
G		绿化用地	各类公共绿地、生产防护绿地;不包括各类用地内部的绿地
	G1	公共绿地	面向公众、有一定游憩设施的绿地,如公园、街巷中的绿地、路旁或临水宽度等于和大于5m的绿地
	G2	生产防护绿地	提供苗木、草皮、花卉的圃地,以及用于安全、卫生、防风等的防护林带和绿地

续表

类别代号		类别用地	范围
大类	小类		
E		水域和其他用地	规划范围内的水域、农林种植地、牧草地、闲置地和特殊用地
	E1	水域	江河、湖泊、水库、沟渠、池塘、滩涂等水域；不包括公园绿地中的水面
	E2	农林种植地	以生产为目的的农林种植地，如农田、菜地、园地、林地等
	E3	牧草地	生长各种牧草的土地
	E4	闲置地	尚未使用的土地
	E5	特殊用地	军事、外事、保安等设施用地；不包括部队家属生活区、公安、消防机构等用地

2. 小城镇用地计算

(1) 统一按规划范围按投影面积进行计算，分片布局的小城镇应分片计算用地后汇总，计算单位为公顷。

(2) 用地面积计算的精确度，应按图纸比例尺确定。

1∶10000～1∶25000 的图纸应取值到个位数；1∶5000 的图纸应取值到小数点后一位；1∶1000～1∶2000 的图纸应取值到小数点后两位。

(3) 镇区用地计算表的格式应符合表 3.4.1-2 的规定。

小城镇镇区用地计算表 表 3.4.1-2

代码	用地名称	现状 年 人			规划 年 人		
		面积（ha）	比例（%）	人均（m^2/人）	面积（ha）	比例（%）	人均（m^2/人）
R							
R1 R2 R3							
C							
C1 C2 C3 C4 C5 C6							
M							
M1 M2 M3 M4							
W							
W1 W2							
T							

续表

代码	用地名称	现状　年　人			规划　年　人		
		面积(ha)	比例(%)	人均(m²/人)	面积(ha)	比例(%)	人均(m²/人)
T1 T2							
S S1 S2							
U U1 U2							
G G1 G2							
	镇区建设用地		100			100	
E E1 E2 E3 E4 E5							
	镇区规划范围用地						

3．规划建设用地标准

(1) 小城镇规划的建设用地标准，包括人均建设用地指标和建设用地构成比例和建设用地选择三部分。

(2) 小城镇建设用地应包括本标准表 3.4.1-1 小城镇用地分类和代码中的居住建筑用地、公共建筑用地、生产建筑用地、仓储用地、对外交通用地、道路广场用地、公用工程设施用地和绿化用地 8 大类之和。

(3) 小城镇人均建设用地指标应为规划范围内的建设用地面积除以常住人口数的平均数值。人口统计应与用地统计的范围相一致。

(4) 人均建设用地指标

人均建设用地指标应按表 3.4.1-3 的规定分为 3 级。

人均建设用地指标分级　　**表 3.4.1-3**

级　别	一	二	三
人均建设用地指标(m²/人)	>80 ≤100	>100 ≤120	>120 ≤130

新建小城镇的规划，其人均建设用地指标宜按表 3.4.1-3 中的第一、二级确定。

对已有小城镇进行规划时，其人均建设用地指标应以现状建设用地的人均水平为基础，根据人均建设用地指标级别和允许调整幅度确定，并应符合表 3.4.1-4 的规定。

人均建设用地指标 　　表 3.4.1-4

现状人均建设用地(m^2/人)	人均建设用地指标级别	允许调整幅度(m^2/人)
≤80	一	可增 0～10
80.1～100	一、二	可增、减 0～10
100.1～120	二、三	可减 0～10
120.1～130	二、三	可减 0～20
>130	三	应减至 130 以内

地多人少的边远地区的小城镇,可根据所在省、自治区人民政府规定的建设用地指标确定。

(5) 建设用地构成比例

小城镇规划中的居住建筑、公共建筑、道路广场及绿化用地中公共绿地 4 类用地占建设用地的比例宜符合表 3.4.1-5 的规定。

建设用地构成比例 　　表 3.4.1-5

类别代号	用地类别	占建设用地比例(%)	
		中心镇	一般镇
R	居住建筑用地	30～45	35～50
C	公共建筑用地	12～20	10～18
S	道路广场用地	11～19	10～17
G1	公共绿地	5～8	4～6
4 类用地之和		65－85	67－87

通勤人口和流动人口较多的中心镇,其公共建筑用地所占比例,可选取规定幅度内的较大值。

工商业型城镇,通勤人口超过常住人口 5%时,生产建筑及设施用地允许超过规定的上限。

邻近旅游区或以旅游业为主导型城镇,其公共绿地所占比例可大于表 3.4.1-5 的比例规定。

(6) 建设用地选择

1) 小城镇建设用地的选择应根据地理位置和自然条件,占地的数量和质量、现有建筑和工程设施的拆迁和利用、交通运输条件、建设投资和经营费用、环境质量和社会效益等因素,经过技术经济比较,择优确定。

2) 小城镇建设用地应充分利用原有用地调整挖潜,并同基本农田保护区规划相协调,当需要扩大用地规模时,宜选择荒地、薄地,不占或少占耕地、林地。

3) 小城镇建设用地宜选在水源充足,水质良好,便于排水、通风、向阳和地质条件适宜的地段。

4) 小城镇建设用地应避开山洪、风口、滑坡、泥石流、洪水淹没、地震断裂带等自然灾害影响的地段,并应避开自然保护区、有开采价值的地下采空区。

5) 小城镇建设用地应避免被铁路、重要公路和高压输电线路所穿越。

3.4.2 主要研究成果:

小城镇建设用地标准制订及节约用地途径研究条文、条文说明、研究报告:小城镇规划设计中节约用地的途径研究。

3.4.3 主要创新点：

我国现有城镇的相关规划标准中，县城镇尚无用地规划标准。本专题主要创新点：

3.4.3.1 作为标准研究，修改完善中心镇和一般镇的用地规划标准。

3.4.3.2 提出县城镇用地规划标准。

3.4.3.3 提出小城镇规划设计中节约用地的途径。

3.5 专题之五：小城镇公共建筑规划设计标准及优化研究

3.5.1 主要研究内容

3.5.1.1 总则

1. 界定公共建筑及公共建筑用地。

小城镇公共建筑（简称公建）系指服务于小城镇镇区及其腹地的居民物质文化生活、行政及各类管理的公用性建筑。公共建筑用地应包括公共建筑及其室外配套设施用地。

2. 公共建筑分类。

3. 小城镇公共建筑规划原则，及其配置依据、布局方式和选址要求。

4. 公共建筑群体布局的组合定位原则和辅助设施的配置，以及防灾、救灾等要求。

5. 历史文化古镇保护和旧镇改造规划中，历史街区、公共建筑传统风貌和地方特色的规划设计原则要求。

3.5.1.2 公共建筑配置的依据

1. 依据小城镇总体规划统筹安排、合理布局。

2. 适应小城镇经济发展水平、防止盲目建设。

3. 依据小城镇性质及规模。

小城镇公建应根据小城镇不同性质、不同规模、不同规划期的不同需求合理配置。小城镇公建类别、项目数量和规模的确定，应根据源于小城镇的不同职能、不同主导产业和不同人口成分的不同需求有所取舍，有所侧重。

4. 依据服务人口及环境因素。

小城镇公建配置的人口依据，应为与其服务相关的服务范围的人口；镇级公建依据镇区人口外，尚应根据不同公建的服务特点，适当考虑服务相关的腹地人口；小城镇公建配置方案除依据上述人口因素外，还应依据相邻城镇公建的类型、项目和规模及辐射服务范围等相关公建利用条件作适当调整。

5. 考虑暂住人口对公建设施需求量和需用强度。

小城镇公建配置应考虑相关暂住人口的因素，并应根据各类暂住人口对公建设施需求量和需用强度，对相关公建配置，做出相应调整。

3.5.1.3 公建的分级配置体系

1. 公建配置分级

县城镇、中心镇和人口规模较大的其他小城镇，其公建一般按（县）镇级、居住小区级和住宅组群级三级配置；人口规模较小的小城镇，可按（县）镇级和居住小区级（或组群级）两级配置。

2. 公建类型

小城镇公建按其服务需要,可分为“必设型”和“选设型”两类。按其投资及经营方式可划分为公有制的“公益型”和私有制的“民营型”以及股份制的“股份型”三种。“选设型”公建多系商业服务和文化娱乐等建筑,以及根据不同职能小城镇的特定需求所增设的相应公建项目。

市场经济机制条件下,“民营型”、“股份型”公建是小城镇公建点网体系不可缺少的组成部分。

3. 公建分级配置规定

(1) 小城镇公建配置,应以(县)镇级公建为主,居住小区级以下公建为辅。

(2) 小城镇公建项目分级配置应符合表 3.5.1-1 的规定,并结合小城镇性质、类型、人口规模、经济社会发展水平、居民经济收入和生活水平、风俗民情及周边条件等实际情况,分析比较选定或适当调整。

小城镇公建分级配置表 **表 3.5.1-1**

<table>
<tr><th rowspan="3">公建类别</th><th rowspan="3">项目名称</th><th colspan="6">项目配置</th><th rowspan="3">备注</th></tr>
<tr><th colspan="3">一级配置</th><th colspan="2">二级配置</th><th>三级配置</th></tr>
<tr><th>县城镇</th><th>中心镇</th><th>一般镇</th><th>镇小区(Ⅰ)</th><th>镇小区(Ⅱ)</th><th>住宅组群</th></tr>
<tr><td rowspan="9">1. 行政管理</td><td>县、镇党、政、(人大、政协)机构</td><td>●</td><td>●</td><td>●</td><td>—</td><td>—</td><td>—</td><td rowspan="9">属必设公益型,均由政府投资兴建</td></tr>
<tr><td>公、检、法机构</td><td>●</td><td>●</td><td>●</td><td>—</td><td>—</td><td>—</td></tr>
<tr><td>建设、土地管理机构</td><td>●</td><td>●</td><td>●</td><td>—</td><td>—</td><td>—</td></tr>
<tr><td>农、林、牧副、渔及水、电管理机构</td><td>●</td><td>●</td><td>●</td><td>—</td><td>—</td><td>—</td></tr>
<tr><td>工商、税务管理机构</td><td>●</td><td>●</td><td>●</td><td>—</td><td>—</td><td>—</td></tr>
<tr><td>粮、油、棉管理机构</td><td>●</td><td>●</td><td>●</td><td>—</td><td>—</td><td>—</td></tr>
<tr><td>交通监理机构</td><td>●</td><td>○</td><td>○</td><td>—</td><td>—</td><td>—</td></tr>
<tr><td>街道办事处</td><td>●</td><td>●</td><td>○</td><td>○</td><td>—</td><td>—</td></tr>
<tr><td>居(村)民委员会</td><td>●</td><td>●</td><td>●</td><td>●</td><td>●</td><td>○</td></tr>
<tr><td rowspan="7">2. 教育科技</td><td>托儿所、幼儿园</td><td>○</td><td>○</td><td>●</td><td>●</td><td>●</td><td>○</td><td rowspan="7">属必设公益型,基本上由政府投资兴建,亦有由私人、企业或社团等出资兴建的</td></tr>
<tr><td>完全小学</td><td>●</td><td>●</td><td>●</td><td>●</td><td>○</td><td>—</td></tr>
<tr><td>初级中学</td><td>●</td><td>●</td><td>●</td><td>○</td><td>○</td><td>—</td></tr>
<tr><td>高级中学</td><td>●</td><td>●</td><td>○</td><td>—</td><td>—</td><td>—</td></tr>
<tr><td>职业中学</td><td>●</td><td>●</td><td>○</td><td>—</td><td>—</td><td>—</td></tr>
<tr><td>专科学校</td><td>●</td><td>○</td><td>○</td><td>—</td><td>—</td><td>—</td></tr>
<tr><td>科技站、信息馆(站)、培训中心、成人教育</td><td>●</td><td>○</td><td>○</td><td>○</td><td>—</td><td>—</td></tr>
<tr><td rowspan="5">3. 文化体育</td><td>儿童乐园</td><td>●</td><td>●</td><td>●</td><td>●</td><td>●</td><td>○</td><td rowspan="5">兼有必设型和选设型以及股份型三类,兼有政府兴建和其他投资兴建</td></tr>
<tr><td>青少年宫</td><td>●</td><td>●</td><td>●</td><td>○</td><td>—</td><td>—</td></tr>
<tr><td>老年活动中心</td><td>●</td><td>●</td><td>●</td><td>●</td><td>●</td><td>○</td></tr>
<tr><td>敬老院/老年公寓</td><td>●</td><td>●</td><td>●</td><td>—</td><td>—</td><td>—</td></tr>
<tr><td>俱乐部</td><td>●</td><td>○</td><td>○</td><td>—</td><td>—</td><td>—</td></tr>
</table>

续表

公建类别	项目名称	项目配置						备注
		一级配置			二级配置		三级配置	
		县城镇	中心镇	一般镇	镇小区（Ⅰ）	镇小区（Ⅱ）	住宅组群	
3. 文化体育	影剧院	●	●	●	—	—	—	兼有必设型和选设型以及股份型三类，兼有政府兴建和其他投资兴建
	体育场馆	●	●	●	—	—	—	
	展览馆/博物馆	●	●	○	—	—	—	
	文化站	●	●	●	○	○	—	
	电视台、转播台、差转台	●	○	—	—	—	—	
	广播站	●	●	●	—	—	—	
4. 医疗卫生	防疫站	●	○	○	—	—	○	以必设型为主，兼有选设型。除政府投资兴建外，也有其他投资兴建的
	保健站	●	●	○	○	○	—	
	卫生所	●	●	●	—	—	—	
	综合医院	●	○	○	—	—	—	
	专科诊所	●	●	○	○	—	—	
5. 邮电金融	邮政局	●	—	—	—	—	—	“必设型”和“选设型”兼有。除邮电、银行主要由政府兴建外，其他项目亦有由非政府投资兴建的
	电信局	●	—	—	—	—	—	
	邮电支局	●	●	●	—	—	—	
	邮电营业所	○	○	○	●	●	—	
	银行及信用社	●	●	●	—	—	—	
	保险公司	●	○	○	—	—	—	
	证券公司	○	○	—	—	—	—	
	信用社	●	○	○	—	—	—	
6. 商业服务	百货商场	●	●	●	—	—	—	本类公建项目乃居民生活之必需，随着我国市场经济的发展，本类公建多由非政府投资兴建及经营
	专业商店	●	●	○	—	—	—	
	供销社	●	●	●	—	—	—	
	超市	●	○	○	○	○	—	
	粮油副食店	●	●	●	○	○	○	
	日杂用品店	●	●	●	○	○	—	
	宾馆	●	○	○	—	—	—	
	招待所	●	●	●	—	—	—	
	餐馆/茶馆	●	●	●	○	○	—	
	酒吧/咖啡座	○	○	○	—	—	—	
	照相馆	●	●	●	—	—	—	
	美发美容店	●	●	●	○	○	—	
	浴室	●	●	●	○	○	—	
	洗染店	●	●	●	○	○	—	
	液化石油气站/煤场	●	●	○	—	—	—	
	综合修理服务	●	●	●	○	○	—	
	旧、废品收购站	●	●	●	—	—	—	

续表

公建类别	项目名称	项目配置						备注
		一级配置			二级配置		三级配置	
		县城镇	中心镇	一般镇	镇小区（Ⅰ）	镇小区（Ⅱ）	住宅组群	
7. 集市贸易	小商品批发市场	●	●	●	—	—	—	“选设型”多由非政府投资兴建及经营
	禽、畜、水产市场	●	●	●	—	—	—	
	蔬菜、副食市场	●	●	●	○	○	—	
	各种土特产市场	●	●	●	○	○	—	
	供销社	●	●	○	—	—	—	
8. 其他	汽车出租站	●	○	—	—	—	—	“必设型”主要由政府投资兴建
	公交始末站	●	●	○	○	—	—	
	公共机动车场库	●	●	●	●	○	—	
	消防站	●	●	○	—	—	—	
	公共厕所	●	●	●	●	●	●	
	殡仪馆/火葬场	●	○	—	—	—	—	

注：1）表中“●”表示必需设置；“○”表示可以设置；“—”表示不设置。

2）表中镇小区Ⅰ级及Ⅱ级的划分参见本标准研究专题之六小城镇居住体系构架表。

3）表列8类公建项目为一般配置项目，视具体不同情况可予变更或增减。

3.5.1.4 公建用地面积及建筑面积指标。

1. 公建用地的控制

小城镇公建用地面积和建筑面积可采用用地面积指标和建筑面积指标加以控制，并通过建设用地的合理与布局，及其类似公建项目的优化组合，达到合理配置、高效利用和节约用地的目的。

2. 公建用地占建设用地的比例应符合表3.5.1-2规定。

小城镇公建用地占建设用地比例 **表3.5.1-2**

	县城镇	中心镇	一般镇
公建用地占建设用地比例（%）	15～24	12～20	10～18

3. 公建用地面积和建筑面积控制指标应符合表3.5.1-3规定。

小城镇公建用地面积和建筑面积控制指标 **表3.5.1-3**

公建用地类别	用地面积指标（m^2/每1000人）			建筑面积指标（m^2/每1000人）		
	县城镇	中心镇	一般镇	县城镇	中心镇	一般镇
1. 行政管理类用地	450～1100	300～1500	200～2200	270～330	180～450	120～660
2. 教育科技类用地	2200～8000	2800～9500	3200～10000	1540～3200	1960～3800	2240～4000
3. 文化体育类用地	960～7200	850～6400	750～4100	580～3600	510～3200	450～2050
4. 医疗卫生类用地	400～1600	300～1300	300～1500	320～1120	240～910	240～1050
5. 邮电金融类用地	400～900	250～650	130～600	560～990	350～720	180～660
6. 商业服务类用地	2400～5400	1450～3950	800～4000	3000～5670	1820～4150	1050～4250

续表

<table>
<tr><td rowspan="2">公建用地类别</td><td colspan="3">用地面积指标
(m²/每1000人)</td><td colspan="3">建筑面积指标
(m²/每1000人)</td></tr>
<tr><td>县城镇</td><td>中心镇</td><td>一般镇</td><td>县城镇</td><td>中心镇</td><td>一般镇</td></tr>
<tr><td>7. 集市贸易类用地</td><td colspan="6">按集市贸易的经营、交易品类、销售和交易额大小,根据赶集人数,以及相关潜在需求和地方有关规定确定</td></tr>
<tr><td>8. 其他类用地</td><td colspan="6">按其他类公建的实际需要确定</td></tr>
<tr><td>八类公建总用地</td><td><28800</td><td><24000</td><td><21600</td><td></td><td></td><td></td></tr>
</table>

注:1) 表中面积指标主要适用于县城镇2~8万、中心镇1~4万、一般镇0.3~2万人口的情况,人口规模在上述范围外,表中指标宜据实际需要适当调整。

2) 表中指标适当考虑了暂住人口和辐射服务范围人口的因素。

3) 表中指标幅值考虑了我国东西部小城镇人口密度、地理条件及其社会经济发展水平等差异造成的公建需求差别和同一等级不同功能分类、不同规模对公建需求的不同,同时也考虑了教育科技类、文化娱体类有无较大规模的学校、体育运动场所、文化娱乐设施的较大影响。

(1) 小城镇公建用地面积和建筑面积应结合小城镇性质、类型、常住和暂住人口规模、经济社会发展水平、区域位置、公建服务范围、辐射范围等相关因素分析比较选用表3.5.1-2适宜指标。

(2) 小城镇规划,根据小城镇不同性质、类别、潜在需求、周边条件等,公建项目分类用地指标可有所不同侧重选择,但公建用地总量控制应符合表3.5.1-2和表3.5.1-3要求。

3.5.1.5 公建规划设计优化。

1. 规划设计优化途径与方法。

贯穿总体规划—详细规划—单体建筑设计全过程。

(1) 规划优化

途径:"公建配置定位"、"群体布局方式"和建筑物功能与形态;

镇级、小区级公建的选址、布局原则;

各类公建的不同组合布置及环境设计原则。

(2) 设计优化

根据公建使用要求,采取相应的创作手法,赋予建筑的"灵活性"和"可改性",以适应不断变化的市场经济机制的需求。

平面布局和空间组合可分别采取下列形式:

多功能厅;

综合体;

大空间、大柱网建筑;

庭院式建筑。

(3) 镇区环境设计

1) 将公建小品等人工环境元素与自然环境元素有机融合,体现镇区的整体性、协调性和环境个性。

2) 公建造型、体量、尺度、建筑元素的应用和色彩的处理、宜精致玲珑、淡雅明快、彼此呼应、对比统一。

3）公建的个体与个体、个体与群体、人工环境与自然环境的有机衔接和相互融合。

2. 继承发扬建筑文化传统和地方特色。

3. 公建规划设计适应市场经济机制。

3.5.2 主要研究成果：

小城镇公共建筑规划设计标准及优化研究条文、专题与条文若干说明和专题研究报告：

1. 小城镇公建用地面积和建筑面积控制指标制定研究；

2. 小城镇公共建筑规划设计优化途径研究。

3.5.3 主要创新点：

目前在相关城镇规划标准中，尚未专项制定建筑规划设计标准，本专题研究主要创新点是：

3.5.3.1 从规划标准角度首次界定小城镇公共建筑及公共建筑用地。

3.5.3.2 提出小城镇公共建筑规划原则及群体布局方式、单体建筑类型及相应设施配置的原则。

3.5.3.3 提出公共建筑规划注重保护古建筑文化、历史风貌和创造地方特色的原则。

3.5.3.4 提出公共建筑配置的依据。

3.5.3.5 提出小城镇可分别采用（县）镇级、小区级、组群级三级和（县）镇级、小区级二级公建的分级配置体系。

3.5.3.6 提出小城镇公建配置采取“公益型”与“民营型”、“股份型”并举，在市场经济机制条件下，“民营型”、“股份型”公建是小城镇公建点网体系不可缺少的组成部分。

3.5.3.7 研究提出不同等级小城镇公建用地面积和建筑面积控制的定量化幅值指标及其比较选用和操作方法。

3.5.3.8 从“群体规划”、“单体设计”、“环境协调”不同层面和角度提出小城镇公建规划设计的优化途径与方法。

3.6 专题之六：小城镇居住小区规划设计标准及优化研究

3.6.1 主要研究内容：

3.6.1.1 总则。

1. 本专题标准研究适用范围。

2. 小城镇居住小区规划设计基本原则。

3.6.1.2 小区的规划组织结构、分级规模与配建设施。

1. 组织结构

顺应小城镇居民的生活习惯和活动规律、居住小区的规划组织结构由居住小区——住宅组群——住宅庭院三级组成。上一级居住单位与所属的下一级居住单位的数量应有一个科学合理的配比，且在平面布局和空间组合上有机构成，互为衔接。

2. 分级规模与配建设施

小城镇居住小区、住宅组群、住宅庭院宜各分为二级，其分级规模、公共服务设施配置及对应的行政管理机构应按表 3.6.1-1 要求，并结合当地实际情况酌定。

小城镇居住体系构架表 **表 3.6.1-1**

居住单位名称		居住规模		公共服务设施配置			对应行政管理机构
		人口数	住户数	公建	户外休闲游乐设施		
居住小区	Ⅰ级	8000～12000	2000～3000	在1～7类中选取部分项目	小区级配置	Ⅰ级	街道办事处
	Ⅱ级	5000～7000	1250～1750			Ⅱ级	
住宅组群	Ⅰ级	1500～2000	375～500	在1.2.3.4.7类中选取部分项目	组群组配置	Ⅰ级	居(村)委会
	Ⅱ级	1000～1400	250～350			Ⅱ级	
住宅庭院	Ⅰ级	250～340	63～85	—	庭院级配置	Ⅰ级	居(村)民小组
	Ⅱ级	180～240	45～60	—		Ⅱ级	

注：1）表中“公共服务设施配置”栏的“公建”，可参见《小城镇公共建筑规划设计标准及优化研究》，按指定类别从中选取适宜的项目，Ⅱ级比Ⅰ级略简。

2）户外休闲游乐设施配置的内容参见本专题标准研究 5.05 条表 5.0.5。

3.6.1.3 小城镇住宅建筑。

1. 小城镇居住小区规划设计的特点。

(1) 住宅建筑是一个多元多层次的套型系列。

(2) 住宅建筑由基本功能空间和附加功能空间组成。

(3) 住宅功能空间种类、数量及住栋类型选择见表 3.6.1-2。

(4)“多代同堂”住宅应是小城镇住宅户型之一。

2. 小城镇住宅建筑宜以多层为主、少层为辅(县城镇和中心镇酌情可建适量小高层毗连式住栋)。

3. 住宅的住栋间距、庭院围合和布置要求。

4. 一户多层的垂直分户住宅布局。

5. 洪灾地区的住宅防灾要求。

3.6.1.4 道路及停车场库。

1. 居住小区的道路规划基本原则。

2. 居住小区道路由居住小区级、住宅组群级和宅前路及其他人行路级三级道路。其控制线间距和路面宽度如表 3.6.1-3。

3. 居住小区内各类道路纵坡的控制应符合表 3.6.1-4 规定。

4. 位于山坡地和丘陵地的居住小区，其道路网络宜将车行与人行分开设置，使其自成系统。主要道路宜平缓，视条件路面可酌情缩窄，但应安排必要的排水边沟和会车位。

5. 居住小区保留、利用和完善旧镇具有历史文化价值的街道、节点和路段。

6. 小城镇居住小区小汽车的停车场库按当地经济发达水平和私人购车情况酌定；自行车和摩托车的停车场库，按住户的 100%～120%计，停车场库和自行车棚，在方便居民使用的原则下，可采取集中、分散或集中和分散相结合的形式布局。

7. 居住小区主要道路与外围道路相连出入口、机动车道对外出入口数控制、消防车道、尽端式道路停车场地、道路边缘至建筑物、构筑物的最小距离等，同《城市居住区规划设计规

住宅功能空间种类、数量及住栋类型选择

表 3.6.1-2

户职业类型	户辈分结构	部分基本功能空间的数量选择：卧室	浴室	厨房	贮藏间	附加功能空间的种类及数量选择：客厅	书房	客卧	健身游戏室	家务劳动室	日光室	手工作坊	商店	库房	车库	谷仓	禽畜舍	套型系列	住栋类型
种植户	两代	2~3	1	与划分的小户头数量相同	按分类就近原则配置，数量视具体情况确定	1	1	1	1	1	1	1	1	1	1	1	1	2~3个卧室一户一套	水平、垂直或混合分户
		3	1~2			1	1	1	1	1	1	1	1	1	1	1	1		
养殖户	三代	3	1~2			1	1	1	1	1	1	1	1	1	1	1	1	3~5个卧室一户两套，可分可合	宜垂直分户
		3~4	2			1	1	1	1	1	1	1	1	1	1	1	1		
		4~5	2~3			1~2	1~2	1	1	1~2	1	1	1	1	1	1	1		
兼业户	四代	5	2			1	1	1	1	1	1	1	1	1	1	1	1	5~7个卧室一户两套或一户三套，可分可合	垂直分户
		5~6	2~3			1	1	1	1	1	1	1	1	1	1	1	1		
		6	2~3			1~2	1~2	1	1	1~2	1	1	1	1	1	1	1		
		6~7	3			2	2	1	1	2	1	1	1	1	1	1	1		
专业户	两代	2~3	1			1	1	1	1	1	1	1	1	1	1	1	1	2~3个卧室一户一套	宜垂直分户
		3	1~2			1	1	1	1	1	1	1	1	1	1	1	1		
商业户	三代	3	1~2			1	1	1	1	1	1	1	1	1	1	1	1	3~5个卧室一户两套，可分可合	垂直分户
		3~4	2			1	1	1	1	1	1	1	1	1	1	1	1		
		4~5	2~3			1~2	1~2	1	1	1~2	1	1	1	1	1	1	1		
职工户	两代	2~3	1			1	1	1	1	1	1	1	1	1	1	1	1	2~3个卧室一户一套	水平分户
		3	1~2			1	1	1	1	1	1	1	1	1	1	1	1		
	三代	3	1~2			1	1	1	1	1	1	1	1	1	1	1	1	3~5个卧室一户两套，可分可合	水平分户
		3~4	2			1	1	1	1	1	1	1	1	1	1	1	1		
		4~5	2~3			1~2	1~2	1	1	1~2	1	1	1	1	1	1	1		

注：1）种植户、养殖户和兼业户多聚居于小城镇边缘的农业产业化小区，是乡村城市化过程中一种过渡的居住形态。所谓兼业户，多以种植及养殖为主业的农业户兼营其他；

2）基本功能空间是每个住户所必需的，但卧室、浴室、厨房及贮藏间，则视户结构、户规模和生活水准的不同，其数量可作不同的选择；

3）表中所说的水平垂直混合分户系指底层用作生产用房，楼层为生活用房，水平分户，合用楼梯；

4）日光室外墙必须朝阳，采用全宽落地玻璃窗，亦可用玻璃窗全封闭式阳台代日光室；

5）客卧不包括在套型系列卧室总数之内；

6）表中列举了各类功能空间的数量，其面积大小可根据实际需要和参照本专书第二篇标准研究6.0.2条表6.0.2.3及表6.0.2.4确定。

范》的有关规定。

小城镇居住小区道路控制线间距及路面宽度表 表 3.6.1-3

道路名称	建筑控制线之间的距离		路面宽度	备 注
	采暖区	非采暖区		
居住小区级道路	16~18	14~16	6~7m	应满足各类工程管线埋设要求； 严寒积雪地区的道路路面应考虑防滑措施并应考虑堆放清扫道路积雪的面积，路面可适当放宽； 地震区道路宜做柔性路面
住宅组群级道路	12~13	10~11	3~4m	
宅前路及其他人行路	—	—	2~2.5m	

小区内道路纵坡控制参数表 表 3.6.1-4

道路类别	最小纵坡(%)	最大纵坡(%)	多雪严寒地区最大纵坡(%)
机动车道	0.3	8.0 $L \leqslant 200m$	5.0 $L \leqslant 600m$
非机动车道	0.3	3.0 $L \leqslant 50m$	2.0 $L \leqslant 100m$
步 行 道	0.5	8.0	4

注：1) 表中"L"为道路的坡长；

2) 机动车与非机动车混行的道路，其纵坡宜按非机动车道要求，或分段按非机动车道要求控制；

3) 居住小区内道路坡度较大时，应设缓冲段与城市道路衔接。

3.6.1.5 绿地及休闲设施

1. 小城镇居住小区绿地由小区公园、组群中心绿地、庭院中心及宅旁绿地、配套公建所属绿地及道路绿地等构成。

2. 公共绿地指标：住宅组群(含住宅庭院)不少于 0.5m^2/人，小区(含住宅组群)不少于 1 m^2/人。

3. 公共绿地面积及休闲设施配置应符合表 3.6.1-5 规定。

小城镇居住小区公共绿地面积及休闲设施配置 表 3.6.1-5

居住单位名称		中心绿地名称		设 施 项 目	最小面积规模	备 注
居住小区	Ⅰ	小区游园	Ⅰ	草坪、花木、花坛、水面、儿童游乐设施、坐椅、台桌、铺装地面、雕塑或其他建筑小品	0.6~0.7ha	园内布局应有明确的功能划分
	Ⅱ		Ⅱ		0.4~0.5ha	
住宅组群	Ⅰ	组群中心绿地	Ⅰ	草坪、花木、坐椅、台桌、简易儿童游乐设施、铺装地面	0.09~0.10ha	儿童游乐设施应布置在中心绿地的非阴影区地段
	Ⅱ		Ⅱ		0.07~0.08ha	
住宅庭院	Ⅰ	庭院绿地	Ⅰ	草坪、花木、坐椅、台桌、铺装地面	0.04~0.06ha	坐椅台桌应布置在非阴影区地段
	Ⅱ		Ⅱ		0.02~0.03ha	

4. 中心绿地小区游园及活动场地等有关要求同《城市居住区规划设计规范》的相关规定。

3.6.1.6 用地和建筑面积

1. 居住小区用地应采取人均用地指标、建设用地构成比例加以控制；

2. 小城镇居住小区人均用地指标应按照表3.6.1-6的规定，并依据所在省、市、自治区政府的有关规定，结合小城镇性质、类型、经济社会发展现状、居住用地水平、生活习惯、风俗民情等实际情况，分析比较选定和适当调整；

小城镇居住小区人均建设用地指标 表3.6.1-6

层数 \ 人均用地指标(m^2/人) \ 居住单位	居住小区		住宅组群		住宅庭院	
	Ⅰ级	Ⅱ级	Ⅰ级	Ⅱ级	Ⅰ级	Ⅱ级
低(少)层	48~55	40~47	35~38	31~34	29~31	26~28
低(少)层、多层	36~40	30~35	28~30	25~27	23~25	22~24
多层	27~30	23~26	21~22	18~20	19~20	17~18

3. 居住小区内各类用地所占比例的用地平衡控制指标，应按照表3.6.1-7规定，并结合小城镇实际，分析比较确定。

小城镇居住小区用地构成控制指标 表3.6.1-7

用地类别 \ 用地指标(%) \ 居住单位	居住小区		住宅组群		住宅庭院	
	Ⅰ级	Ⅱ级	Ⅰ级	Ⅱ级	Ⅰ级	Ⅱ级
住宅建筑用地	54~62	58~66	72~82	75~85	76~86	78~88
公共建筑用地	16~22	12~18	4~8	3~6	2~5	1.5~4
道路用地	10~16	10~13	2~6	2~5	1~3	1~2
公共绿地	8~13	7~12	3~4	2~3	2~3	1.5~2.5
总计用地	100	100	100	100	100	100

4. 小城镇居住小区建筑面积可采用户均建筑面积指标、住宅基本功能空间面积指标和住宅附加功能空间面积指标加以控制；住宅户均建筑面积指标，应根据不同户结构、不同户规模按表3.6.1-8确定。

小城镇住宅户均建筑面积指标 表3.6.1-8

户结构	户均建筑面积(m^2)	户均使用面积(m^2)	说明
两代	85~95	65~82	夫妇及一个孩子面积标准稍低些，两个孩子面积标准稍高些
三代	100~140	82~120	三代6人面积标准稍高些，5人以下面积标准稍低些
四代	150~200	125~170	四代8人面积标准稍高些，7人以下面积标准稍低些

住宅基本功能空间面积指标应按表3.6.1-9并结合实际情况选定；

小城镇住宅基本功能空间面积标准 表3.6.1-9

功能空间名称	门厅	起居室	餐厅	主卧室老人卧室	次要卧室	厨房	卫生间	基本贮藏间(壁柜)	
								数量(间)	总面积(m^2)
面积标准(m^2)	3~5	16~26	9~14	14~16	8~12	6~9	4~7	3~6	4~10

注：贮藏间数量应视不同家庭户结构、户规模及不同生活水平等实际情况确定，参见本专题研究3.0.1条表3.0.1.2。

住宅附加功能空间面积指标应按表3.6.1-10并结合实际情况确定。

小城镇住宅附加功能空间面积标准 **表 3.6.1-10**

功能空间名称	生活性附加功能空间						生产性附加功能空间
	客厅	书房	客卧	家务劳动室	健身游戏室	阳光室	
面积标准（m^2）	18～30	12～16	8～12	12～14	14～20	7～12	专用空间的种类、数量及面积大小根据住户从业的实际需要确定

3.6.1.7 竖向和管线综合。

1. 小城镇居住小区的竖向规划应包括地形地貌的利用、确定道路控制高程和地面排水规划等内容。

2. 小城镇居住小区竖向规划设计应符合《城市居住区规划设计规范》的有关规定。

3. 小城镇居住小区应设置给水、污水、雨水、电力和通信管线。在采暖区还应增设供暖管线。同时，尚应考虑煤气、广播电视等管线的设置或预留埋设的位置。

4. 小城镇居住小区管线综合应符合《城市居住区规划设计规范》的有关规定。

3.6.1.8 居住小区规划设计优化途径。

1. 规划布局优化

(1) 符合总体规划要求；

(2) 空间布局及景观设计与地形地貌有机结合，突出各自特色和可识别性；

小区组群布局原则：

1) 种植户靠近农田和林地或布置在靠近耕作地点的居住小区边缘；或城镇边缘兴建农(林、牧、副、渔)业生产及其从业人员居住的产业化居住小区。

2) 职工户住宅群可布置在靠近镇区机关、企业和工厂等地段，以缩短行程，减少交通负荷。

3) 考虑商业户、手工业户等个体经营者的经营效益、商机及管理，个体工商户商住建筑宜沿人流较多的道路布置，或靠近小区中心及小区主要出入口等地段。

4) 停车场、库等布置，充分利用地下空间。

5) 道路组织和中心绿地及户外公共活动空间布局统筹安排，协调优化。

2. 环境设计优化

(1) 小区景观路线和景观节点的规划设计；

(2) 住宅群体的对比与统一，疏密有致、高低错落，层次分明；

(3) 户外空间的向心式围合；

(4) 环境保护与绿化美化的有机结合。

3. 住宅设计优化

(1) 设置不同种类、数量、标准的基本功能空间和附加功能空间的多元、多层次的住宅套型系列；

(2) 能分能合“多代同堂”居住模式，以及与户类型、户结构和户规模相应的住栋类型；

(3) 优化住宅功能布局、基本功能空间和附加功能空间，且根据不同户类型、户结构的不同要求，控制户面积标准。

3.6.2 主要研究成果：

小城镇居住小区规划设计标准研究条文、专题和条文若干说明和专题研究报告：

小城镇居住小区规划设计优化途径研究。

3.6.3 研究特色和主要创新点：

我国目前有《城市居住区规划设计规范》和《村镇规划标准》，但无小城镇居住小区规划设计标准，本专题主要创新点：

3.6.3.1 提出小城镇居住小区——住宅组群——住宅庭院的三级组织结构，每级又分为大小两种居住规模并相应配建服务设施和对应行政管理机构的居住体系构架。

3.6.3.2 按照小城镇经济社会发展水平、居民生活方式等特点在小区各级居住单位采取"小"与"低"的系列制式；提出适应小城镇的"多代同堂"可分可合住宅户型及多元多层次不同户型套型系列的居住模式；根据小城镇居民从业不同、经济收入水平不同等情况，提出了住宅建筑的"基本功能空间"、"附加功能空间"及其面积标准和选择，一户多层的垂直分户住宅布局等规划设计的科学创新手法。

3.6.3.3 提出小城镇居住小区道路控制线间距及路面宽度。

3.6.3.4 提出小城镇居住小区公共绿地面积及休闲设施配置。

3.6.3.5 提出小城镇居住小区人均建设用地指标和居住小区用地构成控制指标。

3.6.3.6 提出小城镇居住小区规划设计优化途径与方法。

3.7 专题之七：小城镇基础设施规划标准研究

3.7.1 主要研究内容：

3.7.1.1 总则。

1. 研究目的、范围。

2. 规划原则。

3. 大中城市规划区范围内的郊区建制镇的基础设施，应在城市总体规划中一并考虑；较集中分布或连绵分布，相互间可依托的小城镇的基础设施，应在城镇区域考虑的规划优化基础上，联建共享；分散的一般小城镇基础设施规划应根据县(市)域城镇体系规划的基础设施统筹安排，结合小城镇经济、社会发展和实际情况做出具体安排。

4. 小城镇基础设施的合理水平和定量化指标，应主要依据小城镇性质、类型、地理区域位置、经济、社会发展与城镇建设水平、人口规模和小城镇的相关现状水平等，并考虑基础设施规划的适当超前。

5. 小城镇基础设施的合理水平和定量化指标，分三种经济发展不同地区、三个规模等级层次、两个发展阶段(规划期限)设定。

三种经济发展不同地区为：

经济发达地区；

经济发展一般地区；

经济欠发达地区。

三个规模等级层次为：

一级镇：县驻地镇、经济发达地区 3 万以上镇区人口的中心镇、经济发展一般地区 2.5

万以上镇区人口的中心镇；

二级镇：经济发达地区一级镇外的中心镇和2.5万以上镇区人口的一般镇、经济发展一般地区一级镇外的中心镇、2万以上镇区人口的一般镇、经济欠发达地区1万以上镇区人口县城镇外的其他镇；

三级镇：二级镇以外的一般镇和在规划期将发展为建制镇的集镇。

两个规划发展阶段(规划期限)为：

近期规划发展阶段(规划年限至2005年)；

远期规划发展阶段(规划年限至2020年)。

6. 小城镇基础设施应积极采用新技术、新工艺、新办法，以节省投资，提高效益。

7. 少数边远、经济欠发达地区建设基础特别薄弱的小城镇，规划期尚不能达到下限指标和地方标准的，应在规划中先预留规划发展用地，并选择经济、适宜的过渡实施方案。

3.7.1.2 给水工程规划标准研究

1. 规划内容、范围

(1) 小城镇集中给水工程规划的主要内容应包括：预测小城镇用水量；进行水资源与用水量供需平衡分析；选择水源，提出水资源保护要求和措施；确定水厂位置、用地，提出给水系统布局框架；布置输水管道和给水管网。

(2) 规划范围。

2. 水资源

(1) 小城镇水资源应包括符合各种用水的水源水质标准的淡水(地表水和地下水)、海水，及经过处理后符合各种用水水质要求的淡水(地表水和地下水)、海水、再生水等。

(2) 小城镇水资源和用水量之间应保持平衡，当小城镇之间用同一水源或水源在规划区以外，应进行区域或流域范围的水资源供需平衡分析，根据水资源平衡分析，提出保持平衡的对策。

(3) 小城镇用水量应分两部分：

第一部分应为小城镇给水工程统一供给的居民生活用水、工业用水、公共设施用水及其他用水量的总和；

第二部分应为上述统一供给以外的所有用水水量的总和，包括工业和公共设施自备水源供给的用水，河湖环境和航道用水、农业灌溉及畜牧业用水。

3. 用水量

(1) 小城镇给水工程统一供给的综合生活用水量宜采用表3.7.1-1指标预测，并应结合小城镇地理位置、水资源状况、气候条件、小城镇经济、社会发展与城镇公共设施水平、居民经济收入、居住、生活水平、生活习惯、综合分析比较选定指标。

小城镇人均综合生活用水量指标(L/人·d)　　**表3.7.1-1**

地区区划	小城镇规模分级					
	一		二		三	
	近期	远期	近期	远期	近期	远期
一区	190～370	220～450	180～340	200～400	150～300	170～350
二区	150～280	170～350	140～250	160～310	120～210	140～260

续表

地区区划	小城镇规模分级					
	一		二		三	
	近期	远期	近期	远期	近期	远期
三区	130～240	150～300	120～210	140～260	100～160	120～200

注：1）一区包括：贵州、四川、湖北、湖南、江西、浙江、福建、广东、广西、海南、上海、云南、江苏、安徽、重庆；

二区包括：黑龙江、吉林、辽宁、北京、天津、河北、山西、河南、山东、宁夏、陕西、内蒙古河套以东和甘肃黄河以东的地区；

三区包括：新疆、青海、西藏、内蒙古河套以西和甘肃黄河以西的地区（下同）。

2）用水人口为小城镇总体规划确定的规划人口数（下同）。

3）综合生活用水为小城镇居民日常生活用水和公共建筑用水之和，不包括浇洒道路、绿地、市政用水和管网漏失水量。

4）指标为规划期最高日用水量指标（下同）。

5）特殊情况的小城镇，应根据实际情况，用水量指标酌情增减（下同）。

（2）小城镇用水量预测可在综合生活用水量预测的基础上，按小城镇相关因素分析或类似比较确定的综合生活用水量与总用水量比例或其与工业用水量、其他用水量之比例，测算总用水量，其中工业用水量也可单独采用其他方法预测。

（3）估算小城镇总体规划给水工程统一供水的给水干管管径或预测不同性质用地用水量，可按不同性质用地用水量指标确定。

1）小城镇单位居住用地用水量应根据小城镇特点、居民生活水平等因素确定，并根据小城镇实际情况，选用表3.7.1-2中指标。

单位居住用地用水量指标（万 $m^3/km^2\cdot d$）　　**表 3.7.1-2**

地区区划	小城镇规模分级		
	一	二	三
一　区	1.00～1.95	0.90～1.74	0.80～1.50
二　区	0.85～1.55	0.80～1.38	0.70～1.15
三　区	0.70～1.34	0.65～1.16	0.55～0.90

注：表中指标为规划期内最高日用水量指标，使用年限延伸至2020年，即远期规划指标，近期规划使用应酌情减少，指标已含管网漏失水量。

2）小城镇单位公共设施用地、工业用地及其他用地用水量指标，应根据现行国标《城市给水工程规划规范》，结合小城镇实际情况选用。

（4）进行小城镇水资源供需平衡分析时，小城镇给水工程统一供水部分所要求的水资源供水量为小城镇最高日用水量除以日变化系数，再乘供水天数。小城镇的日变化系数可取1.6～2.0。

（5）小城镇自备水源供水的工业企业和公共设施的用水量应纳入小城镇用水量中，并由小城镇给水工程统一规划。

4．水质与水源选择

（1）小城镇统一供给的或自备水源供给的生活饮用水水质应符合现行国家标准《生活饮用水卫生标准》的规定，其他用水水质也应符合相应的水质标准。

(2) 小城镇应贯彻节约用水的原则,水源应合理配置、高效利用;选择小城镇给水水源,应以水资源勘察或分析研究报告和小城镇供水水源开发利用规划、有关区域、流域水资源规划为依据,并满足小城镇用水量和水质等方面的要求。

(3) 小城镇选择地下水作为给水源时,不得超量开采,选择地表水作为给水水源时,其枯水流量的保证率不得低于90%。

(4) 水资源不足的小城镇,更应节约用水,宜将雨、污水处理后用作工业用水、生活杂用水及河湖环境用水、农业灌溉用水等,其水质并应符合相应标准的规定。

5. 给水系统

(1) 小城镇给水系统应满足小城镇的水量、水质、水压及消防、安全给水的要求,有地形可供利用时,宜采用重力输配水系统。

(2) 小城镇给水管网布置应符合小城镇规划发展的要求,给供水的分期发展留有充分的余地;干管的方向应与给水的主要流向一致;管网布置形式应作相关分析、比较后确定,并宜根据条件,逐步布置环状管网。

6. 水源地与水厂、泵站

(1) 小城镇的水厂设置应以小城镇总体规划和县(市)城镇体系规划为依据,较集中分布的小城镇应统筹规划区域水厂,不单独设水厂的小城镇可酌情设配水厂。

(2) 小城镇水源地应设在水量、水质有保证和易于实施水源环境保护的地段;地表水水厂的位置应根据给水系统的布局确定;地下水水厂的位置应根据水源地的地点和不同的取水方式确定,宜选择在取水构筑物附近。

(3) 小城镇水厂用地应按规划期给水规模确定,用地控制指标应按表3.7.1-3,结合小城镇实际情况选定,水厂厂区周围应设置宽度不小于10m的绿化地带。

小城镇水厂用地控制指标($m^2 \cdot d/m^3$) **表3.7.1-3**

水厂建设规模(万m^3/d)	地表水水厂		地下水水厂
	沉淀净化	过滤净化	除铁净化
0.5~1			0.4~0.7
1~2	0.5~1.0	0.8~1.4	0.3~0.4
2~5	0.4~0.8	0.6~1.1	
2~6			0.3~0.4
5~10	0.35~0.6	0.5~0.8	

注:指标未包括厂区周围绿化地带用地。

(4) 小城镇当配水系统需设置加压泵站时,其位置宜靠近用水集中地区;泵站用地应按规划期给水规模确定,用地控制指标按《城市给水工程项目建设标准》规定,结合实际情况选定;泵站周围应设置不小于10m的绿化地带,并宜与小城镇绿化用地相结合。

3.7.1.3 排水工程规划标准研究

1. 规划内容、范围

(1) 小城镇排水工程规划的主要内容应包括划定小城镇排水范围,预测小城镇排水量,确定排水体制,排放标准,排水系统布置,污水处理方式和综合利用途径。

(2) 规划范围。

2. 排水量

(1) 小城镇排水量应包括污水量和雨水量,其中污水量应包括综合生活污水量和工业废水量。

(2) 小城镇总体规划综合生活污水量宜根据其综合生活用水量乘以其排放系数0.75～0.90确定,工业废水量宜根据工业用水量乘以其排放系数0.70～0.90确定;综合生活污水量和工业废水量也可按其他方法计算确定。

(3) 小城镇雨水量宜按当地或地理环境、气候相似的所属城市或邻近城市的标准,按下式计算确定:

$$Q = q \cdot \psi \cdot F$$

式中 Q——雨水量(L/s);

q——暴雨强度(L/s·ha);

ψ——径流系数;

F——汇水面积(ha)。

3. 排水体制

小城镇排水体制应根据小城镇总体规划、环境保护要求、当地自然条件和废水受纳体条件,污水量和其水质及原有排水设施情况,经技术经济比较确定。

4. 排水受纳体

(1) 小城镇排水受纳体应包括江、河、湖、海和水库、运河等受纳水体和荒废地、劣质地、山地以及受纳农业灌溉用水的农田等受纳土地。

(2) 污水受纳水体应满足其水域功能的环境保护要求,有足够的环境容量,雨水受纳水体应有足够的排泄能力或容量;受纳土地应具有足够的环境容量,符合环境保护和农业生产的要求。

5. 污水处理与雨污水利用、排放。

(1) 小城镇排水规划应结合当地实际情况和生态保护,考虑雨水资源和污水处理的综合利用途径。

(2) 小城镇污水处理应因地制宜选择不同的经济、合理处理方法,处于城镇较集中分布的小城镇,应在区域规划优化的基础上联建区域污水处理厂;远期(2020年)70%～80%的小城镇污水应得到不同程度的处理,其中较大部分宜为二级生物处理。

(3) 不同地区、不同等级层次和规模、不同发展阶段小城镇排水和污水处理系统相关的合理水平,应根据小城镇经济社会发展规划、环境保护要求、当地自然条件和水体条件,污水量和水质情况等综合分析和经济比较,按表3.7.1-4要求选定。

(4) 污水排放应符合国家标准《污水综合排放标准》的有关规定;污水用于农田灌溉,应符合现行的国家标准《农田灌溉水质标准》的有关规定。

(5) 小城镇污水排放系统布置要确定污水厂、出水口、泵站及主要管道的位置;雨水排放系统布置要确定雨水管渠、排洪沟和出水口的位置;雨水应充分利用地面径流和沟渠排除,污水、雨水的管、渠均应按重力流设计。

(6) 小城镇污水处理厂和出水口应选在小城镇河流的下游或靠近农田灌溉区,污水处理厂应尽可能与出水口靠近,污水处理厂并应位于小城镇夏季最小频率风向的上风侧,与居住小区或公共建筑物之间有一定的卫生防护地带;卫生防护地带一般采用300m,处理污水用于农田灌溉时宜采用500～1000m。

小城镇排水体制、排水与污水处理规划要求 **表 3.7.1-4**

分项 \ 小城镇分级规划期		经济发达地区						经济发展一般地区						经济欠发达地区					
		一		二		三		一		二		三		一		二		三	
		近期	远期	近期	远期	近期	远期	近期	远期	近期	远期	近期	远期	近期	远期	近期	远期	近期	远期
排水体制一般原则	1. 分流制 2. 不完全分流制	△1	●1	△1	●1		●	△2	●	○2	●1	○2	△1	○2	●1		△2		△2
	合流制															○		○ 部分	
排水管网面积普及率(%)		95	100	90	100	85	95～100	85	100	80	95～100	75	90～95	75	90～100	50～60	80～85	20～40	70～80
不同程度污水处理率(%)		80	100	75	100	65	90～95	65	100	60	95～100	50	80～85	50	80～90	20	65～75	10	50～60
统建、联建、单建污水处理厂		△	●	△	●		●		●		●		●		△		△		
简单污水处理						○		○		○		○		○		○		○ 低水平	△ 较高水平

注：1. 表中○——可设，△——宜设，●——应设。

2. 不同程度污水处理率指采用不同程度污水处理方法达到的污水处理率。

3. 统建、联建、单建污水处理厂，在一般情况下，郊区小城镇、小城镇群应优先考虑统建、联建污水处理厂。

4. 简单污水处理指经济欠发达、不具备建设较现代化污水处理厂条件的小城镇，选择采用简单、低耗、高效的多种污水处理方式，如氧化塘、多级自然处理系统，管道处理系统，以及环保部门推荐的几种实用污水处理技术。

5. 排水体制的具体选择按上表要求外，同时应根据总体规划和环境保护要求，综合考虑自然条件、水体条件、污水量、水质情况、原有排水设施情况，技术经济比较确定。

(7) 污水处理厂规划预留用地面积应按表 3.7.1-5 范围，结合当地实际情况，分析、比较选取。

小城镇污水处理厂用地估算面积($m^2 \cdot d/m^3$)　　**表 3.7.1-5**

处理水量(万 m^3/d)	一级处理	二级处理(一)	二级处理(二)
1～2	0.6～1.4	1.0～2.0	4.0～6.0
2～5	0.6～1.0	1.0～1.5	2.5～4.0
5～10	0.5～0.8	0.8～1.2	1.0～2.5

注：一级处理工艺流程大体为泵房、沉砂、沉淀及污泥浓缩、干化处理等。
二级处理(一)工艺流程大体为泵房、沉砂、初次沉淀、曝气、二次沉淀及污泥浓缩、干化处理等。
二级处理(二)工艺流程大体为泵房、沉砂、初次沉淀、曝气、二次沉淀、消毒及污泥提升、浓缩、消化、脱水及沼气利用等。

(8) 小城镇排水泵站宜单独设置，与住宅、公共建筑间距应符合有关要求，周围宜设置宽度不小于 10m 的绿化隔离带；排水泵站预留用地面积应按全国市政工程投资估算指标的雨污水泵站用地一项综合指标范围，结合当地实际情况，分析比较选定。

3.7.1.4　供电工程规划标准研究

1. 规划内容

小城镇供电工程规划的主要内容应包括用电负荷预测，电力平衡，确定电源和电压等级，做出电力网主网规划及主要供电设施配置(详细规划应做出配电网规划及其主要设施配置)，确定高压线走廊，提出近期主要建设项目。

2. 用电负荷

(1) 小城镇用电负荷预测方法，总体规划宜主要选用电力弹性系数法、回归分析法、增长率法；详细规划宜主要选用建筑面积负荷指标法、单耗法。

(2) 用电负荷预测一般应选两种以上方法预测，以其中一种以上方法为主，一种方法用于校核。

(3) 小城镇用电负荷一般宜分第一产业用电、第二产业用电、第三产业用电和市政、生活用电。

(4) 小城镇供电总体规划当采用人均市政、生活用电指标预测市政、生活用电时，应结合小城镇的地理位置、经济、社会发展与城镇建设水平、人口规模、居民经济收入、生活水平、能源消费构成、气候条件、生活习惯、节能措施等因素，综合分析比较，以现状用电水平为基础，对照表 3.7.1-6 指标幅值范围选定。

小城镇规划人均市政、生活用电指标(kWh/人·a)　　**表 3.7.1-6**

小城镇规模分级	经济发达地区			经济发展一般地区			经济欠发达地区		
	一	二	三	一	二	三	一	二	三
近　期	560～630	510～580	430～510	440～520	420～480	340～420	360～440	310～360	230～310
远　期	1960～2200	1790～2060	1510～1790	1650～1880	1530～1740	1250～1530	1400～1720	1230～1400	910～1230

(5) 小城镇总体规划，当采用负荷密度法进行负荷预测时，其居住、公共设施、工业三大类建设用地的规划单位建设用地负荷指标的选取，应根据其具体构成分类及负荷特征，结合现状水平和不同小城镇实际情况，按表 3.7.1-7 分析、比较选定。

小城镇规划单位建设用地负荷指标　　表 3.7.1-7

建设用地分类	居住用地	公共设施用地	工业用地
单位建设用地负荷指标(kW/ha)	80～280	300～550	200～500

注：表外其他类建设用地的规划单位建设用地负荷指标的选取，可根据当地小城镇实际情况，调查分析确定。

(6) 小城镇详细规划用电负荷预测，当采用单位建筑面积用电负荷指标法时，其居住建筑、公共建筑、工业建筑的规划单位建筑面积负荷指标的选取，应根据三大类建筑的具体构成分类及其用电设备配置，结合当地各类建筑单位建筑面积负荷现状水平，按表 3.7.1-8 分析、比较选定。

小城镇规划单位建筑面积用电负荷指标　　表 3.7.1-8

建设用地分类	居住建筑	公共建筑	工业建筑
单位建筑面积负荷指标 (W/m^2)	15～40W/m^2 (1～4kW/户)	30～80	20～80

注：表外其他类建筑的规划单位建筑面积用电负荷指标的选取，可根据当地小城镇实际情况，调查分析确定。

3. 电源与电力平衡

(1) 小城镇供电电源可分为接受区域电力系统电能的电源变电所和小城镇水电站、发电厂两类。

(2) 小城镇的供电电源，条件许可应优先选择区域电力系统供电，对规划期内区域电力系统电能不能经济、合理供到的地区的小城镇，应充分利用本地区的能源条件，因地制宜地建设适宜规模的发电厂(站)作为小城镇供电电源。

(3) 小城镇发电厂和电源变电站的选择应以县(市)域供电规划为依据，并应符合厂、站建设条件，线路进出方便和接近负荷中心等要求。

(4) 小城镇供电总体规划应根据负荷预测(适当考虑备用容量)和现有电源变电所、发电厂的供电能力及供电方案，进行电力电量平衡，测算规划期内电力、电量的余缺，提出规划年限内需增加电源变电所和发电厂的装机总容量。

4. 电压等级与电网规划

(1) 小城镇电压等级宜为国家标准电压 220、110、66、35、10kV 和 380/220V 中的 3～4 级，三个变压层次，并结合所在地区规定电压标准选定。

(2) 小城镇电网中的最高一级电压，应根据其电网远期规划的负荷量和其电网与地区电力系统的连接方式确定。

(3) 小城镇电网各电压层网容量之间，应按一定的变电容载化配置，容载比应符合《城市电力网规划设计导则》及其他有关规定。

(4) 小城镇电网规划应贯彻分层分区原则，各分层分区应有明确的供电范围、避免重叠、交错。

5. 主要供电设施

(1) 小城镇 35kV、110kV 变电所一般宜采用布置紧凑、占地较少的全户外或半户外式结构，选址应符合有关要求；小城镇 35～110kV 变电所应按最终规模预留用地，并应结合所在小城镇的实际用地条件，按表 3.7.1-9 分析比较选定，220kV 区域变电所用地按《城市电力规划规范》有关规定预留。

小城镇 35～110kV 变电所规划用地面积控制指标(m^2)　　表 3.7.1-9

变压等级	主变压器容量	MVA/台(组)	变电所类型全户外式用地面积
半户外式用地面积 110(66)/10 kV	20～63/2～3	3500～5500	1500～3000
35/10 kV	5.6～31.5/2～3	2000～3500	1000～2000

(2) 小城镇变电所主变压器安装台(组)数宜为 2～3 台(组),单台(组)主变压器容量应标准化、系列化;35～220kV 主变压器单台(组)容量选择,应符合国家有关规定。

(3) 小城镇公用配电所的位置应接近负荷中心,其配电变压器的安装台数宜为两台,居住区单台容量一般可选 630kVA 以下,工业区单台容量一般不宜超过 1000kVA。

(4) 小城镇架空电力线路应根据小城镇地形、地貌特点和道路网规划沿道路、河渠、绿化带建设;35kV 及以上高压架空电力线路应规划专用通道,并应加以保护;镇区内的中、低压架空电力线路应同杆架设,中心繁华地段、旅游地段等宜采用电缆埋地敷设或架空绝缘线。

(5) 35kV 以上高压电力线路走廊的宽度应根据现行国标《城市电力规划规范》要求选定。

3.7.1.5 通信工程规划标准研究

1. 规划内容

(1) 小城镇通信工程规划应以电信工程规划为主,同时包括邮政、广播、电视规划的主要相关内容。

(2) 小城镇电信工程规划的主要内容,总体规划阶段应包括用户预测,局所规划,中继网规划,管道规划和移动通信规划。详细规划阶段具体落实规划地块涉及的上述规划内容外,尚应包括用户网优化和配线网规划。

2. 用户预测

(1) 小城镇电信用户预测,总体规划阶段以宏观预测为主,宜采用时间序列法、相关分析法、增长率法、普及率法、分类普及率法等方法预测;详细规划阶段以小区预测、微观预测为主,宜采用分类建筑面积用户指标、分类单位用户指标预测,也可采用计算机辅助预测。

(2) 电信用户预测应以两种以上方法预测,其中一种以上方法为主、一种方法可作为校核。

(3) 电话普及率常用综合普及率,宜采用局号普及率,并应和“局线/百人”表示。

(4) 当采用普及率法作预测和预测校核时,采用的普及率应结合小城镇的规模、性质、作用和地位、经济社会发展水平、平均家庭生活水平及其收入增长规律、第三产业和新部门增长发展规律、按表 3.7.1-10 指标范围,综合分析、比较选定和必要适当调整。

小城镇电话普及率预测水平(线/百人)　　表 3.7.1-10

小城镇规模	经济发达地区			经济发展一般地区			经济欠发达地区		
分　级	一	二	三	一	二	三	一	二	三
近　期	38～43	32～38	27～34	30～36	27～32	20～28	23～28	20～25	15～20
远　期	70～78	64～75	50～68	60～70	54～64	44～56	50～56	45～55	35～45

(5) 当采用单位建筑面积分类用户指标作用户预测时,其指标选取可结合小城镇的规

模、性质、作用和地位、经济、社会发展水平、居民平均生活水平及其收入增长规律、公共设施建设水平和第三产业发展水平等因素，按表 3.7.1-11 指标范围综合分析比较选取。

按单位建筑面积测算小城镇电话需求用户指标(线/m^2) **表 3.7.1-11**

建筑用户地区分类	写字楼办公楼	商店	商场	旅馆	宾馆	医院	工业厂房	住宅楼房	别墅、高级住宅	中学	小学
经济发达地区	1/25～35	1/25～50	1/70～120	1/30～35	1/20～25	1/100～140	1/100～180	1线/户面积	1.2～2/200～300	4～8线/校	3～4线/校
经济一般地区	1/30～40	0.7～0.9/25～50	0.8～0.9/70～120	0.7～0.9/30～35	1/25～35	0.8～0.9/100～140	1/120～200	0.8～0.9线/户面积		3～5线/校	2～3线/校
经济欠发达地区	1/35～45	0.5～0.7/25～50	0.5～0.7/70～120	0.5～0.7/30～35	1/30～40	0.7～0.8/100～140	1/150～250	0.5～0.7线/户面积		2～3线/校	1～2线/校

3．局所与移动通信规划

(1) 小城镇电信工程规划应依据小城镇总体规划和上一级电信工程规划。

(2) 小城镇电话网，近期多数应属所在中等城市或地区(所属地级市或地区)或直辖市本地电话网，少数宜属所在县(市)本地电话网；但发展趋势应属所在中等城市或地区本地电话网。

(3) 属中等城市本地网的小城镇局所规划，其中县驻地镇规划 C4 一级端局；其他镇规划 C5 一级端局(或模块局)；中远期从接入网规划考虑，应以光纤终端设备 OLT(局端设备)或光纤网络单元 ONU(接入设备)代替模块局。

(4) 属所在中等城市本地网的小城镇长途通信规划，在所属中等城市本地网的长途通信规划中统一规划。

(5) 属县(市)本地电话网的小城镇局所规划应以县(市)总体规划的电信规划为依据；其县(市)驻地镇局所规划，可以长话、市话、农话合设或分设。

(6) 小城镇电信局所规划选址应考虑环境安全、服务方便、技术合理和经济实用原则，并接近计算的线路网中心，避开靠近 110kV 以上变电站和线路地点，以及地质、防灾、环保不利的地段；局所预留用地可结合当地实际情况，考虑发展余地，按表 3.7.1-12 分析比较选定。

小城镇电信局所预留用地 **表 3.7.1-12**

局所规模(门)	≤2000	3000～5000	5000～10000	30000	60000	100000
预留用地面积(m^2)	1000～2000		2000～3000	4500～5000	6000～6500	8000～9000

注：1．用地面积同时考虑兼营业点用地。

2．当局所为电信枢纽局(长途交换局、市话汇接局)时，长话 2～3 万路端规模，用地为 15000～17000m^2。

3．表中所列规模之间大小的局所预留用地，可比较、酌情预留。

(7) 小城镇移动通信规划应主要预测移动通信用户需求，并具体规划落实移动通信网涉及的移动交换局(端局)、基站等设施；有关的移动通信网规划一般宜在省、市区域范围统一规划。

(8) 小城镇中远期应考虑电信新技术、新业务的大发展，电信网规划应考虑向综合业务数字网 ISDN 的逐步过渡和信息网的统筹规划。

4. 通信线路与管道规划

(1) 小城镇通信线路敷设方式应符合表 3.7.1-13 要求。

小城镇通信线路敷设方式 **表 3.7.1-13**

敷设方式	经济发达地区						经济发展一般地区						经济欠发达地区					
	小城镇规模分级																	
	一		二		三		一		二		三		一		二		三	
	近期	远期	近期	远期	近期	远期	近期	远期	近期	远期	近期	远期	近期	远期	近期	远期	近期	远期
架空电缆											○		○		○		○	
埋地管道电缆	△	●	△	●	部分△	●	部分●	●	部分△	●		△		●		△		部分△

注：表中○——可设，△——宜设，●——应设。

(2) 小城镇通信管道规划应按 30～50 年考虑，规划管孔数应同时考虑计算机互联网、数据通信、非话业务，电缆电视及备用等需要。

5. 邮政、广播、电视规划

(1) 小城镇的广播、电视线路路由宜与电信线路路由统筹规划，并可同杆、同管道敷设，但电视电缆、广播电缆不宜与通信电缆共管孔敷设。

(2) 县(城)总体规划的通信规划应在县驻地镇设电视发射台(转播台)和广播、电视微波站、其选址应符合相关技术要求。

(3) 县(城)总体规划的通信规划，其邮局所规划主要是邮政局和邮政通信枢纽局(邮件处理中心)规划，其他镇邮政局所规划主要是邮政支局(或邮电支局)和邮件转运站规划。

(4) 县(城)邮政通信枢纽局址除应符合通信局所一般原则外，在邮件主要依靠铁路运输情况下，应优先在客运火车站附近选址，并应符合有关技术要求，在主要靠公路和水路运输时，可在长途汽车站或港口码头附近选址；预留用地面积应按设计要求或类似比较确定。

(5) 邮政局所设置应按方便居民用邮和综合考虑服务人口数、服务半径、业务收入确定。

(6) 小城镇邮电支局的预留用地面积应结合当地实际情况，按表 3.7.1-14 分析、比较选定。

邮电支局预留用地面积(m^2) **表 3.7.1-14**

支局名称 \ 用地面积 \ 支局级别	一等局业务收入 1000 万元以上	二等局业务收入 500～1000 万元	三等局业务收入 100～500 万元
邮电支局	3700～4500	2800～3300	2170～2500
邮电营业支局	2800～3300	2170～2500	1700～2000

3.7.1.6 防洪工程规划标准研究

1. 规划内容

小城镇防洪工程规划的主要内容应包括历史洪灾和防洪现状分析，防洪特点与防洪规划原则，防洪标准与防洪方案选定，以及防洪设施与防洪措施。

2. 规划依据与规划原则

(1) 小城镇防洪工程规划必须以小城镇总体规划和所在江河流域防洪规划为依据。

(2) 编制小城镇防洪工程规划应向水利等有关部门调查分析相关基础资料外，还应结合小城镇现状与规划，了解分析设计洪水、设计潮位的计算和历史洪水和暴雨的调查考证。

3. 防洪标准

(1) 小城镇防洪标准应按照表 3.7.1-15 现行国标《城市防洪工程设计规范》相关规定的范围，结合考虑小城镇的人口规模、经济社会发展、受灾后造成的影响、经济损失、抢险难易，以及投资的可能性，因地制宜合理选定。

小城镇防洪标准　　**表 3.7.1-15**

	河(江)洪、海潮	山　洪
防洪标准(重现期)	50～20 年	10～5 年

(2) 沿江河湖泊小城镇的防洪标准，应不低于其所处江河流域的防洪标准。

(3) 邻近大型工矿企业，交通运输设施、文物古迹和风景区等防护对象的小城镇防洪规划，当不能分别进行防护时，应按就高不就低的原则，执行其中高的防洪标准。

(4) 涉及江河流域、工矿企业、交通运输设施、文物古迹和风景区等的防洪标准，应根据国标《防洪标准》等的相关规定确定。

4. 防洪方案选择

(1) 位于江河湖泊沿岸小城镇的防洪规划，上游应以蓄水分洪为主，中游应加固堤防以防为主，下游应增强河道的排泄能力以排为主。

(2) 位于河网地区的小城镇防洪规划，根据镇区被河网分割的情况，防洪工程宜采取分片封闭形式，镇区与外部江河湖泊相通的主河道应设防洪闸控制水位。

(3) 位于山洪区的小城镇防洪规划，宜按水流形态和沟槽发育规律对山洪沟进行分段治理，山洪沟上游的集水坡地治理应以水土保持措施为主，中流沟床应以小型拦蓄工程为主，因地制宜考虑防洪方案。

(4) 沿海小城镇防洪规划，以堤防防洪为主，同时规划应做出风暴潮、海啸及海浪的防治对策。

(5) 同时位于以上两种或三种水体位置情况的小城镇，要考虑在河、海高水位时，山洪的排出问题及可能产生的内涝治理问题，位于河口的沿海小城镇要分析研究河洪水位，天文潮位及风暴潮增高水位的最不利组合问题。

(6) 沿江滨湖洪水重灾区一般小城镇，应按国家“平垸行洪、退田还湖、移民建镇”的防洪抗灾指导原则和根治水患相结合的灾后重建规划考虑。

(7) 对地震区的小城镇，防洪规划要充分估计地震对防洪工程的影响。

5. 防洪设施与防洪措施

(1) 小城镇防洪、防涝设施应主要由蓄洪滞洪水库、堤防、排洪沟渠、防洪闸和排涝设施组成。

(2) 小城镇防洪规划应注意避免或减少对水流流态、泥沙运动、河岸、海岸产生不利影响，防洪设施选线应适应防洪现状和天然岸线走向，与小城镇总体规划的岸线规划相协调，合理利用岸线。

(3) 小城镇防洪措施应包括工程防洪措施和非工程防洪措施。

3.7.1.7 环境卫生工程规划标准研究

1. 规划内容

小城镇环境卫生工程规划的主要内容应包括固体废弃物分析，污染控制目标，生活垃圾量、工业固体废物量和粪便清运量预测，垃圾收运，垃圾、粪便处理和处置，以及环境卫生公共设施。

2. 生活垃圾量、固体废物量预测

(1) 小城镇固体废物应包括生活垃圾、建筑垃圾、工业固体废物、危险固体废物。

(2) 小城镇生活垃圾量预测主要采用人均指标法和增长率法；工业固体废物量预测主要采用增长率法和工业万元产值法。

(3) 当采用人均指标法预测小城镇生活垃圾量时，生活垃圾预测人均指标可按0.9～1.4kg/人·d，结合当地燃料结构、居民生活水平、消费习惯和消费结构及其变化、经济发展水平、季节和地域情况，分析、比较选定。

(4) 当采用增长率法预测小城镇生活垃圾量时，应根据垃圾量增长的规律和相关调查、分析比较，按不同时间段确定不同的增长率预测。

3. 垃圾收运、处理与综合利用

(1) 小城镇应逐步实现生活垃圾清运容器化、密闭化、机械化和处理无害化的环境卫生目标。

(2) 小城镇垃圾宜主要采用垃圾收集容器和垃圾车收集的同时，采用袋装收集方式，并应符合日产日清的要求；垃圾收集方式应分非分类收藏和分类收藏，并宜按表 3.7.1-16 结合小城镇相关条件和实际情况分析比较选定。

小城镇垃圾收集方式选择 表 3.7.1-16

<table>
<tr><td rowspan="4" colspan="2"></td><td colspan="6">经济发达地区</td><td colspan="6">经济发展一般地区</td><td colspan="6">经济欠发达地区</td></tr>
<tr><td colspan="18">小城镇规模分级</td></tr>
<tr><td colspan="2">一</td><td colspan="2">二</td><td colspan="2">三</td><td colspan="2">一</td><td colspan="2">二</td><td colspan="2">三</td><td colspan="2">一</td><td colspan="2">二</td><td colspan="2">三</td></tr>
<tr><td>近期</td><td>远期</td><td>近期</td><td>远期</td><td>近期</td><td>远期</td><td>近期</td><td>远期</td><td>近期</td><td>远期</td><td>近期</td><td>远期</td><td>近期</td><td>远期</td><td>近期</td><td>远期</td><td>近期</td><td>远期</td></tr>
<tr><td rowspan="2">垃圾收集方式</td><td>非分类收集</td><td></td><td></td><td></td><td></td><td>●</td><td></td><td>●</td><td></td><td>●</td><td></td><td>●</td><td></td><td>●</td><td></td><td>●</td><td></td><td>●</td><td></td></tr>
<tr><td>分类收集</td><td>△</td><td>●</td><td>△</td><td>●</td><td></td><td>●</td><td></td><td>●</td><td></td><td>△</td><td></td><td>●</td><td></td><td>△</td><td></td><td>△</td><td></td><td>△</td></tr>
</table>

注：表中△——宜设，●——应设。

(3) 小城镇生活垃圾处理应主要采用卫生土地填埋方法处理，有条件的小城镇经可行性论证，也可因地制宜采用堆肥方法处理；乡镇工业固体废物应根据不同类特点，考虑处理方法，尽可能地综合利用，其中有害废物应采用安全土地填埋，并不得进入垃圾填埋场；危险废物应根据有关部门要求，采用焚烧、深埋等特殊处理。

(4) 小城镇环境卫生规划的垃圾污染控制目标可按表 3.7.1-17 指标，结合小城镇实际情况适宜制定。

小城镇垃圾污染控制和环境卫生评估指标　　表 3.7.1-17

	经济发达地区						经济发展一般地区						经济欠发达地区					
	小城镇规模分级																	
	一		二		三		一		二		三		一		二		三	
	近期	远期	近期	远期	近期	远期	近期	远期	近期	远期	近期	远期	近期	远期	近期	远期	近期	远期
固体垃圾有效收集率（%）	65～70	≥98	60～65	≥95	55～60	95	60	95	55～60	90	45～55	85	45～50	90	40～45	85	30～40	80
垃圾无害化处理率（%）	≥40	≥90	35～40	85～90	25～35	75～85	≥35	≥85	30～35	80～85	20～30	70～80	30	≥75	25～30	70～75	15～25	60～70
资源回收利用率（%）	30	50	25～30	45～50	20～25	35～45	25	45～50	20～25	40～45	15～20	30～40	20	40～45	15～20	35～40	10～15	25～35

注：资源回收利用包括工矿业固体废物的回收利用，结合污水处理和改善能源结构，粪便、垃圾生产沼气回收其中的有用物质等。

4. 环境卫生公共设施规划

(1) 小城镇环境卫生公共设施规划应对公共厕所、粪便蓄运站、废物箱、垃圾容器、(垃圾压缩站)、垃圾转运站、(垃圾码头)、卫生填埋场、(堆肥厂)、环境卫生专用车辆配置及其车辆通道和环境卫生基地建设的布局、建设和管理提出要求。

(2) 小城镇环境卫生公共设施规划应符合统筹规划、合理布局、美化环境、方便使用、整洁卫生，有利排运的原则。

(3) 小城镇公共厕所设置一般要求，在公共厕所之间距离镇区主要繁华街道宜为 400～500m，在一般街道宜为 800～1000m，在新建的居民小区考虑 450～550m，并宜建在商业网点附近；旱厕应逐步改造为水厕。

(4) 小城镇废物箱应根据人流密度合理设置，镇区繁华街道设置距离宜为 35～50m，一般道路为 80～100m；生活垃圾收集点服务半径一般不应超过 70m，居住小区多层住宅一般每 4 幢设一垃圾收集点。

(5) 小城镇宜考虑小型垃圾转运站，选址应靠近服务区域中心、交通便利、不影响镇容的地方，规划宜 0.7～1.0km^2 设置 1 座，与周围建筑间距不小于 5m，规划用地面积宜按 100～1000m^2，结合当地转运量等具体情况，分析、比较确定。

(6) 小城镇卫生填埋场选址应最大限度地减少对环境和城镇布局等的影响，减少投资费用，并符合其他有关要求。

(7) 小城镇环境卫生车辆和环境卫生管理机构等应按有关规定配置。

(8) 小城镇居住小区等道路规划应考虑环境卫生车辆通道的要求，新建小区和旧镇区改建相关道路应满足 5 吨载重车通行。

3.7.2　主要研究成果：

小城镇基础设施规划标准研究条文、条文说明和专题研究报告：

1. 我国小城镇基础设施现状调查与剖析。

2. 基础设施在小城镇经济社会中的作用调查与研究。

3.7.3 主要创新点：

我国现虽有本专题相关国标《城市给水工程规划规范》、《城市电力规划规范》、《防洪标准》、《村镇规划标准》和行标《城市防洪工程设计规范》，但没有或缺乏本专题研究的小城镇供水、排水、供电、通信、防洪和环境卫生工程规划标准的应有条款，没有针对我国不同地区、不同等级层次和规模、不同发展阶段的小城镇基础设施的合理化水平和定量化指标。本专题的研究特色和主要创新点。

3.7.3.1 首次完整提出小城镇排水、通信、防洪、环境卫生工程规划标准条款。

3.7.3.2 引用与相关标准共同的条款外，首次提出小城镇供水和供电规划标准的其他条款。

3.7.3.3 提出小城镇基础设施科学、合理、经济的服务范围，按照小城镇存在的不同空间形态分类，确定小城镇基础设施的规划设计原则与方法，其中作为小城镇基础设施规划的一条十分重要原则，特别强调提出密集分布地区小城镇基础设施的区域统筹规划优化和联建共享，对解决目前小城镇基础设施滞后、各自为政、运行高成本、低效益、重复建设、资源浪费等问题，有利经营管理、生态环境保护和可持续发展不仅有现实意义，而且有深远意义。

3.7.3.4 提出区分我国小城镇基础设施合理水平和定量化指标的3种经济发展不同地区、3个规模等级层次和2个不同发展阶段。

3.7.3.5 在对我国不同地区、不同类型、有代表性的小城镇大量相关调查和研究基础上，确定小城镇供水、排水、供电、通信、防洪和环境卫生等基础设施规划的主要合理水平和定量化指标，论述相关因素和主要编制研究，为相关标准制定提供重要技术支撑和参考依据。

上述合理水平和定量化指标主要有：

1. 小城镇人均综合生活用水量指标；
2. 小城镇单位居住用地用水量指标；
3. 小城镇排水体制、排水与污水处理规划原则要求；
4. 小城镇规划人均市政、生活用电指标；
5. 小城镇人均市政、生活用电负荷基值及其2000～2020年规划各年段年均增长速度预测；
6. 小城镇规划单位建设用地负荷指标；
7. 小城镇规划单位建筑面积用电负荷指标；
8. 小城镇规划电话普及率预测水平；
9. 按单位建筑面积测算小城镇规划分类用户电话需求指标；
10. 小城镇规划电信局所预留用地面积；
11. 小城镇规划邮电支局预留用地面积；
12. 小城镇通信线路敷设的规划合理水平；
13. 小城镇防洪标准和位于不同水体位置等小城镇防洪规划方案选择的原则要求；
14. 小城镇规划垃圾污染控制和环境卫生评估指标。

3.7.3.6 对我国小城镇基础设施现状水平总体评价和侧重对供水、排水、供电、通信、防洪、环境卫生工程设施现状突出要点的剖析、提出规划建设重点解决的问题，并着重提出排水工程设施和环境卫生工程设施是加强小城镇基础设施建设,改变小城镇“脏、乱、差”面貌的两个突出重点,同时从电力能源、防洪、排水、环卫等基础设施规划角度,研究小城镇生态环境和可持续发展问题。

3.7.3.7 结合城镇区域、区位、小城镇分布形态、功能分类和古今中外小城镇发展,以及调查实例剖析研究基础设施在小城镇社会经济发展中的作用,提出小城镇发展进程对基础设施提出不同的、更高的、超前的要求和当今世界基础设施现代化,正在加速实现城镇化和城镇现代化的辩证观点。

3.7.3.8 作为规划标准研究重点提出:

1. 规划设计采用新技术、新工艺、新办法是小城镇基础设施节省投资、提高效率的重要途径和方法。如新能源和可再生能源的开发利用;淹没式生物膜滤池、一体化地埋式污水处理设备;小城镇交通规划与道路建设技术;给排水系统优化与建设技术;热、电、冷三联供系统;信息化系统规划及建设技术研究和相关设备的研制开发。

2. 贯彻节约用水的原则,水源规划应合理配置,高效利用。

3. 污水受纳体应满足其小城镇功能的环境要求。

4. 排水规划结合实际和生态保护考虑雨水资源和污水处理的综合利用途径;小城镇污水处理规划应因地制宜选择不同的经济合理的处理方法,远期应有高标准目标,大部分小城镇宜为二级生物处理。

5. 小城镇供电电源规划应优先选择大电网供电和开发小水电。

6. 小城镇通信规划应考虑信息网的统筹规划。

7. 位于各种水体位置小城镇的防洪规划和沿江滨湖重灾区小城镇的防洪规划原则。

3.8 专题之八:小城镇环境保护规划标准研究

3.8.1 主要研究内容:

3.8.1.1 小城镇环境保护规划标准研究

通过条文和条文说明的形式对小城镇的环境保护规划标准进行了研究,制定出比较系统的环境保护条例和定量化指标。在小城镇的环境保护标准研究中,主要分为水体环境保护、大气环境保护、噪声环境、固体废弃物以及城镇建设与环境保护相互关系的研究等几个方面。

1. 水体环境保护

(1) 加强水源地的保护。从保护水资源的角度来安排城镇用地布局,特别是污染工业的用地布局。在确定小城镇的产业结构时应充分考虑水资源条件。

(2) 小城镇污水管网普及率和污水处理率,应按不同经济发展地区、不同规模和不同发展阶段来划定。对于排水体制,应结合小城镇的总体规划、环境保护要求、基建投资、污水处理及出路、原有排水设施、水环境容量、地形气候等条件综合考虑确定,不应照搬大中型城市的做法。

(3) 为有效降低城镇污水对水环境的污染,小城镇污水管网系统应与污水处理设施统一规划同时建设。建设和完善污水管网收集系统,避免污水随意排放造成水体多点污染和“有厂无水”现象(有污水处理厂但没有污水可处理)。

(4) 由于不同城镇的基础条件差异较大,不可能有统一的污水处理方法。污水处理方式的选择应根据污水水量和水质、当地自然条件、受纳水体功能、环境容量、城镇的经济社会条件和环境要求等综合因素来确定。如对于规模较小的城镇,城镇污水处理方式不宜单独采用基建投资大、处理成本较高的常规生物活性污泥法。应选择工艺简单、成本较低、运行管理方便的污水处理技术。在自然条件和土地条件许可的情况下,优先选择投资省、运行费用低、净化效果高的自然生物处理法。

(5) 为提高污水处理率和减少污水治理费用,小城镇的污水处理应分期、分级进行。对近期采用简单处理工艺的城镇,远期要为污水处理工艺的升级留有余地。

(6) 在规划建设小城镇污水管网和处理设施时,应突出工程设施的共享,避免重复建设。在城镇化程度比较高、乡镇分布密集、经济条件和城镇建设同步性较强的地区,可在大的区域内统一进行污水工程规划,统筹安排合理配置污水工程设施,通过建造区域性污水收集系统和集中处理设施来控制城镇群的水污染问题。

(7) 提高节水意识、减少污水排放量。并积极推广污水回用的技术和措施,特别是在农业方面的回用。

2. 大气环境保护

(1) 根据我国的能源结构,小城镇大气环境质量主要控制指标为二氧化硫、总悬浮颗粒物和氮氧化物,以建材业为主导产业的城镇还应把氟化物作为主要控制指标。

(2) 小城镇的大气环境质量的控制标准整体上应高于大中型城市。大部分小城镇的空气质量应达到大气环境空气质量一级标准,其余城镇应满足大气环境质量二级标准。

(3) 为防止小城镇大气环境质量恶化,应优化调整乡镇企业的工业结构,积极引进和发展低能耗、低污染、资源节约型的产业,严格控制主要大气污染源如电厂、水泥厂、化肥厂、造纸厂等项目的建设,并加快对现有重点大气污染源的治理,对大气环境敏感地区划定烟尘控制区。同时结合技术改造和产业升级,改进燃烧装置和燃烧技术,提高资源、能源利用率和综合利用水平,降低有害气体和其他污染物的排放量。

(4) 根据当地的能源结构、大气环境质量和居民的消费能力等因素,选择适宜的居民燃料。城镇居民的炊事和供热除鼓励使用(固硫)型煤外,有条件的城镇应推广燃气供气、电能或其他清洁燃料。

(5) 对于汽车废气,应采取有效措施提高汽车尾气达标率,控制汽车尾气排放量,积极推广使用高质量油品和清洁燃料。如液化石油气、无铅汽油和低含硫量的柴油等。

(6) 小城镇应充分发挥自然植被和城镇绿地的净化功能,根据当地条件和大气污染物的排放特点,合理选择植物种类,通过植物来净化空气、吸滞粉尘,防止扬尘污染。

3. 噪声环境规划

(1) 小城镇的主要噪声源为交通噪声、工业噪声、建筑施工噪声、社会生活噪声等,小城镇的主要噪声规划控制指标为区域环境噪声和交通干线噪声。

(2) 为避免噪声对居民的日常生活造成不利影响,在进行城镇规划时应合理安排城镇用地布局,解决工业用地与居住用地混杂现象,把噪声污染严重的工厂与居民住宅、文教区分隔开;在非工业区内一般不得新建、扩建工厂企业。工厂与居民区之间可用公共建筑或植被作为噪声缓冲带,也可利用天然地形如山岗、土坡等来阻断或屏蔽噪声的传播。

(3) 严格控制生产经营活动噪声和建筑施工噪声,减轻噪声扰民现象。施工作业时间应避开居民的正常休息时间;在居住稠密区施工作业时,尽可能使用噪声低的施工机械和作业方式。

(4) 小城镇不宜沿国道、省道等交通性主干道两侧发展，把过境公路逐步从镇区中迁出，减少过境车辆对镇区的噪声污染，同时避免或减轻小城镇对交通干线的干扰。对经过居民和文教区的道路，采取限速、禁止鸣笛及限制行车时间等措施来降低噪声，高噪声车辆不得在镇区内行驶。

4. 固体废弃物规划标准研究

(1) 为改善小城镇环境卫生的落后现状，应重视小城镇环境卫生公共设施和环卫工程设施的规划建设。加大对环卫设施的投入，对城镇产生的垃圾及时进行清运。

(2) 垃圾处理方式的选择应根据小城镇的实际情况来确定，小城镇的垃圾处理应突出垃圾的最大资源化。在对垃圾进行处理时应充分考虑垃圾处理设施的共享，避免重复建设。

5. 城镇建设与环境保护相互关系的研究

(1) 在城镇化过程中，应重视小城镇的环境保护建设。只有在进行城镇发展的同时，加大对环境保护建设的力度，才能保证小城镇的可持续发展。

(2) 小城镇环境保护应坚持"以防为主"预防与治理相结合。

(3) 从生态环境来看，发展小城镇，人口和乡镇企业向小城镇有序集中，既有利于提高土地资源的使用效率，也可以容纳农村的剩余劳动力，减轻水土流失区现有耕地的压力，达到还田于林，还田于植被的目的。

(4) 保护和合理利用水资源、矿产资源、生物资源和旅游资源。尽量多保留一些天然水体、森林、草地、湿地等，给城镇的进一步发展提供充足的环境容量。在确定人口规模和城镇发展方向时，要充分考虑环境容量、资源能源等自然条件，从而保证城镇建设在满足经济目标的同时，满足环境保护的目标。

(5) 在工业项目引进中，乡镇企业要更多地依靠技术进步求得发展，避免高污染行业向小城镇转移，特别是对环境容量已很小的地区，应更多地考虑无污染和低污染、节地、节水和节能型产业。

3.8.1.2 小城镇环境保护现状及规划对策专题研究

在专题研究中，根据实地调查和资料收集整理，详细分析了在城镇化过程中小城镇的环境现状和存在的主要问题，包括土地资源、水体污染、大气污染，噪声和固体垃圾的污染等，并对小城镇建设与环境保护相互之间的关系也进行了初步探讨。根据小城镇的特点，提出了在小城镇建设过程中环境保护的对策与措施，强调在小城镇的规划建设中应把土地的合理利用和生态环境保护放在首位。为防止城镇建设对小城镇的生态环境造成破坏，首先应根据小城镇的环境资源条件来确定合理的产业结构，同时应加强对水污染、大气污染、噪声污染以及固体废弃物的预防与治理，保证在城镇化过程中环境建设与小城镇建设协调健康发展。

3.8.2 主要研究成果：

条文、条文说明、专题研究报告：

小城镇环境保护的现状及规划对策。

3.8.3 研究特色和主要创新点：

首次从小城镇规划建设的角度对小城镇的环境保护标准进行了比较系统的研究，对于小城镇的可持续发展具有重要的指导作用。

在本专题中，根据不同类型、不同经济发展水平的小城镇，提出了相应的水体、大气环境、环境噪声和固体废弃物的环境保护建议和定量控制指标，强调小城镇的环境保护要立足于预防为主、预防与治理相结合。在小城镇的规划建设中，引导农村人口和乡镇企业向小城镇有序集中，既有利于减轻对环境的压力，也有助环境污染的集中治理。在确定城镇人口规模、发展方向和产业结构时，要充分考虑环境容量、资源能源等条件。对于污染物的治理，建议采取切实可行的工艺技术、工程措施，使小城镇的环境质量得到改善。对于城镇化程度比较高的城镇密集地区，提倡在大的区域内统一规划安排环境保护基础设施的建设，实现城镇与城镇之间、城镇与城市之间基础设施的共享，避免重复建设，最大限度地降低环境治理成本。另外在专题中从环境保护的角度出发，对小城镇土地资源的合理利用和产业结构的调整进行了探讨。

3.9 专题之九：小城镇规划制图标准研究

3.9.1 主要研究内容

3.9.1.1 适用范围：全国小城镇、集镇及村庄规划图纸绘制使用。

3.9.1.2 一般规定。

1. 图线

图线宽度 b，从下列线宽系列中选取：

0.18、0.25、0.35、0.5、0.7、1.0、1.4、2.0mm

在图纸绘制中，应根据复杂程度与比例大小，先确定基本线宽 b，再选用表 3.9.1-1 中适当的线宽组。

线宽组　　**表 3.9.1-1**

线宽比	线宽组(mm)					
b	2.0	1.4	1.0	0.7	0.5	0.35
$0.5b$	1.0	0.7	0.5	0.35	0.25	0.18
$0.35b$	0.7	0.5	0.35	0.25	0.18	

注：1. 需要微缩的图纸，不宜采用 0.18mm 线宽；

2. 在同一张图纸内，各不同线宽组中的细线，可统一采用较细的线宽组的细线。

线形　　**表 3.9.1-2**

名称	线形	线宽	用途
粗实线	━━━	b	规划建筑物外轮廓线，规划地上供水管线
中实线	───	$0.5b$	规划各类用地边界线，规划道路红线，车行道边界，各类规划用地内加注的图形，符号
细实线	───	$0.35b$	现状各类用地边界线，现状建筑物构筑物外轮廓线，黑白图纸中各类用地中的填充线。各类现状用地内加注的图形符号。坐标网线，图例线，尺寸线等。现状地上供水管线
粗虚线	- - - -	b	镇区规划区界线，规划地下供水管线
中虚线	- - - -	$0.5b$	在建公路，在建建筑轮廓线
细虚线	- - - -	$0.35b$	现状地下供水管线，村庄规划区界，乡村土路，人行小路，建筑物，构筑物，道路桥涵等的不可见的轮廓线

续表

名　称	线　形	线宽	用　　途
粗点划线	▬·▬·▬	b	县、自治县界 露天矿开采边界线
细点划线	—·—·—	$0.35b$	分水线，中心线

注：1. 除表 3.9.1-2 所列粗细线型外，在绘制图纸过程中，还应依据所绘图纸内容与相应规范、标准相协调一致。

2. 在绘制地域疆界所遇线型较为复杂时，可参照中华人民共和国国家标准 GB 5791—86《地形图图式》1:5000，1:10000中相应内容及本标准图例部分内容选用。

2. 比例与图幅

小城镇规划图纸及采用比例与图幅，宜采用表 3.9.1-3 规定。

比 例 与 图 幅　　　　**表 3.9.1-3**

规划内容、图名		比　例	图　幅
区　域　位　置			1号～0号
镇　域　规　划	综　合　现　状 村镇体系规划 工程设施规划	1:5000～1:20000	1号～0号 及延长
镇　区　规　划	现　状　分　析 用　地　布　局 道　路　竖　向 给　水　排　水 电　力　通　信 绿　化　景　观 供　热　燃　气	1:2000～1:5000	1号～0号 及延长
详　细　规　划	现　状　分　析 总　平　面　图 竖　向　设　计 管　线　综　合 沿　街　立　面 景　观　设　计	1:500～1:2000	2号～0号

图纸表达内容，包括的用地范围相近或一致时，宜选用同一比例。

依据清晰表达规划内容的原则，对所选绘图比例可依实际情况适当调整。

3. 色彩

绘制彩色图纸时，应依据图纸内容，选用清晰明确的颜色均匀涂绘。

选择色彩种类应与本标准图例部分所列色彩相一致。

对“图例部分”未包括的内容，可根据色块面积的大小和在图中表达内容的主次关系，来确定色彩的强弱，使整个图面色调和谐，对比适度。

4. 符号

在绘制规划图纸时，采用形象、符号等方法表达规划内容时应注意简明易懂，符号大小均匀，排列整齐，疏密整齐，疏密适当。

规划图纸中所用形象符号应与本标准中图例部分所列项目相一致。

对本标准未加规定的内容，可依据简明整齐的原则明确标注。

相关专业规划图纸符号选用时，应参考本标准，并与相关标准规范相符。

5. 计量单位

规划图纸中的坐标、标高、距离宜以米为单位，并应取至小数点后两位，不足时以“0”补齐。

建筑物、构筑物、道路方位角(或方向角)和道路转角的度数，宜注写到“秒”，特殊情况应另加说明。

道路纵坡度，场地平整坡度，排水沟沟底纵坡度以百分数计，并应取至小数点后一位，不足时以“0”补齐。

相关专业规划图纸上的单位标注，除符合以上条款规定外，还应与相关规范、标准要求相符。

6. 坐标标注

坐标网格应以细实线表示，测量坐标网应画成交叉十字线，坐标代号宜用“X，Y”表示。(X为南北方向轴线，Y为东西方向轴线)坐标网络应清晰表明网格间距，可将数字标于网格四边。数字单位应根据图纸比例确定，并以附注说明方式表明。

表示建筑物、构筑物位置的坐标，宜注其三个角的坐标，如建筑物、构筑物与坐标轴线平行，可只标注其对角坐标。

一张图上，主要建筑物、构筑物用坐标定位时，对小的附属建筑物，构筑物也可用联系尺寸定位。

建筑物、构筑物、道路应标注下列部位的坐标或定位尺寸：

(1) 建筑物、构筑物的定位轴线(或外墙面)或其交点；

(2) 圆形建筑物、构筑物的中心；

(3) 道路的中线或转折点；

(4) 挡土墙趾线的端点或转折点。

坐标宜直接标注在图上，如图面无足够位置，也可列表标注。

在一张图上，如坐标数字的位数太多时，可将前面相同的位数省略，其省略位数应在附注中加以说明。

7. 标高标注

规划图中标注的标高宜为绝对标高，如标注相对标高，则应注明相对标高与绝对标高的换算关系。

建筑物、构筑物、道路等应标注下列部位标高：

(1) 建筑物室内地坪，对不同高度的地坪应分别标注；

(2) 构筑物标注其有代表性的标高，并用文字注明标高所指位置；

(3) 道路路面中心或变坡点标高；

(4) 挡土墙标注墙顶和墙趾标高，路堤、边坡标注坡顶和坡脚标高，排水沟标注沟顶和沟底标高；

(5) 场地平整标注其控制位置标高，铺砌场地标注其铺砌面标高。

标高符号参照《房屋建筑制图统一标准》中(标高)的有关规定标注。

3.9.1.3 图例

1. 为实现小城镇规划图纸的规范化、条理化，达到规划图纸准确直观反映规划意图的目的，制定本标准图例。

2. 本标准图例适合于全国的小城镇、集镇和村庄规划。

3. 本标准图例包括用地图例、建筑图例、工程设施图例、地域图例 4 类。每类分为单色图例和彩色图例两部分，分别按现状图例和规划图例分项列出。

3.9.2 主要研究成果：

小城镇规划制图标准研究条文、图例、条文(图例)说明。

3.9.3 主要创新点

我国于 1990 年开始立项制订城市规划制图标准和规划图例，由于种种原因，至今尚未完成。本专题主要创新点：

作为标准研究提出小城镇规划制图的有关标准和规划图例。

4 课题研究的实践原则和意义

我国目前有关小城镇的文章不少,但对小城镇的系统研究不多,远不能适应当前小城镇迅速发展形势的需要。本项目作为国家对小城镇规划的一项基础性重点研究课题,对促进小城镇健康和可持续发展不仅迫切需要,而且十分重要。

4.1 课题研究的实践原则

课题研究首先从战略高度加深对发展小城镇的认识,通过对我国不同地区、不同类别、不同规模小城镇的相关深入调研,了解小城镇建设的现状并深入分析存在的问题,通过国内外小城镇的相关研究,分析小城镇的发展规律和趋势,在小城镇规划相关的基础性研究和标准研究中,实践了以下原则:

4.1.1 高标准、高起点原则

小城镇规划标准研究的高标准、高起点原则,首先是发展我国小城镇的战略意义决定的。研究小城镇规划标准不是研究城市规划标准和村镇规划标准的简单重复,而必须从小城镇的战略高度和超常发展的内在规律去加以研究。其次,从对我国小城镇建设的大量调查情况来看,迁就眼前利益,小城镇规划建设的低起点、低标准、低水平和短期行为往往造成布局不合理、配套不完善,造成交通、通信不畅,缺水断电,环境污染严重等一系列问题和短期勉强维持,长期无发展、难治理的被动局面,结果严重影响小城镇经济社会发展;而坚持小城镇规划和基础设施建设的高起点、高标准、高水平则是许多小城镇,特别是一批试点镇和示范镇取得经济、社会快速发展成功的主要经验之一。

4.1.2 科学、合理和分期实施、因地制宜原则

小城镇规划,尤其是作为规划标准必须从事物发展的内在规律去加以研究,标准研究的科学性、合理性和实用性直接关系到标准能否促进事物的发展,并经受事物发展的检验。

如前所述,我国地域辽阔,不同地区,小城镇发展的条件差异很大,东部、中部、西部小城镇的数量、人口规模和经济社会发展都呈极不平衡的分布态势,即使在同一地域,同一行政辖区内,由于区位特点和资源条件不同,基础、功能、规模不同,经济发展的水平不同,小城镇之间也存在着很大差异。作为小城镇规划标准研究的规划内容深度、方法、规划合理水平和定量化指标,都必须针对不同问题、不同情况加以不同研究和区别对待。对于诸如建设用地控制指标、公建用地和建筑面积指标、各种基础设施需求预测和各项相关的规划指标等等,均根据不同分类小城镇所在的不同地区涵盖面等的实际情况,提出合理的一定的幅值范围,以便不同小城镇能根据实际情况分析比较,做出适宜的指标选择。

在小城镇规划标准研究中,规划的高标准、高起点与实用性的统一,一般通过对远期规划分期实施,以及因地制宜原则加以实现。对于西部经济欠发达地区的小城镇,在政策上扶植发展的同时,规划标准提出一些切合实际的过渡方法。

4.1.3 先进性、创新性原则

小城镇要实现超常发展坚持规划标准的先进性、创新性是必不可少的。

本课题在小城镇界定、类型及发展方向研究、镇域村镇体系层次与规模的研究、规划编制标准、用地标准,公共建筑规划设计标准、居住小区规划设计标准、基础设施规划标准、环境保护规划标准和规划制图标准等研究上,既充分考虑和注意与相关标准的衔接,又突出本课题标准研究的更多创新。注意在小城镇规划理论、方法与实践上标准研究的先进性与创新性。

例如,小城镇基础设施相关的技术开发和研究为基础设施规划和建设积极采用新技术、新工艺、新办法提供保证。

我国"六五"、"七五"期间在18个县进行县级农村能源综合建设试点,取得显著成效。"八五"由国家计委牵头、八部委合作在全国组织实施百县农村能源综合建设,为我国小城镇新能源和可再生能源的开发利用积累了丰富的经验和技术成果。"八五"和"九五"研制出一些适合小城镇的简易给水处理设备,如一体化净水、高效过滤器、压力过滤器和污水处理设备,如淹没式生物滤池,一体化地埋式污水处理设备,"十五"国家将开展小城镇建设促进工程科技专项攻关研究,其中包括基础设施的小城镇交通规划与道路建设技术、给排水系统优化与建设技术、热、电、冷、三联供系统、信息化系统规划及建设技术研究和相关设备、产品的研制开发等。

新技术、新工艺、新办法是节省建设投资、提高效率的重要途径和方法。本课题强调小城镇基础设施规划应积极采用新技术、新工艺、新办法。其本身也贯穿了标准研究的先进性、创新性原则。

4.2 课题研究的实践意义

课题研究的上述实践原则,突出课题成果的下列重要实践意义。

4.2.1 课题研究是中央关于发展小城镇方针政策原则,在规划中的具体落实和具体实践。

近年来,中央十分重视小城镇问题,提出了一系列方针、原则和要求,主要是:

1. 发展小城镇,是带动农村经济和社会发展的一个大战略,必须充分认识发展小城镇的重大战略意义;

2. 发展小城镇,要贯彻既要积极又要稳妥的方针,循序渐进,防止一哄而起;

3. 发展小城镇,必须遵循"尊重规律、循序渐进、因地制宜、科学规划、深化改革、创新机制、统筹兼顾、协调发展"的原则;

4. 发展小城镇的目标,力争经过10年左右的努力,将一部分基础较好的小城镇建设成为规模适度、规划科学、功能健全、环境整洁、具有较强辐射能力的农村区域性经济文化中心,其中少数具备条件的小城镇要发展成为带动能力更强的小城市,使全国城镇化水平有一个明显的提高;

5. 现阶段小城镇发展的重点是县城和少数有基础、有潜力的建制镇;

6. 大力发展乡镇企业、繁荣小城镇经济、吸纳农村剩余劳动力;乡镇企业要合理布局,逐步向小城镇和工业小区集中；

7. 编制小城镇规划，要注重经济社会和环境的全面发展，合理确定人口规模与用地规模，既要坚持建设标准，又要防止贪大求洋和乱铺摊子；

8. 编制小城镇规划，要严格执行有关法律、法规，切实做好与土地利用总体规划以及交通网络、环境保护、社会发展等各方面的衔接和协调；

9. 编制小城镇规划，要做到集约用地和保护耕地，要通过改造旧镇区，积极开展迁村并点，土地整理，开发利用基地和废弃地、解决小城镇的建设用地，防止乱占耕地；

10. 要重视完善小城镇的基础设施建设，国家和地方各级政府要在基础设施，公用设施和公益事业建设上给予支持；

11. 小城镇规划的调整要按法定程序办理；

12. 小城镇建设要各具特色，切忌千篇一律，要注意保护文物古迹和文化自然景观；

13. 要制定促进小城镇发展的投资政策、土地政策和户籍政策；

……

本课题对小城镇的界定，中心镇、重点镇的确立，迁村并点的规模与标准研究，规划编制等 12 个标准研究，就是将上述中央方针、原则在小城镇规划技术方法上加以具体落实。

4.2.2 为制订我国小城镇规划标准提供了作为技术支撑的科学、翔实的背景材料和有重要参考价值的参考依据；同时为提高小城镇规划、建设和管理水平提供了基础性文件，在当前和今后的小城镇规划和建设中，作为一项十分重要的科技基础性研究，有其广泛的工作指导意义。

4.2.3 在小城镇规划标准制定前，课题研究成果可作为相关标准制定前的基础性文件和参考依据的准规范使用。

这样一方面使规划标准研究能在实践中不断总结完善，另一方面，可以解决前述当前小城镇规划、建设中诸多急切需要解决的问题，因而还有其十分重要的现实指导意义。

5 小城镇规划建设相关政策和需要深入研究的若干问题建议

5.1 相关政策建议

制定和完善小城镇建设的一系列相关政策和措施是促进小城镇健康发展的重要保证。市场经济条件下的小城镇发展的根本活力在于创新,包括政策创新、组织创新、科技创新、管理创新等,其中最重要的还是政策的创新。

小城镇规划建设相关政策研究及建议是本课题专题延伸研究的主要组成部分之一。

5.1.1 加速行政区划调整与户籍政策改革

目前我国一些省、市正在调整行政区划,扩大乡镇规模,以利于人口与产业的集聚和小城镇的发展建设。

我国小城镇现状规模普遍偏小,镇区人口少数超过1万人,多数在5000人以下。以经济发达的浙江省为例,全省建制镇中城镇人口规模在1万人以下的占80%,5000人以下的占一半。又如,据山西省晋中市48个建制镇统计,人口在1万人以上的只有5个,占10%;人口在6000人以下的镇39个,占81%;人口在3000人以下的镇24个,占50%。小城镇规模过小,严重影响小城镇的集聚能力和辐射功能,也严重影响小城镇基础设施效益的发挥、小城镇健康发展和城镇化水平的提高。

通过小城镇户籍管理制度的改革,完善小城镇相关的户籍政策,制定和完善允许农民向小城镇流动的户籍制度和保障制度,消除人口流动的不合理因素,将市场机制引入城镇就业制度,促进农村剩余劳动力和外来人口向小城镇流动,引导和加速乡镇企业和务工经商的农民向小城镇集聚。

5.1.2 工业集聚、剩余劳力转移与迁村并点应加强政策引导

乡镇工业的集聚、土地经营的集中、剩余劳力的转移和迁村并点的引导有利小城镇的集聚和辐射,有利小城镇镇域村镇体系的合理布局。

本课题结合我国农业生产发展方向和农村经济社会发展战略,提出我国小城镇镇域村镇体系层次与规模规划总体构架、村镇规模分级和迁村并点的建议规划标准,并在迁村并点研究中重点提出迁村并点应在政策引导、条件吸引基础上,结合移民拆迁和灾后重建等进行的建议。

建议迁村并点加强引导政策的研究,其主要引导政策包括原则停止村庄新建工厂和小城镇分散住宅地基的审批,引导和确保乡镇企业向小城镇工业园区集聚,住宅向居住小区集聚;通过户籍管理制度改革等吸引务工经商农民到小城镇定居;实施地处高山、地理条件恶劣、人民生活低下村落的“下山脱贫”计划等。

5.1.3 赋予小城镇建设的自主权政策和相关优惠政策

为加速我国城镇化和实现发展小城镇是带动我国农村经济社会发展的大战略目标,小

城镇规划应坚持因地制宜科学合理的高起点、高标准的原则，探索超常规建设发展的模式。

现行的有关小城镇体制不能适应小城镇发展的需要，镇一级政府任期为3年时间过短，且目前没有全面完善的行政权和财政权，随着小城镇建设发展、小城镇管理事务变化和增多、现有机构的调协不能满足小城镇发展的实际需要，当前我国县以下机构改革，国家只出大的政策指导，在编制总量限制的前提下，地方可根据需要自行设置机构，县一些相关机构也可下放到小城镇，这对促进小城镇建设将是十分有利的。

在小城镇用地布局等规划指导的前提下，在小城镇的建设特色、重点、水平档次等方面，根据不同小城镇的不同条件和实际情况，应赋予小城镇有更多的选择和决定的自主权，以充分发挥当地小城镇建设的主观能动性和农民建设家乡的积极性，同时也有利发挥社会和农村各种投资建设渠道的作用。

赋予小城镇建设的自主权，尚应配套小城镇建设的相关优惠政策，以相辅相成。

5.1.4 西部小城镇发展的特别扶植政策

本课题在对我国东、中、西部不同地区小城镇的大量调查研究基础上，研究了不同地区、不同类型、规模、不同发展时期的小城镇规划标准，其中也对其发展的相关策略作必要探讨。

我国中、西部地区小城镇多数是经济发展一般地区小城镇和经济欠发达地区小城镇，特别是西部地区小城镇数量少，且多数尚属农村经济型，处于农业经济向工业经济、传统社会向现代社会的过渡阶段，发展受环境制约明显，而且西部地区大中城市也分布稀疏、经济实力较弱。

西部大开发战略为西部欠发达地区小城镇的发展提供了千载难逢的发展契机，西部的资源开发、交通网络和信息网络的区域性基础设施建设，东部大中城市产业扩散及其对口支援，都为西部小城镇的发展创造了难得的条件。

西部小城镇发展，重点抓县城镇和交通区位条件优越、资源丰富、腹地广阔、建设条件较好的建制镇，同时对西部小城镇发展宜采取与西部大开发相适应的特别扶植政策，促进项目、资金、技术、人才、信息向西部的合理流动，以有利西部小城镇市场经济的逐步建立、资源比较优势的充分发挥和以中心城市为依托，点、线、面相结合，不同层次不同特色的西部小城镇网络的形成。

5.1.5 完善小城镇基础设施和建设项目的投资等相关政策

小城镇基础设施和建设项目是小城镇建设的最基本组成部分，完善小城镇基础设施和建设项目的投资等相关政策是落实小城镇基础设施和建设项目规划建设的根本保证。

小城镇要走出一条在政府引导下，主要依靠社会资金建设的道路，必须配套相应的优惠政策，吸引企业、个人及外商以多种方式，参与小城镇公共建筑、基础设施的投资、建设和经营。

本课题提出相关的“公益型”、“民营型”、“股份型”和运用市场机制，逐步建立“谁投资，谁受益”的多元投资机制，同时建议出台有利于小城镇建设的财政政策和信贷政策，有利于小城镇基础建设和中小企业发展的主贷政策。

5.2 需要深入研究的若干问题建议

5.2.1 修改设镇标准

本课题对小城镇界定、合理规模、层次等作了研究，指出我国目前近2万个建制镇中，镇区人口多数在5000人以下，规模偏小，现行设镇标准偏低是一个根本问题。

1984年10月，调整后的设镇标准规定，乡政府驻地非农业人口达到2000人左右就可以建镇。近20年来，我国农村经济社会发生很大变化，现行设镇标准已不能适应促进小城镇健康发展的要求，建议国家有关部门在组织共同深入相关研究的基础上，对设镇标准及早修订。

5.2.2 小城镇相关城镇体系规划理论、方法研究

编制县(市)域城镇体系规划是小城镇规划的重要组成部分，对综合评价小城镇发展条件、制定城镇体系发展战略、确定发展方向和规模、搞好区域内城镇的合理布局，协调区域内基础设施安排有着十分重要的意义。

我国地域辽阔，经济发展很不平衡，发展小城镇的基础条件也存在着很大的差异，小城镇发展需要有相当的经济实力作为基础，而且要有适宜的腹地范围，小城镇合理布局的规模、类型、间距和密度，不同地区差异也很大。

我国大多数地方的小城镇是历史和自然形成的，历史上一般是合乎经济和社会发展要求，但对照在社会主义市场经济条件下，从小城镇的发展区位、资源、腹地等条件来看，一些小城镇布局也存在明显的局限性；近年一些地方片面追求小城镇发展、盲目攀比、一哄而起、造成重复建设、功能重叠，资源浪费。改变这些状况，必须加强对小城镇相关的城镇体系布局，及其规划理论、方法的研究。

小城镇相关城镇体系规划理论和方法的研究，对提高小城镇规划水平、促进小城镇健康发展至关重要，而其研究内容多、研究基础薄弱，是小城镇规划应主要深入研究的课题之一。

5.2.3 小城镇节约用地研究

本课题对小城镇建设用地标准制订及节约用地途径进行了研究，但限于课题经费和时间，仅从规划设计的各个环节提出节约建设用地的途径，而节约用地课题的全面研究有待深入，并拟深入研究小城镇的规划过程、规划和建设用地审批、管理过程的节约用地的相关政策和措施，及其管理运行机制。

5.2.4 小城镇生态环境和可持续发展研究

小城镇的环境保护规划标准研究在本课题研究中单独设置为一个专题，除对该标准进行研究外，还对小城镇环境保护的现状和规划对策作了专题研究。专题七从基础设施的角度也对小城镇生态环境作了相关研究。

我国小城镇涵盖的不同地区、生态环境差异很大，小城镇的自然生态、人文生态及其相关的产业结构与城市差别也很大，不同地区小城镇生态环境和可持续发展规划理论与方法的研究基础还相当薄弱，加强并深入相关研究是十分必要的。

5.2.5 城乡规划标准体系中相关小城镇规划标准体系研究

如同前述，目前的城市规划标准和村镇规划标准，在规划内容上未能涵盖小城镇全部范围。

我国小城镇发展很快，小城镇的组成结构也有较大变化，县城镇外的建制镇数量越来越多，而这一部分在原来的城市规划法和城镇相关标准中考虑比较薄弱或明显不足，因此，在城乡规划标准体系中，加强对小城镇的规划标准体系研究是十分必要的。

5.2.6 小城镇规划的其他相关标准研究

小城镇规划标准及相关研究涉及面大，任务重。本课题按照项目任务书和合同书，完成

了小城镇规划标准研究的大部分工作，尚有任务书未涉的部分规划标准研究和配套相关研究有待深入开展。其主要有：

1. 小城镇规划标准体系研究；

2. 小城镇规划技术指标体系研究；

3. 小城镇交通、供热、燃气、防灾规划标准研究；

4. 小城镇规划导则研究；

5. 小城镇规划建设管理运行机制研究。

及早完成上述研究，必将对搞好小城镇规划和建设起到更为积极的推进作用。

第二篇

“小城镇规划标准研究”条文及条文说明

“小城镇规划标准研究”专题之一

小城镇的界定、类型及发展方向研究

中国城市规划设计研究院

2001年6月

目　次

1　总则 ………………………………………………………………………………（71）
2　名词术语释义 …………………………………………………………………………（72）
3　小城镇类型划分 ………………………………………………………………………（74）
　3.1　小城镇的等级层次分类 ……………………………………………………………（74）
　3.2　小城镇的规模分类 …………………………………………………………………（74）
　3.3　小城镇的职能分类 …………………………………………………………………（75）
　3.4　小城镇的经济发展水平分类 ………………………………………………………（75）
　3.5　小城镇的空间位置分类 ……………………………………………………………（75）
4　小城镇的发展方向选择 …………………………………………………………………（77）
条文说明 ……………………………………………………………………………………（79）

1 总　　则

1.0.1 为统一认识、规范用语，说明和澄清有关小城镇的定义、类型等若干基本问题，以切实促进小城镇健康、有序的发展，特进行本专题研究。

1.0.2 本专题是研究并修订“小城镇规划标准”的基础和前提。

1.0.3 本研究遵循的原则是“尊重现实、适应发展，有的放矢、讲求实效”。

2　名词术语释义

本专题选择与小城镇有关的若干名词术语进行解释、说明。

2.0.1　镇

"镇"系指国家行政区域划分中,县以下的一级行政建制单位。

2.0.2　镇域

"镇域"系指行政建制"镇"行政管辖的区域范围。

2.0.3　镇区

2.0.3.1　"镇区"系指行政建制"镇"的政府机关和公共服务机构及其相应配套设施的所在地。

2.0.3.2　行政建制"乡"的政府驻地一般也可称为"镇区"。

2.0.3.3　"镇区"的人口、经济规模及形态是划分行政建制"镇"与"乡"的主要依据。

2.0.4　城区

2.0.4.1　"城区"系指行政建制"市"人民政府所在地的城市建成区部分或规划建设用地部分,"城区"是构成行政建制"市"的核心地区。

2.0.4.2　行政建制"县"的政府所在地一般称为"县城",有时也可称之为"县城区"或"县城镇"。

2.0.5　城市

2.0.5.1　以非农产业和非农业人口集聚为主要特征、具有一定经济实力且市政设施达到一定水平、人口达到一定密度与规模的居民点即"城市"。

2.0.5.2　狭义而言的"城市"仅指行政建制"市"的"城区",广义而言的"城市"还可包括行政建制"镇"的"镇区"(含县城)。

2.0.6　集镇

2.0.6.1　"集镇"一般系指农村地区由集市发展演变而成的介于(狭义)城市与农村居民点之间的过渡型居民点的一种。

2.0.6.2　按国家规定"集镇"包括"乡、民族乡人民政府所在地"和"经县人民政府确认的由集市发展而成的作为农村一定区域经济、文化和生活服务中心的非建制镇"两种类型。

2.0.7　建制镇

2.0.7.1　"建制镇"系指介于(狭义)城市与农村居民点之间的过渡型居民点的一种。

2.0.7.2　为区别于行政建制"乡"的"镇区"—"集镇(非建制镇)",专称行政建制"镇"的"镇区"为"建制镇"。

2.0.7.3　一般而言,建制镇比集镇更具有城镇形态和凝聚力。

2.0.7.4　"建制镇"包括行政建制"县"的政府所在地—县城(镇)和县城以外建制镇两种类型。

2.0.8 小城镇

2.0.8.1 “小城镇”系指介于(狭义)城市与农村居民点之间的过渡型居民点。

2.0.8.2 小城镇的最基本主体是建制镇(含县城镇)。

2.0.8.3 小城镇的涵盖范围可视工作需要上下适当延伸,在超出基本主体适当延伸时须加以说明。

2.0.8.4 除有特别标注或说明外,本课题所称“小城镇”一般专指其基本主体—建制镇(含县城镇)。

2.0.9 城镇

城市与小城镇合称“城镇”。

2.0.10 中心镇

“中心镇”系指居于县(市)域内一片地区相对中心位置且对周边农村具有一定经济带动作用的小城镇。

2.0.11 重点镇

“重点镇”系指条件较好、具有发展潜力、政策上重点扶持发展的小城镇。

2.0.12 准城镇化地区

凡属城镇(即行政建制市的“城区”、行政建制“镇”或“乡”的“镇区”)以外,具有城镇的形态和一定的人口密度,但又未达到设市、设镇标准的以非农业活动为主的居民聚集点可称为“准城镇化地区”。

3 小城镇类型划分

3.0.1 根据不同的需要,为实现不同的目的,依据不同地区的特点,可以多层面、多视角地对小城镇进行类型划分。

3.1 小城镇的等级层次分类

3.1.1 小城镇位于宏观城镇体系的尾段,是宏观城镇体系的有机组成部分,兼有“城”与“乡”的特点,是城乡联系的纽带。

3.1.2 小城镇的现状等级层次一般分为县城镇、县城镇以外的建制镇、集镇三级。

3.1.3 小城镇的规划等级层次一般应分为县城镇、中心镇、一般镇三级。大多数的县城镇为县域范围内规划的中心城市(广义)。

3.1.4 为适应并满足规划管理工作的需要,规划中除明确“中心镇”以外,应确定规划期内拟重点扶持发展的“重点镇”。

3.2 小城镇的规模分类

3.2.1 小城镇的人口规模应按镇区驻地总人口计算,镇区总人口中以从事非农产业活动为主的人口应占50%以上。

3.2.2 小城镇的人口规模可划分为大、中、小三个等级,各等级人口规模应符合下表的规定:

小城镇人口规模分类 单位:万人 **表 3.2.2**

	小	中	大
人口规模	<1	1~3	>3

3.2.3 新设行政建制“镇”应严格执行国家的设镇标准。凡达到设市人口规模标准下限,且人口密度、经济发展水平、基础设施条件等同时达到设市标准的小城镇,其所在行政区可考虑改设“市”建制。

3.2.4 不同规模等级的小城镇应注意的事项。

3.2.4.1 在城市规划建设用地范围内的小城镇不论规模大小均应完全服从城市总体规划的安排。

3.2.4.2 紧临城市规划建设用地范围或有其他特殊需要的小城镇,规划、建设的执行标准应高于同等规模的一般小城镇。

3.2.4.3 “准城镇化地区”的规划、建设以执行不低于同等规模小城镇的标准为宜。

3.3 小城镇的职能分类

3.3.1 按照小城镇的主要职能，可将小城镇划分为综合型、工业主导型、商贸流通型、交通枢纽型、旅游服务型、三农（农业、农村、农民）服务型及其他专业型等类型。

3.3.2 县城镇和中心镇一般多为综合型城镇。从单一职能型向综合型转化是小城镇职能演变的趋势。

3.4 小城镇的经济发展水平分类

3.4.1 按小城镇所在地区的经济发展水平分类。

3.4.2 按地区经济发展水平可分为经济发达地区、经济中等发达地区、经济欠发达地区三种类型小城镇。

3.4.3 不同经济发展水平地区的划分。

3.4.3.1 经济发达地区主要指东部沿海地区；沿江、沿河、沿路城镇密集地区；大中城市周边地区。

3.4.3.2 经济中等发达地区主要指东部沿海地带内的经济低谷地区；沿江、沿河、沿路经济隆起带的边缘地区；城市远郊区；中西部地区的平原地带。

3.4.3.3 经济欠发达地区主要指西部地区以及中部地区的部分经济落后区域，以山地、丘陵、高原为主，多属林区、牧区、半林半牧区。

3.4.4 不同经济发展水平地区的小城镇应选择不同的城镇化发展策略。

3.5 小城镇的空间位置分类

3.5.1 从形态上划分，我国的小城镇整体上可分为两大类：一类城乡界线分明、以完整的独立形态存在；一类城乡一体、以连片发展的“城镇连绵带” 形态存在。

3.5.1.1 以“城镇连绵带” 形态存在的城镇目前主要存在于我国沿海经济发达省份的局部地区。该类城镇需要加强规划与管理，正确引导，合理进行镇乡合并。

3.5.1.2 绝大多数的小城镇以完整、独立的形态存在，按其所处空间位置又可大致分为三种类型。

1. 第一类是“城市周边地区”的小城镇。此类城镇的性质、发展方向、发展规模、基础设施建设应与中心城市统筹考虑，以避免当前的建设给未来的发展造成障碍。其职能应变全能型为功能型，可考虑分担中心城市的部分职能。此类城镇的建设标准要高起点，可执行或比照城市规划的标准进行。

2. 第二类是“经济发达、城镇具有带状发展趋势地区”的小城镇。该类小城镇要加强彼此间的协调，避免在发展方向和产业结构上的雷同。应注意引导城镇向过境公路一侧的纵深方向集聚发展，保障过境公路的畅通。城镇与城镇之间必须保留大片的农田绿地并保持一定的距离，沿线城镇发展宜形成“瓜蔓”状或“树枝挂果”状而不是“串珠”状或“实心带”状。

3. 第三类是远离城市，在目前和将来都相对独立发展的小城镇。此类小城镇中除少部分实力相对较强、有一定发展潜力外，大部分城镇经济实力较弱，城镇面貌改变不大，以为本地农村服务为主。要积极促进它们发展经济、增长实力并引导它们按规划进行建设。

4　小城镇的发展方向选择

小城镇的总体发展方向是：承上启下、服务三农；控制总量、集聚规模；量力而行、抓住重点；因地制宜、突出特色；功能配套、重在“建成”；以人为本、优化环境。

（执笔：晏　群）

小城镇的界定、类型及发展方向研究

条文说明

目　次

1　总则 ……………………………………………………………………………… (81)
2　名词术语释义 ……………………………………………………………………… (82)
3　小城镇类型划分……………………………………………………………………… (86)
3.1　小城镇的等级层次分类………………………………………………………… (86)
3.2　小城镇的规模分类 …………………………………………………………… (88)
3.3　小城镇的职能分类 …………………………………………………………… (89)
3.4　小城镇的经济发展水平分类 ………………………………………………… (90)
3.5　小城镇的空间位置分类………………………………………………………… (90)
4　小城镇发展方向选择……………………………………………………………… (93)

1 总 则

1.0.1 研究并完善"小城镇规划标准",是落实党中央关于"发展小城镇是带动农村经济和社会发展的一个大战略"的指示,全面提高我国小城镇规划、建设和管理水平的一项重要的基础性技术工作。而本专题则是完善"小城镇规划标准"工作的基础和前提。

鉴于目前在有关小城镇的定义、类型划分等若干基本问题和基本名词术语上存在着许多模糊认识,亟待进行说明和澄清,故此为统一认识、规范用词术语,以使完善"小城镇规划标准"的工作顺利进行,并切实促进小城镇健康、有序的发展,进行本项专题研究是完全必要的。

1.0.2 本专题的研究,对各专题涉及到的有关小城镇的一些基本概念、术语以及小城镇的分类等起到了基本统一口径的作用。

1.0.3 本专题只就各专题涉及到的共用的若干基本概念与术语进行解释说明、只对共用的若干小城镇类型进行划分。研究遵循的基本原则是"尊重现实、适应发展,有的放矢、讲求实效"。研究中凡现实通用、公认的名词术语或分类等等,本专题均予以采纳(如"集镇"、"镇区"等)。凡因形势发展而发生变化且在现实中认识模糊易造成误导的,本专题在分析的基础上提出新解释(如"建制镇"、"城市"等)。

小城镇类型划分的目的主要是为了应用,以更好地指导小城镇的规划、建设。从"实用"、"有可操作性"的角度出发,本专题针对目前在小城镇规划建设中存在的一些共性问题,专门对小城镇的等级、规模、职能、经济发展水平、空间位置等类型划分做了论述。在论述中同时就其实际应用中所应注意的问题提出了建议,亦即在小城镇分类论述中就融进了部分"合理发展方向选择"的研究内容。

2 名词术语释义

2.0.1 镇

根据“中华人民共和国宪法”规定，中华人民共和国的行政区域划分如下：全国分为省、自治区、直辖市；省、自治区分为自治州、县、自治县、市；县、自治县分为乡、民族乡、镇。“镇”同“市、县、乡”一样是国家行政区域划分中的一级行政建制。

2.0.3 镇区

2.0.3.1 绝大多数“镇区”是政府机关和公共服务机构及其配套设施的所在地。“镇区”人口集中、建筑连片，有一定的市政公共设施，工商业较发达，具有城镇形态的雏形，是镇域或更大一片区域内的政治经济中心。也有个别镇脱离原有镇区易地新建的特殊情况。行政建制“乡”的政府驻地(集镇)一般也可称为镇区。

2.0.3.2 “镇”与“乡”是国家行政区域划分中，县以下行政等级相同而性质不同的两类地方行政建制单位。国家为实现并满足不同的管理需要而设立了各种不同的行政建制：为对城镇专门管理而设市、镇，为完成一般地域管理而设省、县、乡……由于“镇”与“乡”性质不同、设置建制的目的不同，所以其设置标准与行政区域划分的原则也不同。国家对确定“镇”有着明确的标准，而且这一标准的主要依据就是“镇区”的人口、经济规模及其形态。“镇”与“乡”的根本区别就在于“镇”的“镇区”较之于“乡”的“镇区”在非农业人口的集聚程度和经济发展水平上更高，更具有城镇的形态和更大的发展潜力。如果“镇”混同于“乡”、“镇”与“乡”一样，就失去了国家设置“镇”的意义。由此可知“乡”改“镇”绝不仅仅是称谓的变化或量(如经济发展水平等)的不同，而是有质的差异了。也正因为如此，所以在本专题的以下名词术语解释中特别强调虽然同为“镇区”，但只有行政建制“镇”的“镇区”即“建制镇”才是小城镇的最基本主体，行政建制“乡”的“镇区”即“集镇”，与“建制镇”不能等同对待。

2.0.4 城区

2.0.4.1 行政建制“市”的政府所在地为“城区”，一般为城市的建成区部分或规划建设用地部分(也可称规划建成区部分)。行政建制“市”的“城区”可以有多种组成形态，如单核心式的、组团式的等等。

2.0.5 城市

2.0.5.1 目前对什么是“城市(城镇)”还没有被公认的经典定义，但对“城市(城镇)”的基本特点，人们还是有许多共识的：首先“城市(城镇)”应是一个以从事非农产业活动的人口集居为主并且达到一定人口规模和密度的“居民点”；其次它的工商业应该较为发达，经济具有一定实力；再次它应具备一定的基础设施和公共设施，以能保障居民基本的精神与物质生活条件和就业岗位；最后它应该是一片地区的中心，在一定的区域范围内具有吸引力、凝聚力和辐射力，能带动地区发展。

2.0.5.2

1. 本专题为什么特别强调“狭义而言的城市仅指行政建制市的城区”？

这是因为我国现在的“市”与“镇”概念已发生了很大变化、已不具有原来的意义了。“市”与“镇”已成为了一级行政建制的称谓，这与国际上通称的“城市”概念已完全不符合，也就是说是行政建制的“市”，但不一定就是“城市”。“城市”只是行政建制“市”的一部分，设置行政建制的“市”必须要以“城市”为主体，但行政建制的“市”在“城市”以外还含有大范围的农村地区，现在所说的“市”已成为在以“城市”为主的地区设置的一种行政区域单位了，所以本专题认为只有将行政建制市的“城区”定义为“城市”才更恰当。比如重庆，可以说它是行政辖区面积最大的建制“市”，但由于它包含了大范围的农村在内，所以它并不是最大的“城市”，只有它的主城区部分才是真正具有实体意义的城市，而从其主城区人口、面积看，重庆显然不是国内最大的城市。重庆下辖县及县级市的城区部分分别是各个县及县级市的“城市”部分。

2. 为什么城市仅指行政建制市的“城区”而不是“市区”？

这是因为“市区”与“城区”是两个极易混淆但又完全不同的概念。“市区”及“市域”、“镇域”等是行政建制的概念，均与一定的行政辖区范围所对应，并且其行政辖区范围具有相对的稳定性。而“城区”、“镇区” 则分别指行政建制“市”和“镇”政府所在地的城市建成区部分或城市规划建设用地部分(也可称规划建成区部分)，“城区”、“镇区”是地理概念，没有确切的行政辖区范围与之对应，其范围是处于动态变化中的。

我国的行政建制“市”有“设区市”和“不设区市”之分。大部分地级以上的“市”是“设区(建制的)市”，或由“切块设市”而成，或以“市带县(市辖县)”形式存在，“设区市”区的行政辖区范围即为“市区”范围。一般而言“切块设市”情况下“区”的范围还相对接近于其“城区”范围些，但“以市带县(市辖县)”情况下“区”的范围有时则会大于“城区”范围[如晋中地区(行署)“撤(地)区设市”成为“设区市(地级市)”，原地区行署所在地的榆次市(县级市)现改设为“区”，其“区”的行政范围即原市域范围，行政管辖面积达 1000 多平方公里，但其城区部分实际只有几十平方公里]。尤其是“不设区”的“县级市”，其“市区”与“城区”更是有着很大差别。“县级市”一般由“整县改市”而来，在“按行政区设市”如整县设市的情况下，县级市的“市区”范围即为“市”的行政区域范围，也就是说“市区”即“市域”。而我国有的县级市的“市区”(市域)范围可达到几万平方公里(如青海的格尔木为 12.3 万平方公里、新疆的哈密为 8.5 万平方公里等)，“市区(市域)”是城区的数百倍乃至上千倍(格尔木市区是其建成区的 5300 多倍、哈密市区是其建成区的 3500 多倍)。鉴于存在着大量“市区”即“市域”的“县级市”等情况，所以只有明确的把行政建制“市”的“城区”(城市建成区部分或城市规划建设用地部分)而不是“市区” 定义为“城市”才可以避免得出我国有几万平方公里“城市”的荒谬结论。

3. 广义而言的“城市”还可包括行政建制“镇”的“镇区”(含县城)。未设“市”建制的县级行政单位—“县”，其政府所在地一般称为“县城”，有时也称之为“县城区”。

2.0.6 集镇

2.0.6.2 按国务院颁布的《集镇和村庄规划建设管理条例》规定：“集镇是指乡、民族乡人民政府所在地和经县人民政府确认的由集市发展而成的作为农村一定区域经济、文化和生活服务中心的非建制镇。”

近几年我国有些地区乡、镇合并频繁(山西省计划 2001 年内撤消三分之一的乡镇)，但乡、镇合并后被撤消了乡、镇行政建制地区的原政府驻地(镇区)，一般已不同程度地建有了一定设施，且仍旧保留有集市贸易的传统，而新设镇乡因行政建制变化所产生的行政凝聚力又只能在一个较长时间内才会逐渐发挥作用，因此这些被撤消了乡、镇行政建制地区的原政府驻地（镇区）在一段时期内仍会是一定地区经济、文化和生活服务的中心，所以它们仍可被认为是“集镇”。

2.0.7 建制镇

2.0.7.2 为什么本专题建议专称行政建制“镇”的“镇区”为建制镇？

1. 首先是因为在我国“镇”的概念已发生了重大变化。

我国现行“整乡改镇”制度，“镇”同“乡”一样实行了“管村”体制，“镇”由“点状”政区单位变成了“面状”政区单位，由地理概念演变成了政治法律概念，“镇”的内涵与以往发生了重大变化。但点状（镇区）、面状（镇域）两个性质不同的实体往往又被叫成同一个名字—某某“镇”，同名实异，一词两义，城镇（点状）名称往往被政区（面状）名称所取代，或反之，政区（面状）名称被城镇（点状）名称所取代，这种现象经常存在，点面不分，使人不知所指，由此导致了许多问题的出现。

“镇”的概念发生变化后，凡是“镇”都已成为了一级地方行政建制，没有不是地方行政建制的“镇”，因此再用“建制”镇表明镇的行政建制地位已是多余的了，就如“乡”没有必要称为“建制乡”、“市”没有必要称为“建制市”一样。有时也有“设市城市”之说，这是为了区别事实上存在着的一些具有城市（镇）的形态、广义上“像城市（镇）”但又未达到设市（镇）标准或因种种原因未能设市（镇）建制的“城市（镇）”—“准城镇化地区”的缘故。

2. 其次是因为惟有行政建制“镇”的“城镇”部分只有通称而无专称。

行政建制“市”、“县”、“乡”的“城镇”部分都有专用称谓，说起“城区”、“县城（或县城区、县城镇）”、“集镇”人们都明确其所指，都知道指的是“点”，并不会联想到“面”（农村）。但惟有行政建制“镇”的“城镇”部分只有通称—“镇区”（乡政府所在地也可称为“镇区”），而无专称。

3. 再次是行政建制“镇”的“镇区”是与行政建制“乡”的“镇区”相对应的。

国务院颁布的《集镇和村庄规划建设管理条例》规定：“集镇是指乡、民族乡人民政府所在地和经县人民政府确认的由集市发展而成的作为农村一定区域经济、文化和生活服务中心的非建制镇。”该“规定”明确指出“集镇是指……非建制镇”，把面状“乡”的点状部分（“政府所在地”、“区域经济、文化和生活服务中心”）—“集镇”称为“非建制镇”，是为了与面状“镇”的点状部分—“镇区”相区分。是“乡”而不是“镇”的“镇区”（集镇）被称之为“非建制镇”，那么是“镇”而不是“乡”的“镇区”部分就应对应地称之为“建制镇”。称“集镇”为“非建制镇”，正是为了与设置了镇建制的“镇区”—“建制镇”相区别。

4. 事实上国家也是把“建制镇”视为点状的“中心”的。

《中华人民共和国国民经济和社会发展第十个五年计划纲要》中提到“要把发展重点放到县城和部分基础条件好、潜力大的建制镇，使之尽快完善功能，集聚人口，发挥农村地域性经济、文化中心的作用。”这里很明确地把“建制镇”（而不是“镇”）同“县城”一样视为是具有点状形态的地域性“中心”的。

5. 今后应明确，凡称“镇”即指的是“镇域（面状）”，凡称“建制镇”即指的是“镇区（点状）”，应把“建制镇”与“镇”明确区分开来。把“建制镇”作为行政建制“镇”的“镇区”的专用名称、统一称谓，是停止目前混乱状况的第一步。

2.0.7.3 同为介于(狭义)城市与农村居民点之间的过渡型居民点的一种,作为按国家规定标准而设置了"镇"建制的"镇区"—"建制镇",一般而言,应比只是行政建制"乡"的"镇区"—"集镇"在集聚非农业人口和非农业活动方面更具有凝聚力,因而人口规模相应更大、经济实力相应更强,更具有城镇的形态和发展潜力。

2.0.8 小城镇

详见《小城镇规划标准研究》之一专题报告。

2.0.9 中心镇

中心镇属地理概念,它是县(市)域内一片地区中周围若干个乡镇的中心,地理位置相对居中,一般是自然形成、客观存在的,在一个较长的时期内具有相对的稳定性,在周围一片地区中相比较而言其经济实力较强。在有些曾设置过"管理区"的地方,"中心镇"的地位、作用及区位选择与县的派出机构—"区工委"、"区公所"所在地的乡镇很有些类似。

在城镇体系规划中明确中心镇,目的是在县以下层次选择并确定能带动一片地区发展的增长极核。中心镇的确定考虑了一定的地域平衡因素,因而其分布应该是相对均衡的。

2.0.10 重点镇

2.0.10.1 重点镇是根据一定的标准、为实现一定的目的而确定的。一般而言,重点镇的条件较好、具有发展潜力,它应是一定时期内小城镇中发展、扶持的重点。重点镇的确定具有一定的人为因素和较强的政策导向。

为不同的目的需要、在不同的时段,"重点镇"的确定与选择标准会有所不同,因而"重点镇"是处于动态变化中、有阶段性的,此一时的重点镇,彼一时也有可能因条件不具备而退出重点镇行列。这是因为小城镇发展的特点之一是受不确定因素的影响很大,有时"能人""领导者"及某些突发因素都会影响到小城镇的发展。小城镇经常是"三十年河东、三十年河西","风水轮流转"。在发展过程中,有的城镇可能会落伍了,但有的城镇则又可能后来居上、突飞猛进。

"重点镇"一般用于城镇的规划、建设与管理上,是实施城镇规划、建设、管理的一种手段,确定重点镇往往是为了给其以政策倾斜,促使其更快发展。但因地区条件的不同,符合标准的重点镇在地区分布上往往是不均衡的。

2.0.12 准城镇化地区

许多脱离城市母体而存在,且以非农业人口和非农产业活动集聚为主的具有城镇形态和一定的人口密度但又未达到设市、设镇标准或因种种原因未能设市、设镇建制的居民点,如独立工矿点、农(林)场场部、独立的大专院校科研院所、开发区、风景区以及一些发达地区的富裕村庄等,可称之为"准城镇化地区"。"准城镇化地区"在城镇现代化方面有时还要远远强于许多建制镇、集镇甚至县城。

3　小城镇类型划分

3.0.1　小城镇有多种类型划分

小城镇可以根据不同的需要，为实现不同的目的，按照不同地区的特点，从多层面、多视角地对小城镇进行类型划分。例如：

可按地形条件，将小城镇划分为平原型的、山地型的、丘陵型的、海岛型的等等。

可按地理位置，划分为南方地区的、北方地区的；沿海地区的、内陆地区的、边境地区的；东部地区的、中部地区的、西部地区的等等。

可按服务对象，划分为为大中城市服务型的、为农村服务型的、为工矿服务型的等等。

可按发展目标，划分为温饱型、小康型、富裕小康型、初步现代化型、现代化型的等等。

可按主要经济构成，划分为以集体经济带动为主的（苏南模式）、以个体经济股份制企业带动为主的（温州模式）、以外商投资为主的（广东模式）、混合经济为主的等等。

可按城镇形成的动力模式，划分为靠自发兴起的（内力）、靠外力推动的、靠内外力结合推动的等等。或是靠权力精英带动为主的、靠经济精英带动为主的等等。

可按发展、形成的原因，划分为依靠区位优势（地理位置）形成的、靠开发利用自然资源（矿产资源、风景旅游、海洋资源……）形成的、靠开发利用人文资源（传统技术、地方特色、历史文化……）形成的。或靠乡镇企业发展带动的、靠大中城市辐射带动的、靠资源开发带动的等等。

可按经济发展水平，划分为经济发达地区的、经济中等发达地区的、经济欠发达地区的等等。

还可按主要职能，划分为综合型的、工业主导型的、商贸流通型的、交通枢纽型的、旅游服务型的、三农服务型的以及其他专业型的等等。

3.1　小城镇的等级层次分类

3.1.3　将小城镇的规划等级层次分为县城镇、中心镇、一般镇三级，是为了适应现实形势发展的需要。

在我国经济中等发达地区或经济欠发达地区，区域内的“镇”“乡”社会经济发展水平差异较大，“镇”的数量相对较少，而“乡”的数量较多，个别地区甚至可能只有“乡”而没有“镇”。如甘肃省白银市有78个乡（镇）级行政区划单位，但其中只有5个“镇”，除3个为城关镇外，真正的“镇”只有2个。“镇”、“乡”的“镇区”—“建制镇”与“集镇”在经济实力与建筑景观等方面的差距比较明显。在这样的一些地区中，规划的一个重要任务就是考虑今后“镇”建制的设置问题，作为镇政府驻地的“镇区”—“建制镇”具有除区域中心城市或次中心城市以外的、县域以下层次区域的中心作用，地位明显强于“集镇”。因此以往将小城镇的等级层次分为县城镇、县城以外建制镇、集镇三级并突出“建制镇”的地位是适宜的。但是在经济发达地区,区域内社会经济发展水平比较均衡,差异较小,城镇普遍具有较高的经济实力和基础设施建设水平,行政区划上"撤乡设镇"、"镇"数量扩张的任务已经完成或已接近完成,"乡"建制已全部或大部被"镇"建制所取代(如威海市县以下已全部是"镇")。在这样的一些地区,在规划中再以"建制镇"作为县域以下层次区域的中心发展就不妥当了。因为行政上都已经是"镇"建制,再以"建制镇"为重点,就等于都将是重点,而都是重点也就等于没有了重点。因此,适应"撤乡设镇"以来在经济发达地区发生的这种"镇"建制越来越占主导地位的变化,极有必要对规划中的小城镇等级层次重新划分。故此本课题将小城镇的规划等级层次划分为县城镇、中心镇、一般镇三级。这种划分对经济发达地区的意义尤为明显。

3.1.4 为什么要提出"重点镇"的概念?

这是因为"中心镇"与"重点镇"是两个具有不同内涵、因而具有不同作用的概念,有必要加以区分开来。

中心镇与重点镇有可能重叠(既是中心镇同时也是重点镇),但二者间没有必然的联系,中心镇不一定是重点镇,重点镇也不一定是中心镇。

中心镇与重点镇各有不同的作用。在某个地区中,如果以同一个标准(比如考虑在近期内有可能"建成")来确定重点镇,因地域条件不同,可能有的县(市)重点镇就会多些,有的县(市)就会少些或没有。以山东威海市为例,威海市域内地区间的经济发展差异很大,综合经济实力强的城镇主要集中在以荣成市(县级市)为主的东部及东南部沿海地区,西部内陆地区的乳山市(县级市)则经济实力相对较差。经济实力是小城镇建设的基础,如果以综合经济实力作为确定威海市域近期内"能建成"的"重点镇"的标准,以此同一的尺度衡量,那么"重点镇"几乎都集中在荣成市,乳山市一个也排不上。

确定中心镇在一定程度上就可以弥补这种因地域经济发展不均衡而带来的弊病,具有促进区域平衡的作用。中心镇的确定可以促进相对欠发达地区的增长中心发展。但是,如果只有"中心镇",虽则兼顾了地域的均衡性,但又忽视了市场经济条件下地区发展的特殊性,不利于促进具备条件的地区和城镇率先发展起来、率先富裕起来。仍以山东威海市为例,如果设置"中心镇"的话,那么经济发展相对落后的乳山市也能在自身条件的比较中选出本市范围内4～5个分布均匀的"中心镇",以作为增长极核培养,起到带动县以下一片区域发展的中心作用。但是如果只确定"中心镇",那么荣成市的一批极具发展潜力但位置略偏的城镇又会被排除在优先培植的行列之外,这不仅不符合市场经济的发展规律,而且将极不利于威海市城镇化进程的发展。所以规划中既需要设置"中心镇"又需要设置"重点镇",二者互为补充,相得益彰:以"中心镇"的设置兼顾地区的不均衡性,考虑长远;以"重点镇"的设置重在眼前,充分考虑区域发展条件的不均衡性。但具体情况应该具体分析,某些地区小城镇的规划等级层次视情况只设"中心镇"或只设"重点镇" 也是有可能的。

目前我们的政策中所提在县域范围内除县城外要选择1～2个"中心镇"发展,所谓"中心镇"其实指的是"重点镇"。

农村的一般镇多是农村的行政中心和集贸中心,镇区规模普遍较小,基础设施水平也相对较低,对农村剩余劳动力的吸引力不大。城镇规模过小,使其第三产业难以实现规模效益,而第三产业层次和规模的过低,反过来又制约了加工业的发展……因此只有优先发展重点镇和培育中心镇,赋予其有别于一般镇的优惠政策,使之以较高的建设标准优先发展,聚集起产业,凝固住人气,才能加快地区城镇化的进程。

3.2 小城镇的规模分类

3.2.1 为什么小城镇规模要按镇区驻地总人口计算？

以往对"城镇"的认定往往主要是以"非农业人口集聚为主"为依据的，而"非农业人口"是户籍概念，是按计划、按比例、按指标确定的，是受人为控制的带有计划经济色彩的产物。以"非农业（户籍）人口"为设镇标准，不能真实反映城镇的非农化状况，同时也使城镇的规模受到影响、数量受到限制。改革开放后人口的流动大为活跃，农民从土地的羁绊中解放出来，兼业的越来越多、进城务工经商的越来越多。目前全国有着8000万以上的流动人口大军，集聚在各级各类城镇中，在许多沿海发达城市中甚至外来人口占据了相当大的比重（珠江三角洲地区尤为明显）。这些以农村剩余劳动力为主的流动人口与当地城镇居民一同共用着城市的基础设施和公共设施，与当地城镇居民有着越来越接近的生活方式和思想观念。这些事实上生活在城镇且从事着非农产业活动但又不具有"非农业人口"户籍身份的人已经形成了一个庞大的群落，再也不能忽视他们的存在了。仅仅以非农业户籍人口的多少作为确定"城镇"的标准已经完全不能真实地反映城镇的现实状况了。因此，变按性质、按户籍统计为按实际居住地域统计，以在所居住地域事实上"从事非农产业活动"的人口集聚程度来衡量小城镇的规模将会更贴近"城镇"的实际，将更适应近年来城镇经济结构、劳动力结构变化的实际情况。因此以镇区驻地总人口来衡量小城镇的人口规模可能更合适些。镇区总人口中以从事非农产业活动为主的人口应占50%以上。

3.2.2 小城镇人口规模分为大、中、小三个等级

根据建设部"村镇建设统计年报"资料，1998年全国建制镇（不含县城关镇）平均人口规模为0.64万人。东部地区平均0.68万人、中部地区平均0.70万人，南方地区平均0.63万人、北方地区平均0.66万人，规模差距不大。西部地区建制镇平均规模0.48万人，略小一些。

根据对东部、中部，沿海、内陆几个不同类型行政地域的个案分析，在非县城的小城镇中，如按个数比重统计，镇区人口规模在0.3～0.6万人等级的小城镇居多，次为0.6～1.0万人等级，再次为0.3万人以下等级。合计起来规模在0.6万人等级以下的城镇约占小城镇总数的60～65%；如以1万人为标准，1万人以下等级的小城镇约占小城镇总数的85～90%；1万人以上的城镇较少，3万人以上的更少。从规划角度考虑，本专题将小城镇人口规模分为大、中、小三个等级：1万人以下为小型城镇，1～3万人为中型城镇，3万人以上为大型城镇。

3.2.3

1. 为什么强调新设行政建制"镇"应严格执行国家的设镇标准？

应该看到，目前一方面设镇标准偏低，另一方面即使用现有的标准衡量，还有不少建制镇并未达到现行的设镇标准。

在"整县改市"、"整乡设镇"的过程当中，有些地区为设市（镇）而设市（镇），人为地扩大镇区范围、增加人口数量，将许多周边还完全是农村形态的地区也划入到城镇范围中来。虽然"城镇"人口绝对数量不小，但实际上"地大人稀"，根本不具有城镇形态。

根据民政部1984年颁布的建制镇设置标准，只有乡政府驻地的非农业人口占全乡总人

口的10%以上,才可撤乡设镇。但实际上即使以"镇域(而非"镇区")非农业人口占镇域总人口的10%以上"的放宽标准衡量,也会有相当数量的镇达不到设镇标准。像青岛、威海这样的沿海发达城市、像晋中这样的内陆城市都有如此情况,这种状况在全国带有一定的普遍性。

许多"撤乡设镇"而来的"镇",只是"行政建制"与"称谓"的改变,设"镇"后城镇面貌与功能并没有实质性的变化,城镇建设严重滞后,"城不像城,村不像村",小城镇与农村村落没有太大差别,由此导致小城镇凝聚力不强。

故此,本专题提出今后行政建制"镇"的设置应严格执行国家的设镇标准,否则设置再多的"镇"也无助于城镇化进程的推动。

2. 达到设市标准的镇应允许改设市建制。

现实中存在着一些已同"城市"完全一样的超大型小城镇(如广东省顺德市的容奇镇、中山市的小揽镇等),应允许这些镇的行政建制改设市建制。国发[1993]38号文件批转试行的《关于调整设市报告》中,按三种人口密度、分县政府驻地镇和全县两部分,分别提出了人口、经济、城镇建设等若干项指标作为确定设立县级市的标准。人口规模只是设市(镇)标准中的一项指标。因此,只有在达到设市人口规模标准的下限,且人口密度、经济发展水平、基础设施条件等同时也达到设市标准的小城镇才可以考虑其所在行政区改设市建制。

3.3 小城镇的职能分类

3.3.1 因所处区位不同、禀赋的资源条件不同,加之受其他种种因素影响,每个小城镇都有不同的主要职能。按主要职能划分,小城镇可大致划分为如下类型:

以商业贸易为主、商业服务业较发达的,可称之为商贸流通型城镇。

以某种工业为主或依附于大中型工业厂矿并作为其生产生活基地为其服务的,可称之为工业主导型城镇。

凡具有航空、铁路、公路、水运等一种或几种交通运输方式,以其便利的交通条件和特殊的区位优势而成为客货流集散中心的,可称之为交通枢纽型城镇。

凡依附于某类具有开发价值的自然景观或人文景观,并以为其开发或旅游服务为主的可称之为旅游服务型城镇。

以为本地三农(农业、农民、农村)服务为主的可称之为三农服务型城镇。

以某种特殊专业职能存在且难以按上述类型归类的可称之为其他专业型城镇,如边贸口岸城镇、军事要塞城镇等等。

凡同时具备上述全部或某几种职能的,可称之为综合型城镇。

3.3.2 三农服务型城镇在小城镇中占有相当比例,这类小城镇的职能虽然也有一定的"综合型"成分,但其实力较之本专题职能分类中的"综合型城镇"明显要差得许多,最主要的是城镇的职能特色不明显,以为当地三农服务为主。拥有农业产业化的龙头企业、在农副产品的深加工方面具有重要作用的城镇可列入其他专业型城镇。

一般而言,综合型小城镇的规模比单一型的为大,县城镇和中心镇一般多为综合型城镇。

实践表明,小城镇的职能不是一成不变的,总的趋势是随着社会经济的发展,单一职能型小城镇必将向综合型小城镇转化。

3.4 小城镇的经济发展水平分类

3.4.2 主要以农民人均纯收入衡量地区的经济发展水平，经济发展水平是动态变化的。许多地方的经验表明农民人均纯收入在3000元以上，就具有了较强的经济实力，是农民有进城意愿的基本起点。目前，广东省珠江三角洲地区农民人均纯收入一般在5000～6000元的水平，山东省胶东地区在3500～4000元的水平，山西省在2000多元的水平。按现状水平，农民人均纯收入目前大体上在2000元以下的可视为经济欠发达地区，在2000～3500元之间的为经济中等发达地区，3500元以上的为经济发达地区。

3.5 小城镇的空间位置分类

3.5.1 按所处空间位置对小城镇进行分类，是为了有针对性的指导小城镇的发展建设。

从形态上划分，可将我国城镇从整体上分为两大类：一类以"城镇连绵带"形态存在，一类以完整、独立的形态存在。

3.5.1.1 以"城镇连绵带"形态存在的城镇。

1. 以"城镇连绵带"形态存在的城镇特点是：城与乡、镇域与镇区已经没有明确界线，城镇村庄首尾相接、密集连片，城镇一般多以公路为轴沿路发展，形成一条带状的工业区和居民区。"城镇连绵带"主要存在于我国沿海经济发达省份的局部地区。

2. 具有"城镇连绵带"形态地区的共同特点是：人多地少；以平原地形为主，有相对宽敞的发展空间；经济活跃，市场经济发育；经济发展水平高且区内经济差异小、城乡居民生活水平相近，城乡没有明显差别；交通便利，现代通讯发达；乡村产业多元化，二三产业的地域分布相对分散；人口在城镇的集聚程度不高，一般中小城镇对周围乡村的中心作用不突出。此外这些地区一般还有两多：一为华侨多，与海外有千丝万缕的联系，引进和利用海外投资较多；二为外来人口多，甚至有的能超过当地常住人口数。

3. "城镇连绵带"地区普遍存在的问题是：布局凌乱、发展无序、环境恶化。造成这种局面的客观原因是管理跟不上，但也确实缺少对集体所有制土地管理的有效手段和立法依据；主观原因是对这种发展形态及走势应如何正确认识，思想上始终含混不清，甚至在指导思想上本身就有放任其自由发展、"先发展起来再说"的想法。

4. "城镇连绵带"是经济发展到一定程度的产物，在某种程度上可以说是世界城市发展的趋势。对"城镇连绵带"地区一要切实加强规划与管理，既要使整个"连绵带"形成一个有机整体，又要防止城镇村庄密密麻麻、层层摊大饼、连成一条"实心带"，要保持各个城镇的相对独立和较好的生态环境。二要强调打破行政区域界线，引导进行"镇乡合并"。许多"城镇连绵带"地区"镇"的行政区域面积小且"镇"的设置又较为密集，而村庄又大多相对集中于镇区周围"扎堆"分布，耕地散布在镇区、村落之外，因此镇区、村庄较易连成一片，这也是造成"城镇连绵带"地区城乡不分的一方面原因。在这样一些地区合并乡镇，不仅是行政地域—"镇域""乡域"间的合并，同时也是"镇区"的合并，这与城乡形态分明、"镇域""镇区"清晰、城镇以完整独立形态存在的地区有很大的不同。在“城镇连绵带”地区实行“并镇”不仅有必要，而且实现起来也更具有可能性。

3.5.1.2 以完整、独立形态存在的城镇。

以完整、独立形态存在的城镇，占据城镇的主流。按照空间位置，其又可分为如下三种类型：

- 小城镇
  - 城市周边地区
    - 大中城市周边
      - 城市规划建设用地范围内
      - 卫星城范围内
      - 介于上述二者之间
    - 小城市及县城周边
  - 经济发达、城镇具有带状发展趋势地区
  - 远离城市独立发展
    - 经济实力较强
    - 经济实力较弱

1. 第一类：“城市周边地区”的小城镇。

此类小城镇有的就分布在中心城的城区之内(其镇区与镇所辖的村往往以“城中村”的形式出现)，它们事实上已成为了城市建成区的一部分；有的则散布在城区的周边，甚至有的与城区只有一条街、一条河之隔，在不远的将来随着城区的向外扩展，它们将极有可能成为城市中心区的一部分；还有一些虽然不一定在中心城的规划建设用地范围之内，但它们距离中心城很近，它们的发展与中心城紧密相关，互为影响。

这些“城市周边地区”的小城镇，其规划应由中心城的总体规划所覆盖，已有单独规划的要在中心城总体规划中做出必要的调整或交代，其性质、发展方向、发展规模要由中心城统一安排，其职能应变全能型为功能型，逐渐淡化其行政功能而强化其某些方面的经济功能或社会功能，以分担中心城的部分城市职能。此类城镇的建设标准应高一些，应执行或比照城市规划的标准进行。此类城镇中，紧临中心城而又不在中心城规划城市建设用地范围内的城镇，有些可以发展组团的形式发展，与中心城保持必要的空间距离。这些城镇原则上不宜“自成体系”的搞“小而全”，而应尽可能的利用城区的基础设施和公共设施。关键的是，它们当前的建设不能给未来的发展制造障碍，形成二次改造。这类小城镇中的一部分，在发展初期由于中心城核心部分的“极化效应”影响，本身不一定会有太强的凝聚力(距离中心城太近，人都往中心城集聚，反而不易形成规模)，规模也不一定会发展很大，但当中心城发展到相当规模后，它们就会有一个加快发展的过程。

2. 第二类：“经济发达、城镇具有带状发展趋势地区”的小城镇。

该类小城镇主要沿交通轴线分布，具有明显的交通与区位优势，最具有经济发展的潜能，发展的趋势是极有可能形成城镇带。在市场经济条件下，农村剩余劳动力有受经济利益驱使，向经济发达的交通干线移动并迅速集聚、形成新的经济增长点的趋势，因此这类小城镇较易形成规模而发展起来。

这类小城镇的发展特别要注意在区域规划的指导下，加强彼此间的协调，相距较近的城镇应尽可能实现基础设施的共建共享，要避免在发展方向和产业结构上的雷同，尤其是要克服务镇以自我为中心的盲目膨胀倾向,发展中要特别注意"门槛"的制约作用。此类地区的一些小城镇普遍有沿路两张皮、追路发展的倾向,镇区距离拉得过长,不注意向路一侧的纵深方向发展。沿路发展、追路发展在城镇发展的初级阶段在所难免,也可以为当地带来短期的经济效益,但从长远看不仅对过境交通有极大的不利影响,而且也极不利于城镇的建设与管理,不利于城镇完整形态的形成。因此在城镇规划中应采取一些措施积极引导城镇向过境公路一侧的纵深方向集聚发展,要保障过境公路的畅通,关键的是不能屈从于现状、把沿路追路发展作为城镇规划的指导思想。应充分吸取南方某些地区小城镇连片发展、过度集中、无序发展的深刻教训,沿线城镇发展宜形成"瓜蔓"状或"树枝挂果"状而不是"串珠"状或"实心带"状,城镇与城镇之间必须留有大片的农田绿地,相互间要保持一定的距离,这样才能维持较好的生态环境,保证城镇的可持续发展。

3. 第三类:远离城市,在目前和将来都相对比较独立的小城镇。

此类小城镇虽然多数也都靠近公路,但相对第二类小城镇而言总体上分布较散,多以"独立"的城镇形态存在,主要是不大有连片发展的可能性。

这类小城镇又可细分为两种情况:其中一少部分因地理位置、历史渊源、地形地质条件等原因而实力相对较强,有一定发展潜力外,大部分城镇则以为本地农村服务为主,对外吸引力不大,人口主要依靠自然增长。由于经济实力比较弱,所以城镇面貌也改变不大。对这后一部分小城镇要积极促进它们发展经济、增长实力并引导它们按规划进行建设。

4 小城镇发展方向选择

小城镇的发展方向是：

1. 承上启下、服务三农。

小城镇是介于(狭义)城市与农村居民点之间的过渡性居民点，兼有“城”与“乡”的特点，是城与乡联系的纽带，具有“承上启下”的作用。小城镇将始终处于动态变化之中，在发展中有的小城镇可能会跨入小城市行列，但也有的会逐渐衰落、甚至消亡。

对于绝大多数的小城镇而言，小城镇的发展方向仍应以面向三农(农业、农村、农民)、容纳农业剩余劳动力、为本地服务为主，要从根本上提高农民收入，改善进城农民的生活环境与生活质量。

2. 控制总量、集聚规模。

就全国总体而言，建制镇的总量应有所控制、增长速度应趋于缓和，小城镇的发展要逐渐走向理性化，从数量扩张型转为质量提高型。

就小城镇的个体而言，应强调集聚人口、集聚产业，规模扩张。小城镇的建设要与农业产业化的发展及工业小区的建设结合起来，把龙头企业和市场建在小城镇上，引导“人口向镇区集中、乡镇企业向工业小区集中”，使有发展潜力的城镇扩张规模。

3. 量力而行、抓住重点。

小城镇的发展要以经济为基础，量力而行，不能全面出击、平均使用力量。各地应采取政策优先发展条件好、有潜力的县城镇和重点镇，要积极扶持中心镇，使它们切实能成为截留农村剩余劳动力的“蓄水池”、拉动国民经济发展的“增长点”、接受中心城市辐射扩散的“承接站”和提高人口素质、进行精神文明建设的基地。

4. 因地制宜、突出特色。

全国各地千差万别、差异极大。不同地区必须结合自身条件(区位因素、自然条件、经济实力、资源状况、人口素质……等)因地制宜地选择自己的城镇化发展道路、形式和途径，必须因地制宜地选择自己的产业发展方向和技术路线。小城镇的发展与建设不能千人一面、一个模式，要形成并突出自己的特色。

5. 功能配套、重在“建成”。

小城镇在注重实体、形态建设的同时更要强调城镇的功能建设。要创造切实能留住人和项目，设施配套、功能完善的软硬件环境。不追求“政绩工程”，少做华而不实的表面文章，要在切实“建成”一批小城镇上下功夫。

6. 以人为本、优化环境。

小城镇的发展、建设要始终贯彻“以人为本”的原则，从“人”的需要出发，不断改善小城镇的生态环境和提高居住质量，要使小城镇能够持续发展。

(执笔：晏　群)

“小城镇规划标准研究”专题之二

小城镇规划编制标准研究

中国城市规划设计研究院

2001 年 6 月

目　次

1　总则……………………………………………………………………………………(97)
2　小城镇的分类及规划编制要求……………………………………………………(98)
3　小城镇规划的内容、深度和期限 …………………………………………………(99)
3.1　县域城镇体系规划 …………………………………………………………(99)
3.2　镇域规划……………………………………………………………………(99)
3.3　镇区总体布局规划 …………………………………………………………(100)
3.4　控制性详细规划……………………………………………………………(101)
3.5　修建性详细规划……………………………………………………………(101)
4　小城镇规划成果表现形式 …………………………………………………………(102)
4.1　县域城镇体系规划成果表现形式…………………………………………(102)
4.2　镇域规划成果表现形式 ……………………………………………………(103)
4.3　镇区总体布局规划成果表现形式…………………………………………(104)
4.4　镇区控制性详细规划成果表现形式………………………………………(105)
4.5　镇区修建性详细规划成果表现形式………………………………………(106)
附录一:县域城镇体系规划文本格式与内容 ………………………………………(108)
附录二:镇域规划文本格式与内容 …………………………………………………(110)
附录三:镇区总体布局规划文本格式与内容 ………………………………………(112)
附录四:镇区控制性详细规划文本格式与内容 ……………………………………(116)
条文说明……………………………………………………………………………………(119)

1 总 则

1.0.1 为科学合理编制、审批、实施小城镇规划,保证小城镇正常发展,制定本标准。

1.0.2 本标准适用于建制镇的总体规划和详细规划的编制工作。较大的集镇可参照执行。

1.0.3 编制建制镇规划除执行本标准外,尚应符合国家现行的有关标准与规范的要求。

2 小城镇的分类及规划编制要求

2.0.1 本专题从规划角度将小城镇分为两类:第一类为县(不含县级市)人民政府驻地的建制镇,即县城关镇(简称甲类);第二类为县人民政府驻地以外的建制镇(简称乙类)。

2.0.2 规划编制要求:

甲类小城镇,其规划一般分为两个阶段,第一阶段为县域城镇体系规划和总体规划阶段,包括县域城镇体系规划、镇域规划和镇区总体布局规划;第二阶段为详细规划阶段,包括控制性详细规划和修建性详细规划(可视具体情况确定其规划面积和范围)。

乙类小城镇,其规划分为两个阶段,第一阶段为总体规划阶段,包括镇域规划和镇区总体布局规划;第二阶段为详细规划阶段,包括控制性详细规划和重要地段的修建性详细规划。有些规模较小的小城镇(1万人以下),应从实际出发,视经济状况和规划条件,可在规划范围、编制内容、成果表现形式方面作适当简化。

3 小城镇规划的内容、深度和期限

3.1 县域城镇体系规划

3.1.1 县域城镇体系规划的任务：落实省、市域城镇体系规划提出的要求，指导村镇规划的编制。

3.1.2 县域城镇体系规划内容：

(1) 分析全县基本情况，综合评价县域与城镇的发展和开发建设条件。

(2) 明确产业发展的空间布局。

(3) 预测县域人口增长，确定城镇化目标。

(4) 确定县域城镇发展战略，划分城镇经济区。

(5) 提出城镇体系的等级结构、规模结构和职能分工。

(6) 确定城镇体系的空间布局。

(7) 统筹安排区域基础设施、社会服务设施。

(8) 确定保护县域生态环境、自然和人文景观以及历史文化遗产等的原则和措施。

(9) 确定重点发展的城镇，提出近期重点发展城镇的规划建议。

(10) 提出实施规划的政策和措施。

3.1.3 县域城镇体系规划的深度：县域城镇体系规划涉及的城镇包括建制镇、独立工矿区和集镇。

3.1.4 县域城镇体系规划的期限：近期 5～10 年，远期 20 年。

3.2 镇 域 规 划

3.2.1 镇域规划的任务：落实市(县)社会经济发展战略及城镇体系规划提出的要求，指导镇区、村庄规划的编制。

3.2.2 镇域规划的内容：

(1) 镇域基本条件(自然条件、历史沿革、经济基础等)分析与评价。

(2) 确定镇的性质和发展方向，划定镇区的规划区范围。

(3) 确定乡镇企业的发展与布局，进行产业结构分析和布局(一、二、三产业构成和地域分布)。

(4) 与土地利用规划相协调，处理好城镇建设与基本农田保护的关系。安排基础设施和社会服务设施。

(5) 确定中心村和村庄布局(含迁村并点规划设想)。划定需要保留和控制的绿色空间。

(6) 确定生态环境保护的目标和措施、确定自然人文景观和历史文物的保护要求与措施。

3.2.3 镇域规划的深度：

(1) 产业布局按一、二、三产业分别考虑，其中第一产业按种植业、林业、渔业、牧业划分；第二、三产业不再细分。

(2) 基础设施内容包括：公路及村间路；10 千伏以上电力线、变电站；对外交通；通讯光缆；输水渠、给水泵站、排水设施等。

(3) 社会服务设施包括：卫生所、幼儿园、敬老院、小学、中学、供销社、农贸市场及批发市场、汽车停靠站等。

(4) 确定中心村用地发展方向和范围。

(5) 各类土地的面积、分布及土地利用结构。

3.2.4 镇域规划的期限：近期 5～10 年，远期 20 年。

3.3 镇区总体布局规划

3.3.1 镇区总体布局规划的任务：落实市(县)域城镇体系规划和镇域规划提出的要求，合理利用镇区土地和空间资源，指导镇区建设和详细规划的编制。

3.3.2 镇区总体布局规划的内容：

(1) 确定镇区人口和用地发展规模。

(2) 确定镇区建设和发展用地的空间布局、用地组织以及镇区中心。

(3) 确定过境公路(含车站)、铁路(含站场)、港口码头、机场、运输管道的位置及布局，处理好对外交通设施与镇区的关系。

(4) 确定镇区道路系统的走向、断面、主要交叉口形式，确定镇区广场、停车场的位置、容量。

(5) 综合协调并确定城市供水、排水、供电、通讯、燃气、供热、环卫等设施的发展目标和总体布局。

(6) 确定园林绿地系统的发展目标及总体布局。

(7) 确定城镇环境保护目标，提出防治污染措施。

(8) 编制城镇防灾规划，提出人防、抗震、消防、防洪、防风、防泥石流、防海潮、防地方病的规划目标和总体布局。

(9) 确定需要保护的风景名胜、文物古迹、传统街区，划定保护和控制范围，提出保护措施。

(10) 确定旧区改建、用地调整的原则、方法和步骤，提出改善旧城区生产、生活环境的要求和措施。

(11) 进行综合技术经济论证，提出规划实施步骤、措施和方法的建议。

(12) 编制近期建设规划，确定近期建设目标、内容和实施部署。

3.3.3 镇区总体布局规划的深度：镇区总体规划基本按城市总体规划的深度进行。其中用地布局和道路规划的内容比城市总体规划要深，用地分类划分以中类为主、小类为辅；道路规划要给出主要道路交叉口的坐标和标高。

3.3.4 镇区总体布局规划的期限：近期 3～5 年，中期 10 年，远期 20 年。

3.4 控制性详细规划

3.4.1 控制性详细规划的任务：以镇区总体规划为依据，控制建设用地性质、使用强度和空间环境。控制性详细规划是镇区规划管理的依据，并指导修建性详细规划的编制。

3.4.2 控制性详细规划的内容：

(1) 详细规定规划用地范围内各类用地的界限和适用范围，规定各地块建筑高度、建筑密度、容积率、绿地率等控制指标；

(2) 规定各类用地内适建、不适建、有条件可建的建筑类型；

(3) 规定交通出入口方位、停车泊位、建筑后退红线距离、建筑间距等。

(4) 确定规划范围内的路网系统及其与外围道路的联系。确定各条道路的红线位置、控制点坐标和标高。

(5) 确定绿地系统。

(6) 确定各单项工程管线的走向、管径、控制点坐标和标高以及工程设施的用地界限。

(7) 根据需要确定编制修建性详细规划的面积、范围。

(8) 制定相应的规划实施细则。

3.4.3 控制性详细规划的深度：按城市控制性详细规划进行编制。

3.4.4 控制性详细规划的期限：视具体控制管理情况而定。

3.5 修建性详细规划

3.5.1 修建性详细规划的任务：对镇区近期需要进行建设的重要地区做出具体的安排和规划设计。

3.5.2 修建性详细规划的内容：

(1) 建设条件分析及综合经济论证，找出现状存在的问题及规划应注意解决的主要问题和措施。

(2) 做出建筑、道路和绿地等的空间布局和景观规划设计，布置总平面图。

(3) 道路交通规划设计。

(4) 绿地系统规划设计。

(5) 工程管线规划设计。

(6) 竖向规划设计。

(7) 估算工程量、拆迁量和总造价，分析投资效益。

3.5.3 修建性详细规划的深度：按城市修建性详细规划进行编制。

3.5.4 修建性详细规划的期限：规划期限视具体建设项目情况而定。

4 小城镇规划成果表现形式

4.1 县域城镇体系规划成果表现形式

4.1.1 县域城镇体系规划成果包括规划文件和规划图纸两部分。规划文件包括规划文本和附件,附件包括规划说明书和基础资料汇编。

4.1.2 县域城镇体系规划文本。规划文本采用条文形式写成,文本格式要规范,文字要准确、肯定。文本格式与内容见附录一。

4.1.3 县域城镇体系规划图纸。规划图纸是规划成果的重要组成部分,与规划文本具有同等的效力。规划图纸所表现的内容与要求要与规划文本相一致。县域城镇体系规划图纸比例尺一般为1/50000～1/100000,具体应包括如下图纸:

(1) 县域地理位置图

(2) 县域综合现状图

(3) 县域人口与城镇布局规划图

(4) 重点城镇发展规划图

(5) 县域土地利用及基本农田保护图

(6) 县域综合交通规划图

(7) 县域基础设施规划图

(8) 县域社会服务设施规划图

(9) 县域环境保护与防灾规划图

(10) 近期建设和发展规划图

(11) 其他需反映的重点地区、重要内容的规划图(如沿江、沿海、沿湖地段的整治规划图;旅游规划图;历史文物保护规划图等)

4.1.4 县域城镇体系规划说明书(含基础资料汇编)

规划说明书具体编写内容如下:

(1) 工作简要过程

(2) 县域基本情况

(3) 对上版规划的意见和评价

(4) 编制背景、依据、指导思想、主要技术方法

(5) 区域社会经济发展背景分析

(6) 县域社会经济发展目标、发展战略和空间布局

(7) 县域城镇化发展战略及发展水平预测

(8) 县域城镇体系职能结构、等级和规模结构、空间结构分析

(9) 县域土地及空间资源合理利用协调规划

(10) 县域基础设施建设与布局规划
(11) 县域社会服务设施建设与布局规划
(12) 县域历史文物保护规划及旅游发展规划
(13) 县域环境保护与防灾规划
(14) 近期建设规划
(15) 实施规划的措施及政策建议

4.2 镇域规划成果表现形式

4.2.1 镇域规划成果包括规划文件和规划图纸两部分。规划文件包括规划文本和附件,附件包括规划说明书和基础资料汇编。

4.2.2 镇域规划文本。规划文本采用条文形式写成,文本格式要规范,文字要准确、肯定。文本的格式与内容见附录二。

4.2.3 镇域规划图纸。规划图纸是规划成果的重要组成部分,与规划文本具有同等的效力。规划图纸所表现的内容与要求要与规划文本相一致。镇域城镇体系规划图比例尺一般为 1/5000～1/20000,具体应包括如下图纸:

(1) 镇域地理位置图(比例尺:视所在县、市的面积而定,一般为 1/50000～1/100000)
(2) 镇域现状图
(3) 镇域产业结构与规划布局图
(4) 镇域土地利用及基本农田保护图
(5) 镇域居民点规划布局图
(6) 镇域基础设施规划布局图(如内容多,可按各专项分别出图)
(7) 镇域环境保护及综合防灾图
(8) 镇域历史文物古迹保护及绿地景观规划图

4.2.4 镇域规划说明书(含基础资料汇编)

规划说明书是对规划文本的具体解释,内容包括现状概况、问题分析、规划意图、对策措施。具体编写内容如下:

(1) 工作简要过程
(2) 镇域基本情况
(3) 对以前与镇域发展相关规划的意见和评价
(4) 编制背景、依据、指导思想、主要技术方法
(5) 区域社会经济发展背景分析
(6) 镇域社会经济发展目标、发展战略和空间布局
(7) 镇域土地及空间资源合理利用协调规划
(8) 镇域基础设施建设与布局规划
(9) 镇域社会服务设施建设与布局规划
(10) 镇域历史文物保护规划及旅游发展规划
(11) 镇域环境保护与防灾规划
(12) 近期建设规划

(13) 实施规划的措施及政策建议

4.3 镇区总体布局规划成果表现形式

4.3.1 镇区总体布局规划成果包括规划文件和规划图纸两部分。规划文件包括规划文本和附件;附件包括规划说明书和基础资料汇编。

4.3.2 规划文本。规划文本采用条文形式写成,文本格式要规范,文字要准确、肯定。文本的格式与内容见附录三。

4.3.3 规划图纸。规划图纸是规划成果的重要组成部分,与规划文本具有同等的效力。规划图纸所表现的内容与要求要与规划文本相一致。镇区总体布局规划图纸比例尺一般为 1/2000～1/5000,具体应包括如下图纸:

(1) 镇区现状图

(2) 镇区用地评价图

(3) 镇区总体规划图

(4) 居住用地规划图(可合并在总体规划图中)

(5) 公共设施用地规划图(可合并在总体规划图中)

(6) 道路交通规划图

(7) 绿地系统及景观规划图

(8) 环境保护及环境卫生规划图(可与上图合并)

(9) 工程规划图(包括给水、排水、电力、电讯、供热、燃气规划等内容,如内容复杂可分别出图)

(10) 防灾规划图(可与上图合并)

(11) 近期建设规划图

(12) 远景规划图(视情况有条件时才出)

4.3.4 规划说明书(含基础资料汇编)

规划说明书是对规划文本的具体解释,内容包括现状概况、问题分析、规划意图、对策措施。具体编写内容如下:

(1) 工作简要过程

(2) 镇区基本情况

(3) 对上版规划的意见和评价

(4) 编制背景、依据、指导思想、主要技术方法

(5) 区域社会经济发展背景分析

(6) 镇区社会经济发展目标

(7) 镇区建设用地范围、用地条件评价和规划建设目标

(8) 镇区性质与职能

(9) 镇区人口规模分析(包括建成区内常住人口和暂住一年以上的人口)

(10) 对外交通条件分析

(11) 道路系统规划

(12) 居住用地规划

(13) 公共设施用地规划

(14) 工业、仓储用地规划

(15) 绿地系统及景观规划

(16) 基础设施规划(包括给水、排水、供电、电信、燃气、供热等工程规划)

(17) 环境保护与环境卫生规划

(18) 防灾规划

(19) 近期建设规划

(20) 实施规划的措施及政策建议

4.4 镇区控制性详细规划成果表现形式

4.4.1 控制性详细规划成果包括规划文件和规划图纸两部分。规划文件包括规划文本和附件,附件包括规划说明书和基础资料汇编。

4.4.2 规划文本。规划文本采用条文形式写成,文本格式要规范,文字要准确、肯定。文本的格式与内容见附录四。

4.4.3 规划图纸。规划图纸是规划成果的重要组成部分,与规划文本具有同等的效力。规划图纸所表现的内容要与规划文本相一致。图纸比例尺为 1/1000～1/2000。具体应包括如下图纸:

(1) 位置图

1) 标明控制性详细规划的范围及与相邻地区的位置关系。

2) 比例尺视总体规划图纸比例尺和控制性详细规划的面积而定。

(2) 用地现状图

1) 分类标明各类用地范围(县城镇按《城市用地分类与规划建设用地标准》(GBJ 137～90)分至小类;县城以下的建制镇按《村镇规划标准》(GB 50188～93)分至小类),标绘建筑物现状、人口分布现状、市政公用设施现状。

2) 比例尺 1/1000～1/2000。

(3) 土地利用规划图

1) 标明各类规划用地的性质、规模和用地范围及路网布局。

2) 比例尺 1/1000～1/2000。

(4) 地块划分编号图

1) 标明地块划分界限及编号(与文本中控制指标相一致)。

2) 比例尺 1/5000。

(5) 各地块控制性详细规划图

1) 标明各地块的面积、用地界限、用地编号、用地性质规划保留建筑、公共设施位置;标注主要控制指标;标明道路(包括主、次干路和支路)走向、线型、断面,主要控制点坐标、标高;停车场和其他交通设施用地界限。

2) 比例尺 1/1000～1/2000。

(6) 各项工程管线规划图

1) 标绘各类工程管线平面位置、管径。

2）比例尺 1/1000～1/2000。

4.4.4 规划说明书(含基础资料汇编）

规划说明书是对规划文本的具体解释,内容包括现状概况、问题分析、规划意图、对策措施。具体编写内容如下:

(1) 工作概况

(2) 总体规划对该控制性详细规划范围的规定和要求

(3) 对以往相关规划的意见和评价

(4) 对控制性详细规划范围内各项建设条件的现状分析

(5) 建设用地控制规划

(6) 道路系统规划

(7) 绿地系统规划

(8) 各专项工程管线规划

(9) 规划实施细则

4.5 镇区修建性详细规划成果表现形式

4.5.1 修建性详细规划成果包括规划设计说明书和规划设计图纸。

4.5.2 规划设计说明书。说明书内容如下:

(1) 现状条件分析

(2) 规划原则和总体构想

(3) 用地布局

(4) 空间组织和景观特色要求

(5) 道路和绿地系统规划

(6) 各项专业工程规划及管线综合

(7) 竖向规划

(8) 主要技术经济指标:

1) 总用地面积

2) 总建筑面积

3) 住宅建筑总面积,平均层数

4) 容积率、建筑密度

5) 住宅建筑容积率,建筑密度

6) 绿地率

(9) 工程量及投资估算

4.5.3 规划图纸。图纸比例尺 1/500～1/2000。具体应包括如下图纸:

(1) 规划地段位置图

1) 标明规划地段在城市中的位置以及和周围地区的关系。

2) 比例尺:根据总体规划或控制性详细规划的图纸比例尺而定。

(2) 规划地段现状图。

1) 标明自然地形地貌、道路、绿化、工程管线及各类用地建筑的范围、性质、层数、质量等。

2）比例尺:1/500～1/2000。

（3）规划总平面图

1）标明规划建筑、绿地、道路、广场、停车场、河湖水面的位置和范围。

2）图纸比例尺同规划地段现状图。

（4）道路交通规划图

1）标明道路的红线位置、横断面、道路交叉点坐标标高、停车场用地界限。

2）图纸比例尺同规划总平面图。

（5）竖向规划图

1）标明道路交叉点、变坡点控制高程,室外地坪规划标高。

2）图纸比例尺同规划总平面图。

（6）工程管网规划图(根据需要可按单项工程出图或出综合管网图)

1）标明各类市政公用设施管线的走向、管径、主要控制点标高,以及有关设施和构筑物位置。

2）图纸比例尺同规划总平面图。

（7）表达规划设计意图的模型或鸟瞰图。

附录一：县域城镇体系规划文本格式与内容

1　总则

1.1　前言

1.2　规划指导思想、原则和重点

1.3　规划期限

1.4　规划范围

2　县域社会经济发展目标

2.1　社会发展目标

2.2　人口发展目标

2.3　经济发展目标

2.3.1　主要经济指标的发展速度和目标

2.3.2　产业发展空间布局规划

2.3.3　城镇经济区划分

3　县域城镇化发展目标

3.1　城镇化水平

3.2　城镇化道路

3.3　确定人口空间转移的方向和目标

4　城镇体系职能结构和城镇分工

4.1　确定城镇体系职能结构

4.2　确定各城镇职能分工

5　城镇体系等级和规模结构

5.1　等级结构

5.2　规模结构

6　城镇体系空间布局

6.1　城镇空间布局

6.2　确定重点发展的中心镇

6.3　确定中心村及村庄布局原则

7　用地及空间协调规划

7.1　确定各类用地范围、界限及开发利用措施

7.2　确定不允许建设地段的范围、界限及控制要求

8　区域基础设施建设与布局规划

8.1　确定各级居民点配置基础设施的类型和标准

8.2　确定各类基础设施的共建、共享方案

8.3 确定各类基础设施布局

8.3.1 公路

8.3.2 铁路

8.3.3 港口

8.3.4 机场

8.3.5 管道

8.3.6 通讯

8.3.7 电力

8.3.8 给水

8.3.9 排水

9 社会服务设施建设与布局规划

9.1 确定各级居民点配置社会服务设施的规模

9.2 确定各类社会服务设施的共建、共享方案

9.3 确定各类社会服务设施的布局

9.3.1 教育(统筹安排和调整各类学校的规模和布局)

9.3.2 卫生(统筹布局医疗网点)

9.3.3 文体(统筹布局文化、体育活动场所)

9.3.4 其他(包括敬老院、休疗养院等福利设施的布局)

10 环境保护与防灾规划

10.1 环境保护

10.1.1 确定环境保护目标和实施对策

10.1.2 划分环境功能分区,确定各区控制标准

10.2 防灾规划

10.2.1 防洪

10.2.2 抗震

10.2.3 消防

10.2.4 人防

10.2.5 防风灾

10.2.6 防海潮

10.2.7 防泥石流

10.2.8 防地方病

11 近期建设规划

11.1 确定近期建设项目,进行投资估算

11.2 确定近期建设项目用地位置和用地规模

12 规划的实施

12.1 规划实施的政策建议

12.2 与其他相关规划的协调及衔接

13 附则

13.1 文本的法律效力

13.2 规划的解释权

13.3 其他

附录二:镇域规划文本格式与内容

1 总则

1.1 前言

1.2 规划指导思想、原则和重点

1.3 规划期限

1.4 规划范围

2 社会经济发展目标

2.1 社会发展目标

2.2 人口发展目标

2.3 经济发展目标

2.4 城镇及村庄建设目标

3 镇域产业结构与布局

3.1 产业结构

3.2 产业布局

4 镇域居民点布局

4.1 村庄位置与规模

4.2 确定中心村

4.3 迁村并点规划

5 镇域重要基础设施布局

5.1 公路

5.2 铁路

5.3 港口

5.4 机场

5.5 管道

5.6 通讯

5.7 电力

5.8 给水

5.9 排水

6 镇域社会服务设施布局

6.1 各类社会服务设施的规模

6.2 各类社会服务设施的布局

7 镇域土地利用规划布局

7.1 基本农田保护区范围

7.2 中心村用地范围

7.3 镇区建设用地范围

7.4 其他不准建设、需要保护的用地范围(如文物古迹、水源地、生态敏感区、自然保护区等)

8 环境保护与防灾规划

8.1 环境保护

8.1.1 确定环境保护目标和实施对策

8.1.2 划分环境功能分区,确定各区控制标准

8.2 防灾规划

8.2.1 防洪(含防海潮、防泥石流)

8.2.2 抗震

8.2.3 消防

8.2.4 人防

8.2.5 防风灾

8.2.6 防地方病

9 近期建设规划

9.1 确定近期建设项目,进行投资估算

9.2 确定近期建设项目用地位置和用地规模

10 规划的实施

10.1 规划实施的政策建议

10.2 与其他相关规划的协调及衔接

11 附则

11.1 文本的法律效力

11.2 规划的解释权

11.3 其他

附录三:镇区总体布局规划文本格式与内容

1 总则

1.1 前言

1.2 规划指导思想、原则和重点

1.3 规划期限

1.4 规划范围

2 城镇性质

2.1 城镇职能

2.2 城镇性质

3 城镇规模

3.1 镇区人口规模

3.2 镇区用地规模

4 镇区建设布局

4.1 镇区用地选择和布局结构

4.2 布局要点

4.3 人均专项用地指标

5 对外交通

5.1 港口

5.2 铁路

5.3 机场

5.4 公路

5.5 管道运输

6 道路交通

6.1 交通分析与预测

6.2 道路系统框架

6.3 道路功能划分

6.4 城镇道路与对外交通的衔接

6.5 广场及停车场

7 居住用地

7.1 居住用地分布及人口容量

7.2 居住用地分类及建设控制要求

7.3 小学、幼儿园的配置

8 公共设施用地

8.1 镇区中心

8.2 行政办公

8.3 商业及市场

8.4 文化、体育、医疗卫生

8.5 教育科研

8.6 文物古迹及宗教

9 工业与仓储用地

9.1 工业用地

9.2 仓储用地

10 绿地系统及城市景观

10.1 绿地系统(绿地面积、位置、范围、分类)

10.2 公共绿地

10.3 城市景观风貌与特色

11 岸线

11.1 岸线分配与利用

11.2 岸线整治原则

12 中心区建设及镇区更新

12.1 中心区的确定及建设原则、步骤

12.2 镇区更新的措施、对策及步骤

12.3 重要历史文物古迹及景点保护

13 给水工程

13.1 用水标准和总用水量预测

13.2 水源规划及供水方式的确定

13.3 水厂及供水规模

13.4 管网

14 排水工程

14.1 排水体制

14.2 污水排放标准、污水量

14.3 排水管网

14.4 污水处理方式

14.5 雨水流量计算及管网布置

15 供电工程

15.1 用电标准、负荷、电量

15.2 电源

15.3 电网

15.4 变电站

16 电信工程

16.1 电话普及率、总容量

16.2 邮电局所

16.3 通讯设施的保护

16.4 广播电视

17 燃气工程

17.1 气源与供气方式

17.2 供气标准与用气量

17.3 储备站与汽化站

17.4 管网

18 供热工程

18.1 热源与供热形式

18.2 采暖热指标与供热负荷

18.3 管网

19 环境保护

19.1 环境质量规划目标

19.2 环境功能分区和质量标准

19.3 环境治理措施

20 环境卫生

20.1 设施指标及布局原则

20.2 垃圾量、处理方式及垃圾箱布置

20.3 公共厕所的布置

21 城镇防灾

21.1 防洪

21.1.1 设防范围

21.1.2 防洪标准

21.1.3 防洪工程措施

21.2 抗震

21.2.1 设防标准

21.2.2 疏散场地及通道

21.2.3 次生灾害防止和生命线系统保障

21.3 消防

21.3.1 消防标准

21.3.2 消防措施

21.3.3 消防通道及供水保障

21.4 人防

21.4.1 人防原则和保障

21.4.2 人防工程措施

21.5 其他灾害防治

21.5.1 防风灾

21.5.2 防海潮

21.5.3 防泥石流

21.5.4 防地方病

22 近期建设

22.1 近期建设重点和发展方向

22.2 住宅建设

22.3 公共设施、基础设施建设

22.4 投资估算

23 远景发展构想

23.1 远景发展规模控制

23.2 远景发展方向及空间结构

24 规划的实施

24.1 规划实施的政策建议

24.2 与其他相关规划的协调及衔接

25 附则

25.1 文本的法律效力

25.2 规划的解释权

25.3 其他

附录四:镇区控制性详细规划文本格式与内容

1　总则

1.1　编制背景

1.2　基本依据

1.3　适用范围

1.4　规划原则

1.5　主管部门和管理权限

2　土地使用和建筑规划管理通则

2.1　用地使用分类及控制

2.1.1　关于用地分类的一般原则及必要的说明

2.1.2　用地使用分类一览表

2.1.3　用地与建筑相容性规定

2.1.4　用地性质可更动范围的规定

2.1.5　用地控制要求,用地控制分为规定性和指导性两类(A类和B类)。前者是必须遵照执行的,后者是参照执行的。

A类(规定性指标):

(1) 用地性质

(2) 建筑密度

(3) 建筑控制高度

(4) 容积率

(5) 绿地率

(6) 交通出入口方位

(7) 停车泊位及其他需要配置的公共设施

B类(指导性指标):

(1) 人口容量

(2) 建筑形式、体量、风格要求

(3) 建筑色彩要求

(4) 其他环境要求

2.2　地块建设容量控制

2.2.1　建筑密度规定

2.2.2　建筑间距规定

2.2.3　容积率规定

2.2.4　容积率奖励和补偿规定

2.3　建筑高度控制

2.3.1　一般原则
2.3.2　住宅建筑高度控制
2.3.3　沿街建筑高度控制
2.3.4　沿道路交叉口建筑高度控制
2.3.5　其他
2.4　建筑后退的控制
2.4.1　沿路建筑退道路红线和道路边界的规定
2.4.2　相邻地块建筑退地块边界的规定
2.5　街坊或地块交通设施的配置和管理
2.5.1　区内各级道路的宽度
2.5.2　地块配建停车场车位的规定
2.5.3　出入口位置的规定
2.6　配套设施的控制
2.6.1　配套设施项目
2.6.2　配套设施数量、用地面积、建筑面积
2.6.3　关于变更的一般原则

3　绿地控制

3.0.1　绿地控制的基本内容
3.0.2　对市、区级公共绿地的控制
3.0.3　对地块绿地面积的控制
3.0.4　绿地指标

4　景观控制

4.0.1　单体建筑的控制(形体、色彩等要求)
4.0.2　高层建筑的控制
4.0.3　标志物控制
4.0.4　相邻地段的建筑规定
4.0.5　特殊地段的控制(城市广场、广场环境、街景、中心区、历史地段等)

5　附则

5.0.1　规划成果的组成
5.0.2　解释权
5.0.3　其他

(执笔:张文奇)

小城镇规划编制标准研究

条文说明

目　次

1　总则 ……………………………………………………………………（121）

2　小城镇的分类及规划编制要求 ……………………………………（124）

3　小城镇规划的内容、深度和期限……………………………………（125）

3.1　县域城镇体系规划 ……………………………………………………（125）

3.2　镇域规划 ………………………………………………………………（126）

3.3　镇区总体布局规划 ……………………………………………………（127）

3.4　控制性详细规划 ………………………………………………………（128）

3.5　修建性详细规划 ………………………………………………………（128）

4　小城镇规划成果表现形式 ……………………………………………（130）

4.1　县域城镇体系规划成果表现形式 ……………………………………（130）

4.2　镇域规划成果表现形式 ………………………………………………（130）

4.3　镇区总体布局规划成果表现形式 ……………………………………（131）

4.4　镇区控制性详细规划成果表现形式 …………………………………（132）

4.5　镇区修建性详细规划成果表现形式 …………………………………（132）

1 总 则

1.0.1 制定小城镇规划编制标准的意义和目的。发展小城镇,是带动农村经济和社会发展的一个大战略。小城镇的发展涉及我国社会、经济发展的方方面面,对我国未来的发展具有重要意义。

目前,我国工业化已发展到中期,但城镇化却相对滞后,这两者不协调将会对我国实现现代化产生不良影响。而要加速城镇化的进程,发展小城镇是其重要的一环。

解放后,在计划经济体制下,重生产轻生活,重视工业化,而对城市的发展进行约束。改革开放后,仍是只重视企业的发展和农民就业领域的转变,而不重视农民居住地和生活方式的转变,不恰当地强调"离土不离乡、进厂不进城"、"控制城市人口"的政策导向。致使我国城镇化严重滞后于工业化。现在中低收入的发展中国家,城镇化平均水平已达到42%,而我国只达到30%。同与我国国情相近的印度、印尼两国相比,我国的城镇化水平明显滞后(见表1.0.1.1)。

中国与印度、印尼产业比重及城镇化水平比较表 单位:% **表 1.0.1.1**

国　别	第一产业	第二产业	第三产业	城镇化水平
印　度	27	30	43	30 左右
印　尼	16	42	41	34
中　国	19	50	31	30

从表中可以看出,印度和印尼的城镇化水平与我国相近或稍高,但其工业化水平低于我国,而第三产业高于我国,说明城镇化的滞后使第三产业的发展受到很大影响。从发达国家和发展较快的国家的经验看,城镇化与工业化的发展是比较协调的。如日本在1947年到1975年的工业化加速阶段,工业化从28%提高到36%,同期城镇化从28%增加到75%,增加47个百分点。再如韩国,在1960年到1981年的工业化加速阶段,工业化从20%提高到39%,同期城镇化从28%提高到56%,增加28个百分点。我国自改革开放20多年来,工业化有了显著提高,但城镇化水平提高不到13个百分点。城镇化滞后,带来或加剧了我国一系列经济社会发展中的突出问题,如农民收入难以提高、内需难以扩大、就业岗位难以增加,以及可持续发展能力减弱等。前一段时间,人们把能源和交通看成是国民经济发展的"瓶颈",而现在,人们逐渐认识到城镇化滞后是制约国民经济发展的新"瓶颈"。加速城镇化进程,正在成为人们的共识,并将有可能被提到党和国家的重要议事日程。

如何提高我国的城镇化水平呢?当然,途径有很多,其中,发展小城镇就是一个非常重要的途径。

(1) 发展小城镇是解决农村剩余劳动力的根本出路

我国现有农业劳动力3.5亿人,耕地19.5万亩。从农产品的价格空间看,我国农产品价格普遍比国际市场价格高,小麦价格比国际市场高44.1%、大米高25.8%、玉米高67.3%、棉花高17.3%、豆油高132.6%、白糖高75.7%。如果加入世贸组织,农产品价格还将进一步下跌,因此靠提高农产品价格来改善农民的生活是不可能的。

增加农民收入要从原来依靠提价、增产、政府补贴的方式转向依靠减少农民数量、提高农业劳动生产率、提高农业适度规模经营来实现。那么,农村剩余劳动力的就业门路又在哪里呢?

从土地上解放出来的农民,仅靠转移到工业上是远远不够的。改革初期,发展乡镇企业将农村剩余劳动力就地转移,实行“离土不离乡、进厂不进城”,形成亿万农村剩余劳动力千军万马挤入工厂的局面,难以拓宽第三产业的就业门路。

要想解决农村剩余劳动力的就业问题,必须发展第三产业,而要发展第三产业必须发展包括小城镇在内的各级各类城市。第三产业的一个重要特点是,生产与消费在时空上的高度同一性。第二个特点是要求有最低的“入门人口”,也就是说,人口必须集中到一定的规模,第三产业才能形成和发展下去。以前只注意发展乡镇企业而忽视发展小城镇,据建设部的统计,乡镇企业80%设在村落,12%设在集镇,7%在建制镇,1%设在县城。由于人口没有集中,使得第三产业发展不起来。这就造成双重恶果:绝大多数农村剩余劳动力挤入工业,加剧了工业领域的“重复建设”,同时限制了第三产业的就业门路。据国外资料表明,同样的投资,第三产业比第二产业能容纳更多的就业人口。具体数字见表1.0.1.2。

若干国家第二产业、第三产业新增就业人口比例表　　表1.0.1.2

国　别	第二产业与第三产业新增就业比	国　别	第二产业与第三产业新增就业比
韩　国	1:1.5	印　尼	1:1.9
菲律宾	1:2.9	中　国	1:0.65
泰　国	1:2.5		

如果小城镇能得到科学合理的发展,就能够较好地解决农村剩余劳动力的就业问题,从而使我们国家的经济可以发展的更快,社会更加安定。

(2) 小城镇是截留农村剩余劳动力的“蓄水池”。随着科技的发展和生产力水平的提高,农村剩余劳动力会越来越多,如果都涌进大、中城市,这些城市将不堪重负,产生严重的“城市病”,整个国民经济发展的正常秩序将被打乱,后果不堪设想。如北京市外围有些镇就起到了截流的作用。典型的例子有燕郊、涿州,安置了很多国家各部的机关和人口,对减轻首都的人口压力做出了贡献。预计未来增加的农村剩余劳动力绝大部分也将在小城镇中安排。

(3) 小城镇是拉动国民经济发展的“增长点”。据对有关数据的分析,农民与城市居民人均年收入比为1:1.52～1:3.31,农民与城市居民人均年生活费支出比为1:2～1:2.85。农民进入城市后按城市居民的水平进行消费,消费支出可增加一倍,由此会极大地扩充内需市场。据测算,城市人口每增加一个百分点,国内生产总值可增长两个百分点。

(4) 小城镇是接受中心城辐射、扩散的“承接站”。许多大城市、特别是特大城市的中心城区产业结构要进行调整,实行“进二退三”的战略,即第二产业要从中心城区迁出。大企业要进行技术改造和更新,技术和产品要向外辐射扩散。而要接纳这些企业,小城镇就是备选地之一,小城镇有了一定的规模,镇上有些企业具有一定的技术水平,具备了承接由大城市扩散出来的工厂企业的条件。这种大城市和小城镇的结合对双方的发展是都有好处的。

(5)小城镇是提高人口素质、进行精神文明建设的基地。小城镇是联系大、中城市与乡村的纽带和桥梁,也是现代文明和中华民族优秀传统的汇集点。小城镇既能较好、较快地接受现代城市文明生活信息，又能较容易方便地把这种信息转递给农民，这对陶冶人的情操、提高人的文化修养和素质具有非常重要的作用，这关系到整个中华民族繁荣昌盛的大问题。中央把小城镇当作大战略来考虑，这也是重要原因之一。

通过以上分析，可以看出发展小城镇是关系到国计民生的大事，而要使小城镇科学合理有序的发展，必须要有一个完整可行的规划。而要编制规划，必须对规划的内容、期限、深度、成果表现形式等做出统一的规定和要求，为此，要制定小城镇规划编制的标准，使编制、审批、实施小城镇规划有章可循。

1.0.2 该条明确了小城镇规划编制标准的适用范围。

(1) 对小城镇的界定，在本项研究的专题一中已有论述，小城镇就是指建制镇。考虑到广大农村还有大量的集镇（乡政府所在地），对农村经济发展也有很重要的作用，所以农村中较大的集镇在编制规划时可以参照本标准。

(2)《城市规划法》规定："本法所称城市，是指国家按行政建制设立的直辖市、市、镇。"建设部颁发的《城市规划编制办法》第二条规定："按国家行政建制设立的直辖市、市、镇编制城市规划，必须遵守本办法。"

严格来说，小城镇编制规划应按城市的要求进行。但我国国土面积广，自然条件差异大，城市（镇）数量多，发展很不均衡。如果统一按城市的要求来编制规划，许多小城镇很难操作；但是，小城镇地位非常重要，以后还要迈向现代化，也不能降低规划编制的标准。所以我们在城市规划编制标准的基础上，根据小城镇的发展实际和特点来制定小城镇规划编制标准。

(3) 世界各国对设置市、镇的规定。

由于各国社会经济情况不同、自然条件不同、民族文化传统不同，其设市（镇）的标准多达几十种。能否设市主要看三条，一是人口集聚的规模；二是从事非农活动人口的比例；三是基础设施条件和配置状况。

人口集聚的规模：大多以人口规模 2000 人为设市标准的下限，规定居民点在 2000 人及以上设市的国家和地区占世界总面积的一半以上，这些国家和地区的人口占世界的 70.7%。有些人口密度低的国家（如加拿大、澳大利亚、新西兰、瑞典、丹麦、冰岛等）规定人口在 100～1500 人即可设镇。前苏联设镇条件是 500～3000 人。

各国设市对非农人口的集中程度要求也不同，发展中国家要求低些，发达国家要求高些；人口多的居民点对非农人口比例要求低些，人口少的居民点要求非农人口比例高些，目的是要保证一定数量的非农人口。如以色列要求 2000 人以上的居民点户主靠从事非农业活动谋生的超过 2/3 才可设镇。约旦：要求男劳动力从事非农业生产的占 2/3。印度：要求至少有 3/4 的成年男子从事非农业。荷兰：男劳动力从事非农业的比例要达 80% 以上。

设市（镇）还需有一定的基础设施条件。有的国家规定要有街道、集市、给排水和供电系统；有的要求有中等以上学校、政府机关、工厂和交通运输设施；有的规定要有 5 名医生和一家药店；一所九年制学校；一家超过 20 个床位的旅馆等。

我国的建制镇设镇时也基本要满足上述的三条要求，即要有一定的人口规模、非农人口和基础设施。所以按世界各国通行的城乡划分标准，我国的建制镇应属于城市范畴。

1.0.3 编制建制镇规划除执行本标准外，还应符合国家现行的有关标准与规范的要求。特别是要符合城市规划、土地利用、环境保护等方面的标准和规范。

2　小城镇的分类及规划编制要求

2.0.1　小城镇分类。根据不同的需要,对小城镇可以有不同的分类,本标准研究对小城镇的分类,主要考虑的是小城镇在区域经济社会发展中的地位与作用的不同,相应地其规划编制的内容、范围等要求也会有所不同,据此而将小城镇分为两类:第一类为县(不含县级市)人民政府驻地的建制镇,即县城关镇(简称甲类);第二类为县人民政府驻地以外的建制镇(简称乙类)。一般来说,县人民政府驻地的建制镇是该县的政治、经济、文化中心,其发展规模、发展条件较优于其他建制镇,若要进行县改市时会从镇变为市。因此从规划编制上讲,对甲类、乙类建制镇应有不同的要求。

2.0.2　主要阐述不同类型的小城镇,其规划编制要求也不同。

对于甲类小城镇,其规划分为两个阶段,第一阶段为县域城镇体系规划和总体规划阶段,包括县域城镇体系规划、镇域规划和镇区总体布局规划;第二阶段为详细规划阶段,包括镇区控制性详细规划和修建性详细规划。

乙类小城镇,其规划分为两个阶段,第一阶段为总体规划阶段,包括镇域规划和镇区总体布局规划;第二阶段为详细规划阶段,包括镇区控制性详细规划和重要地段的修建性详细规划。对有些小城镇视经济状况和规划条件可适当简化。

小城镇分类和规划内容要求见下图:

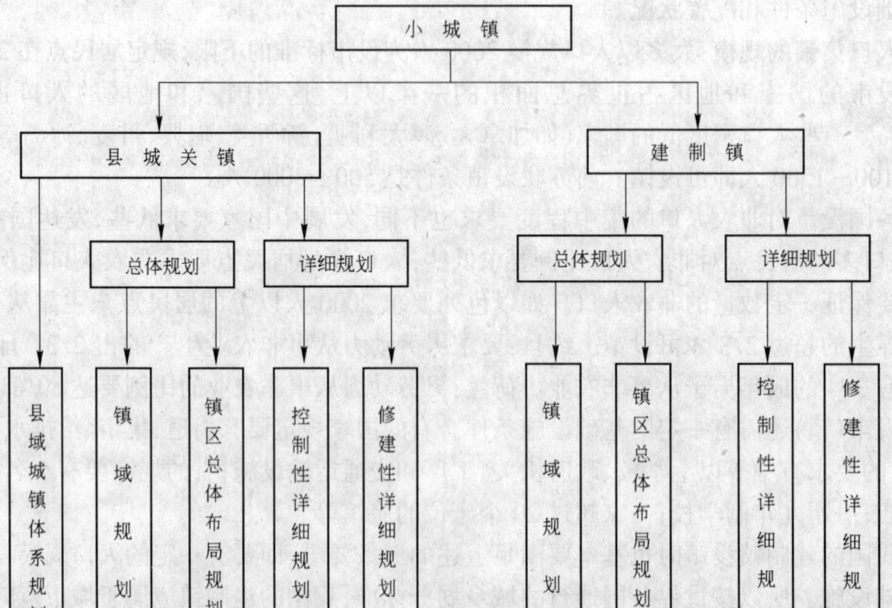

3 小城镇规划的内容、深度和期限

3.1 县域城镇体系规划

3.1.1 主要阐述县域城镇体系规划的任务、目的和意义。

县域城镇体系规划的主要任务是:落实省(市)域城镇体系规划提出的要求,指导乡(镇)域、镇区、村规划的编制。

县域城镇体系规划要研究确定全县城乡居民点有序发展的总体格局、选择重点镇,促进小城镇健康发展,防止一哄而起。同时对合理布置县域基础设施和社会服务设施、保护生态环境、防止污染等也有重要意义。

3.1.2 规定了县域城镇体系规划的内容。主要包括:

(1) 分析全县基本情况,综合评价县域与城镇的发展和开发建设条件——这是规划的前提条件,需要了解的基本情况。

(2) 明确产业发展的空间布局——主要是划定一、二、三产业在全县的空间布局,协调各产业对用地的需求,特别要确保基本农田的数量不能减少,城镇建设用地既要节约、又要有一定的数量保证。同时,产业发展空间布局也为划分城镇经济区奠定了基础。

(3) 预测县域人口增长,确定城镇化目标——目前省、市、县都有一种盲目追求人口过大的不合理倾向:即在省域范围内,各个市的人口之和大于全省人口;在市域范围内,各县人口之和大于全市人口;在县域范围内,各镇人口之和大于全县人口。因此,合理预测县域人口增长、确定城镇化目标、将城镇人口在全县各城镇中进行合理分配就显得非常重要。

(4) 确定县域城镇发展战略,划分城镇经济区——该项工作对确定各镇的发展方向、发展重点、全县的重点镇以及各镇之间协调发展有一定意义。但是,划分城镇经济区有一定难度,需要工作人员有地理学、经济区划、城镇体系规划等方面的知识和较强的分析综合能力。所以该项任务不作硬性规定,没有条件的可不作城镇经济区划分。

(5) 提出城镇体系的功能结构和城镇分工,确定城镇体系的等级和规模结构,确定城镇体系的空间布局——这是体系规划的最基本内容,也是对全县城镇发展特点、态势和布局的基本约束与规定,应认真作好。

(6) 统筹安排区域基础设施和社会服务设施——完成此项内容需要提出分级配置各类设施的原则,确定各级居民点配置设施的类型和标准;根据设施特点,分析能够县域共享或局部共享的设施类型,提出各类设施的共建、共享方案,避免重复建设。在此基础上编制区域基础设施专项规划,包括:交通规划、给排水工程设施规划、电力工程设施规划、电信工程设施规划(供热供气工程设施规划、水利工程设施规划)等。社会服务设施布局规划包括教育、卫生、文化体育(福利事业)等内容(括号里的内容作与不作可视具体情况而定)。

(7) 确定保护县域生态环境、自然和人文景观以及历史文化遗产的原则和措施——该项内容包括环境保护规划、防灾规划和风景旅游规划、文物古迹保护规划、园林绿化规划等。对乡镇企业的污染问题特别要引起高度重视，提出防治的措施与办法，并要用法律手段使其付诸实施；风景旅游规划、文物古迹保护规划、园林绿化规划等的编制视县域实际情况和需要而定。

(8) 确定重点发展的城镇，提出近期重点发展城镇的规划建议—全国有近 20000 个建制镇，每个县平均有 10 多个镇，而且现在撤乡建镇的势头很猛，在今后 5～10 年内镇的数量也许还会有所增长。因此，发展小城镇必须实行突出重点、以点带面、逐步推进的发展策略。其关键是要把握好重点镇的数量比例和选准重点镇。

(9) 提出实施规划的政策和措施——这项内容关系到小城镇规划能否真正实施的大问题，必须认真编制。政策措施的制定要符合实际、要有针对性和可行性。

3.1.3 域城镇体系规划的深度：县域城镇体系规划涉及的城镇包括建制镇、独立工矿区和集镇。县政府的下一级政府就是建制镇，独立工矿区是按城市对待的，所以这两项内容是必须包括的。集镇是乡政府所在地，且有集市，其中有些集镇还有可能升为建制镇，所以集镇也应包括在规划内容范围里。至于再下一个层次的村庄，因数量太多，无法在县域城镇体系规划中反映，只能在镇域规划中反映。

3.1.4 规划期限：近期 5～10 年，远期 20 年。规划期限问题是一个值得研究的问题，因为期限短了会眼光近视、就事论事，给以后的发展造成障碍；期限长了则容易流于空泛，难于落实。所以一般的规划都采取近、远期相结合的方式。县域城镇体系规划属于宏观性的规划，其远期规划的期限应该长一些，定在 20 年，如果需要，还可以作远景展望，期限可到 30～50 年。

3.2 镇域规划

3.2.1 镇域规划的主要任务是：落实市(县)社会经济发展战略及城镇体系规划提出的要求，指导镇区、村规划的编制——对于甲类小城镇，要在县域城镇体系规划的基础上，对县城关镇的镇域进行规划，此项内容可纳入镇区总体规划。对于乙类城镇，要求编制镇域规划，目的是对建制镇的整个发展条件和基础有一个比较全面的认识和了解，避免视野狭窄、就城镇论城镇。

3.2.2 镇域规划的内容——共包括 6 项内容。

其中有两条内容是比较重要的，也是以前的规划中所较少涉及的：

一是处理好城镇建设与基本农田保护的关系，既要保证基本农田数量不减少、又要使镇区有一定的建设用地和发展空间。所以镇域规划要和土地利用总体规划密切结合，进行合理的土地置换，保证基本农田的动态平衡(有时在一个镇的范围内难以达到平衡，还需从全县范围来考虑)，为镇区建设和发展预留出用地；

二是确定中心村的用地发展方向和范围(含迁村并点规划设想)。县域城镇体系规划要确定重点镇，同样镇域规划也要确定中心村(即重点发展的村)。我国长期以来处于自然经济状态，人们日出而作、日入而息，与自然界保持着一种最朴实的联系，怎样方便生产、生活就怎样安排自己的起居与活动，所以我国农村形成了大量的自然村，村庄里多者有上百户、千户，少者有几十户、十几户，甚至只有三五户，其居住形式十分分散。历史形成的这种局面与现代的生产、生活方式是非常不协调的。现在是市场经济，讲究效益、讲究规模、讲究联系、讲究速度，原来的分散居住的村庄已经不适应社会的进步和经济发展的要求了，而且分散的村庄对土地资源是一个巨大的浪费。现在，迁村并点已经在全国很多地方开展起来，特别是经济较发达地区，迁村并点的力度大、速度快。但是，改变人们长期以来形成的居住环境和居住习惯是需要一个过程的，如果操之过急，会产生许多后遗症和负面效益，因此，迫切需要有这方面的规划加以合理的控制和引导。这正是镇域规划所要解决的重要问题。

其他四项内容属常规内容，按要求来作就行了。

3.2.3 镇域规划的深度——因为以前没有作过镇域规划，也很少有编制镇域规划的要求和规定，所以对编制镇域规划的深度做了比较具体的说明：

(1)产业布局按一、二、三产业分别考虑，其中第一产业按种植业、林业、渔业、牧业划分；第二、三产业不再细分。

(2)基础设施内容包括；公路及村间路；10 千伏以上电力线、变电站；铁路及其站场；港口码头；机场；运输管道；通讯光缆；输水渠、给水泵站、排水设施等。

(3)社会服务设施包括：卫生所、幼儿园、敬老院、小学、中学、供销社、农贸市场及批发市场、汽车停靠站等。

(4)中心村用地发展方向和范围。

(5)各类土地的面积、分布及土地利用结构。

3.2.4 镇域规划的期限——与县域城镇体系规划的期限相同。一般来说，各种规划的期限应尽量做到相互一致和衔接，这样有利于进行预测和分析比较。近期 5～10 年，远期 20 年。

3.3 镇区总体布局规划

3.3.1 镇区总体布局规划的主要任务是：落实市(县)域城镇体系规划和镇域规划提出的要求，合理利用镇区土地和空间资源，指导镇区建设和详细规划的编制——甲类、乙类小城镇都要编制镇区总体布局规划，其内容与城市总体规划的内容要求一样。建设部于 1991 年发布了《城市规划编制办法》，其中第十六条规定了城市总体规划应当包括的内容。同时指出："建制镇总体规划的内容可以根据其规模和实际需要适当简化。"本标准作了部分调整和简化，将县域城镇体系规划的内容和城镇性质、发展方向、城镇规划区范围的划定等内容分别放到县域城镇体系规划和镇域规划中；简化了确定"市中心、区中心位置"、"对外交通系统"、"郊区规划"等方面的内容。

3.3.3 镇区总体规划的深度：镇区总体规划基本按城市总体规划的深度进行，用地布局和道路规划的内容比城市总体规划要深。

用地分类划分以中类为主、小类为辅。用地分类需要细分，如居住用地，在城市总体规划中一般分到大类或中类，这在城市中就已经能起到控制作用了。但在镇区中就觉得用地性质还不够明确，需要将居住用地中的幼儿园、小学、中学、邮政所等反映出来，在用地分类上就要分到中类和小类。再如公共设施用地，若分到中类，只能分出商业金融用地、文化娱乐用地、医疗卫生用地等，这样太笼统，不利于镇区规划建设和管理，只有分到小类才能反映出服务业用地、市场用地、医院用地等，而这对镇的规划布局和建设管理是非常必要的。

道路规划要给出主要道路交叉口的坐标和标高。为了使镇区总体规划更具有可操作性，规定主要道路交差口要求给出坐标和标高，这样，镇区的路网框架就确定了，布局就不会乱了，便于以后实施规划和进行管理。

3.3.4 镇区总体布局规划的期限：近期 3～5 年，中期 10 年，远期 20 年——与城市总体规划的期限基本一致。《城市规划编制办法》规定："建制镇总体规划的期限可以为十年至二十年，近期建设规划可以为三年至五年。"如果把远期定为 10 年，显得期限偏短，容易产生局限，对更长远的发展产生不利的影响；如果把远期定为 20 年，则显得又有些偏远，因为在 10 多年间，一个镇的发展变化可能是很大的。期限太远，规划就失去了控制指导建设的意义了。所以增加了中期，期限为 10 年，以便衔接近期和远期。

3.4 控制性详细规划

3.4.1 控制性详细规划的任务：以镇区总体规划为依据，控制建设用地性质、使用强度和空间环境。控制性详细规划是镇区规划管理的依据，并指导修建性详细规划的编制——镇区总体布局规划比城市总体规划的深度较深，对道路骨架、用地性质有了较具体明确的规定，基本可以把握住镇区的布局。但是建制镇与城市相比，其规划管理机构设置和人员构成、管理力度、人们遵守规划的意识等都有相当的差距，所以要有更为具体详细的规划对城镇建设进行管理和约束。一般来说，应该在镇区内选择重要地段或近期有建设意向的地段编制控制性详细规划，逐步根据需要和可能作完覆盖整个镇区范围的控制性详细规划。

3.4.2 控制性详细规划的内容：按《城市规划编制办法》和《城市规划编制办法实施细则》的要求执行。

3.4.3 控制性详细规划的深度：按《城市规划编制办法》和《城市规划编制办法实施细则》的要求执行。

3.4.4 控制性详细规划的期限：规划期限根据镇的具体情况和要求加以确定。

3.5 修建性详细规划

3.5.1 修建性详细规划主要任务是对镇区建设做出具体的安排和规划设计——建制镇的建设管理不如城市那样严格、正规，要制止乱盖乱建的现象，在重要地段进行具体建设时必须要有修建性详细规划加以控制和指导。现在小城镇镇区建设大多以修建改善一条街或集中建设住宅为主。在进行一条街的建设时非常有必要做修建性详细规划，这对改善镇区面貌、树立镇的良好形象是很重要的；镇的住宅建设，以往多是单独建设，搞独门独院，不考虑周围的环境和基础设施的配套,公共设施建设也常常是各自为政。所以镇区的布局很分散,用地浪费,也不能形成城市景观。如果有修建性详细规划作指导,在集中建设住宅和公建时就有章可循,改变传统的农村居住和生活习惯,逐步建立起新型的城市居住生活模式。

3.5.2 修建性详细规划的内容:按《城市规划编制办法》和《城市规划编制办法实施细则》的要求执行。

3.5.3 修建性详细规划的深度:按《城市规划编制办法》和《城市规划编制办法实施细则》的要求执行。

3.5.4 修建性详细规划期限:规划期限视具体建设项目情况而定。

4　小城镇规划成果表现形式

4.1　县域城镇体系规划成果表现形式

4.1.1　县域城镇体系规划成果包括规划文件和规划图纸两部分；规划文件包括规划文本和附件；附件包括规划说明书和基础资料汇编——在《城市规划编制办法实施细则》的总体规划部分里，对市（县）域城镇发展的文本内容有比较笼统的规定和要求。本次研究将县域城镇体系规划单独列为一节，所以对其成果表现形式规定得比较详细具体。

4.1.2　县域城镇体系规划文本

规划文本是对规划的各项目标和内容提出规定性要求的文件。文本采用条文形式写成，文本格式和文字要规范、准确、肯定，以利于具体操作。

文本内容共列13条60款。由总则、县域社会经济发展目标、县域城镇化发展目标、城镇体系职能结构和城镇分工、城镇体系等级和规模结构、城镇体系空间布局、用地及空间协调规划、区域基础设施建设与布局规划、社会服务设施建设与布局规划、环境保护与防灾规划、近期规划、规划的实施、附则等组成。

其中有些内容可根据县的实际情况作适当的增减。如旅游资源丰富、有历史文物古迹，那就可以增加旅游和文物保护规划方面的内容；如果本县不靠大江大海，或没有机场，那就不写这方面的内容。

4.1.3　县域城镇体系规划图纸

规划图纸是为了形象具体地表现规划文本和规划说明书的内容的，是规划成果的重要组成部分，与规划文本具有同等的效力。规划图纸所表现的内容与要求要与规划文本的相一致。

县域城镇体系规划图纸比例尺一般为1/50000～1/100000，这与县域面积、形状有关，以能反映出全县范围为准。

具体应包括的图纸有9张，可根据实际情况和需要增减。

4.1.4　县域城镇体系规划说明书（含基础资料汇编）

规划说明书是对规划文本的具体解释，内容包括现状概况、问题分析、规划意图、对策措施。编写内容包括16项，可根据县的实际情况增减，说明书中还应包括一些分析图和统计表格等。

4.2　镇域规划成果表现形式

4.2.1　镇域规划成果包括规划文件和规划图纸两部分；规划文件包括规划文本和附件；附件包括规划说明书和基础资料汇编。

4.2.2 镇域规划文本

规划文本是对规划的各项目标和内容提出规定性要求的文件。文本采用条文形式写成,文本格式和文字要规范、准确、肯定,以利于具体操作。

文本包括总则、社会经济发展目标、镇域产业结构与布局、镇域居民点布局、镇域重要基础设施布局、镇域社会服务设施布局、镇域土地利用规划布局、环境保护与防灾规划、规划的实施、附则等 10 项内容。

其中镇域居民点布局和镇域土地利用规划布局是重点。要确定中心村,进行迁村并点;要处理好镇区建设和基本农田保护的关系,特别要规定出不准建设、需要保护的用地范围。

4.2.3 镇域规划图纸

规划图纸是为了形象具体地表现规划文本和规划说明书的内容的,是规划成果的重要组成部分,与规划文本具有同等的效力。规划图纸所表现的内容与要求要与规划文本相一致。

镇域规划图纸比例尺与镇域面积和形状有关,一般为 1/5000～1/20000。

具体包括:镇域地理位置图、镇域现状图、镇域产业结构与规划布局图、镇域居民点规划布局图、镇域基础设施规划布局图、镇域环境保护及综合防灾图、镇域历史文物古迹保护及绿地景观规划图。

其中镇域产业结构与规划布局图要分别反映出一、二、三产业的布局和用地范围,特别要反映出基本农田保护的范围;镇域居民点规划布局图要反映出镇区的规划建设区范围、中心村的位置和迁村并点的变化情况。

4.2.4 镇域规划说明书(含基础资料汇编)

规划说明书是对规划文本的具体解释,内容包括现状概况、问题分析、规划意图、对策措施。编写内容包括 13 项,可根据镇的实际情况增减,说明书中还应包括一些分析图和统计表格等。

4.3 镇区总体布局规划成果表现形式

4.3.1 镇区总体布局规划成果包括规划文件和规划图纸两部分;规划文件包括规划文本和附件;附件包括规划说明书和基础资料汇编。

4.3.2 镇区总体布局规划文本

规划文本是对规划的各项目标和内容提出规定性要求的文件。文本采用条文形式写成,文本格式和文字要规范、准确、肯定,以利于具体操作。文本基本按《城市规划编制办法实施细则》的要求编写,只是将有关县域城镇体系规划的内容去掉(因另有县域城镇体系规划)。共有 25 项 96 款,其具体内容可根据镇的情况进行增减。

4.3.3 规划图纸。规划图纸是为了形象具体地表现规划文本和规划说明书的内容的,是规划成果的重要组成部分,与规划文本具有同等的效力。规划图纸所表现的内容与要求要与规划文本的相一致。镇区总体布局规划图纸比例尺一般为 1/2000～1/5000。

图纸内容基本按《城市规划编制办法实施细则》的要求执行,其中用地分类要分到小类。主要包括以下图纸:

(1) 镇区现状图

(2) 镇区用地评价图

(3) 镇区总体规划图

(4) 居住用地规划图

(5) 公共设施用地规划图

(6) 道路交通规划图

(7) 绿地系统及景观规划图

(8) 环境保护及环境卫生规划图

(9) 给水排水规划图

(10) 电力电讯规划图

(11) 供热燃气规划图

(12) 防灾规划图

(13) 近期规划图

(14) 远景规划图

可根据实际情况和需要增减一些图纸。

4.3.4 规划说明书(含基础资料汇编)

规划说明书是对规划文本的具体解释,内容包括现状概况、问题分析、规划意图、对策措施。编写内容包括20项,可根据镇的实际情况增减,说明书中应包括一些分析图和统计表格等。

4.4 镇区控制性详细规划成果表现形式

4.4.1 镇区控制性详细规划成果表现形式包括规划文件和规划图纸两部分;规划文件包括规划文本和附件;附件包括规划说明书和基础资料汇编。

4.4.2 规划文本是对规划的各项目标和内容提出规定性要求的文件。文本采用条文形式写成,文本格式和文字要规范、准确、肯定,以利于具体操作。文本基本按《城市规划编制办法实施细则》的要求编写。其中特别要注意处理好规定性指标和指导性指标的关系,对规定性指标的把握一定要严格,否则就不能达到控制的目的。

4.4.3 规划图纸是为了形象具体地表现规划文本和规划说明书的内容的,是规划成果的重要组成部分,与规划文本具有同等的效力。规划图纸所表现的内容与要求要与规划文本相一致。基本图纸的比例尺为1/1000~1/2000。其他图纸为1/5000或更小。

图纸内容基本按《城市规划编制办法实施细则》的要求执行。

4.4.4 规划说明书(含基础资料汇编)是对规划文本的具体解释,内容包括现状概况、问题分析、规划意图、对策措施。编写内容包括9项,可根据镇的实际情况增减,说明书中应包括一些方案分析图和统计表格等。

4.5 镇区修建性详细规划成果表现形式

4.5.1 修建性详细规划成果包括规划设计说明书和规划设计图纸。说明书的编写和图纸的绘制按《城市规划编制办法实施细则》的要求执行。

(执笔:张文奇)

"小城镇规划标准研究"专题之三

小城镇镇域村镇体系层次与规模的研究

沈阳建筑工程学院

2001年6月

目　次

1　总则 ……………………………………………………………………………………（135）
2　影响小城镇镇域村镇体系和规模要素 ………………………………………（136）
3　小城镇镇域村镇体系层次与规模规划总体构架 ……………………………（137）
4　小城镇镇域村镇体系规模分级与人口预测 …………………………………（138）
5　迁村并点在人口因素方面的原则要求 ………………………………………（139）
6　相关问题建议 ……………………………………………………………………（140）
条文说明……………………………………………………………………………（141）

1 总　则

1.0.1 制定小城镇镇域村镇体系层次与规模规划标准研究的目的是建立合理的小城镇村镇体系层次,确定合理的村镇规模,推进我国乡村城镇化进程。

1.0.2 本专题研究适用于小城镇镇域村镇体系层次与规模规划。

1.0.3 小城镇镇域村镇体系规划应与国民经济和社会发展战略相适应,与县域城镇体系规划相衔接。

1.0.4 小城镇镇域村镇体系规划布局应有利于生产力合理布局,资源合理配置,有效利用及可持续发展。

1.0.5 小城镇镇域村镇体系规划应体现乡村特点和地方特色。

1.0.6 小城镇镇域村镇体系规划应根据我国地域广阔,地区差异大的特点,体现因地制宜的原则。

1.0.7 小城镇镇域村镇体系规划应体现市场经济原则,适应村镇市场经济发展要求。

1.0.8 小城镇镇域村镇体系层次规模划分应遵循区域整体性原则、可持续性原则、地方特色性原则。

2 影响小城镇镇域村镇体系和规模要素

2.0.1 区域经济和社会发展水平和速度。根据区域经济和社会发展水平和速度的预测,确定小城镇镇域村镇体系层次和规模。

2.0.2 人口和农业剩余劳动力数量。根据农业剩余劳动力数量和转移规模、速度及流向确定村镇结构和人口规模。

2.0.3 资源条件。小城镇镇域村镇体系和规模的确定应以土地资源、水资源、矿产资源、旅游资源等现状和评价为依据。

2.0.4 区位。根据地理位置、交通条件和环境状况,合理进行村镇体系布局。

2.0.5 传统优势和产业特色。根据地区传统产业和新开发产业特色和优势,建设和发展小城镇。

3 小城镇镇域村镇体系层次与规模规划总体构架

3.0.1 小城镇镇域村镇体系层次和规模分级按辖域与职能分为基层村、中心村、一般镇或中心镇或县城镇三个层次，按规划范围的常住人口分为大中小三级，所以共9级。

3.0.2 各地小城镇镇域村镇体系层次和规模的构架，可按经济发达地区、经济中等发达地区和经济欠发达地区具体划分。此划分应兼顾小城镇的区域地理差异，考虑平原和山区，南方和北方以及东部、中部和西部的区域特点。

3.0.3 应根据小城镇职能类型确定小城镇的规模分级并界定其性质，主要分为综合性小城镇、某种经济职能为主的小城镇和特殊职能的小城镇。

4 小城镇镇域村镇体系规模分级与人口预测

4.0.1 小城镇规划规模分级(详见专题之一)。

4.0.2 村庄规划规模分级(表4.0.2)

村庄规划规模分级标准 **表4.0.2**

常住人口数量(人)＼村镇层次 规模分级	基层村	中心村
大型	>1000	>2000
中型	300～1000	1000～2000
小型	<300	<1000

4.0.3 小城镇人口规模预测

(1) 小城镇人口规模预测方法。小城镇人口规模预测主要采用综合分析法,其特点是在计算人口时,将自然增长和机械增长两部分叠加,计算公式为:

$$Q = Q_0(1+K)^n + P$$

式中 Q——总人口预测数(人);

Q_0——总人口现状数(人);

K——规划期内人口的自然增长率(%);

P——规划期内人口的机械增长数(人);

n——规划年限(年)。

(2) 小城镇规划期内人口分类

小城镇规划区内人口预测,应按其居住状况和参与社会生活的性质分类进行。

小城镇规划期内人口分类 **表4.0.3**

人口类别		统计范围	预测计算
常住人口	村庄	规划范围内的农业户人口	按自然增长计算
	居民	规划范围内的非农业户人口	按自然增长和机械增长计算
	集体	单身职工、寄宿学生等	按机械增长计算
通勤人口		劳动、学习在村镇内,住在规划范围的职工学生等	按机械增长计算
流动人口		出差、探亲、旅游等临时参与村镇活动的人员	进行估算

5　迁村并点在人口因素方面的原则要求

5.0.1　经济发达地区迁村并点人口因素方面的原则要求

(1) 平原地区应迁并不足 300 人的自然村或居民点。

(2) 丘陵地区应迁并不足 200 人的自然村或居民点。

(3) 山地地区应迁并不足 150 人的自然村或居民点。

5.0.2　经济中等发达地区迁村并点人口因素方面的原则要求

(1) 平原地区应迁并不足 250 人的自然村或居民点。

(2) 丘陵地区应迁并不足 150 人的自然村或居民点。

(3) 山地地区应迁并不足 100 人的自然村或居民点。

5.0.3　经济欠发达地区迁村并点人口因素方面的原则要求

(1) 平原地区应迁并不足 200 人的自然村或居民点。

(2) 丘陵地区应迁并不足 100 人的自然村或居民点。

(3) 山地地区应迁并不足 50 人的自然村或居民点。

6 相关问题建议

6.0.1 小城镇镇域规划应以县域城镇体系规划为基础。应注意区域发展不平衡规律及其利用。

6.0.2 迁村并点应在政策引导＼条件吸引基础上进行，并密切结合移民拆迁和灾后重建。迁村并点是我国城镇化进程中的大趋势，是一个相当长期的过程，应因地制宜地、谨慎地引导和进行。

1. 中心镇要着力优化、配套基础设施和公共设施的建设，积极引导乡镇企业向工业小区集中，住宅向居住小区集中。

2. 中心镇所辖村庄新建工厂原则上停止规划审批，停止镇区分散住宅地基审批。

3. 要继续制定和完善允许农民流动的户籍制度。

4. 在编制总量限制的前提下，地方可以根据需要自行设置有关小城镇规划建设的管理机构。县级下派机构能下放的应一律下放。

5. 实施“下山脱贫”计划，将一些地处高山、地理条件恶劣，人民生活水平低下的村落，安置到建制镇、集镇的规划区内，以加快人口的集聚。

6. 各县(市)收取的城市维护建设税，每年要提取一定比例用于试点小城镇建设。

6.0.3 农村剩余劳动力的有序就近就地转移。政策引导和鼓励上应与当地的城镇化水平相适应。

6.0.4 加快户籍制度改革，大力鼓励和引导农村人口向城镇聚居。

(执笔:张福昌　刘亚臣　孔凡文)

小城镇镇域村镇体系层次与规模的研究

条文说明

目　次

1　总则 ……………………………………………………………………………… (143)
2　影响小城镇镇域村镇体系和规模要素 ……………………………………… (144)
3　小城镇镇域村镇体系层次与规模规划总体构架 …………………………… (145)
4　小城镇镇域村镇体系规模分级与人口预测 ………………………………… (146)
5　迁村并点在人口方面的原则要求 …………………………………………… (148)
6　相关问题建议 ……………………………………………………………… (149)

1 总 则

1.0.1 阐明了小城镇镇域村镇体系层次与规模规划研究的目的和意义。

1.0.2 说明本专题研究的适用范围。

1.0.3～1.0.4 提出了小城镇镇域村镇体系规划的地位和作用。

1.0.5～1.0.8 提出了小城镇镇域村镇体系规划的原则，有因地制宜原则、市场经济原则、区域整体性原则等。

2　影响小城镇镇域村镇体系和规模要素

2.0.1～2.0.5　提出了影响我国小城镇镇域村镇体系和规模的主要要素及其主要作用。

1. 地区经济和社会发展水平是影响小城镇镇域村镇体系层次和规模的关键要素。对此,要从动态和发展的观点去预测和应用。

2. 从我国目前现状及城镇化进程来看,农业剩余劳动力的数量及对其转移情况的分析是确定小城镇镇域村镇体系层次和规模的主要要素。

3. 小城镇资源是其发展的重要基础,应根据对其合理的评价和利用,及可持续的原则去考虑其作用和影响。

4. 地理位置、交通和环境条件是影响村镇体系布局的一个既定的要素,并在一定程度上继续起作用。

5. 小城镇的发展一定要考虑到当地的优势和特点。

3 小城镇镇域村镇体系层次与规模规划总体构架

3.0.1 小城镇镇域村镇体系是由镇域内相互联系和协调发展的聚居点组成的群体网络系统。小城镇镇域村镇体系基本由村庄、建制镇构成。这些聚居点在政治、经济、文化、生活等方面是相互联系和相互依赖的群体网络。随着市场经济的发展,科学文化的提高,小城镇镇域内的相互联系和影响将会日益增强。进行小城镇镇域村镇体系规划,在一定区域内确定各个聚居点的性质、规模、发展方向和各项建设标准,首先要按各自所处的地位、职能进行层次划分。综合各地有关村镇体系层次的划分情况,自下而上依次分为基层村、中心村、一般镇或中心镇(包括城关镇)等层次。

3.0.2 小城镇镇域层次和规模划分主要按经济发展程度划分。经济发达地区主要指我国东部地区,经济中等发达地区主要指我国中部地区,经济欠发达地区主要指我国西部地区。此外还需考虑到小城镇平原和山区,南方和北方差异。

3.0.3 由于小城镇在体系中的职能既有行政职能,也有经济与社会职能,作为村镇的群体网络系统,本标准建议对小城镇镇域村镇体系层次的划分主要是依其经济、社会职能而划分。

4 小城镇镇域村镇体系规模分级与人口预测

4.0.1 小城镇规划规模分级

在小城镇镇域村镇体系层次划分的基础上，进一步按人口规模进行分级，为小城镇规划中确定各类建筑和设施的配置、建设的规模和标准，规划的编制程序、方法和要求等提供依据。

1. 伴随着城镇化进程的加快，生产力和人口将向经济发达地区聚集；

2. 大、中、小型规模主要对应经济发达地区、经济中等发达地区和经济欠发达地区；

3. 小城镇包括县城关镇和城关镇以外的建制镇；

4. 常住人口指小城镇镇区内连续居住一年以上的人口；

5. 一般镇人口规模见专题之一；

6. 中心镇或县城关镇，目前我国县城关镇平均人口规模为5万人左右。根据对山东省的调查，74%中心镇人口在10000～20000之间，山东省中心镇建设发展目标是到2005年，有200个中心镇镇区人口达到2万人，其中50个达到5万人；到2010年，建成300个中心镇，每个镇镇区人口达到2万人，其中有100个达到5万人。辽宁省"十五"规划将中心镇人口确定为2.5万人以上。随着小城镇的发展，各地中心镇人口必然要增加。中心镇或县城关镇人口规模在规划中的具体确定详见专题之一。

4.0.2 村庄规划规模分级

1. 村庄大、中、小型规模主要对应平原、丘陵、山地地区；

2. 中心村一般是村居民委员会所在地，是农村中从事农业、工业生产活动的较大居民点，具有商店、医疗站、小学等，其目前人口规模一般在1000～2000人。

3. 基层村是农村从事生产活动的最基本居民点，一般只有简单的生活福利设施，甚至没有。在我国经济发达地区，如上海的市郊、县，江苏省的苏、锡、常地区，广东省的珠江三角洲地区，已开始实施若干基层村合并建设一个中心村，以加快农村城镇化的进程。

4.0.3 小城镇人口规模预测

1. 小城镇规划期间人口规模的预测，主要是依据小城镇发展前景的需要，分析小城镇建设条件的可能，考虑人口的自然增长、机械增长和剩余劳动力等情况，对达到规划期末的人口进行测算。小城镇规划人口规模预测的内容，包括小城镇镇域总人口、镇区和村庄人口规模进行预测，目的是为确定小城镇建设用地、设施配置和规划方法提供依据。

小城镇镇域总人口是指建制镇所辖地域范围内所有常住人口的总和。本研究提出的采用综合分析法作为人口发展预测的方法，其计算方法是目前各地进行小城镇规划时，普遍采用的一种比较符合实际的计算方法。其特点是，在计算人口时，将自然增长和机械增长两部分叠加。采取这种方法预测人口规模，同采用劳动平衡法或产值推算法等相比较，更加符合我国小城镇人口的实际情况。

本条计算公式中的自然增长率 K 和机械增长数 P 可以是负值,即负增长。

关于人口机械增长的数值,要根据不同地区的具体情况加以确定。一般说来,在自然资源、地理位置、建设条件等具有较大优势、经济发达较快的小城镇,有可能接纳外地人员进入本镇工作。

关于人口机械增长的计算方法,总结各地经验,可采用四种常用的方法,即平均增长法,带眷系数法,劳动转化法和环境容量法。各地在进行小城镇规划时,要结合当地的具体情况选择使用。在计算时,可选择一种方法,或采用不同的方法对比校核。其中环境容量法,是充分分析当地的发展优势,并综合考虑建设条件(包括用地、供水、能源等)和环境、生态状况等客观制约因素,不拘于规划期限、预测远景的合理发展规模,以避免造成"超载"现象。

不同类型的人口,对小城镇的用地和设施有着不同的需求和影响。为了反映小城镇人口类型的实际情况,在小城镇规划中进行现状人口统计和规划人口预测时,本条明确规定小城镇人口按其居住的状况和参与社会活动的性质进行分类计算。

2. 根据小城镇人口的特点,常住人口中的农业人口与非农业人口同是居住的主体。其中,非农业人口包括永久户籍的居民和近年来自理口粮进镇落户的居民。参与小城镇内社会活动的还有定时进镇的工人、学生、差旅和探亲的流动人口,以及数量可观的进镇赶集人员。为了统一起见,便于统计,将小城镇的人口分为常住人口、通勤人口和流动人口三类。

常住人口是指居民(非农业户和自理口粮进镇户)、村民、集体三种类型的人口,同目前户籍口径基本一致。常住人口是小城镇人口的主体,常住人口的数量决定了居住用地面积,它是确定建设用地规模和基础设施配置的主要依据。

通勤人口是指劳动、学习在小城镇规划范围内,而户籍和居住在镇外的职工和学生。这部分人对镇内的生产建筑和部分公共建筑以及基础设施的规模有较大的影响。

流动人口是指出差、旅游、探亲和赶集等临时参与小城镇内社会活动的人员。这部分人对一些公共设施、集贸市场、道路交通都有影响。

为使小城镇人口规模的预测更加符合当地实际情况,规定了按人口类别分别计算其自然增长、机械增长和估算发展变化,以利于进一步分别计算各类用地规模。

人口自然增长的计算范围,包括村民户和居民户。

人口机械增长的计算范围,包括居民户和集体户。由于部分村民户即使规划期内职业或工作性质发生变化,一般也不会在规划期内改变其居住用地的标准,为简化计算,可不考虑其机械增长的因素。

通勤人口的机械增长和流动人口的发展变化要分别进行计算或估算。这两类人口虽不作为人口规模的基数,但也是决定人均建设用地指标的重要因素,影响用地的规模和设施的配置。

村庄人口的构成一般较为简单,可不进行分类。但也有些村庄,由于村办企业较多,吸引了外来劳力,其通勤人口和流动人口占有一定的比例,是否需要分类进行计算,可根据实际情况确定。针对各地进行村庄规划,只计算人口自然增长,而忽视了农村剩余劳动力转移问题。因此,规定在预测村庄人口规模时,在计算自然增长的同时,还要考虑随着市场经济的发展,农村剩余劳动力转移的去向和数量。

5 迁村并点在人口方面的原则要求

5.0.1～5.0.3 村庄的规模是进行小城镇镇域村镇体系层次与规模规划时必须考虑的非常重要的问题，它直接影响到是否有利生产、方便生活以及是否能为城镇化发展创造有利条件。

一般说来，较大规模的村庄，有利于形成集聚效应，便于集中设置较为完善的生活服务设施和市政工程设施。生活服务设施包括政治、经济、科技、文化、福利等设施，如村委会、银行、信用社、初级中学、小学、幼儿园、托儿所、文化站、饮食店、食品店、理发、洗浴以及蔬菜副食市场等，这类设施只有在村庄的规模达到一定数量时才能最大限度的发挥作用；市政工程设施的投资效益也与村庄的规模有直接的关系，村庄的规模较大、人口相对集聚，各类市政工程设施的建设投资才能减少，社会效益、经济效益才会提高。

虽然如此，但村庄，特别是基层村的规模又不能过大，因为农村的人口规模与劳动力有关，若村庄人口集中，劳力过多，负担耕地也过多，这就加大了耕作半径。过大的耕作半径会给田间生产带来许多不便，一般认为，从村庄到最远的田间进行生产的下地时间以不超过30分钟为宜，以步行计算，从村庄到田间的最大距离一般可在2公里左右，最远不超过2.5公里。假若以自行车、机引拖车或卡车等交通工具计算，耕作半径相应可以相应扩大一些。村庄按性质和规模的不同可分为中心村、基层村。中心村的职能除了组织本村的生产和生活之外，主要是为所辐射的基层村提供相应级别的配套设施；而基层村的职能只是组织生产和生活，并且以生产功能为主。

经济发达程度和人口方面的考虑是迁村并点的主要基础，平原、丘陵和山地因素也是需考虑的重要条件。通过我们对辽宁，山东及内蒙等地的实地调研分析都说明了这个问题。

小城镇迁村并点人口要求的测算主要依据辽宁省城镇体系规划中合乡并镇组合模式及标准、山东省荣成市成山卫镇和淄博市双沟镇实践经验，并结合我国农村实际及发展趋势综合确定。

6 相关问题建议

6.0.1 小城镇所在的区域经济的发展状况决定了城镇化的发展和小城镇的规模，城镇化水平和小城镇的规模反映了所在区域经济发展的状况，二者之间存在着必然的有机联系。

我国经济结构具有区域发展水平不均衡的特点。因此，城镇化的水平和小城镇的规模也呈现出由此而产生的差异，这严重的阻碍了农村城镇化的进程。小城镇是大中城市联系农村的桥梁和纽带，是大小城市经济向农村辐射的中心环节，而且小城镇比大城市更能直接地组织农村的经济活动，推动农村经济社会协调发展。

经济发展水平较高的地区，城镇化的水平必然很高，其中的小城镇规模就可能很大；而在边远贫困地区的城市，小城镇就很难发展壮大。影响小城镇规模的大小还有一个重要的因素，就是在一定区域内，该小城镇与其他小城镇的相对位置和相互关系。小城镇的发展依赖于所在区域的经济基础和市场容量。当该区域内已经存在一个较大的小城镇时，另外一个小城镇的发展就受到限制，这相当于在总量既定条件下的竞争问题。

6.0.2 在村庄的发展过程中应有所选择。一般说来，有些村庄规模较大，设置了政治、经济、文化等公共设施（如村委会、初级中学、小学、幼儿园、托儿所、银行、信用社、文化站、卫生所、百货店、饮食店、食品店、理发、洗浴、蔬菜副食市场等）和给水、排水、电力、电讯、供暖、燃气等基础设施；而有些村庄规模则较小，除了组织农业生产和满足基本生活需要外，几乎没有什么其他功能。

在小城镇镇域村镇体系中要发展的村庄，应该是规模较大，设施完备，吸收劳动力的能力较强、功能比较明显、正处于上升阶段的村庄。

在大城市周边、经济发达地区，主要是完善村庄的功能，提高建设和发展水平。对其中已经形成较大规模、辐射能力较强的村庄，适时引导其发展为集镇或建制镇；在中西部地区，重点建设区位优势和发展潜力都比较明显的村庄。对于已经纳入城镇体系规划的村庄，应加大政策引导和扶持力度，促进资金、人口、土地等要素向其聚集，使其尽快成长起来，完善村庄功能，增加其聚集效益。而对于那些规模较小，发展潜力不大的村庄，则应适当调整行政区划，鼓励按照合理的经济布局，迁村并点。

总之，在村庄发展方面要搞好迁村并点，农村主要是通过减人提高效率，因为狭义上的农业是不可能无限地加上去的。让农民富裕起来的主要办法是减少农民。虽然减少不容易，减少要有过程，但减少是历史趋势。农民从事产业的转移必须和农民身份的转变相结合，迁村并点，发展重点村庄。中心镇建设要着力其规模的扩大和功能的完善，以充分发挥其规模聚集效益。要根据实际需要，结合行政区划调整，扩大规模，增强其辐射能力。对所辖分散、零乱的村庄，要根据有利生产，方便生活，群众自愿的原则，进行迁村并点的试验工作。

6.0.3 我国转移农业劳动力和农村人口不能走发展大城市的路子。在我国，由于农业剩余劳动力人数众多，要实现农业剩余劳动力向非农产业转移，农村人口向非农人口转化，任务非常艰巨;而且大量的农民进城,就会造成大城市发展过快,容易导致人口膨胀,交通拥挤,环境恶化,就业困难,水资源缺乏,社会治安难维持等“城市病”。

从城镇化进程中的经验教训来看,发展小城镇是解决农业剩余劳动力和农村人口转移的必由之路。小城镇具有“人口蓄水池”的作用,大量农业劳动力和农村进入小城镇,是最现实的,也是最好的选择。

6.0.4 要提高我国城镇化水平,一要增加城镇常住人口,消除人口流动的不合理因素,将市场机制引入城镇就业制度,使农村剩余劳动力和外来人口合理有序地流向城镇。凡在城镇有合法的固定住所、具有稳定职业和收入来源的,要给予安排城镇常住户口,在就业,子女入学等方面享受与城镇居民同等待遇。二要大力发展小城镇的第三产业,拓宽就业空间,引导乡镇企业和务工经商的农民加速向小城镇集聚。三要继续实施“下山脱贫”计划,将一些地处高山、地理条件恶劣、人民生活水平低下的村落,安置到建制镇、集镇的规划区内,以加快人口的集聚。

(执笔:张福昌　刘亚臣　孔凡文)

“小城镇规划标准研究”专题之四

小城镇建设用地标准制订及节约用地途径研究

中国建筑设计研究院

2001年6月

目　　次

1　小城镇用地分类 ……………………………………………………………（153）
2　小城镇用地计算 ……………………………………………………………（155）
3　规划建设用地标准 …………………………………………………………（157）
3.1　一般规定 …………………………………………………………………（157）
3.2　人均建设用地指标 ………………………………………………………（157）
3.3　建设用地构成比例 ………………………………………………………（158）
3.4　建设用地选择 ……………………………………………………………（158）
条文说明………………………………………………………………………（159）

1 小城镇用地分类

1.0.1 小城镇用地是指建制镇(或集镇)建设规划区内的各项用地的总称。建设规划区包括小城镇建设的现状用地、发展用地和规划需要控制的区域。

1.0.2 小城镇用地应按土地使用的主要性质进行分类。划分为:居住建筑用地、公共建筑用地、生产建筑用地、仓储用地、对外交通用地、道路广场用地、公用工程设施用地、绿化用地、水域和其他用地9大类、28小类。

1.0.3 小城镇用地的类别应采用字母与数字结合的代号,便于规划文件的编制和村镇用地的统计工作中使用。

1.0.4 小城镇用地的分类和代号应符合表1.0.4的规定。

小城镇用地分类和代号　　表1.0.4

类别代号 大类	类别代号 小类	类别用地	范围
R		居住建筑用地	各类居住建筑及其间距和内部道路、场地、绿化等用地
	R1	居民住宅用地	居民住宅、庭院及其间距用地
	R2	村民住宅用地	村民独家使用的住房和附属设施及其户间间距用地、进户小路用地;不包括自留地及其他生产性用地
	R3	其他居住用地	R1、R2以外的居住用地,如单身宿舍、青年公寓、老年人住宅等用地
C		公共建筑用地	各类公共建筑物及其附属设施、内部道路、场地、绿化等用地
	C1	行政管理用地	政府、团体、经济贸易管理机构等用地
	C2	教育机构用地	幼儿园、托儿所、小学、中学及各类高、中级专业学校、成人学校等用地
	C3	文体科技用地	文化图书、科技、展览、娱乐、体育、文物、宗教等用地
	C4	医疗保健用地	医疗、防疫、保健、休养和疗养等机构用地
	C5	商业金融用地	各类商业服务业的店铺,银行、信用、保险等机构,及其附属设施用地
	C6	集贸设施用地	集市及各种专项贸易的建筑和场地。不包括临时占用街道、广场等设摊用地
M		生产建筑用地	独立设置的各种所有制的生产性建筑及其设施和内部道路、场地、绿化等用地
	M1	一类工业用地	对居住和公共环境基本无干扰和污染的工业,如缝纫、电子、工艺品等工业用地
	M2	二类工业用地	对居住和公共环境有一定干扰和污染的工业,如纺织、食品、农副产品加工、小型机械等工业用地
	M3	三类工业用地	对居住和公共环境有严重干扰和污染的工业,如采矿、冶金、化学、造纸、制革、建材、大中型机械制造等工业用地
	M4	农业生产设施用地	各类农业建筑,如打谷场、饲养场、农机站、育秧房、兽医站等及其附属设施用地;不包括农林种植地、牧草地、养殖水域

续表

类别代号		类别用地	范　　围
大类	小类		
W		仓储用地	物资的中转仓库、专业收购和储存建筑及其附属道路、场地、绿化等用地
	W1	普通仓储用地	存放一般物品的仓储用地
	W2	危险品仓储用地	存放易燃、易爆、剧毒等危险品的仓储用地
T		对外交通用地	对外交通的各种设施用地
	T1	公路交通用地	公路站场及规划范围内的路段、附属设施等用地
	T2	其他交通用地	铁路、水运及其他对外交通的路段和设施等用地
S		道路广场用地	规划范围内的道路、广场、停车场等设施用地
	S1	道路用地	干路、支路用地。包括其交叉路口用地；不包括各类用地内部的道路用地
	S2	广场用地	公共活动广场、停车场用地；不包括各类用地内部的场地
U		公用工程设施用地	各类公用工程和环卫设施用地，包括其建筑物、构筑物及管理、维修设施等用地
	U1	公用工程用地	给水、排水、供电、邮政、电信、广播电视、供气、供热、殡葬、防灾和能源等工程设施用地
	U2	环卫设施用地	公厕、垃圾站、粪便和垃圾处理设施等用地
G		绿化用地	各类公共绿地、生产防护绿地；不包括各类用地内部的绿地
	G1	公共绿地	面向公众、有一定游憩设施的绿地，如公园、街巷中的绿地、路旁或临水宽度等于和大于5m的绿地
	G2	生产防护绿地	提供苗木、草皮、花卉的圃地，以及用于安全、卫生、防风等的防护林带和绿地
E		水域和其他用地	规划范围内的水域、农林种植地、牧草地、闲置地和特殊用地
	E1	水　域	江河、湖泊、水库、沟渠、池塘、滩涂等水域；不包括公园绿地中的水面
	E2	农林种植地	以生产为目的的农林种植地，如农田、菜地、园地、林地等
	E3	牧 草 地	生长各种牧草的土地
	E4	闲 置 地	尚未使用的土地
	E5	特殊用地	军事、外事、保安等设施用地；不包括部队家属生活区、公安、消防机构等用地

2 小城镇用地计算

2.0.1 小城镇的现状和规划用地,应统一按规划范围进行计算。

2.0.2 分片布局的小城镇,应分片计算用地,再进行汇总。

2.0.3 小城镇用地应按平面投影面积进行计算,而不以表面面积进行计算,单位为公顷(ha)。

2.0.4 用地面积计算的精确度,应按图纸比例尺确定。

1∶10000～1∶25000 的图纸应取值到个位数;1∶5000 的图纸应取值到小数点后一位,1∶1000～1∶2000的图纸应取值到小数点后两位。

2.0.5 镇区用地计算表的格式应符合表 2.0.5 的规定。

小城镇镇区用地计算表　　　　表 2.0.5

代码	用地名称	现状 年 人			规划 年 人		
		面积(ha)	比例(%)	人均(m^2/人)	面积(ha)	比例(%)	人均(m^2/人)
R							
R1							
R2							
R3							
C							
C1							
C2							
C3							
C4							
C5							
C6							
M							
M1							
M2							
M3							
M4							
W							
W1							
W2							
T							
T1							
T2							
S							
S1							
S2							
U							
U1							
U2							
G							
G1							
G2							
	镇区建设用地		100			100	
E							

续表

代码	用地名称	现状　　年　　人			规划　　年　　人		
		面积 (ha)	比例 (%)	人均 (m^2/人)	面积 (ha)	比例 (%)	人均 (m^2/人)
E1							
E2							
E3							
E4							
E5							
镇区规划范围用地							

3 规划建设用地标准

3.1 一 般 规 定

3.1.1 小城镇规划的建设用地标准,包括人均建设用地指标和建设用地构成比例和建设用地选择三部分。

3.1.2 小城镇建设用地应包括本标准表1.0.1小城镇用地分类和代码中的居住建筑用地、公共建筑用地、生产建筑用地、仓储用地、对外交通用地、道路广场用地、公用工程设施用地和绿化用地8大类之和。

3.1.3 小城镇人均建设用地指标应为规划范围内的建设用地面积除以常住人口数的平均数值。人口统计应与用地统计的范围相一致。

3.2 人均建设用地指标

3.2.1 人均建设用地指标应按表3.2.1的规定分为3级。

人均建设用地指标分级　　表3.2.1

级　别	一	二	三
人均建设用地指标 (m^2/人)	>80 ≤100	>100 ≤120	>120 ≤130

3.2.2 新建小城镇的规划,其人均建设用地指标宜按表3.2.1中第一、二级中确定。

3.2.3 对已有小城镇进行规划时,其人均建设用地指标应以现状建设用地的人均水平为基础,根据人均建设用地指标级别和允许调整幅度确定,并应符合表3.2.3的规定。

人均建设用地指标　　表3.2.3

现状人均建设用地 (m^2/人)	人均建设用地 指标级别	允许调整幅度 (m^2/人)
≤80	一	可增0～10
80.1～100	一、二	可增、减0～10
100.1～120	一、二	可减0～10
120.1～130	二、三	可减0～20
>130	三	应减至130以内

3.2.4 地多人少的边远地区的小城镇,可根据所在省、自治区政府规定的建设用地指标确定。

3.3 建设用地构成比例

3.3.1 小城镇规划中的居住建筑、公共建筑、道路广场及绿化用地中公共绿地4类用地占建设用地的比例宜符合表3.3.1的规定。

建设用地构成比例　　表3.3.1

类别代号	用地类别	占建设用地比例(%)	
		中心镇	一般镇
R	居住建筑用地	30～45	35～50
C	公共建筑用地	12～20	10～18
S	道路广场用地	11～19	10～17
G1	公共绿地	5～8	4～6
四类用地之和		65～85	67～87

3.3.2 通勤人口和流动人口较多的中心镇，其公共建筑用地所占比例，可选取规定幅度内的较大值。

3.3.3 邻近旅游区或以旅游业为主导型城镇，其公共绿地所占比例可大于表3.3.1的比例规定。

3.4 建设用地选择

3.4.1 小城镇建设用地的选择应根据地理位置和自然条件，占地的数量和质量、现有建筑和工程设施的拆迁和利用、交通运输条件、建设投资和经营费用、环境质量和社会效益等因素，经过技术经济比较，择优确定。

3.4.2 小城镇建设用地应充分利用原有用地调整挖潜，并同基本农田保护区规划相协调，当需要扩大用地规模时，宜选择荒地、薄地，不占或少占耕地、林地。

3.4.3 小城镇建设用地宜选在水源充足，水质良好，便于排水、通风、向阳和地质条件适宜的地段。

3.4.4 小城镇建设用地应避开山洪、风口、滑坡、泥石流、洪水淹没、地震断裂带等自然灾害影响的地段，并应避开自然保护区、有开采价值的地下采空区。

3.4.5 小城镇建设用地应避免被铁路、重要公路和高压输电线路所穿越。

（执笔：邵爱云　任世英）

小城镇建设用地标准制订及节约用地途径研究

条文说明

目　次

1　小城镇用地分类 ……………………………………………………（161）
2　小城镇用地计算 ……………………………………………………（163）
3　规划建设用地标准 …………………………………………………（164）
3.1　一般规定 …………………………………………………………（164）
3.2　人均建设用地指标 ………………………………………………（164）
3.3　建设用地构成比例 ………………………………………………（165）
3.4　建设用地选择 ……………………………………………………（165）

1 小城镇用地分类

1.0.1 小城镇用地的分类，应区别于城市用地分类，而近于《村镇规划标准》的用地分类。《城市用地分类和建设用地标准》的编制基于设市城市，而对于建制镇不适用。少数规模较大的小城镇，在规划期内将发展成为小城市，也可使用设市城市的规划标准。

1.0.2 由于小城镇规模较小，因而小城镇宜采用两个层次的用地分类体系，即用地分为大类与小类。同于《村镇规划标准》中村镇用地分类，共分 9 大类。这一分类具有以下特点：

1. 概念明确、系统性强、易于掌握。

2. 既与城市用地分类方法大致相同，又具有小城镇用地的特点。

3. 有利于对用地进行定量分析和制订定额指标。

4. 既同以往国家主管部门颁布的有关规定精神一致，又同各地编制的村镇规划以及制定的定额指标的分类基本相符。

以下就使用中的几种情况加以说明：

1. 土地使用性质单一时，可明确归类。

2. 一个单位的用地内，兼有两种以上性质的建筑和用地时，要分清主从关系，按其主要使用性能归类。如镇区工厂内附属的办公、招待所等不独立对外时，则划为工业用地；如中学运动场，晚间、假日为居民使用，仍划为中学用地；又如镇属体育场兼为中小学使用，则划为文体科技用地小类。

3. 一幢建筑内具有多种功能，该建筑用地具有多种使用性质时，要按其主要功能的性质归类。

4. 一个单位或一幢建筑具有两种使用性质，而不分主次，如在平面上可划分地段界线时分别归类；若在平面上相互重叠，不能划分界限时，要按地面层的主要使用性能，作为用地分类的依据。

为适应小城镇规划的深度要求，规定了将 9 大类用地按项目的功能再划分为 28 小类。

1.0.3 关于小城镇用地的分类代号的使用规定，类别代号中的大类以英文同(近)义词的字头表示，小类则在字头右边附加阿拉伯数字表示，供绘制图纸的编制文件时使用，也便于国际交流。

1.0.4 小城镇用地的分类和代号表 1.0.4，对各类用地的范围均作了明确规定。现就有关用地的一些问题说明如下：

1. 关于居住建筑用地

为了区别不同类型人口的居住用地标准，有利于在规划中节约用地，同其常住人口的类别相适应，将居住建筑用地划分为居民住宅用地、村民住宅用地和其他居住用地三小类。

小城镇规划同城市规划相比，由于小城镇的规模较小，公共建筑的分级层次较少，在小城镇规划中可将全部公共建筑的用地位置予以安排。同时，小城镇规划与城市规划中居住用地的含义不同，小城镇的各类居住用地中，不再包括配套的公共建筑用地，而各级各类公共建筑均直接计入公共建筑用地面积的数值中。这样既符合小城镇的特点，又便于用地的统计工作。

其他居住用地是指不属于村民、居民住宅用地的居住用地，如单身宿舍、老年人住宅等。（敬老院是否归入的问题将进一步讨论）

2. 关于公共建筑用地

鉴于各地对公共建筑的小类划分差别较大，现统一分为行政管理、教育机构、文体科技、医疗保健、商业金融和集贸设施六小类。

由于教育机构在公共建筑用地中的比例较大，且与人口年龄以及提高人口素质密切相关，因而单独设小类。

集贸设施（包括综合市场与各类专业市场）虽属商业性质，但一般商业机构有较大不同，在用地布局和道路交通等方面占有特殊地位，其用地规模与常住人口规模无直接关系，在不同的小城镇中集贸设施的经营内容与方式，占地数量与选址等都有很大差异，因此，单独设小类。

医疗保健包括医疗、防疫、休疗养、妇幼保健等机构用地。

公用事业中的变电所、邮电局（所）、消防站、公共厕所、垃圾站等设施均划入公用工程设施用地大类之中，不作为居住用地的配套公建，不在公共建筑中设小类。

考虑到民族习俗和国际惯例，将宗教用地划入公共建筑用地中的文体科技小类。

位于大型风景名胜区内的文物古迹，要随风景名胜区一起划入其他用地大类；位于小城镇规划范围内的文物古迹，划入公共建筑用地中的文体科技小类。

从兽医站的性质和规划要求出发，将其划入生产建筑用地中的农业生产设施小类。

3. 生产建筑用地

工业用地按其对居住和公共环境的干扰与污染程度分为三小类，以利于规划中的用地布局，并单设农业生产设施用地小类。

4. 关于仓储用地

物资的中转仓库、货场、专业收购和储存建筑及其附属道路、场地、绿化等用地。

5. 对外交通用地

对外交通及各种设施用地，如国道、省道、公路、港口、机场、加油站、铁路、水运及其设施用地。

6. 关于道路广场用地

道路广场用地，包括道路用地和广场用地两小类。为兼顾小城镇不同的道路情况、和近期与远期的规划深度，作如下规定：

干路、支路、包括其交叉路口用地计入道路用地。

居住用地、工业用地等内部的道路用地，不计入道路用地。

对于兼有公路和小城镇镇区内道路双重功能的路面，可将其用地面积的各半，分别计入对外交通和道路广场用地。

2 小城镇用地计算

2.0.1 小城镇现状用地和规划用地，规定统一按规划范围进行统计，以利于分析比较该镇区规划期内土地利用的变化，既增强了用地统计工作的科学性，又便于比较该镇区在规划期内土地利用的变化，也便于规划方案的比较和选定。应该说明，以往在统计用地时，现状用地多按建成区范围统计，而规划用地则按规划范围统计，两者统计范围不一致，因此只了解两者的不同数值，而不知新增建设用地的使用功能和变化情况。在规划图中将规划范围明确地用一条线表示出来，这个范围既是统计范围，也是小城镇用地规划的工作范围。

2.0.2 规定了分片布置的小城镇用地计算方法。

2.0.3 规定了小城镇用地面积的计算要求和计量单位，要按平面图进行量算。山丘、斜坡均按平面投影面积计算，而不以表面积进行计算。

2.0.4 规定了根据图纸比例尺确定统计的精确度。

2.0.5 规定了用地计算的统一表式，以利于不同小城镇用地间的对比分析。

3 规划建设用地标准

3.1 一般规定

3.1.1 小城镇建设用地是指小城镇用地分类表 1.1 中前八大类用地之和。第九大类"水域和其他用地"不属于小城镇建设用地的范围,不参与小城镇建设用地的平衡和指标的计算。

3.1.2 为了节约用地、合理用地、节约投资、优化环境,对小城镇建设用地制订了严格的控制标准。

小城镇规划建设用地的标准包括数量和质量两个方面的内容,具体分为人均建设用地指标、建设用地构成比例和建设用地选择三项。

3.1.3 规定计算小城镇建设用地标准时的人口数量以规划范围内的常住人口为准。人口统计范围必须与用地统计范围一致。镇区内的常住人口包括村民、居民和集体三种户口的人数。

需要说明,小城镇的通勤人口和流动人口对建设用地规模和构成虽然有影响,但同常住人口相比,对建设用地的影响仍然是局部性的、临时性的、为简化计算起见,对于这部分流动性强、变化幅度大的人数,要根据实际情况,除对某些生产建筑、公共建筑和基础设施用地予以考虑外,可在确定规划建设用地的指标级别中,适当提高取值或在调整用地构成比例以及单项用地取值时予以解决。

3.2 人均建设用地指标

3.2.1 我国幅员辽阔,自然环境、生产条件、风俗习惯多样,加之长期自发进行建设,致使现状人均建设用地水平差异很大,难于在规划期内合理调整到位,这就决定了在小城镇规划中,需要制订不同的用地标准。基于这一特点,我们根据有关部门提供的 1988～1999 年城镇与村庄的建设统计资料,全国各省(自治区、直辖市)现状建设用地指标的相差幅度依然很大,1988 年各地建设用地指标,镇区为 50～742m^2/人、村庄为 55～865m^2/人,1999 年各地建设用地指标镇区为 64～428m^2/人、村庄为 60～462m^2/人。相差幅度由十几倍缩小为 7 倍左右。

在全国范围内虽然相差很大,但仔细分析可以看出,1999 年人均建设用地指标超过 200m^2/人的仅有 6 个省,低于 70m^2/人的也只有 2 个省。

在参照各省、自治区、直辖市制订的人均建设用地指标和规划实例中人均用地状况的基础上,本着严格控制用地的原则,确定规划人均建设用地的标准总的区间值为 80～130m^2/人,在总的区间值内按一定幅度划分为三个级别。按此规定,除个别特殊情况外,基本可以满足大多数地区小城镇规划的要求。

3.2.2 规定选址新建的小城镇,本着既合理又节约的原则进行规划,人均建设用地指标可在表 3.2.1 中的第一级(80～100m²/人)及第二级(100～120m²/人)的范围内确定。

3.2.3 考虑到小城镇在 10～20 年的规划期限内,其发展主要是在现状基础上进行的,因此在规划编制中要以现状人均建设用地水平为基础,通过调整逐步达到合理。为严格控制用地,应按表 3.2.3 的规定,在确定指标级别的同时,还要符合允许调整幅度的规定。

3.2.4 考虑到地多人少的边远地区小城镇的用地状况,不宜做出具体规定,因此要根据所在省、自治区制定的地方性指标加以确定。

3.3 建设用地构成比例

3.3.1 建设用地构成比例是人均建设用地标准的辅助指标,是反映规划用地内容各项用地数量的比例是否合理的重要标志。因此,在编制小城镇的规划时,要调整各类建设用地的构成比例,使用地达到合理。表 3.3.1 中确定的居住、公建、道路广场和公共绿地四类用地的构成比例是总结各地小城镇规划和建设的一些实例,通过对用地资料的分析表明,上述四类用地所占的比例具有一定的规律性,规定的幅度基本上可以达到用地结构的合理,而其他类的用地比例,由于不同小城镇的建设条件差异较大,可按具体情况加以确定。

表 3.3.1 还规定了居住、公建、道路广场和公共绿地四类用地总和在建设用地中的适宜比例。需要说明,规划四类用地的比例要结合实际加以确定,不能同时都取上限或下限。

3.3.2～3.3.3 关于某些具有特殊要求的小城镇,在进行规划中,当选用表 3.3.1 列出的建设用地构成比例时,作出的一些补充规定。

3.4 建设用地选择

3.4.1～3.4.5 选择小城镇建设用地时要遵守的规定。

(执笔:任世英　邵爱云)

“小城镇规划标准研究”专题之五

小城镇公共建筑规划设计标准及优化研究

中国建筑设计研究院

中国城市规划设计研究院

2001年6月

目　次

1　总则 ……………………………………………………………………………… (169)
2　小城镇公建配置的依据 ……………………………………………………… (170)
3　小城镇公建分级配置体系 …………………………………………………… (171)
4　小城镇公建用地面积及建筑面积指标 ……………………………………… (174)
若干专题与条文说明……………………………………………………………… (177)

1 总 则

1.0.1 小城镇公共建筑(简称公建)系指服务于小城镇镇区及其腹地居民的物质文化生活、行政及各类管理的公用性建筑。公共建筑用地应包括公共建筑及其室外配套设施用地。

1.0.2 小城镇公建配置应遵循统一规划、合理布局、因地制宜、节约用地、经济适用、分级配置、分期实施、适当超前和可持续发展的原则。

1.0.3 小城镇公建应包括:行政管理、教育科技、文化体育、医疗卫生、邮电金融、商业服务、集贸市场和其他等8类设施。

1.0.4 小城镇的行政管理、商业服务、金融邮电、文化体育等公建设施,宜按其功能同类集中或多类集中布置,从而形成代表小城镇形象的行政中心、商业中心和公共活动中心等具影响和活力的建筑群体,以增加小城镇的凝聚力和吸引力。

1.0.5 小城镇为小区和住宅组群服务的公建配置,应综合考虑人口分布密度及居住用地形状,并尽可能做到服务半径均衡,交通方便,行程时间合宜。

1.0.6 小城镇集贸设施用地应根据交易产品的不同特点,综合考虑交通、环境与节约用地等因素进行布置,并应符合下列规定:

1.0.6.1 集贸设施的选址应有利于人流和商品的集散,并应符合卫生、安全防护的要求,不应以路为市,以街为市。

1.0.6.2 集贸设施非集时,应考虑设施和用地的综合利用,并应考虑大集临时场地。

1.0.7 小城镇镇区商业中心、公共活动中心、集贸市场和人流较多的公建,必须相应就近配置公共停车场(库),其停车位控制指标应根据《城市居住区规划设计规范》等有关规定和地方有关标准并结合小城镇实际情况分析比较确定。

1.0.8 小城镇公建群体布局、单体选址和规划设计,应满足人防、防灾、救灾的要求,应便于人员隐蔽以及人流和车流的疏散。

1.0.9 对于改建和扩建的旧城镇,在决定其公建配置方案时,应注意保留原有公建的传统风貌和地方特色,尽可能保留和利用原有公建设施。历史文化古镇应注意古建筑文化的保护。

2 小城镇公建配置的依据

2.0.1 依据小城镇总体规划。小城镇公建配置,应根据小城镇总体远期规划统筹安排、合理布局,公建用地应按小城镇远期规划预留。

2.0.2 依据小城镇经济发展水平。小城镇公建类别及具体项目的配置,应与小城镇规划期的经济发展水平相适应。不应超越小城镇规划期经济实力和实际需求盲目建设。

2.0.3 依据小城镇性质及规模。小城镇公建要根据小城镇不同性质、不同规模、不同规划期的不同需求合理配置。小城镇公建类别、项目、数量和规模的确定,应根据小城镇的不同职能、不同主导产业和不同人口成分的不同需求有所取舍,有所侧重。

2.0.4 依据服务人口及相关公建利用条件。小城镇公建配置的人口依据,应是其服务范围的人口;镇级公建除依据镇区人口外,尚应根据不同公建的服务特点,适当考虑所服务的腹地人口;小城镇公建配置方案除依据上述人口因素外,还应依据相邻城镇公建的类型、项目和规模及其服务辐射范围等相关公建利用条件作适当调整。

2.0.5 考虑暂住人口对公建设施需求量和使用强度。小城镇公建配置应考虑相关暂住人口的因素,即根据各类暂住人口对公建设施需求类别、需求量和使用强度,对相关公建配置作出相应调整。

3　小城镇公建分级配置体系

3.0.1　县城镇、中心镇和人口规模较大的其他小城镇，其公建一般按(县)镇级、居住小区级和住宅组群级三级配置；人口规模较小的小城镇，可按(县)镇级和居住小区级两级配置，以形成完整公建体系，覆盖全域，方便居民。

3.0.2　小城镇公建配置，应以(县)镇级公建为主，居住小区级以下公建为辅。

3.0.3　小城镇公建按其服务需要，可分为"必设型"和"选设型"两类。按其投资及经营方式可划分为公有制的"公益型"和私有制的"民营型"以及股份制的"股份型"三种。"选设型"公建多系商业服务和文化娱乐等建筑，以及根据不同职能小城镇的特定需求所增设的相应公建项目。

3.0.4　小城镇公建"公益型"项目多为"必设型"，也有选设型；在市场经济体制条件下，"民营型"、"股份型"公建是小城镇公建点网体系不可缺少的组成部分。

3.0.5　小城镇公建项目分级配置应符合表3.0.5的规定，并结合小城镇性质、类型、人口规模、经济、社会发展水平、居民经济收入和生活水平、风俗民情及周边条件等实际情况，分析比较选定或适当调整。

小城镇公建分级配置表　　　　**表3.0.5**

公建类别	项目名称	项目配置						备注
		一级配置			二级配置		三级配置	
		县城镇	中心镇	一般镇	镇小区(Ⅰ)	镇小区(Ⅱ)	住宅组群	
1.行政管理	县、镇党、政、(人大、政协)机构	●	●	●	—	—	—	属必设公益型，均由政府投资兴建
	公、检、法机构	●	●	●	—	—	—	
	建设、土地管理机构	●	●	●	—	—	—	
	农、林、牧副、渔及水、电管理机构	●	●	●	—	—	—	
	工商、税务管理机构	●	●	●	—	—	—	
	粮、油、棉管理机构	●	●	●	—	—	—	
	交通监理机构	●	○	○	—	—	—	
	街道办事处	●	●	○	○	—	—	
	居(村)民委员会	●	●	●	●	●	○	
2.教育科技	托儿所、幼儿园	○	○	●	●	●	○	属必设公益型，基本上由政府投资兴建，亦有由私人、企业或社团等出资兴建的
	完全小学	●	●	●	●	○	—	
	初级中学	●	●	●	○	○	—	
	高级中学	●	●	○	—	—	—	
	职业中学	●	●	○	—	—	—	
	专科学校	●	○	○	—	—	—	
	科技站、信息馆(站)、培训中心、成人教育	●	○	○	○	—	—	

续表

公建类别	项目名称	项目配置						备注
		一级配置			二级配置		三级配置	
		县城镇	中心镇	一般镇	镇小区（Ⅰ）	镇小区（Ⅱ）	住宅组群	
3. 文化体育	儿童乐园	●	●	●	●	●	○	兼有必设型和选设型以及股份型三类，兼有政府兴建和其他投资兴建
	青少年宫	●	●	●	○	—	—	
	老年活动中心	●	●	●	●	●	○	
	敬老院/老年公寓	●	●	●	—	—	—	
	俱乐部	●	○	○	—	—	—	
	影剧院	●	●	●	—	—	—	
	体育场馆	●	●	●	—	—	—	
	展览馆/博物馆	●	●	○	—	—	—	
	文化站	●	●	●	○	○	—	
	电视台、转播台、差转台	●	○	—	—	—	—	
	广播站	●	●	●	—	—	—	
4. 医疗卫生	防疫站	●	○	○	—	—	○	以必设型为主，兼有选设型。除政府投资兴建外，也有其他投资兴建的
	保健站	●	●	○	○	○	—	
	卫生所	●	●	●	—	—	—	
	综合医院	●	○	○	—	—	—	
	专科诊所	●	●	○	○	—	—	
5. 邮电金融	邮政局	●	—	—	—	—	—	“必设型”和“选设型”兼有。除邮电、银行主要由政府兴建外，其他项目亦有由非政府投资兴建的
	电信局	●	—	—	—	—	—	
	邮电支局	●	●	●	—	—	—	
	邮电营业所	○	○	○	●	●	—	
	银行及信用社	●	●	●	—	—	—	
	保险公司	●	○	○	—	—	—	
	证券公司	○	○	—	—	—	—	
	信用社	●	○	○	—	—	—	
6. 商业服务	百货商场	●	●	●	—	—	—	本类公建项目乃居民生活之必需，随着我国市场经济的发展，本类公建多由非政府投资兴建及经营
	专业商店	●	●	○	—	—	—	
	供销社	●	●	●	—	—	—	
	超市	●	○	○	○	○	—	
	粮油副食店	●	●	●	○	○	○	
	日杂用品店	●	●	●	○	○	—	
	宾馆	●	○	○	—	—	—	
	招待所	●	●	●	—	—	—	
	餐馆/茶馆	●	●	●	○	○	—	
	酒吧/咖啡座	○	○	○	—	—	—	
	照相馆	●	●	●	—	—	—	
	美发美容店	●	●	●	○	○	—	
	浴室	●	●	●	○	○	—	
	洗染店	●	●	●	○	○	—	
	液化石油气站/煤场	●	●	○	—	—	—	
	综合修理服务	●	●	●	○	○	—	
	旧、废品收购站	●	●	●	—	—	—	

续表

公建类别	项目名称	项目配置						备注
		一级配置			二级配置		三级配置	
		县城镇	中心镇	一般镇	镇小区（Ⅰ）	镇小区（Ⅱ）	住宅组群	
7. 集市贸易	小商品批发市场	●	●	●	—	—	—	“选设型”多由非政府投资兴建及经营
	禽、畜、水产市场	●	●	●	—	—	—	
	蔬菜、副食市场	●	●	●	○	○	—	
	各种土特产市场	●	●	●	○	○	—	
	供销社	●	●	○	—	—	—	
8. 其他	汽车出租站	●	○	—	—	—	—	“必设型”主要由政府投资兴建
	公交始末站	●	●	○	○	—	—	
	公共机动车场库	●	●	●	●	○	—	
	消防站	●	●	○	—	—	—	
	公共厕所	●	●	●	●	●	●	
	殡仪馆/火葬场	●	○	—	—	—	—	

注：1）表中“●”表示必需设置；“○”表示可能设置；“—”表示不设置。

2）表中镇小区Ⅰ级及Ⅱ级的划分参见本标准研究专题之六小城镇居住体系构架表。

3）表列8类公建项目为一般配置项目，视具体不同情况可予变更或增减。

4 小城镇公建用地面积及建筑面积指标

4.0.1 小城镇公建用地面积和建筑面积可采用用地面积指标和建筑面积指标加以控制,并通过建设用地的合理选址与布局,及其类似公建项目的优化组合,达到合理配置、高效利用和节约用地的目的。

4.0.2 小城镇公建用地面积指标及建筑面积指标的幅度值均应综合考虑我国东、中、西部小城镇人口密度、地理条件及其社会经济发展水平等差异。

4.0.3 小城镇规划中的公建用地占建设用地的比例,应符合表4.0.3的规定。

小城镇公建用地占建设用地比例 **表4.0.3**

公建用地占建设用地比例(%)	县城镇	中心镇	一般镇
	15~24	12~20	10~18

4.0.4 小城镇公建用地面积及建筑面积指标采用小城镇镇区常住人口每千人平米数表示,并应符合表4.0.4规定。

小城镇公建用地面积和建筑面积控制指标 **表4.0.4**

公建用地类别	用地面积指标(m^2/千人)			建筑面积指标(m^2/千人)		
	县城镇	中心镇	一般镇	县城镇	中心镇	一般镇
1.行政管理类用地	450~1100	300~1500	200~2200	270~330	180~450	120~660
2.教育科技类用地	2200~8000	2800~9500	3200~10000	1540~3200	1960~3800	2240~4000
3.文化体育类用地	960~7200	850~6400	750~4100	580~3600	510~3200	450~2050
4.医疗卫生类用地	400~1600	300~1300	300~1500	320~1120	240~910	240~1050
5.邮电金融类用地	400~900	250~650	130~600	560~990	350~720	180~660
6.商业服务类用地	2400~5400	1450~3950	800~4000	3000~5670	1820~4150	1050~4250
7.集市贸易类用地	按集市贸易的经营、交易品类、销售和交易额大小,根据赶集人数,以及相关潜在需求和地方有关规定确定					
8.其他类用地	按其他类公建的实际需要确定					
八类公建总用地	<28800	<24000	<21600			

注:表中面积指标主要适用于县城镇2~8万、中心镇1~4万、一般镇0.3~2万人口的情况,人口规模在上述范围外,表中指标宜据实际需要适当调整。

表中指标适当考虑了暂住人口和辐射服务范围人口的因素。

4.0.4.1 小城镇公建用地面积和建筑面积应结合小城镇性质、类型、常住人口和暂住人口规模、经济社会发展水平、区域位置、公建服务范围及其他相关因素分析比较,从表4.0.4选用适宜指标。

4.0.4.2 小城镇规划中公建项目分类用地指标，可根据小城镇不同性质、类别、潜在需求、周边条件等因素作不同侧重的选择，但公建用地总量控制应符合表 4.0.3 和 4.0.4 要求。

（执笔：汤铭潭、杜白操）

小城镇公共建筑规划设计标准及优化研究

若干专题与条文说明

目　次

1　开题背景及研究目标 …………………………………………………………（179）
2　指导思想与研究方法 …………………………………………………………（181）
3　小城镇类型、地域差异与公建配置标准的若干问题……………………………（182）

1 开题背景及研究目标

之所以说发展小城镇是带动我国农村经济和社会发展的一个大战略,是因为小城镇是我国乡村城镇化的主要载体。建设小城镇,是扩大内需,实现我国第三步战略目标的重大举措。因此,如何科学合理、规范有序地规划建设好小城镇,就成为我国建设工作的当务之急。

1.0.1 小城镇是一个有机的整体,它由多方面的要素组成。和居住小区、工业小区、技术经济开发区及基础设施一样,公共建筑(即公共服务设施)也是小城镇必不可缺的一个重要组成部分,它对小城镇的功能和形象有着举足轻重的影响。要把小城镇及其公共建筑建设好并使其真正成为乡村城镇化进程中的推动力,就必须从规划抓起。本专题《小城镇公共建筑规划设计标准及优化研究》开题研究的目的,正是为了有针对性地回答这个问题。

1.0.2 改革开放以来,虽然我国小城镇建设已有20来年的历史,但总体水平低,迄今仍然处在乡村城镇化的初级阶段,公共建筑的配置更是如此。从对20多个省市100多个小城镇和中心村庄公建建设现状的调查结果可以看出,问题不少。主要问题是:

1.0.2.1 东、中、西部发展极不平衡。东部(特别是东南部的珠江三角洲和长江三角洲)经济发达地区一些小城镇规模较大,为25000~30000人以上,规模大的达100,000人左右,其公建配置类型较多,对提高城镇居民生活质量起到了一定的积极作用;中部地区小城镇较大规模多在5,000~20,000人,也配置了一定的公建,但基本上满足不了居民城镇化生活的需要;西部地区小城镇规模普遍过小,一般均在3000~5000人,不少镇在3000人以下。其公建配置奇缺,离城镇化标准相差甚远。

1.0.1.2 对中部地区小城镇公建配置问题而言,主要是类型不全,规模偏小,于居民生活不便。特别是文化教育、医疗卫生、邮电金融等类公建缺口较多,致使普及教育、计划生育、提高人民体质和保障信息沟通受到了较大的影响;

1.0.1.3 东部发达地区小城镇公建虽类型较全、规模初具,但仍存在着项目重复,比例失调,定位不当,达不到应有的规模,形不成市场的气氛,收不到相应的效益等诸多问题。

1.0.1.4 总的来讲,小城镇公建体系尚未形成,层次不清;制式不定,从而满足不了均衡服务于小城镇居民生活的要求,等等。“小城镇公共建筑规划标准及规划设计优化研究”的目的,就是要在调查研究、总结经验教训等工作基础上,规范小城镇公建的建设,以乡村城镇化的高起点、高质量、高水平为准绳,探索出一套科学合理、切实可行的理论和方法,用以指导我国小城镇公共建筑的建设实践。

1.0.3 本专题的研究目标是:

1.0.3.1 为了促进乡村城镇化进程并根据小城镇居民当代生活方式的需要,设定出小城镇公建的类型结构及各自的具体项目;

1.0.3.2 根据“以人为本”,方便生活的原则,顺应小城镇居民生活习惯及其活动规律,设定出小城镇公建的等级结构,相应的用地面积标准和建筑面积标准;

1.0.3.3 阐明不同职能小城镇对公共服务设施需求的异同,并对应设定各自所需要的公建类型及项目;

1.0.3.4 论证公共建筑对小城镇形象、个性和吸引力的决定性影响,并对其空间布局方法,建筑形态模式提出引导性的建议。上述研究目标的最终目的,就是要为制订《小城镇公共建筑规划标准》准备条件。

2 指导思想与研究方法

2.0.1 编制小城镇公共建筑配置标准框架就是站在“大战略”的高度来规范小城镇公共建筑的建设。基本指导思想是：

2.0.1.1 要革除我国乡村千百年来沿袭的生活消费旧观念、旧习俗，以适当超前和可持续发展为基调，来构建小城镇公建的新制式、新标准；

2.0.1.2 建设好小城镇的公建，使其更好地服务于居民的生产和生活，从而进一步吸引企业、技术和劳力向小城镇转移和集中，使小城镇公建成为加速乡村城镇化的推动力；

2.0.1.3 小城镇公建既要符合“城镇化”的要求，其类型、项目和规模的设置必须与大中城市公建接轨；同时，又不能照搬大中城市那一套，而应依托当地资源条件，生活需求和文化传统来相应设置，要充分体现由乡村向城市转变过程中的当地小城镇的特色和创建；

2.0.1.4 无论是小城镇公建内容的配置，还是其公建群的布局形态，均必须与多种经济成分并存的市场经济机制这一大背景相协调，要合理安排，留有余地，以保障小城镇公建的顺利运营和发展。

2.0.2 鉴于我国小城镇公建建设缺口太多，建设统计资料缺乏，本专题研究在调查研究综合比较分析的同时，采用将典型的、有代表性的、个案专项解剖，量化指标对应组合，综合平衡调整等办法来探索小城镇公建类型结构、层次结构及其相应量化指标，以达到合理设定小城镇公建制式及其相应规模的目的。

3 小城镇类型、地域差异与公建配置标准的若干问题

3.0.1 小城镇类型问题。从对地处东、中、西部的浙江、上海、福建、广东、深圳、天津、山东、河北、河南、湖北、重庆、四川12个省市共60多个小城镇的走访调查发现，虽然同是建制镇，除人口聚集规模和经济聚集规模大小不同外，由于可供开发的资源不同，主要产业和区位条件不同，其性质和作用也是不同的。也就是说，存在着不同类型的小城镇。通过对不同小城镇的运营实践综合分析得出，小城镇大致可分为如下几种类型：以金融集贸和商业服务业为主业的，称之为商贸型；以某一矿产、物产开发或其他工业为主业的，称之为工矿型；凡地处要冲，水陆交通便利，成为货物集散枢纽的，称之为交通枢纽型；凡拥有优美自然风景、名胜古迹或人文景观并将其开发作为旅游资源的，称之为旅游型；还有以某种科技开发、专业培训为依托而建设发展起来的上规模的基地型小城镇，称之为专业基地型；凡具备上述全部或某几种职能的，称之为综合型小城镇。一般说来，综合型小城镇的规模，要比单一型的大。实践表明，小城镇的职能不是一成不变的。总的趋势是，随着社会经济的发展，单一职能型小城镇必将向综合型小城镇转化，县城镇和其他中心镇多为综合型；一般建制镇除部分为单一型外，其余部分则为综合型的初级阶段。

3.0.2 关于不同类型不同规模小城镇公建的不同配置。从调查走访中可以得出这样的结论：即，尽管小城镇的规模不同，类型各异，但其公共建筑均是为了服务于居民物质文化生活及各种管理的需要，绝大多数项目的配置都是相同的。差别在于：

3.0.2.1 不同的主业对公共服务设施确有不同的需要。例如交通枢纽型的小城镇，其车站、码头(外加货栈仓库)、旅店、餐饮等类建筑就要多一些，其用地面积也必然相应增加；若是旅游型小城镇，由于游客常年不断，则第三产业必然占据主导地位，其旅店、商店和娱乐场所必然大大增加，当地一些土特产和传统工艺品也会得到进一步开发和销售，故服务行业类公建就要比其他类型小城镇为多，等等。

3.0.2.2 人口规模不同，对小城镇公建的配置亦有影响。从调查走访中了解的情况看，30,000人以上的小城镇各类公建的规模虽小，但配置大致齐全；人口规模少于20,000的，好些项目就空缺，面积规模也较小，或采取“三位一体”甚至“多位一体”的办法(即同一建筑物兼顾多种用途)来解决问题，例如，只设综合商店，不设专业商店，青少年宫与老年活动站合建，镇政府相关机构合并办公等等。10,000人以下的小城镇，则其公共建筑不但规模小，项目空缺也更为严重。例如学校的球场和操场采取对外开放与社会公众(在课余时间和节假日)合用，初级小学一、二年级班挂靠幼儿园代管等等。

3.0.3 小城镇公建点网体系构架现状是，已建成小城镇的公建，其功能很不完善，缺口较多，尚形不成完整的体系构架。我们以30多个小城镇公建调查资料为基础，采取典型个案专项解剖，量化指标对应组合，并在将采访所得居民意见和发展趋势预测资料进行综合平衡调整的基础上，推出了8大类总计68个项目且按城镇级、居住小区级和组群级三级配置

的小城镇公建点网体系构架。从小城镇居民活动规律来看，小城镇公共建筑的建设重点应放在城镇级，组群级公建仅在组群规模过大或由于该组群离小区公建距离过远时才予以配置。

3.0.4 关于公建分类及其配比。为了确切地反映我国社会经济发展变化的特点和更好地满足当代乡村城镇化的物质生活和精神生活的需求，本专题研究对小城镇公建的类目及其配比在原《村镇规划标准》基本上作了某些调整：一是增加了公建的类目，由原来的5类增至8类；二是将科技与教育并重，合为教育科技类；三是从实际调查中发现，邮电与金融两类建筑形态与功能内涵相近，用地面积与建筑面积指标也相差不多，故将其并为一类；四是考虑到科教兴国和提高人口素质等战略措施，在公建用地指标和建筑面积指标上，加大了教育科技和医疗卫生类公建的比重。

3.0.5 考虑到东、中、西部地区人口密度和人均用地指标彼此差异很大，故将小城镇公建用地面积和建筑面积两项标准因地制宜地区特别对待。东部地区人多地少，小城镇公建用地应严格掌握，中部地区次之，西部地区可相应放宽。具体操作办法一是加大取值幅度，力争最大限度涵盖东西部各种不同需要；二是根据当地实际需要，选定建设用地指标和建筑面积指标。必要时，允许突破规定的幅度取值。换句话说，东部地区小城镇公建用地指标相对低一些，公建平均层数相对高一些；中部次之；西部用地指标最高，公建平均层数最低。还可以采取缩小东、中、西部公建层数差别的办法，近期相对增加公建周边绿地，以备远期公建用房的发展。

（执笔人：杜白操）

"小城镇规划标准研究"专题之六

小城镇居住小区规划设计标准及优化研究

中国建筑设计研究院

中国城市规划设计研究院

2001年6月

目　次

1　总则 ……………………………………………………………………… (187)
2　小区的规划组织结构、分级规模与配建设施……………………………… (188)
3　住宅建筑 …………………………………………………………………… (189)
4　道路及停车场库 …………………………………………………………… (191)
5　绿地及休闲设施 …………………………………………………………… (193)
6　用地与建筑面积 …………………………………………………………… (195)
7　竖向和管线综合 …………………………………………………………… (197)
若干专题与条文说明……………………………………………………………… (199)

1 总　　则

1.0.1 本专题标准研究适用于小城镇规划的居住小区(包括地处小城镇边沿地带从事农、林、牧、副、渔产业住户的居住小区),是今后制订小城镇居住小区规划设计规范的基础资料。

1.0.2 小城镇居住小区的规划设计,应遵循下列基本原则:

1.0.2.1 以小城镇总体规划为指导,符合总体规划要求及有关规定;

1.0.2.2 统一规划,合理布局,因地制宜,综合开发,配套建设;

1.0.2.3 小城镇居住小区的人口规模、规划组织结构、用地标准、建筑密度、道路网络、绿化系统以及基础设施和公共服务设施的配置,必须按小城镇自身经济社会发展水平、生活方式及地方特点合理构建;

1.0.2.4 小城镇居住小区规划、住宅建筑设计应综合考虑建设标准、用地条件、日照间距、公共绿地、建筑密度、平面布局和空间组合等因素合理确定。并应满足防灾救灾、配建设施及小区物业管理等需求,从而创造一个方便、舒适、安全、卫生和优美的居住环境;

1.0.2.5 为方便老年人、残疾人的生活和社会活动提供环境条件。

1.0.3 小城镇居住小区配建设施的项目与规模既要与该区居住人口相适应,又要以城镇级公建设施为依托的原则下与之有机衔接。其配建设施的面积总指标,可按设施配置要求统一安排,灵活使用。

1.0.4 小城镇居住小区的平面布局、空间组合和建筑形态应注意体现民族风情、传统习俗和地方风貌,还应充分利用规划用地内有保留价值的河湖水域、历史名胜、人文景观和地形地物等规划要素,并将其纳入小区规划。

1.0.5 小城镇居住小区的规划建设要顺应社会主义市场经济机制的需求,为方便小区建设的商品化经营、分期滚动式开发以及社会化管理创造条件。

2 小区的规划组织结构、分级规模与配建设施

2.0.1 小城镇居住小区一般由小城镇主要道路或自然分界线围合而成，且区内配有一套能满足该区居民基本物质生活与文化生活所需的公共服务设施，是一个相对独立的社会单位。

2.0.2 顺应小城镇居民的生活习惯和活动规律、居住小区的规划组织结构由居住小区——住宅组群——住宅庭院三级组成。上一级居住单位与所属的下一级居住单位的数量应有一个科学合理的配比，且在平面布局和空间组合上有机构成，互为衔接。

2.0.3 小城镇居住小区、住宅组群、住宅庭院宜各分为二级，其分级规模、公共服务设施配置及对应的行政管理机构应按表 2.0.3 要求并结合当地实际情况酌定。

小城镇居住体系构架表　　表 2.0.3

居住单位名称		居住规模		公共服务设施配置			对应行政管理机构
		人口数	住户数	公　建	户外休闲游乐设施		
居住小区	Ⅰ级	8000～12000	2000～3000	在 1～7 类中选取部分项目	小区级配置	Ⅰ级	街道办事处
	Ⅱ级	5000～7000	1250～1750			Ⅱ级	
住宅组群	Ⅰ级	1500～2000	375～500	在 1.2.3.4.7 类中选取部分项目	组群组配置	Ⅰ级	居(村)委会
	Ⅱ级	1000～1400	250～350			Ⅱ级	
住宅庭院	Ⅰ级	250～340	63～85	—	庭院级配置	Ⅰ级	居(村)民小组
	Ⅱ级	180～240	45～60	—		Ⅱ级	

注：1) 表中“公共服务设施配置”栏的“公建”，可参见《小城镇公共建筑规划设计标准及优化研究》，按指定类别从中选取适宜的项目，Ⅱ级比Ⅰ级略简。

2) 户外休闲游乐设施配置的内容参见本专题标准研究 5.05 条表 5.0.5。

2.0.4 顺应乡村地区传统的居住理念且利于行政管理和社会治安，在规划居住小区的住宅组群或住宅庭院时，对住户的安排应考虑到民族传统、风俗习惯，或按居民意愿自由组合。凡从事农、林、牧、副、渔等职业住户居住的小区、组群或庭院，均应布置在接近农田、林地、牧场或水域的镇区边缘地带，也可建设成相对独立的、生产生活区一体化的农业产业化小区。

2.0.5 居住小区级公建项目的配置，可根据居住小区人口规模大小和实际需要，从《小城镇公共建筑规划设计标准及优化研究》1～6 类中选定。居住小区公建的服务半径一般不宜超过 0.4km；步行时间不宜超过 10 分钟。在服务半径和行程时间超过上述限值时，宜在该住宅组群内增设满足居民起码生活需求的组群级公建。

3 住 宅 建 筑

3.0.1 小城镇住区规划设计应考虑小城镇住宅如下特点：

3.0.1.1 小城镇住宅建筑是一个多元多层次的套型系列，它由不同户类型(种植户、养殖户、专业户、商业户、职工户及兼业户等)、不同户结构(二代、三代、四代)和不同户规模(一般为3～5人，多则6～8人)组成；

3.0.1.2 小城镇住宅建筑由基本功能空间(门斗、起居厅、餐厅、过道或户内楼梯间、卧室、厨房、浴厕、贮藏)和附加功能空间(客厅、书房、客卧、车库、谷仓及禽畜舍等)组成。不同住户系根据各自不同的人口构成、生活水准和从业需要，确定其基本功能空间的数量，同时选定附加功能空间的种类及数量。每一功能空间的面积大小，则应按照表3.0.1.2，并根据实际需要合理确定；

3.0.1.3 "多代同堂"住宅应是我国小城镇住宅户型之一。一户可由多个小套组成，可分可合，视情况可分别采取水平组合(在同一层)、垂直组合(一户分几层)或水平、垂直混合组合的布置方式(参见表3.0.1.2)。

3.0.2 为尽可能减少住宅占地和有效提高土地利用率，小城镇住宅建筑应以多层(4～5层)为主，视具体情况，可建造适量的少层(2～3层)和小高层毗连式住栋。

3.0.3 住宅的住栋间距、庭院围合，应以满足日照要求，避免视线干扰，并综合考虑采光、通风、消防及其他救灾等要求合理确定，但必须满足下列要求：

3.0.3.1 冬至日住宅建筑日照≥1小时(计算起点为底层窗台面)；

3.0.3.2 不同方位间距折减系数参见GB 50180—3《城市居住区规划设计规范》5.0.2.2；

3.0.3.3 为尽可能减少住宅占地和有效地提高土地利用率，小城镇住宅一般均应建毗连式住栋，严格控制建独立式少层住宅。其容积率一般控制在0.4～0.6之间。

3.0.4 在寒冷的Ⅰ、Ⅱ、Ⅵ、Ⅶ类建筑气候区，住栋布置应利于冬季的日照、防寒、保温和防风砂的侵袭；在较炎热的Ⅲ、Ⅳ类建筑气候区，主要应考虑住宅夏季防热和自然通风，以及导风入室的要求；丘陵和山区的住宅建筑布局，尚应注意避免因地形变化产生的不利于住宅建筑防寒、保温和自然通风等副作用。

3.0.5 面街布置的住宅，其出入口应避免直接开向城镇级干道。

3.0.6 除纯职工户外，凡种植户、养殖户、商业户、各种专业户和兼业户等住户，因其从业需要的农具贮藏、禽畜舍、粮仓、商店、作坊、库房等附加功能空间需要占用底层面积，宜采用一户多层(底层为经营及生产用房)的垂直分户的布局方法。

3.0.7 有可能受洪灾侵袭地区的住宅，无论是垂直分户的少层住宅还是水平分户的多层住宅，均应有楼梯直达屋顶，以便灾情突发时居民避难。若少层住宅的屋顶标高过底，亦可在其上加建有楼梯通达的避难高台。

住宅功能空间种类、数量及住栋类型选择 （人、间）

表 3.0.1.2

户职业类型	户辈分结构	部分基本功能空间的数量选择				附加功能空间的种类及数量选择												套型系列	住栋类型
		卧室	浴室	厨房	贮藏间	客厅	书房	客卧	健身游戏室	家务劳动室	日光室	手工作坊	商店	库房	车库	谷仓	禽畜舍		
种植户	两代	2~3	1	与划分的小户头数量相同	按分类就近原则配置，数量视具体情况确定	1	1	1	1	1	1	1	1	1	1	1	1	2~3个卧室一户一套	水平、垂直或混合分户
		3	1~2			1	1	1	1	1	1	1	1	1	1	1	1		
养殖户	三代	3	1~2			1	1	1	1	1	1	1	1	1	1	1	1	3~5个卧室一户两套，可分可合	宜垂直分户
		3~4	2			1	1	1	1	1	1	1	1	1	1	1	1		
		4~5	2~3			1~2	1~2	1	1	1~2	1	1	1	1	1	1	1		
兼业户	四代	5	2			1	1	1	1	1	1	1	1	1	1	1	1	5~7个卧室一户两套或一户三套，可分可合	垂直分户
		5~6	2~3			1	1	1	1	1	1	1	1	1	1	1	1		
		6	2~3			1~2	1~2	1	1	1~2	1	1	1	1	1	1	1		
		6~7	3			2	2	1	1	2	1	1	1	1	1	1	1		
专业户	两代	2~3	1			1	1	1	1	1	1	1	1	1	1	1	1	2~3个卧室一户一套	宜垂直分户
		3	1~2			1	1	1	1	1	1	1	1	1	1	1	1		
商业户	三代	3	1~2			1	1	1	1	1	1	1	1	1	1	1	1	3~5个卧室一户两套，可分可合	垂直分户
		3~4	2			1	1	1	1	1	1	1	1	1	1	1	1		
		4~5	2~3			1~2	1~2	1	1	1~2	1	1	1	1	1	1	1		
职工户	两代	2~3	1			1	1	1	1	1	1	1	1	1	1	1	1	2~3个卧室一户一套	水平分户
		3	1~2			1	1	1	1	1	1	1	1	1	1	1	1		
	三代	3	1~2			1	1	1	1	1	1	1	1	1	1	1	1	3~5个卧室一户两套，可分可合	水平分户
		3~4	2			1	1	1	1	1	1	1	1	1	1	1	1		
		4~5	2~3			1~2	1~2	1	1	1~2	1	1	1	1	1	1	1		

注：1）种植户、养殖户和兼业户多聚居于小城镇边缘的农业产业化小区，是乡村城市化过程中一种过渡的居住形态。所谓兼业户，多以种植及养殖为主业的农业户兼营其他；

2）基本功能空间是每个住户所必需的，但卧室、浴室、厨房及贮藏间，则视户结构、户规模和生活水准的不同，其数量可作不同的选择；

3）表中所说的水平垂直混合分户系指底层用作生产用房，楼层为生活用房，水平分户，合用楼梯；

4）日光室外墙必须朝阳，采用全宽落地玻璃窗，亦可用玻璃窗全封闭式阳台代日光室；

5）客卧不包括在套型系列卧室总数之内；

6）表中仅列举了各类功能空间的数量，其面积大小可根据实际需要和参照本专题标准研究 6.0.2 条表 6.0.2.3 及表 6.0.2.4 确定。

4 道路及停车场库

4.0.1 小城镇居住小区的道路规划应遵循下列基本原则：

4.0.1.1 根据小区内用地规模、地形地貌、环境景观以及居民出行方式等因素，设定经济、便捷、安全的道路系统和与道路功能相适应的断面形式；

4.0.1.2 车行道路和人行道路应分开设置，若条件所限不得不合并设置时，应采取有效措施，确保交通安全；

4.0.1.3 居住小区内道路应避免过境车辆穿行，内外交通应有机衔接，通而不畅；

4.0.1.4 居住小区级和组群级道路应满足地震、火灾及其他灾害的救灾要求，并便于救护车、货运卡车和垃圾车等各类车辆的通行，宅前小路应保障小汽车行驶；

4.0.1.5 宅前小路及住宅组群，居住小区内的公共活动中心，应设置为残疾人通行的无障碍通道。通行轮椅的坡道宽度应不小于2.5m，纵坡不应大于2.5%；

4.0.1.6 进入组群的道路，既应方便居民出行和利于消防车、救护车的通行，又应维护院落的完整性和利于治安保卫；

4.0.1.7 当居住小区内用地坡度大于8%时，应辅以梯步解决竖向交通，并应在梯步旁附设推行自行车的坡道；

4.0.2 小城镇居住小区道路系统由划分住宅组群的小区级道路、划分住宅庭院的组群级道路、庭院内的宅前路及其他人行路三级构成，各级道路控制线之间的宽度及路面宽度应符合下表规定：

小城镇居住小区道路控制线间距及路面宽度表　　表4.0.2

道路名称	建筑控制线之间的距离		路面宽度	备注
	采暖区	非采暖区		
居住小区级道路	16～18	14～16	6～7m	应满足各类工程管线埋没要求； 严寒积雪地区的道路路面应考虑防滑措施并应考虑堆放清扫道路积雪的面积，路面可适当放宽； 地震区道路宜做柔性路面
住宅组群级道路	12～13	10～11	3～4m	
宅前路及其他人行路	—	—	2～2.5m	

4.0.3 为保障交通安全，居住小区内各类道路纵坡的控制应符合下表规定：

小区内道路纵坡控制参数表　　表4.0.3

道路类别	最小纵坡(%)	最大纵坡(%)	多雪严寒地区最大纵坡(%)
机动车道	0.3	8.0　$L \leqslant 200$m	5.0　$L \leqslant 600$m
非机动车道	0.3	3.0　$L \leqslant 50$m	2.0　$L \leqslant 100$m
步行道	0.5	8.0	4

注：1) 表中"L"为道路的坡长；

2) 机动车与非机动车混行的道路，其纵坡宜按非机动车道要求，或分段按非机动车道要求控制；

3) 居住小区内道路坡度较大时，应设缓冲段与城市道路衔接。

4.0.4 位于山坡地和丘陵地的居住小区，其道路网络宜将车行与人行分开设置，使其自成系统。主要道路宜平缓，视条件路面可酌情缩窄，但应安排必要的排水边沟和会车位。

4.0.5 居住小区内的主要道路，至少应有两个方向的出入口与外围道路相连。机动车道对外出入口数应控制，其出入口间距不应小于150m，若沿街建筑物跨越道路或建筑物长度超过160m时，其底层应设置不小于4m×4m的消防车道。人行出口间距不宜超过80m，当建筑物长度超过80m时，应在底层加设人行通道。

4.0.6 居住小区内的尽端式道路的长度不宜大于120m并应在尽端设置不小于12m×12m的迴车场地。

4.0.7 居住小区内应配置分散式和集中式并举的停车场地，供居民、来访者的小汽车及管理部门通勤车辆的存放。

4.0.8 居住小区若系旧镇区改建，其道路系统应充分考虑原有道路系统的网络格局和衔接方式等特点，并尽可能保留、利用和改善具有历史文化价值的街道、节点和路段。

4.0.9 居住小区内道路边缘至建筑物、构筑物的最小距离应符合《城市居住区规划设计规范》的有关规定。

4.0.10 小城镇居住小区小汽车的停车场库按当地经济发达水平和私人购车情况酌定；自行车和摩托车的停车场库，按住户的100%～120%计，停车场库和自行车棚，在方便居民使用的原则下，可采取集中、分散或集中和分散相结合的形式布局。

5 绿地及休闲设施

5.0.1 小城镇居住小区绿地由小区公园、组群中心绿地、庭院中心及宅旁绿地、配套公建所属绿地及道路绿地等构成。

5.0.2 居住小区内公共绿地的总指标，应根据小区人口规模分别达到住宅组群（含住宅庭院）不少于0.5m^2/人，小区（含住宅组群）不少于1m^2/人，并应结合居住小区规划组织结构及环境条件特点统筹安排。旧镇区改造的绿化指标可适当降低，但不得低于相应指标的5%。

5.0.3 小城镇居住小区绿地应统一规划配置，并应符合《城市居住区规划设计规范》的有关规定。绿地宜与建筑物、构筑物、景点、公共空间、休闲设施、道路、水体、地形、地貌乃至灯光照明有机结合，达到真正改善环境和美化环境的目的。

5.0.4 小城镇居住小区绿化应采取“三结合”的方式：一是点（住区小游园、组群中心绿地及其他集中绿地）、线（道路绿地）、面（宅旁绿地）相结合；二是平面（平坦的地面植被及花木）与立体（包括山丘坡地绿化、建筑物墙面、屋顶绿化以及地面绿化中采取草皮、灌木和乔木并举的混合绿化等方法）相结合；三是观赏植物（一般的花草树木）与经济作物（药材、瓜果及蔬菜等）相结合，以达到既提高绿化率，又增加经济效益的双重目的。

5.0.5 小城镇居住小区应根据其三级规划组织结构（居住小区、住宅组群、住宅庭院）配置相应规模和职能的中心公共绿地、活动场地及休闲游乐设施。

小城镇居住小区公共绿地面积及休闲设施配置 表5.0.5

居住单位名称		中心绿地名称		设施项目	最小面积规模	备注
居住小区	Ⅰ	小区游园	Ⅰ	草坪、花木、花坛、水面、儿童游乐设施、坐椅、台桌、铺装地面、雕塑或其他建筑小品	0.6～0.7ha	园内布局应有明确的功能划分
	Ⅱ		Ⅱ		0.4～0.5ha	
住宅组群	Ⅰ	组群中心绿地	Ⅰ	草坪、花木、坐椅、台桌、简易儿童游乐设施、铺装地面	0.09～0.10ha	儿童游乐设施应布置在中心绿地的非阴影区地段
	Ⅱ		Ⅱ		0.07～0.08ha	
住宅庭院	Ⅰ	庭院绿地	Ⅰ	草坪、花木、坐椅、台桌、铺装地面	0.04～0.06ha	坐椅台桌应布置在非阴影区地段
	Ⅱ		Ⅱ		0.02～0.03ha	

5.0.6 为方便居民使用，小城镇居住小区的小游园、住宅组群及住宅庭院的中心绿地，一般应布置在相应居住单位的中心地带，并至少有一个边与相应级别的道路毗连。小区游园的位置和规模也可根据周边环境条件（即相邻地区同类设施的配置情况）进行适当调整。

5.0.7 小城镇居住小区小游园、住宅组群及住宅庭院的中心绿地及活动场地，冬至日必须有1/3以上的面积在建筑物的阴影范围之外，直接沐浴阳光。

5.0.8 凡居住小区内原有的山丘、水体、自然和人文景观以及有保留价值的绿地及树木，应尽可能将其保留利用并有机地纳入绿地及环境规划。

6 用地与建筑面积

6.0.1 居住小区用地和用地指标应考虑以下原则：

6.0.1.1 小城镇居住小区规划总用地，应包括居住小区用地和其他用地两类；

6.0.1.2 参与小城镇居住小区用地平衡的用地应为住宅建筑用地、公共建筑用地、道路用地及公共绿地四项用地，其他用地不参与平衡；

6.0.1.3 居住小区用地应采取人均用地指标、建设用地构成比例加以控制；

6.0.1.4 居住小区人均建设用地指标应包含在小城镇人均建设用地（90～130m^2）数额之内。小城镇居住小区人均用地指标的计算，应为小区建设用地面积除以小区常住人口数所得的数值，其人口统计范围必须与用地统计范围相一致；

6.0.1.5 小城镇居住小区人均用地指标应按照表6.0.1.5的规定，并依据所在省市自治区政府的有关规定，结合小城镇性质、类型、经济社会发展现状、居住用地水平、生活习惯、风俗民情等实际情况，分析比较选定和适当调整；

小城镇居住小区人均建设用地指标 **表6.0.1.5**

层数 \ 人均用地指标（m^2/人） \ 居住单位	居住小区		住宅组群		住宅庭院	
	Ⅰ级	Ⅱ级	Ⅰ级	Ⅱ级	Ⅰ级	Ⅱ级
低（少）层	48～55	40～47	35～38	31～34	29～31	26～28
低（少）层、多层	36～40	30～35	28～30	25～27	23～25	22～24
多层	27～30	23～26	21～22	18～20	19～20	17～18

6.0.1.6 居住小区内各类用地所占比例的用地平衡控制指标，应按照表6.0.1.6的规定，并结合小城镇实际情况，分析比较确定；旧镇原地改建的居住小区，其人均建设用地更应从严掌握，一般按同类新建居住小区用地标准的5%左右下调。

小城镇居住小区用地构成控制指标 **表6.0.1.6**

用地类别 \ 用地指标（%） \ 居住单位	居住小区		住宅组群		住宅庭院	
	Ⅰ级	Ⅱ级	Ⅰ级	Ⅱ级	Ⅰ级	Ⅱ级
住宅建筑用地	54～62	58～66	72～82	75～85	76～86	78～88
公共建筑用地	16～22	12～18	4～8	3～6	2～5	1.5～4
道路用地	10～16	10～13	2～6	2～5	1～3	1～2
公共绿地	8～13	7～12	3～4	2～3	2～3	1.5～2.5
总计用地	100	100	100	100	100	100

6.0.2 建筑面积控制指标应按以下规定：

6.0.2.1 小城镇居住小区建筑面积可采用户均建筑面积指标、住宅基本功能空间面积指标和住宅附加功能空间面积指标加以控制；

6.0.2.2 住宅户均建筑面积指标,应根据不同户结构、不同户规模按表6.0.2.2确定。

小城镇住宅户均建筑面积指标 **表6.0.2.2**

户结构	户均建筑面积 (m^2)	户均使用面积 (m^2)	说明
两代	85~95	65~82	夫妇及一个孩子面积标准稍低些,两个孩子面积标准稍高些
三代	100~140	82~120	三代6人面积标准稍高些,5人以下面积标准稍低些
四代	150~200	125~170	四代8人面积标准稍高些,7人以下面积标准稍低些

6.0.2.3 住宅基本功能空间面积指标应按表6.0.2.3并结合实际情况选定;

小城镇住宅基本功能空间面积标准 **表6.0.2.3**

功能空间名称	门厅	起居室	餐厅	主卧室 老人卧室	次要卧室	厨房	卫生间	基本贮藏间(壁柜)	
								数量(间)	总面积(m^2)
面积标准 (m^2)	3~5	16~26	9~14	14~16	8~12	6~9	4~7	3~6	4~10

注:贮藏间数量应视不同家庭户结构、户规模及不同生活水平等实际情况确定,参见本专题研究3.0.1条表3.0.1.2。

6.0.2.4 住宅附加功能空间面积指标应按表6.0.2.4并结合实际情况确定。

小城镇住宅附加功能空间面积标准 **表6.0.2.4**

功能空间名称	生活性附加功能空间						生产性附加功能空间
	客厅	书房	客卧	家务劳动室	健身游戏室	阳光室	
面积标准 (m^2)	18~30	12~16	8~12	12~14	14~20	7~12	专用空间的种类、数量及面积大小根据住户从业的实际需要确定

7 竖向和管线综合

7.0.1 小城镇居住小区的竖向规划应包括地形地貌的利用、确定道路控制高程和地面排水规划等内容。

7.0.2 小城镇居住小区竖向规划设计应符合《城市居住区规划设计规范》的有关规定。

7.0.3 小城镇居住小区应设置给水、污水、雨水、电力和通信管线。在采暖区还应增设供暖管线。同时,尚应考虑煤气、广播电视等管线的设置或预留埋设的位置。

7.0.4 小城镇居住小区管线综合应符合《城市居住区规划设计规范》的有关规定。

(执笔:杜白操、汤铭潭)

小城镇居住小区规划设计标准及优化研究

若干专题与条文说明

目　　次

1　开题背景及研究目标 …………………………………………（201）
2　指导思想和研究方法 …………………………………………（202）
3　关于居住小区的规划组织结构 ………………………………（203）
4　关于住宅建筑 …………………………………………………（204）
5　关于小区道路 …………………………………………………（205）
6　关于小区绿化与休闲空间 ……………………………………（206）
7　关于用地标准和建筑面积标准 ………………………………（207）

1 开题背景及研究目标

1.0.1 居住小区是小城镇规划组织结构的一个重要组成部分,对小城镇建设的好坏有着举足轻重的影响。规划是建设的龙头,和小城镇一样,居住小区的建设也必须先从规划抓起。本专题“小城居住小区规划标准研究”,正是为了回答这样一个特定的命题。

1.0.2 当前我国小城镇居住小区的建设,尚处于乡村城镇化的初始阶段,问题不少,1997~2000 年先后对 20 多个省市计 100 多个小城镇(含中心村庄)居住小区调查的结果表明:小城镇居住小区建设虽有进步,但总的来看,水平低,质量差,许多问题亟待解决。这些问题是:

1.0.2.1 自发建设,独立分散,规模过小且宅院大,建筑层数低,严重浪费土地;

1.0.2.2 小区功能不全。其规划组织结构、基础设施和公共服务设施配置、道路网络、停车场地乃至绿化体系等既残缺又无定式;

1.0.2.3 住宅大而不当,功能混杂,不适用、不安全、不卫生;

1.0.2.4 环境质量差,缺乏建筑文化传统和地方特色等等。

1.0.3 “小城镇居住小区规划设计标准及优化研究”专题就是要从高起点、高水平、高质量的建设标准出发,针对上述居住小区存在的种种问题进行扎实的研究工作,最终推出一套科学合理、切实可行的理论和方法,用以指导小城镇居住小区规范化建设实践。本专题的研究目标是:

1.0.3.1 提出有关小城镇居住小区规划组织结构、住宅套型系列、道路网络及停车场地,各类公用设施配置以及绿地系统的科学合理的制式;

1.0.3.2 研究提出小城镇居住小区建设用地标准及住宅和各类公共建筑的建筑面积标准,以及竖向与管线综合规划原则。

1.0.3.3 提出小城镇居住小区的空间布局模式、建筑形态和环境设计的优化途径及其创作方法。

1.0.3.4 提出一个“小城镇居住小区规划设计标准”草案条文,为今后制订“小城镇居住小区规划设计规范”奠定基础。

2 指导思想和研究方法

2.0.1 当代小城镇居住小区规划建设,必须把握住两个方面的问题:一是要符合当代社会、经济可持续发展的需求,应具有高起点、高要求的前瞻性;二是要考虑到我国小城镇住区建设的现状,确保其付诸实施的可行性。综合考虑上述两个方面的因素,本专题的研究指导思想是:

2.0.1.1 居住小区的规划组织结构,用地布局,设施配置以及道路和绿地系统的设定,均应满足城镇化和包括环境容量在内的小城镇可持续发展的需求;

2.0.1.2 以人为本、以科技为支撑,多方位、多层次地采取措施,以达到提高住区和住宅的功能质量,保障卫生、安全、净化、绿化和美化居住环境的目的;

2.0.1.3 高度重视小城镇旧区的改造和原有建筑及设施的改造与利用,小区建设要继承和发扬当地建筑文化传统和地方特色;

2.0.1.4 充分体现小城镇有别于大、中城市的自身的特点,包括住户、住宅的多类型、人口、住区的小规模、建筑的少层和低密度以及公共建筑的综合性、灵活性和可变性等等;

2.0.1.5 适应市场经济体制,在小区规划、用地布局、公建配置和住宅设计中,均应适当地给私有经济成分的生产经营活动提供必要的空间。

2.0.2 本专题的研究方法是:现场实例调查(对四川、重庆、湖北、福建、广东、浙江、天津、山东、河北、江苏、上海等省市,不同小城镇的现场调研和实例剖析)—发展预测—综合分析—对比研究—专家咨询—筛选定案—修改完善等系统工程方法,力求将研究工作尽可能做得更确切些,可操作性更强一些。

3 关于居住小区的规划组织结构

从加速乡村城镇化进程和规范小城镇及其居住小区的建设出发,本专题对居住小区的层次结构及称谓、人口规模、公共服务设施以及对应的行政管理机构等要素的配置是经过通盘考虑,综合分析,彼此协调,合理设定的。例如居住小区人口规模的量化问题,是同时以小城镇人口现状和发展规模,以及小城镇行政管理机构体制两者为参照反复斟酌后确定的。调查资料表明,我国东中部城镇化程度较高的城镇,大多数人口规模约在 2~8 万人左右。小城镇行政管理体制分三级,即镇政府—街道办事处—居委会;一个小城镇的街道办事处通常管辖 1~2 万人,少则 6000 人~8000 人。居住小区人口规模暂达不到规定人口数的,可先设居委会,达标后再设街道办事处。一个居委会的适宜人口规模约为 1000 人~2000 人;综合考虑到现状、发展和管理方便等多方面的因素,确定一个小城镇辖 4~6 个街道办事处,正规的居住小区的人口规模应在 10,000 人以上,设街道办事处进行管理,每个小区辖 6~8 个居委会。并分级配置相应的公共服务设施。鉴于我国东、中、西部地区小城镇人口规模差异悬殊,尽管从城镇化要求应适当将中、西部小城镇及其居住小区人口规模增大,但为了避免与现状脱节并保障其实施的可操作性,本专题“小城镇居住体系构架表”中,仍将居住小区以下各级居住单位的人口规模分为两级,且每级还给出一个幅度。

4 关于住宅建筑

4.0.1 一般说来,小城镇住宅建筑有别于大、中城市的一个显著特点,就是居民成分不像大城市那样单一,在相当长的一个时期内,即乡村城镇化的进程中,小城镇居民除城市型职工户外,尚有农业种植户,养殖户、专业户和商业户等,不同户类型有不同的住宅功能需求,且户结构辈分多,户规模大,这就决定了小城镇的住宅建筑是一个多元(不同户类型)多层次(不同户结构和户规模)的套型系列。为了更好地满足不同职业、不同经济水平住户的不同需求,本专题研究还将小城镇住宅的功能空间划分为"基本的"和"附加的"两类,不同住户可根据自己特定的需要,选择不同种类、不同数量、不同大小的功能空间加以组合,从而确保其供求统一。

4.0.2 鉴于家庭养老在相当长历史时期内仍是我国主要的养老方式,本专题研究"住宅功能空间种类、数量及住栋类型选择"表中,列举了"三代"甚至"四代"户即多代同堂住宅。为保障不同年龄、不同辈分家庭成员的个性自由,兼顾到小城镇以少层或多层住宅为主这一有利特点,本专题研究推出了一户多套,可分可合,且垂直分户和水平分户并举的毗连式住栋的住宅建筑形态,体现了有别于大、中城市广为采用的,功能与形式统一的,小城镇住宅自身的特色。

4.0.3 一户多套,各小套可分可合的"多代同堂"住宅,其户建筑面积标准宜比一般住宅适当放宽一些。

5 关于小区道路

5.0.1 从所调查的100多个村镇小区的现状看，道路系统分级明确的、功能完善的很少，但在新规划建设的一些示范小区中，基本上道路均分为三级，很受住户欢迎。为了与本规划标准研究第二节中所设定的小城镇居住小区—组群—庭院三级规划组织结构相一致，居住小区道路亦相应地分为三级，即小区级道路、组群级道路和宅小路及其他人行路。

5.0.2 关于小城镇居住小区道路控制线(红线)间距问题，已建成小区的做法也各不相同。就小区主要道路而言，从7～8m至22m以上不等，取16～20m宽度者居多，严重浪费土地。现状道路的宽度亦多不合理，主要表现在，不问道路功能和等级如何，道路均宽达5～6m，也是一种浪费。在对10多个小区实地观测及参照《村镇规划标准》和《城市居住区规划设计规范》相关规定分析比较后，本标准研究推出了小城镇居住小区道路控制线间距及道路宽度表(表4.0.2)，即道路两旁建筑物控制线距离采暖区分别为16m(小区级)和12m(住宅组群级)；非采暖区分别为14m(小区级)和10m(住宅组群级)。道路宽度分别为6～7m(小区级)3～4m(住宅组群级)2～2.5m(宅前路及其他人行路)。

5.0.3 关于小城镇居民出行的交通工具问题。现状是以自行车为主，约占70%～80%；大约10%强的住户使用摩托车；极少数富裕家庭才拥有小汽车。考虑到留有适当的发展余地和部分居民下班后将单位小汽车存放在小区，故将小汽车停车位基本上按住户的25%～30%计，最好是先做现状调查，再根据当地现有小车数并考虑到发展合理确定。自行车和摩托车总计停车位可按100%～120%计。

5.0.4 表6.0.1.6中小城镇居住小区道路用地包括小区内各级道路及停车场库的用地在内。

6 关于小区绿化与休闲空间

6.0.1 “绿地”与“绿化”是两个不同的概念。可以这样说,一定面积的绿地是一个常数,而这块绿地上的绿化率则是一个变数。采用“立体绿化”的方法,绿化率就能提高。鉴于小城镇有别于大、中城市的地理环境条件,本规划标准研究因地制宜地推出了“立体绿化”和“经济作物绿化”两种独特的绿化方式:“立体绿化”除采取草皮、绿篱和冠状乔木多层次绿化来提高绿化率外,尚可充分利用坡地、建筑物墙面、屋顶平台乃至花架等手段来增加绿化量。调查中发现,这种多途径的“立体绿化”方式,在经济发达、地理气候条件较好的沿海地区采用得比较多,效果也比较好,特别是能在不增加绿地面积的前提下有效地改善生态环境这一点,值得在小城镇的绿化中提倡。“经济作物”绿化,更是只有小城镇及其所属村庄才便于拥有的绿化方式。可作为绿化的经济作物种类很多,但作为小城镇的绿化来配置时,则应根据不同的环境条件合理配置:凡多年存活的果木,药用花卉类植物,可用于居住小区绿化和其他中心绿地;凡蔬菜类的周期间歇式绿化,仅宜用于小城镇的周边绿地。

6.0.2 通过对数十户小城镇居民登门访谈和现场观察发现,这些住户的日常户外活动,绝大多数均在房前屋后的空地上进行。按规划新建小区中的住户,绝大多数均在相邻住栋围合的庭院绿地中活动。虽偶尔也去组群中心绿地和小区游园,但次数不多。为顺应小城镇居民的生活习惯及其户外活动规律,本规划标准研究提倡小区绿化宜以庭院绿地和小区游园绿地为主,并配建相应的休闲游乐设施作为小城镇居民户外活动的主要场所。

7 关于用地标准和建筑面积标准

7.0.1 按《村镇规划标准》规定，我国村镇人均建设用地控制指标为 $100m^2$ 左右。但专题调查的结果表明，小城镇及村庄人均建设用地指标大大超过此规定限额，大多数在 110～$130m^2$/人，人均 $100m^2$ 以下的基本上没有，而个别最大的人均建设用地指标竟高达 180～$220m^2$ 以上。为了有效地改变这种用地超标的状况，本规划标准研究提出采取核定小城镇人均建设用地指标和合理调整居住小区用地构成两项措施加以控制。

7.0.2 调整小区用地不合理构成比例的措施是，适当提高住宅层数，用毗连式住栋取代独立式住宅，合理降低小区住宅用地比重，同时还酌情调整小区公建、基础设施、道路交通以及公共绿地的用地量以达到合理利用、有效控制小城镇用地标准的目的。

7.0.3 现状是许多小城镇居住小区的各类建筑(包括住宅在内)面积都偏高，住宅户均建筑面积约在 120～$180m^2$ 左右，高的达 $200m^2$ 以上。通病是贪大，但大而不当。为了达到合理压缩建筑面积标准的目的，本规划设计标准研究，采取先按一般要求合理确定住宅基本功能空间和附加功能空间各类房间的面积作为基数，再参照不同户类型、不同户结构和不同户规模等特定要求，科学地确定各类功能空间确切的数量及其户建筑面积，以确保在满足使用要求的前提下，控制户建筑面积标准，防止超标。

(执笔：杜白操)

“小城镇规划标准研究”专题之七

小城镇基础设施规划标准研究

中国城市规划设计研究院

2001年6月

目　次

1　总则 …………………………………………………………………………… (212)
2　给水工程规划标准研究 ……………………………………………………… (214)
2.1　规划内容、范围 ……………………………………………………………… (214)
2.2　水资源 …………………………………………………………………………… (214)
2.3　用水量 …………………………………………………………………………… (214)
2.4　水质与水源选择 ……………………………………………………………… (216)
2.5　给水系统 ………………………………………………………………………… (216)
2.6　水源地与水厂、泵站 ………………………………………………………… (216)
3　排水工程规划标准研究 ……………………………………………………… (218)
3.1　规划内容、范围 ……………………………………………………………… (218)
3.2　排水量 …………………………………………………………………………… (218)
3.3　排水体制 ………………………………………………………………………… (218)
3.4　排水受纳体 ……………………………………………………………………… (219)
3.5　污水处理与雨污水利用、排放 …………………………………………… (219)
4　供电工程规划标准研究 ……………………………………………………… (222)
4.1　规划内容 ………………………………………………………………………… (222)
4.2　用电负荷 ………………………………………………………………………… (222)
4.3　电源与电力平衡 ……………………………………………………………… (223)
4.4　电压等级与电网规划 ………………………………………………………… (223)
4.5　主要供电设施 …………………………………………………………………… (223)
5　通信工程规划标准研究 ……………………………………………………… (225)
5.1　规划内容 ………………………………………………………………………… (225)
5.2　用户预测 ………………………………………………………………………… (225)
5.3　局所与移动通信规划 ………………………………………………………… (225)
5.4　通信线路与管道规划 ………………………………………………………… (226)
5.5　邮政、广播、电视规划 ………………………………………………………… (227)
6　防洪工程规划标准研究 ……………………………………………………… (228)
6.1　规划内容 ………………………………………………………………………… (228)
6.2　规划依据与规划原则 ………………………………………………………… (228)
6.3　防洪标准 ………………………………………………………………………… (228)
6.4　防洪方案选择 …………………………………………………………………… (228)
6.5　防洪设施与防洪措施 ………………………………………………………… (229)
7　环境卫生工程规划标准研究 ………………………………………………… (230)

7.1 规划内容 …………………………………………………………………… (230)
7.2 生活垃圾量、工业固体废物量预测 ………………………………………… (230)
7.3 垃圾收运、处理与综合利用 ……………………………………………… (230)
7.4 环境卫生公共设施规划 …………………………………………………… (231)
条文说明……………………………………………………………………………… (233)

1 总　则

1.0.1 小城镇基础设施标准研究是小城镇规划标准研究项目的组成之一,目的为制订我国小城镇基础设施规划标准提供技术支撑,同时为提高小城镇基础设施规划、建设和管理水平提供基础性文件。

1.0.2 小城镇基础设施应为小城镇生存和发展所必须具备的工程基础设施和社会基础设施的总称;工程基础设施一般指能源供应、给水、排水、交通运输、邮电通信、环境保护、防灾安全等工程设施;根据任务书本专题之七为供水、排水、供电、通信、防洪、环卫六项工程基础设施标准研究。

1.0.3 小城镇基础设施规划建设应遵循整体规划、合理布局、因地制宜、节约用地、经济适用、分期实施和实行经济效益、社会效益和环境效益统一,可持续发展的原则。

1.0.4 大中城市规划区范围内的郊区建制镇的基础设施应在城市总体规划中一并考虑;较集中分布或连绵分布,相互间可依托的小城镇的基础设施应在城镇区域考虑的规划优化基础上,联建共享;分散的一般小城镇基础设施规划应根据县(市)域城镇体系规划的基础设施统筹安排,结合小城镇经济、社会发展和实际情况做出具体安排。

1.0.5 小城镇基础设施的合理水平和定量化指标,应主要依据小城镇性质、类型、地理区域位置、经济、社会发展与城镇建设水平、人口规模和小城镇的相关现状水平等,并考虑基础设施规划的适当超前。

1.0.6 小城镇基础设施的合理水平和定量化指标,分三种经济发展不同地区、小城镇规模的三个等级层次、两个发展阶段(规划期限)设定。

三种经济发展不同地区为:

经济发达地区;

经济发展一般地区;

经济欠发达地区。

三个规模等级层次为:

一级镇:县驻地镇、经济发达地区 3 万以上镇区人口的中心镇、经济发展一般地区 2.5 万以上镇区人口的中心镇;

二级镇:经济发达地区一级镇外的中心镇和 2.5 万以上镇区人口的一般镇、经济发展一般地区一级镇外的中心镇和 2 万以上镇区人口的一般镇、经济欠发达地区 1 万以上镇区人口县城镇外的其他镇;

三级镇:二级镇以外的一般镇和在规划期将发展为建制镇的集镇。

两个规划发展阶段(规划期限)为:

近期规划发展阶段(规划年限至 2005 年);

远期规划发展阶段(规划年限至 2020 年)。

1.0.7 小城镇基础设施应积极采用新技术、新工艺、新办法,以节省投资,提高效益。

1.0.8 少数边远、经济欠发达地区建设基础特别薄弱的小城镇，规划期尚不能达到下限指标和地方标准的，应在规划中先预留规划发展用地，并选择合理、适宜的过渡实施方案。

1.0.9 本专题七研究提出的小城镇基础设施的合理水平、定量化指标和其他规划要求条款可作为相关标准制订前的基础性文件和参考依据，提供规划使用，并应在实践中总结完善，使今后小城镇规划标准的制订更有各种适用基础。

1.0.10 小城镇给水、排水、供电、通信、防洪、环卫等基础设施工程规划，除应符合本项基础设施规划规范外，同时应符合国家现行的有关强制性标准的规定。

2 给水工程规划标准研究

2.1 规划内容、范围

2.1.1 小城镇集中给水工程规划的主要内容应包括:预测小城镇用水量;进行水资源与用水量供需平衡分析;选择水源,提出水资源保护要求和措施;确定水厂位置、用地,提出给水系统布局框架;布置输水管道和给水管网。

2.1.2 小城镇给水工程规划范围与小城镇总体规划范围一致,当水源地在小城镇规划区以外时,水源地和输水管线应纳入小城镇给水工程规划范围。

2.2 水 资 源

2.2.1 小城镇水资源应包括符合各种用水的水源水质标准的淡水(地表水和地下水),海水,及经过处理后符合各种用水水质要求的淡水(地表水和地下水)、海水、再生水等。

2.2.2 小城镇水资源和用水量之间应保持平衡,当小城镇之间用同一水源或水源在规划区以外,应进行区域或流域范围的水资源供需平衡分析,根据水资源平衡分析,提出保持平衡的对策。

2.2.3 小城镇用水量应分两部分:

第一部分应为小城镇给水工程统一供给的居民生活用水、工业用水、公共设施用水及其他用水量的总和;

第二部分应为上述统一供给以外的所有用水水量的总和,包括工业和公共设施自备水源供给的用水,河湖环境和航道用水、农业灌溉及畜牧业用水。

2.3 用 水 量

2.3.1 小城镇给水工程统一供给的综合生活用水量宜采用表 2.3.1 指标预测,并应结合小城镇地理位置、水资源状况、气候条件、小城镇经济、社会发展与城镇公共设施水平、居民经济收入、居住、生活水平、生活习惯,综合分析比较选定指标。

小城镇人均综合生活用水量指标 (L/人·d) **表 2.3.1**

地区区划	小城镇规模分级					
	一		二		三	
	近期	远期	近期	远期	近期	远期
一 区	190～370	220～450	180～340	200～400	150～300	170～350

续表

地区区划	小城镇规模分级					
	一		二		三	
	近期	远期	近期	远期	近期	远期
二区	150～280	170～350	140～250	160～310	120～210	140～260
三区	130～240	150～300	120～210	140～260	100～160	120～200

注：1. 一区包括：贵州、四川、湖北、湖南、江西、浙江、福建、广东、广西、海南、上海、云南、江苏、安徽、重庆；

二区包括：黑龙江、吉林、辽宁、北京、天津、河北、山西、河南、山东、宁夏、陕西、内蒙古河套以东和甘肃黄河以东的地区；

三区包括：新疆、青海、西藏、内蒙古河套以西和甘肃黄河以西的地区(下同)。

2. 用水人口为小城镇总体规划确定的规划人口数(下同)。

3. 综合生活用水为小城镇居民日常生活用水和公共建筑用水之和，不包括浇洒道路、绿地、市政用水和管网漏失水量。

4. 指标为规划期最高日用水量指标(下同)。

5. 特殊情况的小城镇，应根据实际情况，用水量指标酌情增减(下同)。

2.3.2 小城镇用水量预测可在综合生活用水量预测的基础上，按小城镇相关因素分析或类似比较确定的综合生活用水量与总用水量比例或其与工业用水量、其他用水量之比例，测算总用水量，其中工业用水量也可单独采用其他方法预测。

2.3.3 估算小城镇总体规划给水工程统一供水的给水干管管径或预测不同性质用地用水量，可按不同性质用地用水量指标确定。

1. 小城镇单位居住用地用水量应根据小城镇特点、居民生活水平等因素确定，并根据小城镇实际情况，选用表2.3.3中指标。

单位居住用地用水量指标 (万 $m^3/km^2 \cdot d$) **表 2.3.3**

地区区划	小城镇规模分级		
	一	二	三
一区	1.00～1.95	0.90～1.74	0.80～1.50
二区	0.85～1.55	0.80～1.38	0.70～1.15
三区	0.70～1.34	0.65～1.16	0.55～0.90

注：表中指标为规划期内最高日用水量指标，使用年限延伸至2020年，即远期规划指标，近期规划使用应酌情减少，指标已含管网漏失水量。

2. 小城镇单位公共设施用地、工业用地及其他用地用水量指标，应根据现行国标《城市给水工程规划规范》，结合小城镇实际情况选用。

2.3.4 进行小城镇水资源供需平衡分析时，小城镇给水工程统一供水部分所要求的水资源供水量为小城镇最高日用水量除以日变化系数，再乘供水天数。小城镇的日变化系数可取1.6～2.0。

2.3.5 小城镇自备水源供水的工业企业和公共设施的用水量应纳入小城镇用水量中，并由小城镇给水工程统一规划。

2.4 水质与水源选择

2.4.1 小城镇统一供给的或自备水源供给的生活饮用水水质应符合现行国家标准《生活饮用水卫生标准》的规定，其他用水水质也应符合相应的水质标准。

2.4.2 小城镇应贯彻节约用水的原则，水源应合理配置、高效利用；选择小城镇给水水源，应以水资源勘察或分析研究报告和小城镇供水水源开发利用规划、有关区域、流域水资源规划为依据，并满足小城镇用水量和水质等方面的要求。

2.4.3 小城镇选择地下水作为给水源时，不得超量开采，选择地表水作为给水水源时，其枯水流量的保证率不得低于90％。

2.4.4 水资源不足的小城镇，更应节约用水，宜将雨、污水处理后用作工业用水、生活杂用水及河湖环境用水、农业灌溉用水等，其水质应符合相应标准的规定。

2.5 给 水 系 统

2.5.1 小城镇给水系统应满足小城镇的水量、水质、水压及消防、安全给水的要求，有地形可供利用时，宜采用重力输配水系统。

2.5.2 小城镇给水管网布置应符合小城镇规划发展的要求，给供水的分期发展留有充分的余地；干管的方向应与给水的主要流向一致；管网布置形式应相关分析、比较确定，并宜根据条件，逐步布置环状管网。

2.6 水源地与水厂、泵站

2.6.1 小城镇的水厂设置应以小城镇总体规划和县(市)城镇体系规划为依据，较集中分布的小城镇应统筹规划区域水厂，不单独设水厂的小城镇可酌情设配水厂。

2.6.2 小城镇水源地应设在水量、水质有保证和易于实施水源环境保护的地段；地表水水厂的位置应根据给水系统的布局确定；地下水水厂的位置应根据水源地的地点和不同的取水方式确定，宜选择在取水构筑物附近。

2.6.3 小城镇水厂用地应按规划期给水规模确定，用地控制指标应按表2.6.3，结合小城镇实际情况选定，水厂厂区周围应设置宽度不小于10m的绿化地带。

小城镇水厂用地控制指标 ($m^2\cdot d/m^3$) **表 2.6.3**

建设规模（万 m^3/d）	地表水水厂		地下水水厂
	沉淀净化	过滤净化	除铁净化
0.5~1	0.5~1.0	0.8~1.4	0.4~0.7
1~2			0.3~0.4
2~5	0.4~0.8	0.6~1.1	
2~6			0.3~0.4
5~10	0.35~0.6	0.5~0.8	

注：指标未包括厂区周围绿化地带用地。

2.6.4 小城镇当配水系统需设置加压泵站时，其位置宜靠近用水集中地区；泵站用地应按规划期给水规模确定，用地控制指标按《城市给水工程项目建设标准》规定，结合实际情况选定；泵站周围应设置不小于 10m 的绿化地带，并宜与小城镇绿化用地相结合。

3 排水工程规划标准研究

3.1 规划内容、范围

3.1.1 小城镇排水工程规划的主要内容应包括划定小城镇排水范围，预测小城镇排水量，确定排水体制，排放标准，排水系统布置，污水处理方式和综合利用途径。

3.1.2 小城镇排水工程工程规划范围应与小城镇总体规划范围一致；当小城镇污水处理厂或污水排出口设在小城镇规划区范围以外时，应将污水处理厂或污水排出口及其连接的排水管渠纳入小城镇排水工程规划范围。

3.2 排 水 量

3.2.1 小城镇排水量应包括污水量和雨水量，其中污水量应包括综合生活污水量和工业废水量。

3.2.2 小城镇总体规划综合生活污水量宜根据其综合生活用水量乘以其排放系数 0.75～0.90确定，工业废水量宜根据工业用水量乘以其排放系数 0.70～0.90 确定；综合生活污水量和工业废水量还可按其他方法计算确定。

3.2.3 小城镇雨水量宜按当地或地理环境、气候相似的所属城市或邻近城市的标准，按下式计算确定：

$$Q = q \cdot \Psi \cdot F$$

式中 Q——雨水量(L/s)；

q——暴雨强度(L/s·ha)；

Ψ——径流系数；

F——汇水面积(ha)。

3.3 排 水 体 制

3.3.1 小城镇排水体制应根据小城镇总体规划、环境保护要求、当地自然条件和废水受纳体条件，污水量和其水质及原有排水设施情况，经技术经济比较确定。

3.3.2 小城镇排水体制原则上一般宜选分流制；经济发展一般地区和欠发达地区小城镇近期或远期可采用不完全分流制，有条件时宜过渡到完全分流制；某些条件适宜或特殊地区小城镇宜采用截流式合流制，并应在污水排入系统前采用化粪池、生活污水净化沼气池等方法进行预处理。

3.4 排水受纳体

3.4.1 小城镇排水受纳体应包括江、河、湖、海和水库、运河等受纳水体和荒废地、劣质地、山地以及受纳农业灌溉用水的农田等受纳土地。

3.4.2 污水受纳水体应满足其水域功能的环境保护要求，有足够的环境容量，雨水受纳水体应有足够的排泄能力或容量；受纳土地应具有足够的环境容量，符合环境保护和农业生产的要求。

3.5 污水处理与雨污水利用、排放

3.5.1 小城镇排水规划应结合当地实际情况和生态保护，考虑雨水资源和污水处理的综合利用途径。

3.5.2 小城镇污水处理应因地制宜选择不同的经济、合理处理方法，处于城镇较集中分布的小城镇应在区域规划优化的基础上联建区域污水处理厂；远期70％～80％的小城镇污水应得到不同程度的处理，其中较大部分宜为二级生物处理。

3.5.3 不同地区、不同等级层次和规模、不同发展阶段小城镇排水和污水处理系统相关的合理水平，应根据小城镇经济社会发展规划、环境保护要求、当地自然条件和水体条件，污水量和水质情况等综合分析和经济比较，按表3.5.3要求选定。

3.5.4 污水排放应符合国家标准《污水综合排放标准》的有关规定；污水用于农田灌溉，应符合现行的国家标准《农田灌溉水质标准》的有关规定。

3.5.5 小城镇污水排除系统布置要确定污水厂、出水口、泵站及主要管道的位置；雨水排除系统布置要确定雨水管渠、排洪沟和出水口的位置；雨水应充分利用地面迳流和沟渠排除，污水、雨水的管、渠均应按重力流设计。

3.5.6 小城镇污水处理厂和出水口应选在小城镇河流的下游或靠近农田灌溉区，污水处理厂应尽可能与出水口靠近，污水处理厂并应位于小城镇夏季最小频率风向的上风侧，与居住小区或公共建筑物之间有一定的卫生防护地带；卫生防护地带一般采用300m，处理污水用于农田灌溉时宜采用500～1000m。

3.5.7 污水处理厂规划预留用地面积应按表3.5.7范围，结合当地实际情况，分析、比较选取。

小城镇污水处理厂用地估算面积 ($m^2·d/m^3$) **表3.5.7**

处理水量(万m^3/d)	一级处理	二级处理(一)	二级处理(二)
1～2	0.6～1.4	1.0～2.0	4.0～6.0
2～5	0.6～1.0	1.0～1.5	2.5～4.0
5～10	0.5～0.8	0.8～1.2	1.0～2.5

注：一级处理工艺流程大体为泵房、沉砂、沉淀及污泥浓缩、干化处理等。

二级处理(一)工艺流程大体为泵房、沉砂、初次沉淀、曝气、二次沉淀及污泥浓缩、干化处理等。

二级处理(二)工艺流程大体为泵房、沉砂、初次沉淀、曝气、二次沉淀、消毒及污泥提升、浓缩、消化、脱水及沼气利用等。

3.5.8 小城镇排水泵站宜单独设置,与住宅、公共建筑间距应符合有关要求,周围宜设置宽度不小于 10m 的绿化隔离带;排水泵站预留用地面积应按全国市政工程投资估算指标的雨污水泵站用地一项综合指标范围,结合当地实际情况,分析、比较选定。

小城镇排水体制、排水与污水处理规划要求 表 3.5.3

分项 \ 小城镇分级规划期		经济发达地区						经济发展一般地区						经济欠发达地区					
		一		二		三		一		二		三		一		二		三	
		近期	远期	近期	远期	近期	远期	近期	远期	近期	远期	近期	远期	近期	远期	近期	远期	近期	远期
排水体制一般原则	1. 分流制 2. 不完全分流制	△1	●1	△1	●1		●1	△2	●1	○2	●1	○2	△1	○2	●1		△2		△2
	合流制															○		○ 部分	
排水管网面积普及率（%）		95	100	90	100	85	95～100	85	100	80	95～100	75	90～95	75	90～100	50～60	80～85	20～40	70～80
不同程度污水处理率（%）		80	100	75	100	65	90～95	65	100	60	95～100	50	80～85	50	80～90	20	65～75	10	50～60
统建、联建、单建污水处理厂		△	●	△	●		●		●		●		●		△		△		
简单污水处理						○		○		○		○		○		○		○ 低水平	△ 较高水平

注：1. 表中○——可设，△——宜设，●——应设。

2. 不同程度污水处理率指采用不同程度污水处理方法达到的污水处理率。

3. 统建、联建、单建污水处理厂指郊区小城镇、小城镇群应优先考虑统建、联建污水处理厂。

4. 简单污水处理指经济欠发达、不具备建设较现代化污水处理厂条件的小城镇，选择采用简单、低耗、高效的多种污水处理方式，如氧化塘、多级自然处理系统，管道处理系统，以及环保部门推荐的几种实用污水处理技术。

5. 排水体制的具体选择按上表要求外，同时应根据总体规划和环境保护要求，综合考虑自然条件、水体条件、污水量、水质情况、原有排水设施情况，技术经济比较确定。

4 供电工程规划标准研究

4.1 规 划 内 容

4.1.1 小城镇供电工程规划的主要内容应包括用电负荷预测,电力平衡,确定电源和电压等级,做出电力网主网规划及主要供电设施配置(详细规划应作出配电网规划及其主要设施配置),确定高压线走廊,提出近期主要建设项目。

4.2 用 电 负 荷

4.2.1 小城镇用电负荷预测方法,总体规划宜主要选用电力弹性系数法、回归分析法、增长率法;详细规划宜主要选用建筑面积负荷指标法、单耗法。

4.2.2 用电负荷预测一般应选两种以上方法预测,以其中一种以上方法为主,一种方法用于校核。

4.2.3 小城镇用电负荷一般宜分第一产业用电、第二产业用电、第三产业用电和市政、生活用电。

4.2.4 小城镇供电总体规划当采用人均市政、生活用电指标预测市政、生活用电时,应结合小城镇的地理位置、经济、社会发展与城镇建设水平、人口规模、居民经济收入、生活水平、能源消费构成、气候条件、生活习惯、节能措施等因素,综合分析比较,以现状用电水平为基础,对照表4.2.4指标幅值范围选定。

小城镇规划人均市政、生活用电指标 (kWh/人·a) **表4.2.4**

小城镇规模分级	经济发达地区			经济发展一般地区			经济欠发达地区		
	一	二	三	一	二	三	一	二	三
近 期	560～630	510～580	430～510	440～520	420～480	340～420	360～440	310～360	230～310
远 期	1960～2200	1790～2060	1510～1790	1650～1880	1530～1740	1250～1530	1400～1720	1230～1400	910～1230

4.2.5 小城镇总体规划,当采用负荷密度法进行负荷预测时,其居住、公共设施、工业三大类建设用地的规划单位建设用地负荷指标的选取,应根据其具体构成分类及负荷特征,结合现状水平和不同小城镇实际情况,按表4.2.5分析、比较选定。

小城镇规划单位建设用地负荷指标 **表4.2.5**

建设用地分类	居住用地	公共设施用地	工业用地
单位建设用地负荷指标(kW/ha)	80～280	300～550	200～500

注:表外其他类建设用地的规划单位建设用地负荷指标的选取,可根据当地小城镇实际情况,调查分析确定。

4.2.6 小城镇详细规划用电负荷预测，当采用单位建筑面积用电负荷指标法时，其居住建筑、公共建筑、工业建筑的规划单位建筑面积负荷指标的选取，应根据三大类建筑的具体构成分类及其用电设备配置，结合当地各类建筑单位建筑面积负荷现状水平，按表 4.2.6 分析、比较选定。

小城镇规划单位建筑面积用电负荷指标 **表 4.2.6**

建设用地分类	居住建筑	公共建筑	工业建筑
单位建筑面积负荷指标（W/m^2）	15～40W/m^2 1～4kW/户	30～80	20～80

注：表外其他类建筑的规划单位建筑面积用电负荷指标的选取，可根据当地小城镇实际情况，调查分析确定。

4.3 电源与电力平衡

4.3.1 小城镇供电电源可分为接受区域电力系统电能的电源变电所和小城镇水电站、发电厂两类。

4.3.2 小城镇的供电电源，条件许可应优先选择区域电力系统供电，对规划期内区域电力系统电能不能经济、合理供到的地区的小城镇，应充分利用本地区的能源条件，因地制宜地建设适宜规模的发电厂(站)作为小城镇供电电源。

4.3.3 小城镇发电厂和电源变电站的选择应以县(市)域供电规划为依据，并应符合厂、站建设条件，线路进出方便和接近负荷中心等要求。

4.3.4 小城镇供电总体规划应根据负荷预测(适当考虑备用容量)和现有电源变电所，发电厂的供电能力及供电方案，进行电力电量平衡，测算规划期内电力、电量的余缺，提出规划年限内需增加电源变电所和发电厂的装机总容量。

4.4 电压等级与电网规划

4.4.1 小城镇电压等级宜为国家标准电压 220、110、66、35、10kV 和 380/220V 中的 3～4 级，三个变压层次，并结合所在地区规定电压标准选定。

4.4.2 小城镇电网中的最高一级电压，应根据其电网远期规划的负荷量和其电网与地区电力系统的连接方式确定。

4.4.3 小城镇电网各电压层网容量之间，应按一定的变电容载比配置，容载比应符合《城市电力网规划设计导则》及其他有关规定。

4.4.4 小城镇电网规划应贯彻分层分区原则，各分层分区应有明确的供电范围，避免重叠、交错。

4.5 主要供电设施

4.5.1 小城镇 35kV、110kV 变电所一般宜采用布置紧凑、占地较少的全户外或半户外式结构，选址应符合有关要求；小城镇 35～110kV 变电所应按最终规模预留用地，并应结合所在小城镇的实际用地条件，按表 4.5.1 分析比较选定，220kV 区域变电所用地按《城市电力规划规范》有关规定预留。

小城镇 35～110kV 变电所规划用地面积控制指标(m^2) **表 4.5.1**

变 压 等 级	主变压器容量	MVA/台(组)	变电所类型全户外式用地面积
半户外式用地面积 110(66)/10kV	20～63/2～3	3500～5500	1500～3000
35/10 kV	5.6～31.5/2～3	2000～3500	1000～2000

4.5.2 小城镇变电所主变压器安装台(组)数宜为 2～3 台(组)，单台(组)主变压器容量应标准化、系列化；35～220kV 主变压器单台(组)容量选择，应符合国家有关规定。

4.5.3 小城镇公用配电所的位置应接近负荷中心，其配电变压器的安装台数宜为两台，居住区单台容量一般可选 630kVA 以下，工业区单台容量不宜超过 1000kVA。

4.5.4 小城镇架空电力线路应根据小城镇地形、地貌特点和道路网规划沿道路、河渠、绿化带架设；35kV 及以上高压架空电力线路应规划专用通道，并应加以保护；镇区内的中、低压架空电力线路应同杆架设，中心繁华地段、旅游地段等宜采用电缆埋地敷设或架空绝缘线。

4.5.5 35kV 以上高压电力线路走廊的宽度应根据现行国标《城市电力规划规范》要求选定。

5 通信工程规划标准研究

5.1 规 划 内 容

5.1.1 小城镇通信工程规划应以电信工程规划为主,同时包括邮政、广播、电视规划的主要相关内容。

5.1.2 小城镇电信工程规划的主要内容,总体规划阶段应包括用户预测,局所规划,中继网规划,管道规划和移动通信规划。详细规划阶段除具体落实规划地块涉及的上述规划内容外,尚应包括用户网优化和配线网规划。

5.2 用 户 预 测

5.2.1 小城镇电信规划用户预测,总体规划阶段以宏观预测为主,宜采用时间序列法、相关分析法、增长率法、普及率法、分类普及率法等法预测;详细规划阶段以小区预测、微观预测为主,宜采用分类建筑面积用户指标、分类单位用户指标预测,也可采用计算机辅助预测。

5.2.2 电信用户预测应以两种以上方法预测,其中一种以上方法为主、一种方法可作为校验。

5.2.3 电话普及率常用综合普及率,宜采用局号普及率,并应用"局线/百人"表示。

5.2.4 当采用普及率法作预测和预测校验时,采用的普及率应结合小城镇的规模、性质、作用和地位、经济、社会发展水平、平均家庭生活水平及其收入增长规律、第三产业和新部门增长发展规律,综合分析,按表5.2.4指标范围比较选定,或必要适当调整。

小城镇电话普及率预测水平 (线/百人) **表5.2.4**

小城镇规模分级	经济发达地区			经济发展一般地区			经济欠发达地区		
	一	二	三	一	二	三	一	二	三
近 期	38~43	32~38	27~34	30~36	27~32	20~28	23~28	20~25	15~20
远 期	70~78	64~75	50~68	60~70	54~64	44~56	50~56	45~55	35~45

5.2.5 当采用单位建筑面积分类用户指标作用户预测时,其指标选取可结合小城镇的规模、性质、作用和地位、经济、社会发展水平、居民平均生活水平及其收入增长规律、公共设施建设水平和第三产业发展水平等因素,综合分析按表5.2.5指标范围比较选取。

5.3 局所与移动通信规划

5.3.1 小城镇电信工程规划应依据小城镇总体规划和上一级电信工程规划。

按单位建筑面积测算小城镇电话需求用户指标　　(线/m^2)　　表 5.2.5

建筑用户地区分类	写字楼办公楼	商店	商场	旅馆	宾馆	医院	工业厂房	住宅楼房	别墅、高级住宅	中学	小学
经济发达地区	1/25～35	1/25～50	1/70～120	1/30～35	1/20～25	1/100～140	1/100～180	1线/户面积	1.2～2/200～300	4～8线/校	3～4线/校
经济一般地区	1/30～40	0.7～0.9/25～50	0.8～0.9/70～120	0.7～0.9/30～35	1/25～35	0.8～0.9/100～140	1/120～200	0.8～0.9线/户面积		3～5线/校	2～3线/校
经济欠发达地区	1/35～45	0.5～0.7/25～50	0.5～0.7/70～120	0.5～0.7/30～35	1/30～40	0.7～0.8/100～140	1/150～250	0.5～0.7线/户面积		2～3线/校	1～2线/校

5.3.2　小城镇电话网，近期多数应属所在中等城市或地区（所属地级市或地区）或直辖市本地电话网，少数宜属所在县（市）本地电话网；但发展趋势应属所在中等城市或地区本地电话网。

5.3.3　属中等城市本地网的小城镇局所规划，其中县驻地镇规划 C4 一级端局；其他镇规划 C5 一级端局（或模块局）；中远期从接入网规划考虑，应以光纤终端设备 OLT（局端设备）或光纤网络单元 ONU（接入设备）代替模块局。

5.3.4　属所在中等城市本地网的小城镇长途通信规划在所属中等城市本地网的长途通信规划中统一规划。

5.3.5　属县（市）本地电话网的小城镇局所规划应以县（市）总体规划的电信规划为依据；其县（市）驻地镇局所规划，可以长话、市话、农话合设或分设。

5.3.6　小城镇电信局所规划选址应考虑环境安全、服务方便、技术合理和经济实用原则，并接近计算的线路网中心，避开靠近 110kV 以上变电站和线路地点，以及地质、防灾、环保不利的地段；局所预留用地可结合当地实际情况，考虑发展余地，按表 5.3.6 分析比较选定。

小城镇电信局所预留用地　　表 5.3.6

局所规模（门）	≤2000	3000～5000	5000～10000	30000	60000	100000
预留用地面积（m^2）	1000～2000		2000～3000	4500～5000	6000～6500	8000～9000

注：1. 用地面积同时考虑兼营业点用地。
2. 当局所为电信枢纽局（长途交换局、市话汇接局）时，2～3 万路端用地为 15000～17000m^2。
3. 表中所列规模之间大小的局所预留用地，可比较、酌情预留。

5.3.7　小城镇移动通信规划应主要预测移动通信用户需求，并具体规划落实移动通信网涉及的移动交换局（端局）、基站等设施；有关的移动通信网规划一般宜在省、市区域范围统一规划。

5.3.8　小城镇中远期应考虑电信新技术、新业务的大发展，电信网规划应考虑向综合业务数字网 ISDN 的逐步过渡和信息网的统筹规划。

5.4　通信线路与管道规划

5.4.1　小城镇通信线路敷设方式应符合表 5.4.1 要求

小城镇通信线路敷设方式 表 5.4.1

敷设方式	经济发达地区						经济发展一般地区						经济欠发达地区					
	小城镇规模分级																	
	一		二		三		一		二		三		一		二		三	
	近期	远期	近期	远期	近期	远期	近期	远期	近期	远期	近期	远期	近期	远期	近期	远期	近期	远期
架空电缆											○		○		○		○	
埋地管道电缆	△	●	△	●	部分△	●	部分●	●	部分△	●		△		●		△		部分△

注:表中○——可设,△——宜设,●——应设。

5.4.2 小城镇通信管道规划应按 30～50 年考虑,规划管孔数应同时考虑计算机互联网、数据通信、非话业务,电缆电视及备用等需要。

5.5 邮政、广播、电视规划

5.5.1 小城镇的广播、电视线路路由宜与电信线路路由统筹规划,并可同杆、同管道敷设,但电视电缆、广播电缆不宜与通信电缆共管孔敷设。

5.5.2 县(城)总体规划的通信规划应在县驻地镇设电视发射台(转播台)和广播、电视微波站,其选址应符合相关技术要求。

5.5.3 县(城)总体规划的通信规划,其邮政局所规划主要是邮政局和邮政通信枢纽局(邮件处理中心)规划,其他镇邮政局所规划主要是邮政支局(或邮电支局)和邮件转运站规划。

5.5.4 县(城)邮政通信枢纽局址除应符合通信局所一般原则外,在邮件主要依靠铁路运输情况下,应优先在客运火车站附近选址,并应符合有关技术要求,在主要靠公路和水路运输时,可在长途汽车站或港口码头附近选址;预留用地面积应按设计要求或类似比较确定。

5.5.5 邮政局所设置应按方便居民用邮和服务人口数,服务半径、业务收入确定。

5.5.6 小城镇邮电支局,预留用地面积应结合当地实际情况,按表 5.5.6 分析、比较选定。

邮电支局预留用地面积 (m^2) 表 5.5.6

支局名称 \ 用地面积 \ 支局级别	一等局业务收入 1000 万元以上	二等局业务收入 500～1000 万元	三等局业务收入 100～500 万元
邮电支局	3700～4500	2800～3300	2170～2500
邮电营业支局	2800～3300	2170～2500	1700～2000

6 防洪工程规划标准研究

6.1 规 划 内 容

6.1.1 小城镇防洪工程规划的主要内容应包括历史洪灾和防洪现状分析，防洪特点与防洪规划原则，防洪标准与防洪方案选定，以及防洪设施与防洪措施。

6.2 规划依据与规划原则

6.2.1 小城镇防洪工程规划必须以小城镇总体规划和所在江河流域防洪规划为依据。

6.2.2 编制小城镇防洪工程规划应向水利等有关部门调查分析相关基础资料外，还应结合小城镇现状与规划，了解分析设计洪水、设计潮位的计算和历史洪水和暴雨的调查考证。

6.2.3 小城镇防洪工程规划应遵循统筹兼顾、全面规划、综合治理、因地制宜、因害设防、防治结合、以防为主的原则。

6.2.4 小城镇防洪工程规划应结合其处于不同水体位置的防洪特点，制定防洪工程规划方案和防洪措施。

6.3 防 洪 标 准

6.3.1 小城镇防洪标准应按照表6.3.1现行国标《城市防洪工程设计规范》相关规定的范围，结合考虑小城镇的人口规模、经济社会发展、受灾后造成的影响、经济损失、抢险难易，以及投资的可能性，因地制宜合理选定。

小城镇防洪标准　　表6.3.1

	河(江)洪、海潮	山　洪
防洪标准(重现期——年)	50～20	10～5

6.3.2 沿江河湖泊小城镇的防洪标准，应不低于其所处江河流域的防洪标准。

6.3.3 邻近大型工矿企业、交通运输设施、文物古迹和风景区等防护对象的小城镇防洪规划，当不能分别进行防护时，应按就高不就低的原则，执行其中高的防洪标准。

6.3.4 涉及江河流域、工矿企业、交通运输设施、文物古迹和风景区等的防洪标准，应根据国标《防洪标准》等的相关规定。

6.4 防洪方案选择

6.4.1 位于江河湖泊沿岸小城镇的防洪规划，上游应以蓄水分洪为主，中游应加固堤防以防为主,下游应增强河道的排泄能力以排为主。

6.4.2 位于河网地区的小城镇防洪规划,根据镇区被河网分割的情况,防洪工程宜采取分片封闭形式,镇区与外部江河湖泊相通的主河道应设防洪闸控制水位。

6.4.3 位于山洪区的小城镇防洪规划,宜按水流形态和沟槽发育规律对山洪沟进行分段治理,山洪沟上游的集水坡地治理应以水土保持措施为主,中流沟应以小型栏蓄工程为主,因地制宜考虑防洪方案。

6.4.4 沿海小城镇防洪规划,以堤防防洪为主,同时规划应作出风暴潮、海啸及海浪的防治对策。

6.4.5 同时位于以上两种或三种水体位置情况的小城镇,要考虑在河、海高水位时,山洪的排出问题及可能产生的内涝治理问题,位于河口的沿海小城镇要分析研究河洪水位,天文潮位及风暴潮增高水位的最不利组合问题。

6.4.6 沿江滨湖洪水重灾区一般小城镇应按国家"平垸行洪、退田还湖、移民建镇"的防洪抗灾指导原则和根治水患相结合的灾后重建规划考虑。

6.4.7 对地震区的小城镇,防洪规划要充分估计地震对防洪工程的影响。

6.5 防洪设施与防洪措施

6.5.1 小城镇防洪、防涝设施应主要由蓄洪滞洪水库、堤防、排洪沟渠、防洪闸和排涝设施组成。

6.5.2 小城镇防洪规划应注意避免或减少对水流流态、泥沙运动、河岸、海岸产生不利影响,防洪设施选线应适应防洪现状和天然岸线走向,与小城镇总体规划的岸线规划相协调,合理利用岸线。

6.5.3 小城镇防洪措施应包括工程防洪措施和非工程防洪措施。

7 环境卫生工程规划标准研究

7.1 规 划 内 容

7.1.1 小城镇环境卫生工程规划的主要内容应包括固体废弃物分析，污染控制目标，生活垃圾量、工业固体废物量和粪便清运量预测，垃圾收运，垃圾、粪便处理和处置，以及环境卫生公共设施。

7.2 生活垃圾量、工业固体废物量预测

7.2.1 小城镇固体废物应包括生活垃圾、建筑垃圾、工业固体废物、危险固体废物。

7.2.2 小城镇生活垃圾量预测主要采用人均指标法和增长率法；工业固体废物量预测主要采用增长率法和工业万元产值法。

7.2.3 当采用人均指标法预测小城镇生活垃圾量时，生活垃圾规划预测人均指标可按0.9～1.4kg/人·d，结合当地燃料结构、居民生活水平、消费习惯和消费结构及其变化、经济发展水平、季节和地域情况，分析、比较选定。

7.2.4 当采用增长率法预测小城镇生活垃圾量时，应根据垃圾量增长的规律和相关调查、分析比较，按不同时间段确定不同的增长率预测。

7.3 垃圾收运、处理与综合利用

7.3.1 小城镇应逐步实现生活垃圾清运容器化、密闭化、机械化和处理无害化的环境卫生目标。

小城镇垃圾宜主要采用垃圾收集容器和垃圾车收集的同时，采用袋装收集方式，并应符合日产日清的要求；垃圾收集方式应分非分类收集和分类收集，并宜按表7.3.1，结合小城镇相关条件和实际情况分析比较选定。

小城镇垃圾收集方式选择　　表7.3.1

		经济发达地区						经济发展一般地区						经济欠发达地区					
		小城镇规模分级																	
		一		二		三		一		二		三		一		二		三	
		近期	远期	近期	远期	近期	远期	近期	远期	近期	远期	近期	远期	近期	远期	近期	远期	近期	远期
垃圾收集方式	非分类收集					●		●		●		●		●		●		●	
	分类收集	△	●	△	●		●		●		△		●		△		△		

注：表中△——宜设，●——应设。

7.3.2 小城镇生活垃圾处理应主要采用卫生土地填埋方法处理，有条件的小城镇经可行性论证也可因地制宜采用堆肥方法处理；乡镇工业固体废物应根据不同类特点，考虑处理方法，尽可能地综合利用，其中有害废物应采用安全土地填埋，并不得进入垃圾填埋场；危险废物应根据有关部门要求，采用焚烧、深埋等特殊处理。

7.3.3 小城镇环境卫生规划的垃圾污染控制目标可按表7.3.3指标，结合小城镇实际情况适宜制定。

小城镇垃圾污染控制和环境卫生评估指标 **表7.3.3**

	经济发达地区						经济发展一般地区						经济欠发达地区					
	小城镇规模分级																	
	一		二		三		一		二		三		一		二		三	
	近期	远期	近期	远期	近期	远期	近期	远期	近期	远期	近期	远期	近期	远期	近期	远期	近期	远期
固体垃圾有效收集率(%)	65~70	≥98	60~65	≥95	55~60	95	60	95	55~60	90	45~55	85	45~50	90	40~45	85	30~40	80
垃圾无害化处理率(%)	≥40	≥90	35~40	85~90	25~35	75~85	≥35	≥85	30~35	80~85	20~30	70~80	30	≥75	25~30	70~75	15~25	60~70
资源回收利用率(%)	30	50	25~30	45~50	20~25	35~45	25	45~50	20~25	40~45	15~20	30~40	20	40~45	15~20	35~40	10~15	25~35

注：资源回收利用包括工矿业固体废物的回收利用，结合污水处理和改善能源结构，粪便、垃圾生产沼气回收其中的有用物质等。

7.4 环境卫生公共设施规划

7.4.1 小城镇环境卫生公共设施规划应对公共厕所、粪便蓄运站、废物箱、垃圾容器、(垃圾压缩站)、垃圾转运站、(垃圾码头)、卫生填埋场、(堆肥厂)、环境卫生专用车辆配置及其车辆通道和环境卫生基地建设的布局、建设和管理提出要求。

7.4.2 小城镇环境卫生公共设施规划应符合统筹规划、合理布局、美化环境、方便使用、整洁卫生，有利排运的原则。

7.4.3 小城镇公共厕所设置一般要求，镇区主要繁华街道公共厕所之间距离宜为400~500m，一般街道宜为800~1000m，新建的居民小区考虑450~550m，并宜建在商业网点附近；旱厕应逐步改造为水厕。

7.4.4 小城镇废物箱应根据人流密度合理设置，镇区繁华街道设置距离宜为35~50m，一般道路为80~100m；生活垃圾收集点服务半径一般不应超过70m，居住小区多层住宅一般每4幢设一垃圾收集点。

7.4.5 小城镇宜考虑小型垃圾转运站，选址应靠近服务区域中心、交通便利、不影响镇容的地方，规划宜0.7~1.0km^2设置1座，与周围建筑间距不小于5m，规划用地面积宜按100~1000m^2，结合当地转运量等具体情况，分析、比较确定。

7.4.6 小城镇卫生填埋场选址应最大限度地减少对环境和城镇布局等的影响，减少投资费用,并符合其他有关要求。

7.4.7 小城镇环境卫生车辆和环境卫生管理机构等应按有关规定配置。

7.4.8 小城镇居住小区等道路规划应考虑环境卫生车辆通道的要求,新建小区和旧镇区改建相关道路应满足5吨载重车通行。

(执笔:汤铭潭)

小城镇基础设施规划标准研究

条文说明

目　次

1　总则 …………………………………………………………… (236)
2　给水工程规划标准研究 ………………………………………… (239)
2.1　规划内容、范围 ………………………………………… (239)
2.2　水资源 …………………………………………………… (239)
2.3　用水量 …………………………………………………… (239)
2.4　水质与水源选择 ………………………………………… (241)
2.5　给水系统 ………………………………………………… (241)
2.6　水源地与水厂、泵站 …………………………………… (241)
3　排水工程规划标准研究 ………………………………………… (242)
3.1　规划内容、范围 ………………………………………… (242)
3.2　排水量 …………………………………………………… (242)
3.3　排水体制 ………………………………………………… (242)
3.4　排水受纳体 ……………………………………………… (243)
3.5　污水处理和雨污水利用、排放 ………………………… (243)
4　供电工程规划标准研究 ………………………………………… (244)
4.1　规划内容 ………………………………………………… (244)
4.2　用电负荷 ………………………………………………… (244)
4.3　电源与电力平衡 ………………………………………… (246)
4.4　电压等级与电网规划 …………………………………… (246)
4.5　主要供电设施 …………………………………………… (247)
5　通信工程规划标准研究 ………………………………………… (248)
5.1　规划内容 ………………………………………………… (248)
5.2　用户预测 ………………………………………………… (248)
5.3　局所与移动通信规划 …………………………………… (249)
5.4　通信线路与管道规划 …………………………………… (249)
5.5　邮政、广播、电视规划 ………………………………… (250)
6　防洪工程规划标准研究 ………………………………………… (251)
6.1　规划内容 ………………………………………………… (251)
6.2　规划依据与规划原则 …………………………………… (251)
6.3　防洪标准 ………………………………………………… (251)
6.4　防洪方案选择 …………………………………………… (252)
6.5　防洪设施与防洪措施 …………………………………… (253)
7　环境卫生工程规划标准研究 …………………………………… (254)

7.1 规划内容 …………………………………………………………………… (254)
7.2 生活垃圾量、工业固体废物量预测 …………………………………………… (254)
7.3 垃圾收运、处理与综合利用 …………………………………………………… (255)
7.4 环境卫生公共设施规划 ………………………………………………………… (256)

1 总　　则

1.0.1　阐明小城镇基础设施标准研究的宗旨

本专题之七研究称的小城镇是国家批准的建制镇中的县驻地镇和其他建制镇(根据城市规划法建制镇属城市范畴,此处的其他建制镇,在《村镇规划标准》中又属村镇范畴),以及在规划期将发展为建制镇的集镇(属村镇范畴);小城镇是“城之尾、乡之首,”是城乡结合部的社会综合体和县(市)区域经济、政治、文化中心或其农村区域的经济、文化中心,发挥上连城市、下引农村的社会和经济功能;而我国小城镇量大、面广,不同地区小城镇的人口规模、自然条件、历史基础、经济发展、基础设施建设差别甚大;我国现虽有相关国标《城市给水工程规划规范》、《城市电力规划规范》、《防洪标准》、《村镇规划标准》和行标《城市防洪工程设计规范》,但没有或缺乏本专题之七研究的小城镇供水、排水、供电、通信、防洪和环境卫生工程规划标准的应有条款,没有针对我国不同地区、不同等级层次和规模、不同发展阶段的小城镇基础设施的合理化水平和定量化指标,因此小城镇基础设施规划与其相关规划一样,既不宜简单照搬一般城市规划标准,又不能直接套用一般村镇规划标准,而应有其单独标准。

本专题七研究的宗旨是针对小城镇的上述特点和实际情况,为制订我国小城镇基础设施规划标准提供作为技术支撑的科学、翔实的背景材料和有重要参考价值的参考依据;同时为提高小城镇基础设施规划和建设管理水平提供基础性文件,以适应和促进我国小城镇的快速、健康发展。

1.0.2　阐明小城镇基础设施的内涵和本专题之七小城镇基础设施标准研究的范围。

1.0.3　阐明小城镇基础设施规划建设基本原则。

基本原则集中体现了小城镇基础设施规划对科学性、合理性、先进性、实用性和可操作性及可持续发展的要求。

1.0.4　按照小城镇的不同空间分布分类,确定小城镇基础设施的规划原则与方法。

1. 紧临大中城市中心城、城市规划区范围内的郊区小城镇的基础设施,应依托城市,在城市总体规划中一并考虑。

2. 距中心城相对较近,沿主要交通干线等较集中分布的小城镇。如东部长江三角洲、珠江三角洲、京、津、唐、辽东半岛、山东半岛、闽东南和浙江沿海等城镇密集地区;中部江汉平原、湘中地区、中原地区等城镇密集区和长春——吉林、石家庄——保定、呼和浩特——包头等省域城镇发展核心区;西部四川盆地、关中地区等城镇密集区的小城镇,应在城镇群区域范围,基础设施统筹规划优化的基础上,主要基础设施,特别是电力系统、给水、排水系统等主要设施联建共享。

实践证明,这是克服目前小城镇基础设施滞后、不配套、规模小、运行成本高、效益低、资源浪费、重复建设等弊病,有利经营管理、资源共享、降低运行成本和生态环境保护的一条重要规划原则。

以给排水主要设施为例,浙江省湖州市 23 个建制镇原来有 20 多个镇级自来水厂、规模都较小，其中最小仅 0.2 万 m^3/d，运行成本高、效益低，而水源也难以保护。而在市域范围城镇体系规划优化基础上，统筹规划只需建 7 个区域水厂，其余水厂均改成配水厂；排水规划各镇单独污水处理，计划建污水处理厂 27 个，且每个规模小，最小仅 0.3 万 m^3/d，而统筹规划区域污水处理厂仅需 7 个。由于小城镇区域基础设施规划科学，布局合理，并形成适宜规模，使其不但资源共享，运行成本低，效益高，而且便于采用先进技术，提高基础设施水平，并有利经营管理，有利与城市基础设施并网、接轨，以及避免重复建设，减小资源、资金浪费，有利于生态环境保护和可持续发展。

3. 没有连片发展可能，相对独立、分散分布的小城镇，基础设施规划应以县（市）城镇体系基础设施规划为指导，结合小城镇经济、社会发展和实际情况做出具体安排。

1.0.5 阐明小城镇基础设施的合理水平和定量化指标的主要依据和考虑原则。

1.0.6 我国地域辽阔、不同地区小城镇自然条件、历史基础、产业结构不同，经济发展很不平衡，小城镇规模差别很大，发达地区的乡镇规模可能超过欠发达地区的主要建制镇。

从小城镇差别和课题研究宗旨考虑，同时也充分考虑便于小城镇基础设施规划能在一个较合适的幅度范围内，结合实际条件分析对比选取定量化指标，小城镇基础设施的合理水平和定量化指标宜分三种经济发展不同地区、三个规模等级层次、两个发展阶段（规划期限）设定。

经济发达地区主要是东部沿海地区，京、津、唐地区，现状农民人均年纯收入一般大于 3300 元左右，第三产业占总产值比例大于 30%。

经济发展介于经济发达地区，欠发达地区之间的经济发展一般地区，主要是中、西部地区，现状农民人均年纯收入一般在 1800～3300 元左右，第二产业占总产值比例约 20%～30%。

经济欠发达地区主要是西部、边远地区，现状农民人均年纯收入一般在 1800 元以下，第三产业占总产值比例小于 20%。

我国小城镇规模普遍过小，镇区人口少数超过 1 万人，多数在 5000 人以下，以经济发达的浙江省为例，全省建制镇中城镇人口规模在 1 万人以下的占 80%，5000 人以下的占一半。小城镇规模过小，集聚能力和辐射功能不强，基础设施也难发挥效益，严重影响小城镇健康发展，小城镇分级宜按有利小城镇健康发展，适当迁并、调整和发展的规划规模考虑。

县驻地镇一般都有一定规模基础，又是县域经济、政治、文化中心，基础设施合理水平应以一级规模镇要求，经济发达地区和经济发展一般地区应重点抓好中心镇建设，通过调查研究和分析比较并考虑不同经济发展地区的差别，把经济发达地区镇区人口 3 万人以上的中心镇、经济发展一般地区镇区人口 2.5 万人以上的中心镇的基础设施划为一级规模小城镇要求，有利于促进中心镇建设，有利于选择和扶持经济发达地区一些条件好的中心镇逐步向小城市过渡，同时也比较符合中心镇发展的实际情况；经济欠发达地区，小城镇建设基础薄弱的县抓中心镇建设实际上就是抓县城建设，因此这里一级镇不含县城镇外的中心镇。

一个县（市）一般仅宜设 1～2 个或 2～3 个中心镇，二级规模镇除少数规模较小的中心镇外，主要是具备条文规模的发展基础较好的一般镇。

三级镇为二级镇外的一般镇和在规划期将成为建制镇的集镇。后者基础设施合理水平划为三级镇要求，有利其从集镇向建制镇过渡。

此外，在结合小城镇实际，选用基础设施指标幅值范围时，还宜考虑小城镇类型的差别。

根据国家计委试点示范小城镇类型选择和对四川、重庆、湖北、福建、浙江、广东、山东、河南、天津等省、直辖市小城镇类型调查，小城镇类型一般分以下几类：

1. 综合型

一般为政治、经济、文化中心的县驻地镇，一、二、三产业发展较平衡，有较长发展历史，基础设施基础相对较好，对各项基础设施规划建设要求较高。

2. 特色产业型

利用当地特色资源，已形成特色主导产业的小城镇如生态旅游型小城镇。对交通、通信、环境保护、环境卫生、污水处理等规划与设施相对要求较高。

3. 工业主导型

工业主导地位的小城镇，规划中水、电等基础设施定量化指标较高，对交通、通信设施要求也较高。

4. 商贸流通型

包括工贸型、边贸型小城镇，交通、通信、环境卫生等设施要求较高，其通勤人口、流动人口对基础设施增加需求的份额相对较大。

上述差别，宜在选定小城镇基础设施合理水平和定量化指标中、通过实际调查和对比分析适宜考虑。

1.0.7 小城镇基础设施规划采用新技术、新工艺、新办法是节省基础设施投资，提高基础设施效益的重要途径和方法。

我国"六五"、"七五"期间在18个县进行县级农村能源综合建设试点、取得了显著成效，"八五"由国家计委牵头、八部委合作在全国组织实施百县农村能源综合建设，为我国小城镇新能源和可再生能源的开发利用积累了丰富的经验和技术成果；"八五"和"九五"研制出一些适合小城镇的简易给水处理设备，如一体化净水器、高效过滤器、压力过滤器和污水处理设备如淹没式生物膜滤池、一体化地埋式污水处理设备，"十五"国家将开展小城镇建设促进工程科技专项攻关研究，其中包括基础设施的小城镇交通规划与道路建设技术、给排水系统优化与建设技术、热、电、冷三联供系统、信息化系统规划及建设技术研究和相关设备、产品的研制开发等，这些都将为小城镇基础设施规划和建设采用新技术、新工艺、新办法提供保证。

1.0.8 规定少数经济欠发达地区、基础设施建设基础特别薄弱的小城镇，规划达标的过渡方法。

1.0.9 规定本专题七研究提出的小城镇基础设施合理水平、定量化指标和其他规划要求条款的适用性。

1.0.10 小城镇基础设施规划标准条款制定多有依据相关规范或有涉及相关规范的某些共同条款，本条款体现小城镇基础设施规划与相关规范间应同时遵循规范统一性原则。

2 给水工程规划标准研究

2.1 规划内容、范围

2.1.1 规定小城镇集中给水工程规划应包括的主要内容。

考虑适用具体给水工程设计的现行各类给水规范的内容都比较详尽，同时考虑制定小城镇给水工程规划标准与城市给水工程规划标准的一致、配套和衔接，本章着重于宏观规划标准研究。本条规定主要是针对小城镇给水工程总体规划，并主要依据《城市规划编制办法实施细则》和其他相关规范的有关要求和规定。

小城镇给水工程详细规划，主要在总体规划指导下，对涉及规划地块的有关规划内容，进行较详细的计算和具体落实安排。

2.1.2 明确小城镇给水工程规划范围和当水源地在小城镇规划区以外时，应纳入的规划范围。

2.2 水 资 源

2.2.1 阐明小城镇水资源的内涵。

2.2.2 为统筹兼顾对区域或流域水源的用水需求，防止对生态的不利影响，当小城镇之间用同一水源或水源在规划区以外时，应在区域流域范围水资源综合规划和专项规划的基础上，作区域或流域范围的水资源供需平衡分析。

2.2.3 说明小城镇用水量的组成，一般情况小城镇第二部分用水量即统一供给以外的所有用水水量的总和占小城镇用水量的比例要比城市相对应的比例大。主要是小城镇有相当一部分分散式供水，农业灌溉及畜牧业用水相对较多，工业用水主要是乡镇工业用水，而乡镇工业用水自备水源较多。

上述差别应在给水工程的给水设施和管网规划中，结合小城镇实际状况，适宜考虑。

2.3 用 水 量

2.3.1 提出小城镇人均综合生活用水量定量化指标，及其幅值范围适宜值选择的考虑因素。

人均综合生活用水量指标在目前小城镇给水工程规划中作为主要用水量预测指标普遍采用。但除县级市给水工程规划可采用国标《城市给水工程规划规范》的指标外，其余建制镇规划无适宜标准可依，均由各规划设计单位自定指标；同时也缺乏小城镇这一方面的相关研究成果。

表2.3.1小城镇人均综合生活用水量指标是在四川、重庆、湖北、福建、浙江、广东、山东、河南、天津89个小城镇(调查的镇外,还包括补充收集规划资料的部分镇)的给水现状、用水标准、用水量变化、规划指标及相关因素的调查资料收集和用水量变化规律的研究分析、推算,以及对照《城市给水工程规划规范》、《室外给水设计规范》的成果延伸的基础上,按全国生活用水量定额的地区区划(下称地区区划)、小城镇规模分级和规划分期设定。

表中地区区划采用《室外给水设计规范》城市生活用水量定额的区域划分;人均综合生活用水量系指城市居民生活用水和公共设施用水两部分的总水量,不包括工业用水、消防用水、市政用水、浇洒道路和绿化用水、管网漏失等水量。上述与《城市给水工程规划规范》完全一致,以便小城镇给水工程规划标准制定和给水工程规划使用的衔接。表值相关分析研究主要是:

1. 根据按不同地区区划、小城镇不同规模分级,分析整理的若干组有代表性的现状人均综合生活用水量和时间分段的综合生活用水量年均增长率,逐步推算出规划年份的人均综合生活用水量指标,并分析比较相同、相仿小城镇的相关规划指标、选定适宜值。

2. 近期年段综合生活用水量年均增长率由调查分析近年年均增长率及增长规律确定;2005年到2020年的后期年段年均增长率由研究分析经济发展等相关因素相当的、有代表性的城镇生活用水量增长规律和类似相关比较分析分段确定。

3. 根据同一区划、同一小城镇规模分级的不同地区生活用水量相关因素差别影响的横向、竖向分析和推算,确定适宜值的幅值范围。

4. 县驻地镇人均综合生活用水量指标的远期上限对照与《城市给水工程规划规范》相关县级市时间延伸指标的差距得出。

5. 近期指标年限推算到2005年,远期指标年限推算或延伸到2020年。

2.3.2 小城镇用水量预测中,工业用水所占比重较大,而工业用水因工业的产业结构、规模、工艺的先进程度等因素不同而各不相同,而在统一供给的用水量中工业用水所占比重又因乡镇工业自备水源的多少,存在较大差别,但同一小城镇的小城镇用水量与综合生活用水量之间往往有相对稳定的比例,可采用其间比例预测总用水量,也可以采用综合生活用水与工业用水,其他用水之比例(比值可结合小城镇实际,比较类似小城镇比例确定)测算总用水量。

值得指出,上述小城镇用水量,在小城镇水资源平衡时,应包括自备水源的水量,而在给水工程统一给水的用水量中应不包括自备水源的水量。

2.3.3 提出按不同性质用地用水量指标,预测小城镇不同性质用地用水量和估算确定小城镇总体规划给水干管管径。

表2.3.3是结合小城镇规划标准研究专题之四提出的用地标准,按小城镇的规模分级,在《城市给水工程规划规范》、《室外给水设计规范》相关成果和小城镇居民用水量等资料的调查分析基础上推算得出。宜结合小城镇实际选用和在选用中适当调整。

居住用地用水量包括居民生活用水量及其公共设施,道路浇洒用水和绿化用水。

小城镇公共设施用地、工业用地及其他用地用水量与城市相应用地用水量共性较大,可结合小城镇实际情况的分析对比,选用《城市给水工程规划规范》的相应指标,并考虑必要的调整。

2.3.4 小城镇水资源平衡系指所能提供的符合水质要求的水量和小城镇年用水量之

间的平衡。日变化系数是最高日用水量和平均日用水量的比值,随城镇规模的扩大而递减。小城镇日变化系数根据《室外给水设计规范》、《城市给水工程规划规范》资料相关分析推算得出,选用时,应结合小城镇性质,类型、规模、工业水平、居民生活水平及气候等因素进行确定。

2.3.5 规定小城镇给水工程规划应包括对自备水源的取水源、取水量等统一规划,以确保小城市水资源供需平衡。

2.4 水质与水源选择

2.4.1 规定城镇生活饮用水和其他用水水质应符合有关标准。

2.4.2 规定选择小城镇给水水源的依据和要求。

2.4.3 规定选择地下水、地表水水源时,有关开采和枯水流量保证率的要求。

2.4.4 提出水资源不足,但经济上有条件的小城镇,规划宜考虑回用水系统,回用水水质应符合其用途的相关标准规定要求。

2.5 给 水 系 统

2.5.1 提出小城镇给水系统应满足的有关要求。

小城镇给水系统在有地形可供利用时,采用重力输配水系统,可充分利用水源势能(如利用山区、丘陵地区地形特点的小城镇重力输配水系统,若建有山地水厂更好)达到节能、节省投资、降低水厂运行成本的目的。

2.5.2 提出小城镇管网布置应符合小城镇用地建设规划发展和供水设施分期可持续发展,以及干管方向选择的要求,管网布置形式应按不同小城镇、不同发展时期的相关分析比较确定。

2.6 水源地与水厂、泵站

2.6.1 提出小城镇水厂规划设置的依据和原则。

2.6.2 提出水源地设置和水厂选址的原则要求。

2.6.3 说明小城镇水厂预留用地控制指标。

表2.6.3小城镇地表水、地下水水厂的用地控制指标是结合小城镇实际,依据全国市政工程投资估算指标的相关水厂的用地控制指标的规定。

2.6.4 说明小城镇配水系统泵站位置选择原则和用地控制指标。

上述二条款水厂厂区周围与泵站周围设置绿化地带,有利卫生防护,降低噪声影响。

3 排水工程规划标准研究

3.1 规划内容、范围

3.1.1 阐明小城镇排水工程规划应包括的主要内容。

小城镇排水工程规划主要内容，依据城市规划编制办法实施细则要求和村镇规划标准的有关规定，主要针对小城镇总体规划。

小城镇排水工程详细规划，主要在总体规划指导下，对涉及规划地块的有关规划内容，进行较详细的计算和具体落实安排。

3.1.2 明确小城镇排水工程规划范围和当污水处理厂和污水排出口在小城镇规划区以外时，应纳入的规划范围。

3.2 排 水 量

3.2.1～3.2.3 说明小城镇排水量的构成和计算要求。

小城镇综合生活污水排放系数应根据其居住水平，给排水设施完善程度，第三产业比重等分析比较确定，工业废水排放系数应根据其工业结构、工业分类、生产设备和工艺水平，小城镇排水设施普及率等分析比较确定。

3.3 排 水 体 制

3.3.1～3.3.2 说明小城镇排水体制的一般选择原则。

根据对四川、重庆、湖北等9省市小城镇有关调查，小城镇现状排水管网面积普及率约40～60%，排水体制合流制较多，分流制较少，且有许多小城镇尚只有明渠或简单排水渠道。由于合流制特别是直排式合流制，污水不经处理、直接就近排入水体，对水体污染严重，一般不宜采用；选择截流式合流制、雨天仍有部分混合污水，经溢流井溢出，直接排入水体，对水体污染仍较严重；而分流制适应小城镇建设发展、环境保护和卫生条件好，是小城镇排水体制的发展方向。

从上述小城镇排水体制比较和发展方向考虑，小城镇排水体制一般宜选分流制（详3.5.3条文的表3.5.3），经济发展一般地区和经济欠发达地区小城镇近期或远期可采用不完全分流制，有条件时宜过渡到完全分流制，某些条件适宜或特殊地区（如雨水稀少，废水全部处理的地区等）小城镇宜采用截流式合流制。

小城镇排水体制的选择因时因地而宜，宜结合小城镇实际，分析比较选定。

3.4 排水受纳体

3.4.1～3.4.2 提出小城镇雨水和达标污水排放受纳体的范围和应符合的条件。

3.5 污水处理和雨污水利用、排放

3.5.1 提出小城镇排水规划雨水资源和污水处理综合利用的原则要求。

我国水资源缺乏，许多地方缺水逐年加剧，而污水排放量逐年增加，大量污水未经处理或未经有效处理排放，一方面污染环境，特别是水环境，另一方面加剧水资源的短缺。

我国却又是雨水资源丰富的国家，年降水量达 $61900\times10^8m^3$，然而由于没有很好利用，资源浪费，许多缺水城镇一是暴雨洪涝，二是旱季严重缺水。

当今，许多国家把雨水资源化作为城镇生态系统的一部分，在德国的一些地区利用雨水可节约饮用水达 50%，在公共场所用水和工业用水中节约更多。并且雨水利用还有更多的经济、生态意义。

我国雨水资源和污水处理的综合利用较多用于农业，小城镇排水规划结合当地实际情况和生态保护，考虑雨水资源和污水处理的综合利用的规划原则更为重要。以干旱的新疆为例，充分利用光热资源丰富的有利条件，1994 年除城市外，全区 69 个县城已有 40 个县城立项因地制宜建设稳定塘污水处理工程，初步形成污水处理稳定塘体系，经过稳定塘处理的污水，夏季多用于农田灌溉，非灌溉期的污水利用，采取秋天整地，冬天稳定塘出水取代清水压盐碱地、取得很好效益。

3.5.2 提出小城镇污水处理方式选择和污水处理厂规划的主要原则要求。

3.5.3 提出不同地区，不同发展阶段小城镇排水和污水处理系统相关的合理水平及其适宜选择分析比较的相关因素。

表 3.5.3 是在全国小城镇概况分析的同时，重点对四川、重庆、湖北的中心城市周边小城镇、三峡库区小城镇、丘陵地区和山区小城镇、浙江的工业主导型小城镇、商贸流通型小城镇、福建的生态旅游型小城镇、工贸型等小城镇的社会、经济发展状况、建设水平、排水、污水处理状况、生态状况及环境卫生状况的分类综合调查和相关规划分析研究及部分推算的基础上得出来的，因而具有一定的代表性。

对不同地区、不同规模级别的小城镇按不同规划期提出因地因时而宜的规划不同合理水平，增加可操作性，同时表中除应设要求外，还分宜设、可设要求，以增加操作的灵活性。

3.5.4 提出小城镇污水排放应符合有关规定的相关标准要求。

3.5.5 提出小城镇污水、雨水排除系统布置的相关要求和其管渠的规划设计要求。

3.5.6 规定污水处理厂及其出水口的规划选址要求。

3.5.7 提出污水处理厂规划预留用地面积的要求。

表 3.5.7 依据全国市政工程投资估算指标的相关污水处理厂用地估算指标。

小城镇污水处理厂规划一般为小于 $1\times10^4m^3/d$ 小型污水处理厂，目前仅在沿海经济发达地区小城镇开始建设。

3.5.8 提出小城镇排水泵站规划设置和预留用地面积的要求。

4 供电工程规划标准研究

4.1 规 划 内 容

4.1.1 规定小城镇供电工程规划应包括的主要内容。

主要依据《城市规划编制办法实施细则》和其他相关规范的有关要求。

4.2 用 电 负 荷

4.2.1～4.2.2 提出小城镇总体规划和详细规划用电负荷预测的主要方法及其要求。

小城镇总体规划负荷预测,条文中的电力弹性系数法、回归分析法、增长率法是电力部门、电力设计单位和城市规划设计单位编制城镇供电规划常用的宏观电力负荷预测方法。主要通过收集的有关历史统计数据的分析整理,建立数学模型预测,因每种预测方法都是在一定适用条件下进行的预测,而有一定的局限性。为使预测结果达到需要的准确度,应采用上述两种以上方法预测,并同时也可选用其他预测方法预测,如考虑小城镇用地范围相对较小,可采用不同用地用电指标分类分项预测方法,并采用负荷密度法等预测方法作横向比较与校核。

小城镇详细规划用电负荷预测是微观预测,主要采用建筑面积负荷指标法预测,也可采用用地详细分类用电综合指标法等方法预测和相互校核,以使预测结果更接近规划要求。

4.2.3 提出便于小城镇用电负荷预测的小城镇用电负荷组成分类。

4.2.4 提出小城镇人均市政、生活用电负荷预测指标及其选用适宜值考虑的相关因素。

表4.2.4主要依据及分析研究:

1. 四川、重庆、湖北、福建、浙江、广东、山东、河南、天津等省市不同小城镇的经济社会发展与市政建设水平、居民经济收入、生活水平、家庭拥有主要家用电器状况、能源消费构成、节能措施、用电水平及其变化趋势的调查资料及市政、生活用电变化规律的研究分析。

2. 中国城市规划设计研究院城市二次能源用电水平预测课题调查及其第一、第二次研究的成果。

3.《城市电力规划规范》中的相关调查分析。

4. 根据调查和上述有关的综合研究分析,得出2000年不同地区、不同规模等级的小城镇人均市政、生活用电负荷基值及其2000～2020年分段预测的年均增长速度如下表:

小城镇人均市政、生活用电负荷基值及其2000～2020年各分段年均增长速度预测表

人均市政生活用电负荷	经济发达地区			经济发展一般地区			经济欠发达地区		
	小城镇规模分级								
	一	二	三	一	二	三	一	二	三
2000年基值(kWh/人·a)	350～400	320～370	270～370	290～340	270～310	220～270	230～280	200～240	150～190
平均年均增长率(%)									
2000～2005年	9.5～10.5			8.5～9.5			9.0～10.0		
2005～2010年	8.8～9.4			9.2～9.8			9.5～10.5		
2010～2020年	8.2～8.8			8.8～9.2			8.9～10.2		
备　注	人均市政生活用电负荷基值为有代表性的调查值或相关调查值的分析比较确定值。								

4.2.5 提出小城镇总体规划采用负荷密度法进行负荷预测和预测校验时，主要三类用地的负荷密度预测指标和其适宜值选用的相关因素。

表4.2.5指标的主要依据是：

1. 广东、福建、浙江、四川、重庆、湖北各类小城镇上述三大类用地建设及其用电的现状、发展趋势、用电变化和规划指标的调查分析。

2. 中国城市规划设计研究院、武汉钢铁设计院等常驻深圳、珠海、中山近10个规划设计院和四川、浙江等城乡规划设计研究院城镇三大类用地的单位建设用地负荷预测指标和经深圳供电局、深圳规划局龙岗分局结合其用电实际和规划审核，统一规定的相关负荷预测指标。

3.《城市电力规划规范》中小城市上述三大类用地的单位建设用电负荷预测指标及其研究分析。

4. 上述综合对比分析和根据小城镇三大类用地主要构成的用电指标适宜值推算。

上述三大类用地构成及用电指标的主要考虑：

小城镇居住用地为居民住宅、村民住宅和其他住宅用地，其用电预测指标的上限，考虑了经济发达地区县驻地镇、中心镇的部分高级住宅。

公共设施用地分行政管理、教育科技、文化娱体、医疗卫生、邮电金融、商业服务、集市贸易和其他8类用地，指标上限考虑了经济发达地区县驻地镇的部分含较高档次公共设施的整体用电水平。

工业用地主要为一、二、三类乡镇工业，指标上限考虑了工业主导型小城镇含部分耗电量大的中小型重型工业如钢厂等的整体用电水平。

4.2.6 提出小城镇三大类建筑的单位建筑面积用电负荷指标及其选用适宜值考虑的相关因素。

表4.2.6指标适用于小城镇详细规划按三大类建筑面积测算的用电负荷预测，除同4.2.5分析依据外，考虑了小城镇详细规划的用地面积较小，其建筑详细分类相对比较集中或单一，因而考虑指标上限较一般用于总体规划的表4.2.5相应用地用电负荷预测指标为高。

居住建筑用电负荷指标下限为经济欠发达地区建设基础薄弱的一般小城镇，随着规划

期经济发展、居民生活提高、达到备有中档家用电器的用电水平；上限采用有代表性的深圳等地小城镇规划相应预测指标的适当推算值。

公共建筑单位建筑面积用电负荷指标主要在调查分析不同地区、不同小城镇8大类公共建筑的等级规模、用电设备配置的基础上、对相关的调查指标和现在采用的规划指标分析推算得出，其中指标上限考虑了经济发达地区县驻地镇的百货大楼、宾馆等较高档次公共建筑用电水平。

工业建筑的单位建筑面积用电负荷指标值，主要适用于以电子、纺织、轻工制品等工业为主的综合工业标准厂房建筑，并主要依据于小城镇相关调查、有代表性的深圳等地小城镇的相关指标和《城市电力规划规范》的相关调查分析。

4.3 电源与电力平衡

4.3.1 说明适合小城镇特点的小城镇供电电源分类。

4.3.2 阐明小城镇供电电源选择的原则要求。

小城镇供电电源应因地制宜经技术经济比较选定。

区域电力系统技术先进、容量大、运行稳定、安全经济供电可靠性高、供电质量好、并能适应小城镇多种负荷迅速增长的需要，经技术经济比较，一般靠近大电网的小城镇由区域大电网供电要比其他电源优越得多，区域电力系统是上述小城镇优选的供电电源。

对于具有丰富水力资源地区的小城镇、充分利用水力廉价，没有污染的能源建设小型水电站，见效快成本低，不需建长距离的输电线路，应为有丰富水资源的山区小城镇、优选的供电电源。

对于少数规划期大电网尚未延伸到或供电不足地区的小城镇，如果当地煤炭资源丰富，经可行性论证也可因地制宜适当考虑适当规模的火电厂作为供电电源。

总之小城镇供电源宜按大电网供电与开发当地能源相结合的原则，优先选择大电网供电和开发小水电，同时少数地方根据其地方资源特点还可适当开发火电、风力发电。

4.3.3 提出小城镇发电厂和电源变电站的规划和选址要求。

4.3.4 规定小城镇供电总体规划的电力电量平衡的原则要求。

需要指出本条是根据电力电量平衡测算规划期内电力电量余缺，提出规划年内需增加电源变电所和发电厂的装机总容量。而此处的电源变电所和发电厂的规划，则应考虑总则1.0.4条款要求。

4.4 电压等级与电网规划

4.4.1～4.4.2 阐明小城镇供电规划电压等级的选择原则要求。

我国小城镇电网的最高一级电压，县驻地镇、中心镇较多为110kV，次级电压为10kV；而一般镇最高一级电压35kV为多，次级电压为10kV。随着小城镇的规模扩大和建设发展，用电负荷不断增加，一般镇最高一级电压110kV会明显增加，较高层次、较大规模小城镇的电网也由农村电网逐步向城市电网过渡。为适应负荷持续增长，减少电力建设投资和降低线损、小城镇电网规划也必须简化电压等级，减少变压层次，优化网络结构。

4.4.3 阐明小城镇电网电压层网容量的配置原则要求。

一般小城镇变电容载比比城市可适当选小一点，但应符合有关规定和安全供电要求。

4.4.4 阐明小城镇电网规划的分层分区原则要求。小城镇电网“分层分区”原则，有利于电网安全、经济运行和合理供电。分层分区是按电压等级分层，并在分层下，按负荷和电源地理分布特点划分供电区。

4.5 主要供电设施

4.5.1 提出小城镇35kV、110kV变电所一般采用的适宜结构型式和预留用地面积的要求

小城镇因为负荷较小，35kV、110kV变电所一般在镇区边缘布置，小城镇群的110kV、220kV区域变电所也宜在镇与镇(较大负荷)之间地段布置，用地较易预留，为节省建设投资和用地，一般宜采用布置紧凑，占地较小的全户外式或半户外式结构。

预留用地面积同《城市电力规划规范》的相同变电站用地面积要求。

4.5.2 提出35～220kV变电所主变压器容量和台数选择的规定。并与城网相应规划保持一致。

4.5.3 根据小城镇负荷特点，考虑供电电压质量和经济运行，提出小城镇公用配电所位置和容量的选择要求。

4.5.4 结合小城镇特点提出小城镇供电规划电力线路敷设的原则要求。

4.5.5 说明规划预留35kV以上高压电力线路走廊的宽度要求。

5 通信工程规划标准研究

5.1 规 划 内 容

5.1.1 规定小城镇通信工程规划的结构组成及规划重点。

5.1.2 阐明小城镇电信工程规划应包括的主要内容。

小城镇电信工程规划的主要内容依据城市规划编制办法实施细则和相关规范的有关规定。

5.2 用 户 预 测

5.2.1～5.2.2 阐明小城镇电信用户预测主要方法和预测要求。

主要依据小城镇电信工程规划相关调查和城市通信规划标准的前期研究、中国城市规划设计研究院《城市电信动态定量预测与主要设施用地研究》课题成果及邮电部相关规范规定。

5.2.3 规范小城镇电信工程规划的常用电话普及率。

5.2.4 提出不同地区不同规模等级的小城镇不同规划期电话普及率预测指标及其选用适宜值比较分析的相关因素。

表 5.2.4 的主要依据和相关分析研究:

1. 四川、重庆、湖北、福建、浙江、广东、山东、河南、天津等省、市不同经济发展地区,不同规模等级小城镇的现状电话普及率和有代表性的历年统计数据,以及相关因素。

2. 结合上述调查和《城市通信动态定量预测与主要设施用地研究》课题的相关电话普及率增长预测的成果,研究分析有代表性小城镇的电话普及率增长规律,据此比较分析得出不同小城镇各规划期的普及率年均增长速度和增长规律。

3. 按不同经济发展地区、不同规模等级,根据上述 1、2 推算有代表性的不同规划期小城镇电话普及率预测指标,并对比分析确定其幅值范围。

4. 上述指标与小城镇所在省、市电信部门电信规划相关普及率宏观预测指标分析比较,提出修正值作为标准推荐值。

5.2.5 提出小城镇电话用户小区预测的单位建筑面积分类用户预测指标及其选用适宜值比较分析的相关因素。

表 5.2.5 主要依据《城市通信动态定量预测及主要设施用地的研究》课题的研究成果,结合上述不同小城镇的相关调查研究,比较分析推算得出。

5.3 局所与移动通信规划

5.3.1 提出小城镇电信工程规划的规划依据和规划指导依据。

5.3.2 说明小城镇电话网规划与本地网规划的从属关系及其发展趋势。

小城镇电话网多数属所在中等城市或地区或直辖市的本地电话网;少数省市一些小城镇电话网尚属县(市)本地电话网,但从有利电信新技术应用,新业务发展和经营管理考虑,中等城市地区本地电话网仍是这部分县市本地电话网的发展趋势。

5.3.3 阐明按照我国现行的长途电话网体制结构,不同等级小城镇,规划所属本地电话网不同级别局所的要求,以及远期接入网规划的相关要求。

随着电信技术迅速发展,小城镇电信规划考虑接入网规划及其相关要求必将作为规划原则考虑。

5.3.4 提出属所在中等城市本地网的小城镇长途通信规划的原则要求。

5.3.5 说明属县(市)本地电话网的小城镇局所规划依据,以及其县驻地镇局所(含长话局、市话局、农话局)的设置原则。

5.3.6 提出小城镇电信局址规划选址的原则要求和常用规模局所的预留用地要求。

主要依据小城镇电信局所的相关调查、《城市通信动态定量预测和主要设施用地研究》课题成果及原邮电部的相关规范的有关规定。

5.3.7 提出小城镇移动通信规划的主要内容及相关规划原则要求。

小城镇移动通信规划主要是预测移动通信用户需求,并具体落实移动通信网涉及的移动通信局(端局)、基站等设施。

近年来移动通信发展很快,随着容量不断增大和光缆网发展等,移动通信网规划由原来较多在地市本地网范围统一规划,发展更适宜在省市区域范围统一规划。以福建为例,中国联通福建分公司下设厦门、泉州、漳州、莆田、宁德、南平、三明和龙岩 8 个地市分公司,1999 年已基本建成一个覆盖全省的数字移动通信 GSM 网,总容量 80 万门,全省共建 12 个移动交换局、3 个独立的 HLR,1000 多个基站,GSM 网覆盖全省县以上城市和 85%以上的小城镇,沿海经济发达地区覆盖所有县市和重点小城镇,山区经济一般地区覆盖至县市和部分重点小城镇。现其五期工程即将完成,新建交换局 1 个、HLR 1 个、基站 500 个,网络容量达 146 万,不仅扩大在全省的覆盖范围而且扩大智能网容量,拓展移动增值业务,也为小城镇移动通信的更大发展提供保证。

5.3.8 提出小城镇电信网远期向综合业务数字网 ISDN 逐步过渡和信息网统筹规划的原则。

小城镇电信网远期向综合业务数字网 ISDN 逐步过渡,适应中远期小城镇电信新技术,新业务大发展的要求,也有利于考虑远期与小城镇信息网的统筹规划。

5.4 通信线路与管道规划

5.4.1 提出不同经济发展地区、不同规模等级小城镇不同规划时期的通信线路敷设方式要求。

随着小城镇经济发展,通信用户的不断增加,考虑小城镇镇区景观和通信安全的要求,中远期小城镇镇区通信线路原则上都应考虑埋地管道敷设,考虑小城镇经济和通信发展相差较大,对经济发展一般地区三级镇和经济欠发达地区的二级、三级镇因地制宜选择适宜敷设方式,增加规划的可操作性和灵活性。

表5.4.1宜同时考虑小城镇不同类别的要求,如生态旅游主导型小城镇对小城镇景观要求高,通信线路规划宜及早考虑埋地敷设。

5.4.2 提出小城镇通信管道规划的原则要求。

管道规划宜对小城镇各种通信线路要求、信息网线路要求、广播电视网线路要求做出统筹规划,并考虑发展备用。

5.5 邮政、广播、电视规划

5.5.1 提出小城镇广播、电视线路与电信线路路由、敷设统筹规划的原则。

广播、电视线路和电信线路均为弱电线路,小城镇广播电视线路可与电信线路同杆同管道敷设,但考虑有利运行与维修,电视电缆、广播电缆不宜与通信电缆共管孔敷设。

5.5.2 提出县驻地镇规划设置电视发射台(转播台)和广播电视微波站的原则要求。

广播、电视微波站应根据电视发射台(转播台)和人口密集区位置确定以达到最大的有效人口覆盖率。一般微波站应设在电视发射台(转播台)旁或人口密集的待建台地方,以保障主要发射台信号源,微波站选址的其他条件按有关技术规定。

中心镇等建制镇酌情并一般利用山顶等地形设电视转播台;并一般设有线电视台和广播站。

5.5.3 规定县驻地镇通信总体规划邮政局所规划的主要规划内容和其他镇邮政局所规划的主要内容。

小城镇邮政通信规划,主要从与小城镇总体规划及其用地规划相关考虑,着重于邮政局所与邮件处理中心规划。

5.5.4～5.5.5 提出县驻地镇邮政通信枢纽局址规划选择,邮政局所设置,以及预留用地的原则要求。

5.5.6 提出小城镇邮电支局、邮电营业支局预留用地面积指标。

主要依据不同小城镇的相关调查分析、《城市通信动态定量预测和设施用地研究》成果及原邮电部邮电支局、邮电营业支局有关建筑面积规定。

6 防洪工程规划标准研究

6.1 规 划 内 容

6.1.1 阐明小城镇防洪工程规范应包括的主要内容。

主要依据城市规划编制办法实施细则和相关标准的有关规定,以及对四川、重庆、湖北、福建、浙江等省、直辖市三峡库区、山区、河网地区、沿海地区小城镇防洪和防洪规划的调查分析研究。

6.2 规划依据与规划原则

6.2.1 阐明小城镇防洪工程规划的依据。

小城镇防洪工程规划是小城镇重要基础设施规划,是小城镇总体规划的组成部分;同时小城镇防洪工程又是所在河道水系流域防洪规划的一部分,小城镇防洪标准与防洪方案的选定,以及防洪设施与防洪措施都要依据小城镇总体规划和河道水系的江河流域总体规划、防洪规划。

6.2.2 我国大多数河流的洪水由暴雨形成,可以利用暴雨径流关系,推求出所需要的设计洪水。

本条款规定编制小城镇防洪工程规划方案除调查相关基础资料外,应同时了解分析设计洪水、设计潮位的计算和历史洪水暴雨的调查考证。并重点调查考证历史洪水发生时间的洪水位、洪水过程、河道糙率及断面的冲淤变化,同时了解雨情、灾情、洪水来源,洪水的主流方向、有无漫流、分流、死水以及流域自然条件有无变化等。

6.2.3～6.2.4 阐明小城镇防洪工程规划的基本原则和要求。

小城镇河道水系的流域总体防洪规划是流域整体的防洪规划,兼顾了流域城镇的整个防洪要求;小城镇防洪规划不仅要与流域防洪规划相配合,同时还要与小城镇总体规划相协调,要统筹兼顾小城镇建设各有关部门的要求和所在河道水系流域防洪的相关要求,做出全面规划。

处于不同水体位置的小城镇有不同的防洪特点和防洪要求,小城镇防洪工程规划和防洪措施必须考虑其处于不同水体位置的防洪特点,因地制宜、因害设防并应以防为主、防治结合。

6.3 防 洪 标 准

6.3.1 阐明小城镇防洪标准及其选定适宜标准的考虑因素。

小城镇防洪标准按洪灾类型区分，并依据现行行标《城市防洪工程设计规范》和国标《防洪标准》的相关规定。

6.3.2 从小城镇所处河道水系的流域防洪规划和统筹兼顾流域城镇的防洪要求考虑，小城镇防洪标准应不低于其所处江河流域的防洪标准。

6.3.3 大型工矿企业、交通运输设施、文物古迹和风景区受洪水淹没、损失大、影响严重、防洪标准相对较高。本条款从统筹兼顾上述防洪要求，减少洪水灾害损失考虑，对邻近大型工矿企业、交通运输设施、文物古迹和风景区等防护对象的小城镇防洪规划，当不能分别进行防护时，应按就高不就低的原则，按其中较高的防洪标准执行。

6.3.4 说明涉及江河流域、工矿企业、交通运输设施、文物古迹和风景区等的防洪标准，依据相关防洪标准的规定。

6.4 防洪方案选择

6.4.1 江河湖泊洪水的特点一般是洪水上涨速度相对较慢，历时长，洪量大。考虑上述特点，沿江河湖泊沿岸的小城镇防洪规划分别提出上游应以蓄水分洪为主，中游应加固堤防，以防为主，下游应增强河道的排泄能力，以排为主的规划要求。

6.4.2 根据河网地区小城镇防洪的特点，提出其防洪工程设施的规划要求。

6.4.3 位于山洪区的小城镇防洪规划，充分考虑山洪及其形成的特点，提出适宜的山洪沟分段治理和山洪沟上游的集水坡地治理应以水土保持措施为主，中游沟应以小型栏蓄工程为主，因地制宜考虑防洪方案的原则。

6.4.4 根据沿海防洪特点，提出沿海小城镇防洪规划考虑的原则要求。

6.4.5 提出位于以上两种或三种水体位置的小城镇、防洪规划考虑的原则要求。

6.4.6 阐述沿江滨湖洪水重灾区一般小城镇应按国家“平垸行洪、退田还湖、移民建镇”防洪的原则要求。

沿江滨湖洪水重灾区一般小城镇，由于多年来河道、湖泊、洲滩不断被不合理围垦和利用，加上河道上游水土流失日趋严重，导致江河湖泊淤积，排洪能力减弱，且水利设施老化，长年受洪水困苦，损失惨重。如江西省鄱阳湖地区及赣、抚、信、饶、修等河流尾间地区，由于上述原因造成对鄱阳湖调蓄洪水及河道行洪的严重影响，鄱阳湖由建国初期高水湖面面积约 $5100km^2$ 减为现在 $3900km^2$，蓄洪容积 $370\times10^8m^3$ 减为现在 $298\times10^8m^3$，赣、抚、信、饶、修五大河流及其支流也普遍出现同流量下水位升高的现象。1995～1999 年五年有四年大洪灾。

沿江滨湖洪水重灾区一般小城镇防洪按“平垸行洪、退田还湖、移民建镇”的国家重大防洪举措和洪水灾后小城镇重建规划，改变原来就地防洪、避洪为易地主动防洪，通过碍洪圩堤的平退、扩大江河行洪断面，增加湖区蓄洪容积，以及移民建镇，新镇科学合理规划选址、布局与建设，为分蓄洪区防洪水利设施安全建设和沿江滨湖洪水重灾区一般小城镇根除水患创造条件。

6.4.7 从地震对防洪工程的影响考虑，提出地震区小城镇防洪规划的特殊要求。

6.5 防洪设施与防洪措施

6.5.1 阐明小城镇防洪规划防洪、防涝设施的主要组成。

6.5.2 对水流流态、泥沙运动、河岸、海岸的不利影响，将直接影响城镇防洪，本条款规定小城镇防洪设施选线应适应防洪现状和天然岸线走向，并与小城镇总体规划的岸线规划相协调，合理利用岸线。

对于生态旅游主导型的小城镇，还应强调沿岸防洪堤规划与岸线景观规划、绿化规划的结合与协调。

6.5.3 提出小城镇防洪规划的防洪措施应包括工程防洪措施和非工程防洪措施的明确规定。

7　环境卫生工程规划标准研究

7.1　规　划　内　容

7.1.1　阐明小城镇环境卫生工程规划应包括的主要内容。

主要内容中固体废弃物分析应包括分析其组成和发展趋势，并提出污染控制目标；各类环境卫生设施规划应确定服务范围，设置规模、设置标准、运作方式和预留用地等。

主要依据城市规划编制办法实施细则和相关规范规定，以及小城镇环境卫生工程及其相关规划的调查分析。

7.2　生活垃圾量、工业固体废物量预测

7.2.1　阐明小城镇固体废物的组成。

7.2.2　提出小城镇生活垃圾量和工业固体废物量预测主要采用的方法。

7.2.3　提出小城镇生活垃圾的规划预测人均指标，以及选择适宜值的相关考虑因素。

据有关统计，我国城市目前人均日生活垃圾产量为0.6～1.2kg/人·d，由于小城镇的燃料结构，居民生活水平，消费习惯和消费结构，经济发展水平与城市差异较大，小城镇的人均生活垃圾量比城市要高；同时综合分析四川、重庆、云南、福建、浙江、广东等省市的小城镇实际和规划人均生活垃圾量及其增长的调查结果，分析比较发达国家生活垃圾的产生量情况和增长规律，提出小城镇生活垃圾量的规划预测人均指标为0.9～1.4kg/人·d。

7.2.4　提出采用增长率法预测小城镇生活垃圾量时，应采用按不同时间段选用不同增长率预测的原则和近期小城镇生活垃圾平均年增长率指标。

采用增长率法，可用下式预测：

$$W_t = W_0(1+i)^t$$

式中　W_t——预测段末年份小城镇生活垃圾产量；

W_0——现状基年小城镇生活垃圾产量；

i——预测段小城镇生活垃圾年均增长率；

t——预测段预测年限。

规划年份小城镇生活垃圾产量可视需要逐段重复预测求得。

年均增长率随小城镇人口增长、规模扩大、经济、社会发展、生活水平提高、燃料结构、消费水平与消费结构的变化而变化。分析国外发达国家城镇生活垃圾变化规律，其增长规律类似一般消费品近似S曲线增长规律，增长到一定阶段增长减慢直至饱和，1980～1990年欧美国家城市生活垃圾产量增长率已基本在3%以下。我国城市垃圾还处在直线增长阶段，自1979年以来平均为9%。

根据小城镇的相关调查分析和推算，小城镇近期生活垃圾产量的年均增长一般可按8%～10.5%，结合小城镇实际情况分析，比较选取和适当调整。

7.3 垃圾收运、处理与综合利用

7.3.1 提出小城镇环境卫生规划目标和垃圾收集方式要求。

小城镇生活垃圾应设置标准垃圾收集设施，逐步实现收集、清运的容器化、密闭化、机械化和处理无害化，减少暴露垃圾，提高环境卫生质量。垃圾分类袋装收集，有利工矿业固体废物等物资回收利用和可利用垃圾的综合利用。表7.3.1对不同小城镇规划期提出相关的不同要求。

7.3.2 固体废物处理应先考虑减量化、资源化（从固体废物中回收有用物质和能源）减少资源消耗和加速资源循环，后考虑加速物质循环，对最后残留物质最终无害化处理。

小城镇生活垃圾的处理是固体废物处理的重点，生活垃圾处理方法，我国目前填埋占70%，堆肥20%，焚烧及其他处理方法10%。下表为填埋焚烧和堆肥三种处理方法的主要对比。

三种垃圾处理方法主要比较

	填　埋	焚　烧	堆　肥
技术可靠性	技术可靠	可　靠	可靠，国内有一定经验
选址要求	要考虑地理条件，防止水体污染，一般远离城镇，运输距离大于20km^3	可靠近城镇建设，运输距离可小于10km^3	需避开住宅密集区，气味影响半径小于200m^3，运输距离2～10km^3
占　地	大	小	中　等
适用条件	适用范围广，对垃圾成分无严格要求；但无机物含量大于60%；征地容易，地区水文条件好，气候干旱、少雨的条件更为适用	要求垃圾热值大于4000 kt/kg；土地资源紧张，经济条件好	垃圾中生物可降解有机物含量大于40%；堆肥产品有较大市场
投资运行费用	最　低	最　高	较　高

根据上述主要比较、考虑小城镇特点和实际情况，小城镇生活垃圾处理，应主要采用卫生填埋方法处理，有条件的小城镇经可行性论证，也可采用堆肥方法处理。

本条款同时对乡镇工业固体废物处理及危险废物处理提出相应的规划原则要求。

7.3.3 根据四川、重庆、湖北、福建、浙江、广东、山东、河南、天津等省市小城镇的环境卫生有关调查，镇容镇貌脏、乱、差现象突出是小城镇基础设施存在的主要问题之一。特别是经济发展一般地区和欠发达地区许多小城镇以路为市，以街为市，污水未经有效处理排放甚至随意排放，垃圾露天堆放不能得到有效收集与处理，造成环境质量低下，河道水系污染严重，随着小城镇经济发展，各种固体垃圾将会大幅度增长，如继续得不到有效收集与处理，对小城镇的环境影响将更为严重并更难治理。

提出小城镇环境卫生污染控制目标宜主要通过小城镇环境卫生污染源头固体垃圾的有

效收集和无害化处理来实现,并可采用其有效收集率和无害化处理率作为评估指标。表7.3.3根据上述省市不同小城镇的大量相关调研与规划目标分析得出。

7.4 环境卫生公共设施规划

7.4.1 提出小城镇环境卫生公共设施规划应包括的主要内容。

小城镇环境卫生公共设施主要是公共厕所、粪便蓄运站和废弃物处理设施。

本条款中加括号的废弃物处理设施为不是每个小城镇都有的废弃物处理设施。

7.4.2 提出小城镇环境卫生公共设施统筹规划的基本原则要求。

7.4.3 提出小城镇公共厕所规划设置合理水平的一般要求。

公共厕所直接反映小城镇环境卫生面貌,根据调查多数小城镇公共厕所数量少,且多数为旱厕,水厕少,卫生条件差,建设缺乏规划。

本条款基于上述现状调查并充分考虑小城镇经济社会发展、人口密度增加、居民生活水平提高,以及改善小城镇环境卫生条件的需要,对照在城市公共厕所规划设置标准,提出小城镇有关设置合理水平。

7.4.4 参考相关标准,考虑小城镇特点提出小城镇废物箱、生活垃圾收集点规划设置的一般要求。

7.4.5 提出小城镇小型垃圾转运站的规划设置、选址和预留用地的一般要求。

主要依据小城镇相关调查分析和相关标准。

小城镇规划供居民直接倾倒垃圾的小型垃圾转运站,其收集服务半径一般不大于$200m^3$,占地面积$\geqslant 40m^2$。

7.4.6 提出小城镇卫生填埋场选址等的基本要求。

卫生填埋场选址应考虑小城镇布局、环境交通条件和项目经济性,填埋场用地宜根据其规划项目选址可行性报告确定。

7.4.7 提出小城镇环境卫生车辆和管理机构配置规划按有关规定的要求。

7.4.8 提出小城镇环境卫生车辆通道的相关规划协调要求 。

(执笔:汤铭潭)

“小城镇规划标准研究”专题之八

小城镇环境保护规划标准研究

中国城市规划设计研究院

2001年6月

目　次

1　总则 ………………………………………………………………………………………………（259）
2　水体环境保护规划标准研究 ……………………………………………………………（260）
2.1　水源地的保护 ………………………………………………………………………（260）
2.2　污水处理率及排水体制 ……………………………………………………………（260）
2.3　污水处理方式及污水出路 …………………………………………………………（261）
3　大气环境保护规划标准研究 ……………………………………………………………（263）
4　噪声环境规划标准研究 …………………………………………………………………（264）
5　固体废弃物规划标准研究 ………………………………………………………………（265）
6　城镇建设与环境保护相互关系的研究 …………………………………………………（266）
条文说明……………………………………………………………………………………………（269）

1 总 则

1.0.1 小城镇环境保护规划标准研究是小城镇规划标准研究的一个组成部分,该项目是以现有的环保法律、法规和国家环境标准为基础,并结合小城镇的具体情况进行研究。

1.0.2 伴随着城镇化进程的加快,城镇建设的快速发展,对小城镇环境造成的压力越来越大,生态环境状况也日趋严峻。环境保护规划标准研究的目的就是通过制定必要的环境保护条例和适宜的定量化指标来指导小城镇的规划建设。

1.0.3 环境保护的规划建设应结合小城镇的总体规划分期、分阶段进行,即从时序上保证环境建设与城镇建设协调健康发展,实现经济效益、社会效益和环境效益的统一。

1.0.4 在确定城镇规模、用地布局、产业结构时,应全面考虑环境因素,避免或减少城镇建设可能对环境造成的污染。同时通过采取经济实用的工艺技术、工程措施和环境管理政策,使小城镇达到预期的环境建设目标。

1.0.5 小城镇环境保护的建设应处理好与大中型城市环境保护建设的关系,避免重污染行业由大中型城市向小城镇转移。

1.0.6 本次小城镇环境保护标准研究的主要内容有:水环境规划标准研究、大气环境规划标准研究、环境噪声规划标准研究、固体废弃物规划标准研究以及城镇建设与环境保护相互关系的研究。

1.0.7 小城镇环境保护的条例和定量化指标,按不同经济发展地区、不同规模和不同发展阶段来设定。

2 水体环境保护规划标准研究

2.1 水源地的保护

2.1.1 根据水体的使用功能,一般把地面水划分为六种类型,即源头水及自然保护区、集中生活饮用水源地、渔业保护区、风景游览区、工业用水区和农业用水区,不同的水体功能对应不同的水污染控制标准和保护目标。依据使用目的和保护目标的不同,地面水的水环境质量标准分为5类。

2.1.2 在划分水环境功能时,应优先考虑生活饮用水水源地的功能,水环境的其他功能应服从饮用水水源的功能要求。

2.1.3 水源地的保护分为地面水和地下水两部分。根据实际情况,划分水源一级保护区和二级保护区,必要时可增设准保护区。

2.1.4 地表水水源一级和二级保护区的水质标准不得低于《地面水环境质量标准》(GHZB 1—1999)Ⅱ类和Ⅲ类标准。

2.1.5 地下水水源保护区应根据饮用水水源地所处位置、水文地质条件、供水量、开采方式和污染源的分布划定。一级和二级水源保护区的水体水质应满足《生活饮用水水源水质标准》(CJ 3020—93)的要求。

2.1.6 地表水水源地和地下水水源地的保护和具体卫生防护措施见《水污染防治法》中的有关规定。

2.1.7 禁止小城镇的生活污水、工业废水及其他有害废弃物直接排入水源地、风景游览区、自然保护区和水产养殖场水域。城镇水源地不宜发展旅游和水产养殖,避免对水源造成污染。

2.1.8 根据水资源条件慎重选择城镇的产业结构,缺水城镇应限制发展耗水量大的工业。

2.1.9 加强对近海水域水质的保护,防止和控制海水水质污染,保护海洋生物资源。

2.2 污水处理率及排水体制

2.2.1 不同经济发展地区、不同规模和不同发展阶段小城镇的污水管网普及率和污水处理率指标可采用表2.2.1中的规定。

2.2.2 小城镇排水体制的选择应根据城镇总体规划、环境保护的要求、基建投资、污水处理及出路、原有排水设施、水环境容量、地形气候等条件综合考虑确定。

水环境敏感地区或新建的区域排水体制应采用分流制;

当周围水体环境容量较大时近期可慎重采用直泄式合流制。

不同类型小城镇污水管网普及率和污水处理率　　表 2.2.1

城镇层次 \ 项目	经济发达地区				经济中等发达地区				经济欠发达地区			
	一般镇		中心镇		一般镇		中心镇		一般镇		中心镇	
	近期	远期	近期	远期	近期	远期	近期	远期	近期	远期	近期	远期
管网普及率	85	95	90	100	75	90～95	80	95	20～40	70～80	50～60	80～85
污水处理率	65	90	75	95～100	50	80～85	60	95	10～20	50～60	20～30	60～70

对于经济中等发达地区和经济欠发达地区，当地形条件有利时，可采用不完全分流制；当地形条件不合适或降雨量稀少的地区，可酌情选择截流式合流制。

2.3　污水处理方式及污水出路

2.3.1　小城镇污水管网系统的建设应与污水处理设施的建设同步进行。特别要重视污水管网收集系统的规划建设，避免污水随意排放造成水体多点污染和“有厂无水”现象（有污水处理厂但没有污水可处理）。

2.3.2　不同城镇的基础条件差异较大，不可能有统一的污水处理方法。污水处理方式的选择应根据污水水量和水质、当地自然条件、受纳水体功能、环境容量、城镇的经济社会条件和环境要求等综合因素来确定。

2.3.3　经济中等发达地区和经济欠发达地区且镇区人口在两万以下的小城镇，城镇污水处理方式不宜单独采用基建投资大、处理成本较高的常规生物活性污泥法，应优先选择工艺简单、成本较低、运行管理方便的污水处理技术。在自然条件和土地条件许可的情况下，优先选择投资省、运行费用低、净化效果高的自然生物处理法。自然生物处理法包括稳定塘（氧化塘）、水生植物塘、湿地、土地处理系统以及上述工艺的组合系统等。

2.3.4　为提高污水处理率和减少污水治理费用，小城镇的污水处理应分期、分级进行。对近期采用简单处理工艺的城镇，远期要为污水处理工艺的升级留有余地。

不同处理等级的城镇污水排放标准　　表 2.3.4

项目	最高允许排放浓度(mg/L)	
	一级处理	二级处理
BOD_5(mg/L)	＜150	＜30
COD(mg/L)	＜250	＜120
SS(mg/L)	＜120	＜30
pH 值	6.5～8.5	6.5～8.5

2.3.5　对于沿海沿江的小城镇，污水处理工艺的选择应根据周围水域的使用功能、水质目标、环境容量和水体的稀释能力及继后的扩散、自净能力等因素来确定。当水体环境容量比较大时，小城镇的污水近期可经过初级处理后直接排放，当水体对排放的污水水质要求较高时，污水需经过深度处理达标后再排放。

2.3.6　实现污水工程的共享，避免重复建设，降低污水处理成本。在城镇化程度比较高、乡镇分布密集、经济条件和城镇建设同步性较强的地区,可在大的区域内统一进行污水工程规划,统筹安排、合理配置污水工程设施,通过建造区域性污水收集系统和集中处理设施来控制城镇群的水污染问题。

2.3.7 严格控制污染源。通过改进生产工艺,调整产品结构,发展清洁生产,使排污量减到最小程度。

2.3.8 加快研制开发投资少、效率高、处理费用低、运行管理方便、适合小城镇污水处理技术和设备。

2.3.9 对一些特殊污染物,如难降解有机物和重金属应在工厂内进行处理;对大多数能降解和适宜集中处理的工业废水应排入市政污水管网与生活污水一起进行集中处理。

2.3.10 重视污水回用,实现污水资源化。小城镇污水回用主要有三个途径,即农业利用(包括渔业)、工业利用和市政利用。不同的利用途径要求不同的水质,从而决定污水的处理程度。对于水资源比较短缺的小城镇,应积极推广污水的回用,特别是在污水灌溉方面。当污水用于农田灌溉时,水质指标应满足《农田灌溉水质标准》(GB 5084—92)避免对土壤、作物及地下水造成污染。

3 大气环境保护规划标准研究

3.0.1 小城镇大气污染类型以煤烟型为主,主要污染物为总悬浮颗粒物和二氧化硫。

3.0.2 小城镇大气环境质量主要控制指标为二氧化硫、总悬浮颗粒物和氮氧化物,以建材业为主导产业的城镇还应把氟化物作为主要控制指标。

3.0.3 小城镇的大气环境质量整体上应好于大中型城市。大部分小城镇的空气质量应达到环境空气质量一级标准,其余城镇应满足大气环境质量二级标准。不同空气质量标准中的污染物浓度以《环境空气质量标准》(GB 3095—1996)中的条款为准。

3.0.4 合理规划确定城镇性质、城镇人口和建设用地规模,根据当地自然条件和大气环境容量,安排城镇建设用地布局特别是工业用地布局。

3.0.5 调整乡镇企业的工业结构,积极引进和发展低能耗、低污染、资源节约型的产业,严格控制主要大气污染源如电厂、水泥厂、化肥厂、造纸厂等项目的建设,并加快对现有重点大气污染源的治理,对大气环境敏感地区划定烟尘控制区。

3.0.6 结合技术改造和产业升级,改进燃烧装置和燃烧技术,提高资源、能源利用率和综合利用水平,降低有害气体和其他污染物的排放量。

3.0.7 加强对汽车废气的管理与治理。采取措施提高汽车尾气达标率,控制汽车尾气排放量。积极推广使用高质量油品和清洁燃料,如液化石油气、无铅汽油和低含硫量的柴油等。

3.0.8 禁止露天焚烧生活和工业垃圾以及农作物废弃物如秸杆等。

3.0.9 提高城镇绿地面积,发挥植物净化功能。根据当地条件和大气污染物的排放特点,合理选择植物种类,通过植物来净化空气、吸滞粉尘,防止扬尘污染。

3.0.10 改善城镇的能源和燃料结构,充分利用当地资源条件,开发天然能源和再生能源,包括太阳能、风能、地热、沼气等。对位于山区丘陵且燃料短缺的小城镇,应停止毁林取柴,以防止水土流失和大气污染。

3.0.11 根据当地的能源结构、大气环境质量和居民的消费能力等因素,选择适宜的居民燃料。城镇居民的炊事和供热除鼓励使用(固硫)型煤外,有条件的城镇应推广燃气供气、电能或其他清洁燃料,以改善城镇环境质量和居民的生活条件。

3.0.12 在采暖地区和工业小区推行集中供热或联片供热等清洁供热方式,对分散陈旧的乡镇小锅炉进行综合治理。

4 噪声环境规划标准研究

4.0.1 城镇噪声主要包括交通噪声、工业噪声、建筑施工噪声、社会生活噪声等。

4.0.2 小城镇噪声指标近期按两大类来控制,即区域环境噪声和交通干线噪声,噪声的取值范围为:

区域环境噪声(dBA):昼 45~60dB,夜 35~55dB;

交通干线噪声(dBA):昼<70dB,夜<55dB。

远期按《城市区域环境噪声标准》(GB 3096—93)分为五类区域,0 类区域的噪声标准应严于城市标准 5dB 来执行,其他各类区域噪声标准也应严于城市相应区域的噪声标准。

4.0.3 合理安排城镇用地,解决工业用地与居住用地混杂现象。在非工业区内一般不得新建、扩建工厂企业。

4.0.4 把噪声污染严重的工厂与居民住宅、文教区分隔开;在工厂与居民区之间可以用公共建筑或植被作为噪声缓冲带,也可利用天然地形如山岗、土坡等来阻断或屏蔽噪声的传播。

4.0.5 在厂址选择上,把噪声极高、污染面大的工厂、车间或作业场建立在城镇的边缘地区。

4.0.6 工厂与居民区之间应留有一定的间距。工厂与居民点防噪距离的关系参照表 4.0.6 的规定。

声源噪声级与居民点距离的关系 **表 4.0.6**

声源点的噪声级 dB(A)	距居民点距离(m)	声源点的噪声级 dB(A)	距居民点距离(m)
100~110	300~500	70~80	30~100
90~100	150~300	60~70	20~50
80~90	50~150		

4.0.7 控制生产经营活动噪声和建筑施工噪声,减轻噪声扰民现象。施工作业时间应避开居民的正常休息时间;在居住稠密区施工作业时,尽可能使用噪声低的施工机械和作业方式。

4.0.8 把对噪声要求较低的工业、商业等建筑安排离噪声源(如交通干线)较近的地方,在其后面安排噪声控制标准相对较高的住宅、文教区。

4.0.9 对经过居民和文教区的道路,采取限速、禁止鸣笛及限制行车时间等措施来降低噪声,高噪声车辆不得在镇区内行驶。

4.0.10 小城镇不宜沿国道、省道等交通性主干道两侧发展,把过境公路逐步从镇区中迁出,减少过境车辆对镇区的噪声污染,同时避免或减轻小城镇对交通干线的干扰。

4.0.11 加强交通管理,改善城镇道路状况,实现人车分流,提高道路的通行能力。

4.0.12 建议在镇区主要道路两侧设置一定宽度的绿化带,绿化带可采取乔木、灌木和草地相结合的组合方式。

5 固体废弃物规划标准研究

5.0.1 在小城镇建立稳定的保洁队伍,负责镇区道路的清扫、废弃物的收集、清运与处置工作,从根本上解决镇区脏、乱、差的局面。

5.0.2 镇区中的广场、车站、码头、(农贸)市场、主要干道等公共活动的地区和居住小区均应设置公共厕所和废物箱。公厕、废物箱等环境卫生公共设施的规划建设可参考《城市环境卫生设置标准》(CJJ 27—89)进行。

5.0.3 各类环卫设施的建设要合理布局,尽量做到隐蔽、美观和园林化。公共厕所和垃圾收集站场与周围各类建筑物的间距应符合相关卫生间距的要求。

5.0.4 垃圾收集方式主要以定点收集方式为主,其他收集方式(如定时收集、特殊收集和分类收集)应根据小城镇的具体情况确定。

5.0.5 小城镇应逐步建立完善的垃圾收集、清运和垃圾处理体系,避免不同环节对环境造成二次污染。根据小城镇规划和有关环卫规范在镇区设置基层环卫机构,并安排合适的环境卫生工程用地。

5.0.6 小城镇垃圾一般指居民生活垃圾、街道保洁垃圾和商业垃圾等,但不包括工厂所排出的工业垃圾。对工业垃圾的处理应视乡镇企业的发展情况和工业垃圾的构成特点,可选择资源化处理、无害化处理或普通处理等方式,其中垃圾资源化应是工业垃圾处理的主要途径。

5.0.7 禁止有毒有害垃圾混入居民生活垃圾,有毒有害垃圾应单独进行收运与处置。同时应限制工业垃圾和建筑渣土进入生活垃圾。

5.0.8 城镇生活垃圾处理应实现垃圾资源化、无害化和减量化。对于大部分小城镇垃圾处理方式应优先选择堆肥法,以实现垃圾的最大资源化,其次是选择卫生填埋法。对于土地资源紧张、城镇群密集并且社会经济整体实力较强的城镇,可考虑采用跨区域的垃圾处理方式,如建设大型的垃圾卫生填埋场或垃圾焚烧(发电)场等,以节约土地和降低垃圾处理成本。

5.0.9 通过垃圾分类收集、废品回收、净菜上市、调整民用燃料结构等措施,对垃圾进行源头减量和资源化回收利用。

6 城镇建设与环境保护相互关系的研究

6.0.1 小城镇建设与环境保护是相互制约又相互促进的。只有在进行城镇发展的同时,加大对环境保护建设的力度,才能保证小城镇的可持续发展。

6.0.2 从生态环境来看,发展小城镇,人口和乡镇企业向小城镇有序集中,既有利于提高土地资源的使用效率,也可以容纳农村的剩余劳动力,减轻水土流失区现有耕地的压力,达到还田于林,还田于植被的目的。

6.0.3 小城镇要科学规划,从实际出发,合理确定用地规模,严格执行建设用地标准,把节约用地和保护环境放在首要的位置。大力提倡公寓式住宅、综合开发和集中成片建设,促进土地的集约化使用。对乡镇企业作适当的集中调整,避免遍地开花、分散建设。

6.0.4 在确定人口规模和城镇发展方向时,要充分考虑环境容量、资源能源等自然条件,从而保证城镇建设在满足经济目标的同时,满足环境保护的目标。

6.0.5 保护和合理利用水资源、矿产资源、生物资源和旅游资源。尽量多保留一些天然水体、森林、草地、湿地等,给城镇的进一步发展提供充足的环境容量。对于沿海和河网地区,要加强对滩涂资源和湿地的保护,土地开发和围海造田要适度。

6.0.6 对农业服务型小城镇,应积极扶持旅游、种植、养殖、手工、农副产品深加工等无污染或低污染的产业,并大力发展为农村、农业服务的第三产业。

6.0.7 在工业项目引进中,乡镇企业要更多地依靠技术进步求得发展,避免高污染行业向小城镇转移,特别是对环境容量已很小的地区,应更多地考虑无污染和低污染、节地、节水和节能型产业。

6.0.8 调整生态薄弱地区的工业结构,在该地区不宜布置污染型的工业,对工业区的规模应加以严格限制。

6.0.9 提高资源的利用率和单位资源的人口承载力,减少污染物的排放。控制化肥、农药、农膜的用量,减低对土地、水源的面源污染。

6.0.10 小城镇开发建设过程中,尽量利用自然地形、地貌和自然景观,少占或不占良田。

6.0.11 避免陡坡开发。当利用地势较缓的山坡地作为小城镇建设用地时,应依山就势,并利用绿化和植被等方法,保护自然生态景观,防止冲蚀和水土流失。

6.0.12 在城区和周围应保留足够的绿地(或林地),调节和改善城镇的生态环境。小城镇绿化控制指标应达到:

近期:绿地覆盖率 20%~30%,人均公共绿地面积 3~5m^2

远期:绿地覆盖率 30%~45%,人均公共绿地面积 5~8m^2

6.0.13 对小城镇的人文景观、自然景观、传统风貌、地方特色街区和建筑物应加以妥善保护,界定保护区域,制定保护措施。对具有历史纪念意义、文化艺术和科学价值的文物古迹、古建筑、古树木、珍稀动物等应予以重点保护。

6.0.14 对小城镇的重大建设项目要执行环境影响评价和“谁污染谁付费”制度。摈弃“先污染后治理”的发展模式。

（执笔:郝天文）

小城镇环境保护规划标准研究

条文说明

目　次

1　总则 ………………………………………………………………（271）

2　水体环境保护规划标准研究 ………………………………………（273）

2.1　水源地的保护 ………………………………………………………（273）

2.2　排水管网普及率及污水处理率 ……………………………………（274）

2.3　污水处理方式及污水出路 …………………………………………（275）

3　大气环境保护规划标准研究 ………………………………………（277）

4　噪声环境规划标准研究 ……………………………………………（279）

5　固体废弃物规划标准研究 …………………………………………（280）

6　城镇建设与环境保护相互关系的研究 ……………………………（281）

1 总 则

1.0.1 到目前为止,我国已颁布了6部环保法律、30多项环保法规和427项国家级环境标准,其中国家环境标准361项,行业标准66项。这些环保法律、环保法规和环境标准为该项目的研究奠定了很好的基础。

小城镇环境保护规划标准研究是小城镇规划标准研究的一项主要内容,也是一项重要的基础性工作。其指标分为环境保护和生态环境保护两大类。对于小城镇,现阶段环境保护的重点应侧重于污染的防治,所以环境保护指标的研究是本项目的重点研究内容,但随着环境条件的改善和人民生活质量的提高,生态保护和建设的规划指标也将日趋重要。

1.0.2 在小城镇建设及其生态环境经历剧烈变化之时,进行小城镇规划标准研究具有较强的实用性和紧迫性。现阶段我国小城镇建设过程中产生的许多环境问题急迫而严重,并直接危及城镇的生态环境和社会经济的健康发展。

改革开放以来,农村经济的持续发展,乡镇企业的快速兴起,农村经济实力的不断强大,为农村城镇化找到了有力的依托,中小城镇建设的步伐明显加快,农村面貌得到极大改善,城镇数量迅速扩张。1996年以来,建制镇从1.5万个增加到现在的1.7万个,镇区总人口增加了2300多万,平均规模扩大了36%,镇区人口在3万人以上的小城镇已达到800个。

目前小城镇普遍存在的问题是镇区用地布局分散无序,乡镇企业遍地开花,企业技术水平相对落后,产业结构、产品结构层次低,主要以能耗大、污染比较严重的小型劳动密集型为主,新兴产业和产品所在比例很小。大部分地区在乡镇工业高速发展的同时,污染物的排放量也以较高的速度增加,特别在东部沿海地区,小城镇占地和人口规模的不断扩大,加之资源利用方式的不合理等多种因素,已造成土地资源紧张,环境严重污染。小城镇已成为环境污染、生态破坏的重点和难点区域,这些问题已成为或即将成为制约小城镇继续发展的瓶颈。因此及时制订合理有效的环境保护条例和适宜的定量化标准,可为小城镇的产业布局和发展规划提供重要的理论基础和调控依据。小城镇规划标准研究的另一主要目的是为下一步编制小城镇的规划标准提供基础条件。

1.0.5 近年来,随着城市环保意识的提高,环境管理工作的加强,许多污染严重、污染治理能力差的行业在大中型城市的发展已受到越来越多的限制。与此同时很多小城镇在招商引资兴办企业的过程中,往往对引进的项目不加选择,结果造成污染产业及生产工艺由发达地区向不发达地区转移,由大城市向小城镇和农村转移。

1.0.7 小城镇环境保护的条例和定量化指标,按不同经济发展地区、不同规模等级层次和不同发展阶段来设定。

1. 经济发展地区的划分

根据我国城镇的经济发展情况,可分为经济发达地区、经济中等发达地区和经济欠发达地区三种不同经济发展类型。

2. 规模等级层次划分

小城镇的等级分为大型、中型和小型三种类型，城镇层次分为一般镇和中心镇。

3. 规划发展阶段

规划发展阶段分为近期和远期两个阶段

2 水体环境保护规划标准研究

2.1 水源地的保护

2.1.1 小城镇环境质量下降首先体现在水体环境的污染。随着城镇人口及乡镇企业的迅速崛起，污染物的排放量也迅速增加；在城市工业向乡镇转移的同时，也将工业污染转嫁过来。相对于城市工业而言，乡镇企业多数为低技术层次、单位产品物耗能耗都比较高、污水排放量大的企业，如建材、化工、纺织、金属制品等。由于乡镇科技水平低、企业规模小、成本高、净利润低，远不能形成规模效益，更谈不上对自身污染进行有效治理。而乡镇工业各自为政、无计划发展，导致空间布局过于分散，加剧了污染源的扩散，也加大了污染治理的难度。即使一些工业废水排放前经过了厂内处理，但一般只能达到行业排放标准，而达不到排放河道的标准。加上生活垃圾和农药化肥等造成的面源污染，小城镇内的江河湖库几乎都受到不同程度的污染，很多水体的水质已不能满足其使用功能的要求，一些污染严重的水体甚至失去了生态使用功能。根据有关资料，目前78%的城镇河段不适宜作饮用水水源，50%的城镇地下水受到污染，造成许多小城镇水质性缺水。如在珠江三角洲和东部沿海地区，城镇密集、经济发达，人为因素对水环境水资源干扰强烈；加之河网密布，纵横交错，四通八达，一方污染可以殃及四邻，水环境较为复杂。因此划定饮用水水源保护区，加强对水源地的保护就更为迫切，水源保护包括水质和水量两个方面。依据国家标准，将水环境功能区分为地面水、地下水和近海海域水体保护区。对于地面水体按水体功能又可划分为以下六种类型：

1. 源头水及自然保护区

指未受任何污染的源头水以及国家与地方法定的自然保护的水体。

2. 集中生活饮用水源地

按不同的水质标准，地表水源又可分为一级保护区、二级保护区，以及增设三级保护区或准保护区。

3. 渔业保护区

渔业保护区的水体又可细分为珍贵鱼类保护区、鱼虾产卵场以及一般鱼类保护区。

4. 风景游览区

分为与人体直接接触的游泳区及与人体非直接接触的娱乐用水区。

5. 工业用水区

可分为高级的工业用水区，如食品工业用水；一般工业用水，如一般工艺用水、冷却用水等。

6. 农业用水区

农业用水指粮食、蔬菜、果园等农作物的取水区。

依据使用目的和保护目标，地表水水域可划分为5类，下表是各类水域所对应的污染防止控制区及污水综合排放标准分级关系。

各类水域的污染防止控制区及污水排放标准分级

地表水环境质量标准中水域功能分类		水污染防治控制区	污水综合排放标准的分级
Ⅰ类	源头水及自然保护区	特殊控制区	禁止排放污水区
Ⅱ类	集中生活饮用水源地一级保护区、珍贵鱼类保护区、鱼虾产卵场	特殊控制区	禁止排放污水区
Ⅲ类	集中生活饮用水源地二级保护区、一级鱼类保护区、游泳区	重点控制区	执行一级标准
Ⅳ类	工业用水区、人体非直接接触的娱乐用水区	一般控制区	执行二级标准或三级标准
Ⅴ类	农业用水区、一般景观要求水域	一般控制区	

不同类型的地表水体对应的水质标准见《地面水环境质量标准》(GHZB 1—1999)。饮用水水源的水质应满足《生活饮用水水源水质标准》(CJ 3020—93)的要求。

2.1.6 由于各城镇的具体情况不同，因此水源地的保护措施也有所不同。对于以地面水为水源的城镇，水源的主要保护措施是避免或减轻城镇污水对水源的污染。在水源取水口附近划定一定的水域和陆域作为水源的保护区，并严格执行《水污染防治法》中的有关卫生防护规定，水体的其他功能应服从饮用水水源的功能要求。在城镇密集地区，水资源的保护应从大的区域、大的流域着手，对污染源进行综合治理，对水资源进行统一规划、统一管理、统一调配。

目前很多小城镇特别是北方和西北地区的小城镇都是以地下水作为供水水源，一些城镇的地下水资源也已受到不同程度的污染，因此要重视对小城镇地下水的保护，确定其保护范围，对于饮用水源要明确划定水源保护区，防止病原菌和其他污染物对水源的污染，保证水源地的补给水量和水质；而且小城镇地下水的开采要适度，避免超采引起地面沉降、水质恶化等现象。

2.1.9 按照海水的用途、海水水质要求分为3类：

1. 第一类适用于保护海洋生物资源和人类的安全使用(包括盐场、食品加工、海水淡化、渔业和海水养殖等用水)，以及海上自然保护区。

2. 第二类适用于海水浴场及风景游览区。

3. 第三类适用于一般工业用水、港口水域和海洋开发作业区等。

各类海水对应的水质标准见《海水水质标准》(GB 3097—82)。

2.2 排水管网普及率及污水处理率

2.2.2 影响小城镇排水体制的因素很多，在选择排水体制时应根据小城镇的具体情况来确定。

排水体制可分为合流制和分流制两大类。其中合流制又可分为直排式合流制和截流式合流制；分流制也可分为完全分流制、不完全分流制和半分流制(截流式分流制)。由于直排式合流制对水体污染严重，一般不采用这种排水体制，只是在周围有环境容量大的水体时，才考虑采用该排水体制。截流式合流制虽然排水管道投资省，且旱季污水能达到妥善处理，但由于在雨天有一部分污水直接进入水体，对水体仍会造成一定程度的污染，因此不建议推广使用该排水体制，一般常用于老城区的排水系统改造。

不完全分流制是指只有污水管道系统而没有完善的雨水排水系统，雨水是通过地面、道路、边沟、明渠等方式泄入天然水体，因而投资比较省，该排水体制适用于有合适地形，雨水能顺利排放的地区。半分流制（截流式分流制）由于投资大，只适用于经济条件好，生活水平高，对水体环境质量有特殊要求的地区。

新区建设时排水体制要采取雨污分流制，即污水管道一次性到位。即使污水处理厂在近期不能建成，也要在这些区域内先形成完善的污水收集和排放系统，把收集到的污水先集中排放到城镇的下游，避免或缓解污水对水体造成的多点污染，一旦污水处理厂建成投产，即可把污水送到污水处理厂进行处理。

2.3 污水处理方式及污水出路

2.3.2 目前很多小城镇水污染现象很突出，污水的预防和治理已成为目前和将来着重解决的问题。

城镇污水处理工艺按其作用的原理，可分为物理法、化学法和生物法。其中物理处理方式主要包括沉淀、筛滤、气浮、离心与旋流分离、反渗透等。化学处理方式则主要包括混凝法、中和法、氧化还原法、电解法、吸附法、离子交换法、化学沉淀法、电渗析法等。而生物法又可分为活性污泥法、生物膜法、自然生物处理法和厌氧生物处理法，其中生物法在城市污水处理中应用比较广泛。

目前大多数的小城镇经济实力还比较弱，一般不会把环境问题放在优先考虑的位置，也不愿把大量资金投入到污水管网和污水处理建设方面，加上缺乏污水处理厂的运行经验，污水治理的进程非常缓慢。另外大中城市建造的生物二级处理厂属于资金密集性工程，其基建和运行费用都很高，每日每吨生活污水的投资高达 2000 元以上，处理每吨污水的运行费用多在0.7～1.20 元之间，高昂的投资和运行管理费用，使很多经济实力单薄的城镇对建造污水处理厂望而却步，即使经济比较发达、具有一定实力的大中型城市，也希望能找到一种技术可靠，经济实用的污水处理工艺。

2.3.3 污水处理（活性污泥处理）存在着明显的规模效益，单位基建投资和运行费用一般与污水厂的处理规模成反比。实践表明，建 2 万 m^3/日规模以下的小厂最不经济，建 7.5～15 万 m^3/日的污水厂则比较有利，建中型厂比建小型厂单位基建投资节省 30%、单位处理费用节省 40%左右。而我国绝大多数小城镇的人口都在 10 万以下，每天产生的污水量不足 2 万吨，以如此小的规模建设污水处理厂将很不经济。

对于土地资源比较丰富，或者有滩涂地、水塘、沼泽地和荒地废地的小城镇，可因地制宜采用自然生物法（如氧化塘、人工湿地）来处理城镇的污水，这种方式既可以对水体中的污染物进行净化，还可以对污水中的营养物质加以利用，实现污水资源化，并具有基建投资省、年运行费用低、管理维护方便、运行稳定可靠等诸多优点，是一种良性的生态处理系统。不足之处是卫生条件相对较差，占地面积也比较大，因此在采用自然生物法时，应避免对环境造成二次污染。

2.3.4 对于经济基础较差的小城镇，近期污水处理可选择初级(一级处理或一级强化处理)处理方式，即先建污水一级处理构筑物。城镇污水经过一级沉淀处理后，SS 及 BOD_5 的去除率分别能达到 55%～60%和 30%～35%，能在一定程度上缓解污水对水体的污染。为保证污水初级处理能正常运行，小城镇首先应完善城镇的排水管网系统，同时在污水处理设施的规划建设中应预留足够的城镇用地以满足将来污水的深度处理。

2.3.5 对于沿海城镇，污水排海前的处理水平取决于多种因素，如海水水域的功能及其水质目标、水域的容量、排污口的位置、海水的稀释能力及继后的扩散、自净能力等。所以在确定该类城镇的处理工艺时，首先应根据海洋生态系统和景观保护以及近海海域功能区划等要求，确定其相应的海水水质目标，确定排放口位置和污水处理厂出水目标以及处理工艺。

当海水水体环境容量比较大时，小城镇的污水可经过格栅处理或一级处理后直接排海。当对排海的污水水质要求较高时，城镇污水应采用一级强化处理工艺或二级生物处理后再排入大海。

2.3.6 一般情况下，污水处理工程布局都是以行政区划来确定的，即只考虑在自己的行政范围内规划建设污水处理设施，而很少在大的区域内统筹安排基础设施，不考虑污水处理设施的共享；结果是一方面资金短缺，污水治理进展缓慢，另一方面又出现基础设施重复建设，资金浪费。随着城镇化水平的提高，乡镇的数量和规模也在迅速增加，在城镇化程度比较高的地方，如珠江三角洲和江浙平原地区，乡镇分布非常密集，镇区范围几乎连成一片。若该地区每个乡镇的污水各自分散处理，将需建设很多污水处理厂，造成投资浪费，管理分散，运行困难，其处理结果也很难预料。对于这些城镇密集地区，采用区域性污水收集处理方式则更加符合当地小城镇的实际情况。即用污水干管把各乡镇的污水收集输送到区域性的大污水处理厂进行集中处理，处理后的污水向大水体排放，采取这种方式可减轻各乡镇的经济负担，并能取得较好的经济、社会和环境效益。

2.3.10 对于水资源紧张，近期又没有经济实力建污水处理厂的小城镇，特别是北方地区的城镇，可谨慎采用污水灌溉的土地处理方式。这种方式只需对污水进行简单的处理，即可用于农田灌溉，既解决了城镇污水的污染问题，又在一定程度上缓解了水资源短缺的矛盾。该方法还具有处理成本最低，运行管理方便的优点。目前我国在污水农灌方面已积累了很多的经验和教训，在采用该方式时，可参照国内外的成功经验，同时也要进行详细的实地调查和可行性研究，加强对污水水质和土壤结构的检测，使水质达到或尽量达到《农田灌溉水质标准》，防止污水对农作物、土壤和地下水造成二次污染。当污水中的重金属含量较高和含有不利于农作物生长的成分时，污水不宜采用农灌处理。

3 大气环境保护规划标准研究

3.0.1 小城镇目前的大气环境质量总体上要好于大中型城市，但随着小城镇经济的快速发展，大气环境质量呈明显下降趋势。在小城镇的能源结构中煤炭占有很高的比重，这种能源结构决定了大气污染类型主要为燃煤型污染，一些沿交通干道发展的城镇汽车尾气污染也比较严重。在沪宁地区，乡镇企业的耗煤已占其总能耗的75%以上，耗能较多的电力、建材、化工、纺织、机械、金属冶金等行业已成为小城镇废气污染的主要行业。

在小城镇大气中的污染物大部分来自燃料的燃烧过程，其次是工业生产产生的气体(如水泥、砖瓦、陶瓷等建材行业排放的烟尘)、第三产业的油烟、机动车辆排放的尾气。大气中主要污染物为总悬浮颗粒物(TSP)、二氧化硫(SO_2)、氮氧化物(NO_X)、碳氧化物、碳氢化物等。

3.0.2 在《环境空气质量标准》(GB 3095—1996)中，选取了10种污染物作为评价大气环境质量的标准，分别是二氧化硫(SO_2)、总悬浮颗粒物(TSP)、氮氧化物(NO_X)、可吸入颗粒物(PM_{10})、二氧化氮(NO_2)、一氧化碳(CO)、臭氧(O_3)、铅(Pb)、苯并[a]芘(B[a]P)和氟化物(F)。对于大多数城镇，大气中的污染物主要以前三种污染物为主，其余污染物浓度相对较小，对大气环境质量影响不大，为便于对大气污染物的检测管理，近期小城镇的大气污染物的控制指标拟定为三项，即二氧化硫、总悬浮颗粒物和氮氧化物。今后随着小城镇大气污染成分的变化和环境质量要求的提高，可逐渐增加大气污染物的控制指标，并最终与国标中的控制指标相一致。

对于陶瓷制造和砖瓦制造比较发达的小城镇，氟化物的排放量增加很快，造成的危害也较大，特别是对人体健康和植物都有很大的影响，过量的氟化物含量可造成人体的骨骼疾病并引起植物的枯萎死亡，所以必须引起重视，这一类小城镇应把大气中的氟化物含量作为主要的控制指标，限制氟化物的排放。

对于北方地区扬尘污染非常严重，其含量已占大气总悬浮物的50%左右，其中建筑施工是扬尘的主要来源。扬尘污染同时也反映了城镇绿化水平低，裸露地面多和施工管理不善等问题，在这些城镇也应把扬尘作为主要的控制指标。

3.0.3 在大气环境质量方面，小城镇的空气质量普遍要好于大中型城市，但随着小城镇经济的快速发展，小城镇大气污染恶化程度甚至大于大中型城市。另一个特点是北方城镇的大气污染程度重于南方城镇，尤其以冬季最为明显。同时酸雨污染在我国也很广泛，酸雨区面积已占国土面积的30%。主要分布在长江以南、青藏高原以东的广大地区及四川盆地。华中、华南、西南及华东地区是酸雨污染比较严重的区域，北方局部地区酸雨现象也比较严重。

规划的小城镇大气环境标准总体上要高于大中型城市。在确定小城镇大气环境质量标准时，既要考虑小城镇当地的自然条件如大气环境容量大、污染物排放量少的特点，又要考虑小城镇经济快速发展以及跨区域污染物对小城镇大气环境质量的影响，即小城镇的大气环境质量标准应具有时间和空间上的过渡性。

3.0.5 目前小城镇大气污染的主要原因是乡镇企业的生产活动所排放的有害气体。由于城镇布局不合理、高能耗污染型的企业多,对大气的环境质量影响很大。为改善这种状况,应合理规划城镇布局,把污染性的工业布置在城镇的下风向或大气环境容量比较大的区域,从布局上减轻工业大气污染物对整个镇区的影响。同时对产业结构和能源结构进行调整,逐步淘汰严重污染大气的落后工艺和设备。

3.0.7 机动车尾气污染随着机动车数量的迅速增加而加剧。在经济比较发达地区的小城镇,机动车排放的碳氢化合物、一氧化碳、氮氧化物等废气所占的比重越来越大。而且小城镇的机动车车况一般都比较差,拖拉机、农用车和重型车的比例很高,所用油品质量偏低,并且缺乏必要的尾气净化装置,在机动车流量比较大的地区,不仅噪声污染严重,而且车辆尾气污染现象也日益突出,因此应采取必要的措施来控制机动车的污染。

3.0.9 植物不仅可以美化环境和阻碍噪声声波的作用,而且还有吸尘滞尘、净化空气污染物的功能。植物可以在大范围内、长时间连续地净化大气,尤其是在大气中污染物范围广、浓度比较低的情况下,植物净化是行之有效的方法。据研究有植被覆盖的地面其产尘量比裸露地面低一半以上;很多树木还能够杀菌和吸收 SO_2、氟、NO_x、O_3 以及醛、酮、醚、苯酚、铅蒸气、汞蒸气等多种有害气体,起到净化空气的作用。为此在小城镇的用地布局中,要重视绿地系统的规划建设,预留足够的绿化用地,并不得挪为它用,同时结合镇区外围的林地、果园、农田等生产性绿色植物来净化大气。为充分发挥植物对大气的净化作用,小城镇应因地制宜,选择适合当地的抗污树种。以下是不同地区供参考的树种:

北部地区(包括华北、东北、西北)可选择的树种为:

刺槐、沙枣、国槐、侧柏、圆柏、梧桐等。

中部地区(包括华东、华中、西南)可选择的树种为:

家榆、朴树、木槿、梧桐、泡桐、悬铃木、女贞、夹竹桃等。

南部地区(包括华南及西南)可选择的树种为:

构树、桑树、鸡蛋花、黄槿、刺桐、黄槐等。

3.0.11 目前小城镇民用燃气的普及率远低于大中型城市,居民炊事主要靠燃煤炉灶提供热量,由于这些炉灶众多、遍及整个镇区,并且是低空排放,有害物质不易扩散,对大气的环境质量影响很大。落后的炊事和供热方式,不利于人民生活水平的提高和环境质量的改善,因此今后应加大居民燃气和其他清洁燃料的推广普及。

3.0.12 在小城镇推广区域集中供热,可以节省大量燃料,提高供热效率,减少大气污染物的排放量,有利于减轻大气污染。同时还可把分布广泛的污染物面源改为比较容易集中处理的点源。

4 噪声环境规划标准研究

4.0.1 目前大部分小城镇区域噪声值低于大中型城市的噪声值,而且昼夜噪声分贝相差很大。小城镇的噪声污染主要是交通噪声污染,特别是沿交通干线发展的城镇,交通噪声超标现象很普遍。在经济活动比较活跃的城镇,乡镇企业和施工作业产生的噪声也比较突出,随着第三产业的蓬勃兴起,其产生的噪声已成为主要的噪声来源,如餐饮业、娱乐业和商业等行业产生的噪声都给居民的正常生活带来较大的负面影响。

4.0.2 在《城市区域环境噪声标准》(GB 3096—93)中,规定了城市的五类区域的环境噪声最高限值,如下表:

城市5类环境噪声标准值

类别	昼间 dB(A)	夜间 dB(A)	类别	昼间 dB(A)	夜间 dB(A)
0	50	40	3	65	55
1	55	45	4	70	55
2	60	50			

其中:

0类指疗养区、高级别墅区、高级宾馆区等特别需要安静的区域;

1类指居住、文教机关为主的区域;

2类指居住、商业、工业混杂区;

3类指工业区

4类指城市中的道路交通干线道路两侧区域以及穿越城区的内河航道两侧区域。

总体上讲,小城镇不同区域的环境噪声标准可参照城市区域的环境噪声标准。但为保证小城镇居民有一个安静的生活工作环境,小城镇各类区域的噪声值应严于城市各类区域的噪声值。

由于多数小城镇工业和第三产业发展相对缓慢,城镇的功能区划比较简单,镇区内各类用地相互混杂,难以按《城市区域环境噪声标准》的要求明确划分为五类功能区域,因此近期小城镇中采用区域环境噪声和交通干线噪声两种类型来评价和控制城镇噪声比较适合小城镇的实际情况。随着小城镇的用地规模的扩大和规划用地的合理布局,小城镇的噪声标准可参照《城市区域环境噪声标准》中划分的五种区域类型来控制。

4.0.10 解决小城镇交通噪声污染的主要措施包括:今后应严格限制小城镇沿过境公路两侧发展建设,在城镇内部形成相对独立的道路系统,避免城镇道路与过境道路相互干扰。交通噪声严重超标的城镇,应尽快采取措施降低交通噪声的影响,如限制机动车使用高音喇叭,加强公路两侧隔离绿带的规划与建设,解决交通拥挤、道路不畅的状况。为解决过境公路对城镇的影响,应在镇区外围开辟过境公路专线。

5 固体废弃物规划标准研究

5.0.2 目前在小城镇公共厕所普遍短缺，而且档次低，卫生条件差，给城镇居民和外来人员的正常生活带来很大不便。另外镇区内设置的废物箱数量很少，加上居民的环卫意识较差，乱扔、乱倒、乱排脏物的现象很普遍，对城镇面貌影响很大。为方便居民生活、改善镇区环境，公共厕所和废弃物的设置标准应执行《城市环境卫生设置标准》(CJJ 27—89)。

5.0.5 小城镇生活垃圾的清扫、收集与清运还比较落后，基本上以人力、手工作业为主，机械化程度很低，环卫工人劳动强度大，不利于生活垃圾的及时收集和清运。同时小型转运站严重缺乏，大部分城镇是以垃圾桶或敞开式垃圾坑来代替，由于容积有限，加上没有专人管理，这些垃圾站(场)多数又变成了一个新的污染源，垃圾散发的臭味和渗漏的污水不仅污染了周围的环境，而且极大地影响了城市的景观。

针对小城镇存在的问题，镇区应逐步实行垃圾清扫的机械化，提高垃圾清扫的效率，减轻工人的劳动负荷，对于垃圾收运过程也应实现封闭化。为改善小城镇的环境质量，应根据有关环境卫生规范设置小型密封式垃圾收集站来取代开敞式的垃圾站，并尽量做到隐藏、美观，与周围环境相协调。

5.0.6 原则上工业垃圾应单独处理。对于垃圾成分与生活垃圾相似、且无继续利用价值的工业垃圾，可同城镇生活垃圾一同处理。对于有毒有害的工业垃圾必须在工厂内或送到危险品垃圾处理场进行专业处理。

5.0.8 目前生活垃圾的处理方法主要有卫生填埋法、堆肥法和焚烧法三种。一般情况下小城镇不宜采用处理成本很高的焚烧法。对于土地资源相对比较丰富、周围农田、林地较多的城镇，应优先采用堆肥法，该方法的主要优点是产生的有机肥具有农用价值，可实现垃圾的最大资源化。不足之处是垃圾减容效果不理想，占地面积大，运行费用较高，垃圾中的有毒有害物质可能对土壤造成污染等。

卫生填埋法的特点是工艺技术比较简单，处理量大，投资和运行费用相对较低，不足之处是垃圾减容效果差，需占用大量的土地资源，场地受地理和水文地质条件限制较多；填埋场产生的渗透液和沼气可能对环境造成二次污染。

6 城镇建设与环境保护相互关系的研究

6.0.1 在小城镇的发展过程中正确处理好城镇建设与环境保护两者之间的关系非常重要。一方面小城镇建设和经济的快速发展,将不断增强城镇的经济实力和公共资本的积累,为小城镇基础设施的完善、污染的治理和城镇环境保护的建设创造必要的物质条件。但另一方面,城镇建设往往会对小城镇的环境质量造成不利影响。特别是小城镇在发展初期,由于乡镇企业规模小、布局分散、经济实力弱、技术水平落后,往往忽略对污染的治理和环境保护,由此产生了一系列的生态环境问题,很多小城镇经济的快速发展都付出了沉重的环境代价。在经济建设高度集中和发达的城镇,也是环境生态问题最为突出的地区。

在进行城镇建设过程中,应合理开发利用小城镇的各项资源,适当控制工业用地规模,优化产业结构,重视环境保护的规划与建设,在达到经济目标的同时,同时满足环境保护的目标。

6.0.2 发展小城镇,积极引导农村人口和乡镇企业向镇区集中,这对于生态环境比较脆弱的地区如西北地区就更为重要。通过鼓励一部分人离开农村进入城镇从事非农生产,如利用当地的农副产品和矿产资源发展乡镇企业或发展为农业服务的各类第三产业,可减缓由于农业劳动所引起的生态破坏如水体流失等。

6.0.3 做好小城镇的土地利用规划,划定不准发展区、控制发展区及近期发展区,实现城镇土地的合理配置和使用,使环境、生态与经济发展协调。积极引导农村人口向小城镇的有序集聚和乡镇企业集中连片发展,充分挖掘现有建设用地潜力,正确处理好改造与新建的关系,搞好旧镇、旧村的改造,加大农村居住点的土地整理力度,对空心村和不能改造的旧村庄,实行退村还田或退村还林。大力提倡公寓式住宅、综合开发和集中成片建设,建立与城镇化相适应的高效、集约的用地布局结构。

6.0.6 对于农业型城镇,把发展乡镇企业与促进农业产业化结合起来,根据市场需求调整产品结构,建立新型高效的生态农业体系,减少农药、化肥的用量,积极发展以粮食等农产品为原料的加工业,促进粮食转化增值。

6.0.10 自然地形地貌与人类生存密切相关,在小城镇建设过程中,应妥善处理好两者之间的关系,避免对自然环境造成大的破坏。

6.0.11 山坡地指相对标高在100米以上,而其平均坡度在5%以上的用地。目前随着小城镇的快速发展,导致山坡地超限利用现象普遍,如山体滑坡、水土流失、自然生态破坏严重。应防止滥伐、滥建、滥挖、滥葬、滥堆土石和山坡地超限利用。

当山坡地作为城镇用地时,应采取必要的水土保持措施如实施绿化、建截洪沟和挡土墙等,并遵循谁开发谁治理的原则。

6.0.14 小城镇的发展不能以牺牲环境质量和以廉价或无价环境资源的大量消耗来取得,不能走"先污染后治理"或"先建设后治理"的道路,应坚持"以防为主"的发展方向,即对于污染的控制应该"变末端的控制为过程的控制"。通过环境影响评价、土地利用规划等手段预测可能影响小城镇环境质量恶化的因素，并提前采取必要的预防措施来加以控制，从根本上保证城镇建设与环境保护协调发展。

（执笔：郝天文）

"小城镇规划标准研究"专题之九

小城镇规划制图标准研究

中国建筑设计研究院

2001年6月

目　次

1　总则 ………………………………………………………………………………（285）
2　一般规定 ……………………………………………………………………………（286）
2.1　图线 ……………………………………………………………………………（286）
2.2　比例与图幅 ……………………………………………………………………（287）
2.3　色彩 ……………………………………………………………………………（287）
2.4　符号 ……………………………………………………………………………（287）
2.5　计量单位 ………………………………………………………………………（288）
2.6　坐标标注 ………………………………………………………………………（288）
2.7　标高标注 ………………………………………………………………………（288）
3　图例 ………………………………………………………………………………（290）
图例……………………………………………………………………………………（291）
条文(图例)说明………………………………………………………………………（303）

1 总　　则

1.0.1 为了规范小城镇规划的制图，使全国小城镇图纸绘制清晰、明确、统一，提高制图效率，满足规划、设计、建设、管理等要求，制定本标准。

1.0.2 本制图标准适合于全国小城镇、集镇及村庄规划图纸绘制使用。

1.0.3 小城镇规划制图除应遵守本标准的规定外，还应符合其他相关国家现行有关标准，规范的规定。

2 一 般 规 定

2.1 图 线

2.1.1 图线宽度 b，从下列线宽系列中选取：

0.18、0.25、0.35、0.5、0.7、1.0、1.4、2.0mm

在图纸绘制中，应根据复杂程度与比例大小，先确定基本线宽 b，再选用表中适当的线宽组。

线 宽 组 **表 2.1.1**

线宽比	线 宽 组 (mm)					
b	2.0	1.4	1.0	0.7	0.5	0.35
$0.5b$	1.0	0.7	0.5	0.35	0.25	0.18
$0.35b$	0.7	0.5	0.35	0.25	0.18	

注：1. 需要缩微的图纸，不宜采用 0.18mm 线宽；

2. 在同一张图纸内，各不同线宽组中的细线，可统一采用较细的线宽组的细线。

2.1.2 在规划图纸制图中，应根据图纸内容及比例，按表 2.1.2 规定线型选用。

线 型 **表 2.1.2**

名 称	线 型	线 宽	用 途
粗实线	━━━━	b	规划建筑物外轮廓线，规划地上供水管线
中实线	————	$0.5b$	规划各类用地边界线，规划道路红线，车行道边界，各类规划用地内加注的图形，符号
细实线	————	$0.35b$	现状各类用地边界线，现状建筑物构筑物外轮廓线，黑白图纸中各类用地中的填充线。各类现状用地内加注的图形符号。坐标网线，图例线，尺寸线等。现状地上供水管线
粗虚线	━ ━ ━ ━	b	镇区规划区界线，规划地下供水管线
中虚线	- - - -	$0.5b$	在建公路，在建建筑轮廓线
细虚线	_ _ _ _	$0.35b$	现状地下供水管线，村庄规划区界，乡村土路，人行小路建筑物，构筑物，道路桥涵等的不可见的轮廓线
粗点划线	━·━·━	b	县、自治县界 露天矿开采边界线
细点划线	—·—·—	$0.35b$	分水线，中心线

注：1. 除上表所例粗细线型外，在绘制图纸过程中，还应依据所绘图纸内容与相应规范、标准相协调一致。

2. 在绘制地域疆界所遇线型较为复杂时，可参照中华人民共和国国家标准 GB 5791—86《地形图图式》1:5000，1:10000 中相应内容及本标准图例部分内容选用。

2.2 比例与图幅

2.2.1 小城镇规划图纸及采用比例与图幅，宜采用表2.2.1规定

比例与图幅　　表2.2.1

规划内容、图名		比　例	图　幅
区域位置			1号～0号
镇域规划	综合现状 村镇体系规划 工程设施规划	1∶5000～1∶20000	1号～0号 及延长
镇区规划	现状分析 用地布局 道路竖向 给水排水 电力通信 绿化景观 供热燃气	1∶2000～1∶5000	1号～0号 及延长
详细规划	现状分析 总平面图 竖向设计 管线综合 沿街立面 景观设计	1∶500～1∶2000	2号～0号

2.2.2 图纸表达的内容，用地范围一致或相近时，宜选用同一比例。依据清晰表达规划内容的原则，对所选绘图比例可依实际情况适当调整。

2.3 色　彩

2.3.1 绘制彩色图纸时，应依据图纸内容，选用清晰明确的颜色均匀涂绘。

2.3.2 选择色彩种类应与本标准图例部分所列色彩相一致。

2.3.3 对"图例部分"未包括的内容，可根据色块面积的大小和在图中表达内容的主次关系，来确定色彩的强弱，使整个图面色调和谐，对比适度。

2.4 符　号

2.4.1 在绘制规划图纸时，采用形象、符号等方法表达规划内容应注意形象简明易懂，符号大小均匀，排列整齐，疏密适当。

2.4.2 规划图纸中所用形象符号应与本标准中图例部分所列项目相一致。

2.4.3 对本标准未加规定的内容，可依据简明整齐的原则明确标注。

2.4.4 相关专业规划图纸符号选用时，应参考本标准，并与相关标准规范相符。

2.5 计 量 单 位

2.5.1 规划图纸中的坐标、标高、距离宜以米为单位，并应取至小数点后两位，不足时以“0”补齐。

2.5.2 建筑物、构筑物、道路方位角（或方向角）和道路转角的度数，宜注写到“秒”，特殊情况应另加说明。

2.5.3 道路纵坡度，场地平整坡度，排水沟沟底纵坡度以百分数计，并应取至小数点后一位，不足时以“0”补齐。

2.5.4 相关专业规划图纸上的单位标注，除符合以上条款规定外，还应与相关规范、标准要求相符。

2.6 坐 标 标 注

2.6.1 坐标网格应以细实线表示，测量坐标网应画成交叉十字线，坐标代号宜用“X，Y”表示。（X 为南北方向轴线，Y 为东西方向轴线）坐标网格应清晰表明网格间距，可将数字标于网格四边。数字单位应根据图纸比例确定，并以附注说明方式表明。

2.6.2 表示建筑物，构筑物位置的坐标，宜注其三个角的坐标，如建筑物、构筑物与坐标轴线平行，可只标注其对角坐标。

2.6.3 一张图上，主要建筑物、构筑物用坐标定位时，对小的附属建筑物，构筑物也可用联系尺寸定位。

2.6.4 建筑物、构筑物、道路应标注下列部位的坐标或定位尺寸。

1. 建筑物、构筑物的定位轴线（或外墙面）或其交点。
2. 圆形建筑物、构筑物的中心。
3. 道路的中线或转折点。
4. 挡土墙趾线的端点或转折点。

2.6.5 坐标宜直接标注在图上，如图面无足够位置，也可列表标注。

2.6.6 在一张图上，如坐标数字的位数太多时，可将前面相同的位数省略，其省略位数应在附注中加以说明。

2.7 标 高 标 注

2.7.1 规划图中标注的标高宜为绝对标高（并注明标高体系），如标注相对标高，则应注明相对标高与绝对标高的换算关系。

2.7.2 建筑物、构筑物、道路等应标注下列部位标高。

1. 建筑物室内地坪。对不同高度的地坪，分别标注。
2. 构筑物标注其有代表性的标高，并用文字注明标高所指位置。
3. 道路路面中心或变坡点标高。
4. 挡土墙标注墙顶和墙趾标高，路堤、边坡标注坡顶和坡脚标高，排水沟标注沟顶和沟底标高。

5. 场地平整标注其控制位置标高,铺砌场地标注其铺砌面标高。

2.7.3 标高符号参照《房屋建筑制图统一标准》中〈标高〉的有关规定标注。

3 图 例

3.0.1 为实现小城镇规划图纸的规范化、条理化，达到规划图纸准确直观反映规划意图的目的，制定本标准图例。

3.0.2 本标准图例适合于全国的小城镇、集镇和村庄规划。

3.0.3 本标准图例包括用地图例，建筑图例、工程设施图例、地域图例4类。每类分为单色图例，彩色两部分，分别按现状图例和规划图例分项列出。

（执笔：赵辉、任世英）

小城镇规划制图标准研究

图 例

目　次

1　**用地图例** ……………………………………………………（293）
R　居住建筑用地 ……………………………………………………（293）
C　公共建筑用地……………………………………………………（293）
M　生产建筑用地 ……………………………………………………（293）
W　仓储用地 ……………………………………………………（294）
T　对外交通用地 ……………………………………………………（294）
S　道路广场用地……………………………………………………（294）
U　公用工程设施用地……………………………………………………（294）
G　绿化用地 ……………………………………………………（295）
E　水域和其他用地……………………………………………………（295）
H　村镇用地范围及发展方向 ……………………………………………………（296）
2　**建筑图例** ……………………………………………………（296）
B　建筑物及质量评定 ……………………………………………………（296）
F　墙篱及其他 ……………………………………………………（296）
3　**工程设施图例** ……………………………………………………（297）
S_0　道路工程 ……………………………………………………（297）
T_0　对外交通 ……………………………………………………（297）
U_{11}　给水工程 ……………………………………………………（298）
U_{12}　排水工程 ……………………………………………………（298）
U_{13}　供电工程 ……………………………………………………（299）
U_{14}　通信工程 ……………………………………………………（299）
U_{15}　其他管线工程……………………………………………………（299）
4　**地域图例** ……………………………………………………（299）
L　边界线 ……………………………………………………（299）
A　城乡居民点、层次、人口及用地规模……………………………………………………（300）
Z　产业分区、资源场地 ……………………………………………………（300）
主要参考书目及资料……………………………………………………（301）

1 用地图例

字母代码	项 目	单色		彩色	
		现 状	规 划	现 状	规 划
R	居住建筑用地			41	51
R_1	居民住宅用地	加注代码 R_1		加注代码 R_1	
R_2	村民住宅用地	加注代码 R_2		加注代码 R_2	
R_3	其他居住用地	加注代码 R_3		加注代码 R_3	
C	公共建筑用地			11	10
C_1	行政管理用地	C加注符号		C加注符号	
	政府 居委会 村委会	☆ 居 村	★ 居 村	☆ 居 村	★ 居 村 10
C_2	教育机构用地			31	30
	托儿所．幼儿园	幼	幼	幼	幼
	小 学	小	小	小	小
	中 学	中	中	中	中
	大．中专．技校	大 专 技	大 专 技	大 专 技	大 专 技
C_3	文体科技用地	C加注符号		C加注符号	
	文化馆(室)	文	文	文	文
	影剧院	影	影	影	影
	体育场 依实际比例绘出			60	62
C_4	医疗保健用地	C加注符号		C加注符号	
	卫生院(所)				
	敬老院	老	老	老	老
C_5	商业金融用地			11	10
C_6	集贸设施用地	C_5 加注符号 集	C_5 加注符号 集	C_5 加注符号 集	C_5 加注符号 集
M	生产建筑用地			33	34
M_1	一类工业用地	加注代码 M_1		加注代码 M_1	
M_2	二类工业用地	加注代码 M_2		加注代码 M_2	

续表

字母代码	项目	单色		彩色	
		现状	规划	现状	规划
M_3	三类工业用地	加注代码 M_3		加注代码 M_3	
M_4	农业生产设施用地	加注代码 M_4或符号		加注代码 M_4或符号	
	打谷场	谷	谷	谷 33	谷 32
	兽医站	兽	兽	兽 33	兽 32
	饲养场	按饲养场类别 鸡 猪 牛 等		按饲养场类别 鸡 猪 牛 等	
W	仓储用地			171	181
W_1	普通仓储用地				
W_2	危险品仓储用地	加注符号 W_2		加注符号 W_2	
T	对外交通用地			254	253
T_1	公路交通用地	T加注符号		T加注符号	
	汽车站				
	停车场	P	P	P	P
	加油站				
T_2	其他交通用地				
	铁路站场				
	水运码头			253	251
S	道路广场用地				
U	公用工程设施用地			151	151
U_1	公用工程用地	U加注符号		U加注符号	
	自来水厂			131	133
	供变电站(所)			1	1
	邮电局(所)	电	电	电	电
	煤气站				
	沼气池				

续表

字母代码	项目	单色		彩色	
		现状	规划	现状	规划
	热力站				
	消防站	灭	灭	灭	灭
	风能站				
	火葬				
	泵站				
	无线电台				
U_2	环卫设施用地	U加注符号		U加注符号	
	公共厕所*	厕	厕	厕 254	厕 253
	污水处理场			33	34
	垃圾收集点			33	34
	垃圾处理场			33	34
G	绿化用地				
G_1	公共绿地			70	82
G_2	生产防护绿地			71	80
E	水域和其他用地				
E_1	水　域			121	131
E_2	农业种植地				
	旱　地			61	60
	水　田			61	60
	菜　地			61	60
	果　园			71	70
	苗　圃			61	60

续表

字母代码	项目	单色		彩色	
		现状	规划	现状	规划
E_3	牧草地			61	60
E_4	闲置地			7	
E_5	特殊用地			63	64
E_6	墓地			61	60
H	村镇用地范围及发展方向				
H_1	镇区规划界				221
H_2	村庄规划界				221
H_2	用地发展方向				221

2 建筑图例

字母代码	项目	单色		彩色	
		现状	规划	现状	规划
B	建筑物及质量评定				
B_1	住宅建筑	a2 注:字母 a. b. c 表示建筑质量好.中.差数字表示建筑层数,一层不需表示.写在右下角	2 注:数字表示建筑层数,一层不需表示.写在左下角	a2 40	2 40
B_2	公共建筑	a4 注:同 B_1 注	4 注:同 B_1 注	a4 10	4 10
B_3	生产建筑	a2 注:同 B_1 注	2 注:同 B_1 注	a2 34	2 34
B_4	仓储建筑	a 注:同 B_1 注	注:同 B_1 注	a 190	190
F	墙篱及其他				
F_1	围　墙				
F_2	栅　栏				
F_3	篱　笆				
F_4	活树篱笆				

续表

字母代码	项目	单色		彩色	
		现状	规划	现状	规划
F_5	挡土墙				
F_6	文物古迹				
F_7	古树名木				

3 工程设施图例

字母代码	项目	单色		彩色	
		现状	规划	现状	规划
S_0	道路工程			同单色图例	
S_{11}	道路平面 红线.车行道.中心线.中心点坐标及标高.纵坡	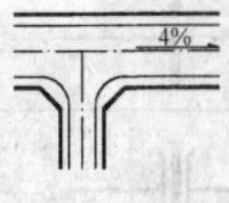	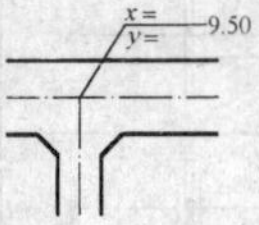		
S_{12}	道路平曲线	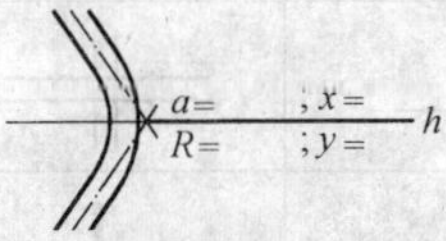 注：a——转角，单位：度 $\frac{x}{y}$——折点坐标 R——转弯半径，单位：米 h——折点标高			
S_{13}	道路交叉口 红线.车行道.中心线.交叉口坐标及标高.缘石半径	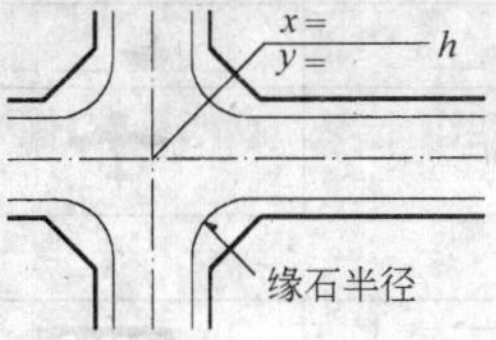			
T_0	对外交通				
T_{11}	高速公路	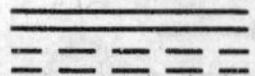 （未建成）			
T_{12}	公路		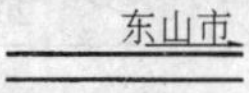		
T_{13}	乡村土路				
T_{14}	人行小路				
T_{15}	路堤	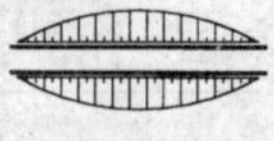			
T_{16}	路堑	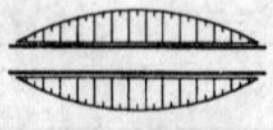			
T_{17}	公路桥梁	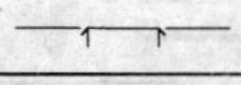	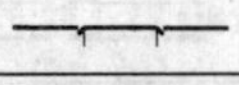		

续表

字母代码	项　　目	单色		彩色	
		现状	规划	现状	规划
T_{18}	公路涵洞.涵管				
T_{19}	公路隧道				
T_{21}	铁路线				
T_{22}	铁路桥				
T_{23}	铁路隧道				
T_{24}	铁路涵洞.涵管				
T_{31}	公路铁路平交道口				
T_{32}	公路铁路立交 公路上行				
T_{33}	公路铁路立交 公路下行				
T_{34}	公路立交				
T_{35}	铁路立交				
T_{41}	锚地				
T_{42}	水运航线				
T_{51}	航空港.机场				
U_{11}	给水工程				
	水源地			131	130
	地上供水管线	*DN*200		140	
	地下供水管线	*DN* 200		140	
	输水槽(渡槽)			140	
	消 火 栓			140	
	水　　井			140	
	水　　塔			140	
	水　　闸			140	
U_{12}	排水工程				
	排水明沟 流向.沟底纵坡	6‰ 6‰		6‰ 6‰ 3	

续表

字母代码	项目	单色 现状	单色 规划	彩色 现状	彩色 规划
	排水暗沟 流向.沟底纵坡	6‰ 6‰		6‰ 6‰	3
	地下污水管线	D400		D400	34
	地下雨水管线	D500		D500	3
U_{13}	供电工程				
	高压电线走廊*				10
	架空高压电力线	110 kV		110 kV	10
	架空低压电力线				10
	地下高压电缆				10
	地下低压电缆				10
	变压器			10	10
U_{14}	通信工程				
	架空电信电缆				100
	地下电信电缆				100
U_{15}	其他管线工程				
	热力管线	T		T	252
	工业管线	I		I	252
	燃气管线	~		~	42
	石油管线	H		H	42

4 地域图例

字母代码	项目	单色 现状	单色 规划	彩色 现状	彩色 规划 200
L	边界线				
L_1	国界				200

续表

字母代码	项目	单色		彩色	
		现状	规划	现状	规划 200
L_2	省.自治区.直辖市界			200	
L_3	自治州(盟).市界			200	
L_4	县.自治县(旗)界			200	
L_5	乡镇界			200	
L_6	村界			200	
L_7	保护区界			加注保护区名称、性质 74	
A	城乡居民点、层次、人口及用地规模				
A_1	城市	北京市 (人)(顷)		10 北京市 (人)(顷)	
A_2	县城	甘泉县 (人)(顷)		10 甘泉县 (人)(顷)	
A_3	中心镇	太和镇 (人)(顷)		10 太和镇 (人)(顷)	
A_4	一般镇	赤湖镇 (人)(顷)		10 赤湖镇 (人)(顷)	
A_5	中心村	梅竹村 (人)(顷)		47 梅竹村 (人)(顷)	
A_6	基层村	杨庄 (人)(顷)		47 杨庄 (人)(顷)	
Z	产业分区、资源场地				
Z_1	农业区	同 E_2		同 E_2	
Z_2	林地			61	60
Z_3	牧场			61	60
Z_4	草地			61	60
Z_5	水产养殖			131	130
Z_6	盐田.盐场			131	130
Z_7	沙地			131	130

续表

字母代码	项　目	单　色		彩　色	
		现　状	规　划	现　状	规　划
Z_8	金属矿藏	 框内为资源成分		同单色图例	
Z_9	非金属矿藏	 框内为资源成分		同单色图例	
Z_9	地　热			同单色图例	
Z_{10}	石油井.天然气井			同单色图例	
Z_{10}	火电站			 21+10	 21+10
Z_{11}	水电站			 131+10	 130+10

注：彩色图例中右下角标注的数码为“AutoCAD”软件中的颜色编号。

主要参考书目及资料

1.《村镇规划讲义》,中国建筑科学研究院农村建筑研究所,1982年8月。
2. GBJ 103—87《总图制图标准》,GBJ 106—87《给水排水制图标准》,中华人民共和国城乡建设环境保护部编,中国计划出版社,1988年12月。
3.《城市规划参考图例》,武汉市城市规划设计院编,中国建筑工业出版社,1977年2月。
4. 1∶500、1∶1000、1∶2000《地形图图式》,中华人民共和国国家标准 GB 7929—87,测绘出版社,1988年1月。
5. 1∶5000、1∶10000《地形图图式》,中华人民共和国国家标准 GB 5791—86,中国标准出版社,1987年8月。
6. 1∶2.5万、1∶5万、1∶10万《地形图图式》,中华人民共和国国家标准 GB 5791—86。
7.《供暖通风设计手册》,陆耀庆主编,中国建筑工业出版社,1987年12月。
8.《公路工程技术标准》JTJ 001—97,中华人民共和国交通部发布,人民交通出版社,1997年。

（执笔：任世英、赵辉）

小城镇规划制图标准研究

条文(图例)说明

目　次

1　图例编制总则 ……………………………………………………（305）

1.1　规划图例的定义 ……………………………………………（305）

1.2　图例编制的目的、作用 ………………………………………（305）

1.3　规划图例的分类 ……………………………………………（305）

1.4　绘制图例的要求 ……………………………………………（306）

1.5　图例说明 ……………………………………………………（306）

2　规划图例内容 ……………………………………………………（308）

2.1　用地图例 ……………………………………………………（308）

2.2　建筑图例 ……………………………………………………（308）

2.3　工程设施图例 ………………………………………………（309）

2.4　地域图例 ……………………………………………………（309）

2.5　补充说明 ……………………………………………………（309）

1　图例编制总则

1.1　规划图例的定义

在编制小城镇、集镇及村庄规划图时，规划人员将规划的内容所包括的各种项目（如住宅建筑、公共建筑、生产建筑、绿化等用地，道路、车站、码头等位置以及给水，排水、电力、电信等工程管线）用简单，明显的黑白或彩色符号把它们表现在图纸上，所利用的这些符号称作规划图例。

1.2　图例编制的目的、作用

规划图是完成规划编制任务的主要成果之一。图例的作用不但是绘图的基本依据，而且是帮助我们认读和使用图纸的工具，它在图纸上起着语言和文字的作用。

近年来，随着规划工作的不断深入，规划水平的不断提高，对规划图纸的规范化条理化提出了新的要求。制订完善统一的规划图例是实现规划图纸规范、准确、直观的重要手段。

1.3　规划图例的分类

1.3.1　按照图纸表达内容分为以下4类：

1.3.1.1　用地图例：主要用于用地现状、规划布局，代表各种不同性质用地的符号称为用地图例：如居住用地、工业用地、仓库用地、建筑基地等。

1.3.1.2　建筑图例：主要用于详细规划，代表各种不同建筑性质、质量等级及各种地面人工构筑物的符号称为建筑图例：如住宅建筑、公共建筑、生产建筑、仓储建筑、墙篱等。

1.3.1.3　工程设施图例：主要用于各专项工程设施规划，凡体现各种工程管线和各项设施及其附属构筑物，以及为确定工程准备措施而进行必要的用地分析符号，均称为工程设施图例。如道路工程符号、对外交通符号、各类工程管线及设施符号等。

1.3.1.4　地域图例：主要用于区位分析、城镇和村庄体系规划，标注不同行政单位的位置、级别、界线及产业资源的符号，均称为地域图例。如城市、县城、中心镇的位置符号；国界、省界、县界、乡镇界，农业区、林区、牧场，沙地、矿藏、火电站、水电站符号等。

1.3.2　按照表现的方法和绘制特点，可分为单色图例和彩色图例两类。

1.3.2.1　单色图例又名黑白图例，主要是运用符号和线条的粗细、虚实、黑白、疏密的不同变化构成图例。依具体条件，可采用铅笔、钢笔、墨线笔等绘图工具，或采用计算机绘图。在纸上绘成单色图纸。

其优点：可供晒蓝、复印，有利于重复使用，也便于长期保存和上报、归档。

1.3.2.2 彩色图例是绘制彩色图纸使用的。主要运用各种颜色的深浅、浓淡绘出各种不同的色块,宽窄线条和彩色符号,分别表达图纸上所要求的不同内容。根据具体情况一般采用彩色铅笔或水彩颜料、水粉颜料(广告颜料)或采用计算机绘图方式,在图纸上绘制。

其优点:图纸表现力强、色彩丰富,认读和识别图纸更为方便,在进行方案汇报和作为工作挂图使用时效果最好。在实际工作中应用也较为普遍。

1.3.2.3 按照现状及将来规划意图,可分为现状图例和规划图例两类。

1.现状图例:反映在规划范围内已形成的现状用地和工程设施,供绘制现状图使用。

2.规划图例:表示计划建设的各种用地和各项工程设施。为绘制规划图纸使用。

1.4 绘制图例的要求

1.4.1 线条图例:图例依靠线条进行表现时,线条的粗细(宽窄)、间距(疏密)必须适度。同一图例在同一张图面上,线条必须粗细匀称,疏密一致。颜色线条更应注意色彩上的统一,避免出现在同一图例中深浅、浓淡不匀,更不应在绘制过程中随意更换色彩或新调色。

1.4.2 形象图例:要注意做到比例适当,表达确切,形象简明,易懂易画。

1.4.3 符号图例:运用规划的圆、点或其他符号排列组成一定图形(如:森林、果园、苗圃等)时应注意符号的大小均匀,排列整齐,疏密适当。

1.4.4 色块图例:一个色块内颜色必须涂绘均匀。根据色块面积的大小和在图画上表达内容的主次关系,来确定色彩的强弱,避免过分浓艳,务使整个图面色调和谐、对比适度。

彩色图纸,为了能够清楚地显示出底图上的地形与形状,宜采用水彩或其他透明颜料绘制,个别小面积或符号图例在不影响底图清晰的情况下,为了色调的对比,亦可采用少量不透明颜料。

1.4.5 在计算机绘图中,规划图中应保留用地的地形现状,但为保证图纸所表现的主要内容清晰明确,可在易于辨识的前提下,减小现状地形,地物的线条宽度。

1.5 图 例 说 明

1.5.1 本图例中各类图例英文字母代码在参考《城市用地分类和建设用地标准》和《村镇规划标准》"用地分类名称中英文词汇对照表(建议性)"的基础上新增:A-居民点层次;B-建筑;F-篱墙;L-界线;Z-地带区域,总计14类。列表如下:

小城镇用地分类名称中英文词汇对照表 **表 1.5.1**

代号 Codes	用地中文名称 Chinese	英文(近)意词 English
R	居住建筑用地	Residential
C	公共建筑用地	Commercial and Public Building
M	生产建筑用地	Industrial, Manufacturing, Agriculture
W	仓储用地	Warehouse

续表

代号 Codes	用地中文名称 Chinese	英文(近)意词 English
T	对外交通用地	Transportation
S	道路广场用地	Street and Square
U	公用工程设施用地	Public Utilities
G	绿化用地	Green Space
E	水域和其他用地	Water Area and Others
A	居民点层次	Administrative Levels
B	建筑	Building
F	篱墙	Fence
L	界线	Boundary line
Z	地带区域	Zone

1.5.2 考虑近年来,计算机绘图的广泛使用,本图例中彩色图例部分采用"Auto CAD"软件中256色对应数字表示,对于采用其他方式绘制的彩色图例,可依据实际情况选用尽量近似于本图例色彩使用。

2　规划图例内容

2.1　用　地　图　例

2.1.1　用地图例共计71个，基本概括了各类图纸绘制中常见的主要内容。基本上满足了一般小城镇规划工作中绘制城镇现状图，总体规划图，近期建设规划图参考使用。

2.1.2　凡属必须明确表示其用地范围和界限的项目如工业用地，居住用地等，应尽量利用统一的外框线，有利于用地界限的明显区分。不同的用地性质在外框线内运用线条的横、竖、斜、十字交叉等变化，或辅以简单的符号标注，表达不同的内容。

2.1.3　凡属用地范围成片，而无须确切表示明显界限的项目，如苗圃、果园、农田、菜地等基本上采用简单易于识别的符号，呈整齐规则的排列。

2.1.4　凡属能够运用确切的形象图案表示的，如飞机场、养鱼场等，尽量采用轮廓简洁、形象逼真的图形，或采用在其他图纸上通常习惯使用表示方法如铁路线、发电厂等。

2.1.5　在建筑较为密集或地段较小的区域，可按其性质分类标注，如公共建筑用地，可标注：商业、文化、办公、学校、医疗、邮电、银行等；生产建筑用地可标注：农机、化肥、建材、饲养、加工、场院、仓库等。

2.1.6　要注意区分同一项目的规划图例与现状图例。一般依靠用地外框线的粗细，符号的粗细或填实程度，以及色彩的浓淡不同来表示。

2.1.7　彩色用地图例，根据绘制规划图的习惯，在不同性质的用地上一般采用的颜色是：

黄色(41、51)—表示居住建筑用地；

红色(10、11)—表示公共建筑用地；

褐色(33、34)—表示生产建筑用地；

绿色(70、71、80、82、60、61)—表示绿地、农田、果园、菜地、林地、苗圃；

白色—表示道路广场；

黑色—表示铁路路线和站场；

浅灰色(251、253)—表示交通运输等设施用地；

紫色(171、181)—表示仓储用地；

粉红色(220、221)—表示市、县、乡、队界及村镇用地边界。

2.1.8　为了尽量减少同类颜色在区分用地性质比较接近时的色彩变化，采用统一的用地底色，再用不同的颜色符号来表示。在实际绘图中可不必强求与参考图例上的色彩在浓淡上完全一致，应视具体情况灵活应用，力求照顾整个图面上，色彩效果比较谐调，对比适当。

2.2　建　筑　图　例

2.2.1　建筑图例共计11个，基本反映了在各类图纸绘制中需要表现的建筑及其他人工构筑物、古迹等。以供在小城镇规划工作中绘制现状分析图，近期建设详细规划图，绿地景观分析图等图纸参考使用。

2.2.2 由于镇区中公共建筑、生产建筑种类繁多，各地情况差异较大，名称又不统一。为此不采用繁多的符号区分，而以文字在地段中加以标注。表明其具体用途，使图纸更为直观。

2.2.3 彩色建筑图例，根据绘制规划图的习惯，不同性质的建筑一般采用的颜色是：

橙黄色(40)—住宅建筑；

红色(10)—公共建筑；

褐色(34)—生产建筑；

紫色(190)—仓储建筑。

2.3 工程设施图例

2.3.1 工程设施图例共计48个，基本反映了在规划图纸中需要表现的工程设施内容。以供在小城镇规划工作中绘制工程设施规划图，如道路网络，道路竖向，给水排水，电力电讯等图纸时参考使用。

2.3.2 工程设计的彩色图例一般习惯用色是：

黑色 —表示道路、铁路、桥梁、涵洞以及工业管道；

湖蓝色(140) 表示水塔、水闸、泵站和水工结构物以及给水管线；

草绿色(3)—表示雨水管线；

褐色(34)—表示污水管线；

深绿色(100)—表示电讯管线；

灰色(252)，黄褐色(42)—表示工业管道。

2.4 地 域 图 例

2.4.1 地域图例共计25个，基本反映了在规划图纸中需要表现的地域性质内容，以供规划工作中绘制区位分析，用地现状分析等图纸时参考使用。

2.4.2 地域图例一般习惯用色是：

草绿色(60)—林区、牧场、草地；

湖蓝色(130)—水产养殖、盐场、沙地；

淡红色、红色(21+10)—火电站。

2.5 补 充 说 明

上述彩色图例习惯用色括号内数字表示“Auto CAD”中256色的色标数字，以此为参考。

（执笔：赵辉、任世英）

第三篇

“小城镇规划标准研究”专题研究报告

1 关于“小城镇”的涵义及范围

小城镇系指介于(狭义)城市与农村居民点之间的过渡性居民点,包括建制镇(含县城镇)和集镇。但需要特别明确的是:其一“小城镇”应指行政建制“镇”或“乡”的“镇区”部分。其二小城镇最基本的主体是建制镇(含县城镇)。其三小城镇的涵盖范围可以视工作需要上下适当延伸。本课题中除特别标注处外,“小城镇”专指建制镇(含县城镇)。

一、为什么“小城镇”应指的是行政建制“镇”或“乡”的“镇区”部分?为什么要区分“城”与“乡”?

从如下6个方面说明:

(一)城乡差别、城乡界线本是客观存在的。

马克思说“城市本身表明了人口、生产工具、资本、享乐和需求的集中,而在乡村看到的却是完全相反的情况:孤立和分散”。“一切发达的、以商品交换为媒介的分工的基础,都是城乡的分离。可以说,社会的全部经济史,都概括为这种对立的运动。”城乡对立是一个历史范畴,人类社会发展到一定阶段,出现城市,城乡分离;而要再达到城乡的完全融合,则还需要有生产力的极大提高和经过漫长的岁月。在我们所在的社会主义初级阶段,虽然随着生产所有制的改变和生产力水平的提高,城乡间的对立在逐渐消失,城与乡间的差别也在缩小,但很难完全消失,城乡间的差别依然存在。城乡一体化是指要把城乡作为一个统一、有机的整体,从整体的角度出发对城乡间的发展问题进行综合的平衡和协调。城乡一体化并不是要城乡“一样化”。城乡在空间上融合为一体,城乡不分,只发生在经济发展到相当程度的极少数特例地区,并不具有普遍意义,就全国而言“空间上融合为一体”不应是也不会是惟一的城镇化发展模式。

(二)“城镇”本来的含义是很明确、无可非议的。

城,古汉语中指在一定地域上用作防卫用的围起来的墙垣。市,指进行交易的场所。“日中为市”,即四周乡村农民按照习惯上约定的时间到一个集中的地点交换彼此的产品。城市,就是用墙垣围起来进行交易的一定地域。而“城镇”则是“城市”与“镇”的合称。很明显“市”、“城”、“城市”、“镇”的本来含义是很明确的,它们是相对广大农村“面状”地域而言的“点”,是广大农村“面状”地域的经济政治中心,是人们从事工商业活动的载体。

(三)重提“城”“乡”界线划分,是因为“市”“镇”概念已发生了很大变化,并由此造成了认识与管理上的极大混乱。

城镇古已有之,但作为近代行政建制的“市”、“镇”在我国则始于20世纪20年代初,它是城乡分治的产物。有关专家研究,起码在中华人民共和国成立前的21年里,在我国“市”还是纯粹的城市地区的行政建制。解放后,很久以来我国也一直以“切块设市”为主,“城”“乡”界线还是清晰的,“市”“镇”概念也是明确的。1984年前设置的城市都划有城镇郊区范围,基本上反映了城镇实体区的范围。但80年代以后开始实行“以市带县”、“市领导县”的体制,同时变“切块设市”为“整县设市”,“撤乡建镇”开始实行“整乡设镇”,“整县设市”没有划出市区范围，整乡设镇没有划出镇区范围，这样“市”与“镇”的概念就开始发生了重大变化。

现在“市”与“镇”已不具有原来的意义了，“市”“镇”已不像过去那样专指政治经济相对发达的政府驻地所在的城市区域了，而是成为了包括大片乡村在内的广阔地域的泛称了，“市”“镇”已成为了一级行政建制的称谓，已从点状形态演变成了面状形态，这与国际上通称的“城镇”概念已完全不符合。

而本来意义上的“市”“镇”还是一种客观存在，但我们在表述本来意义上的“市”“镇”时却又没有其专有、特用的名称。经常的情况是人们习惯上还要借用其原名，从而造成“同名实异”的状况—点状、面状两个性质不同的实体被叫成了一个名字，以行政区（面状）的名称取代了城镇（点状）名称（或是反之），用的是“市”“镇”的词，想表达的却是“市”“镇”的本质含义。而人们在理解上却又是各取所需，既有可能按其原本含义理解，也有可能按行政建制的含义理解。如某某市、某某镇，既可能指的是面又可能指的是点，忽点忽面，市、镇概念不断变换，让人搞不清“镇”指的是“镇域”还是“镇区”，是指本来的含义（“点”）还是指行政建制的含义（“面”），从而造成了极大的混乱。这方面的例子数不胜数，可见以下事例：

(1)“小城镇发展存在的主要问题之一是农业发展落后于工业”。

农业如何能成为“城镇”的主导产业和发展的主要问题？显然这里的“小城镇”不是指点状的“城镇”（镇区）而是指面状的“镇”（镇域），“城镇”与行政建制“镇”的概念混淆了。

(2)“城市（城镇）”为“以非农产业和非农业人口为主要特征的居民点。包括按国家行政建制设立的市和镇”。

“城市”是居民点，但“市”和“镇”是“国家的一级行政建制”。点状的“城市”“居民点”如何能包括、涵盖面状的行政建制的“市和镇”？只有市的“城区”和镇的“镇区”（建制镇）部分才是“城市”，才是“以非农产业和非农业人口为主要特征的居民点”。很显然，“包括按国家行政建制设立的市和镇”中的“市和镇”仍是按“市和镇”的本来含义理解的了。应改为“包括按国家行政建制设立的市的城区和镇的镇区”。

(3)“城镇是城市与镇的统称”“镇是指经批准设立的建制镇的镇区”。

目前，“镇”已是与“市”“县”“乡”一样的国家批准设立的一级行政建制了。但这里的“镇”却专指“镇区”，显然仍然是指本来含义的非行政建制的“镇”。除非恢复“镇”的本来含义，否则只会造成新的混乱，但要恢复“镇”的本来含义又谈何容易？

(4)“绝大多数的镇以一个集镇为中心”。

这里的“镇”显然又指的是行政建制的“镇”，而行政建制“镇”的“中心”应该是“镇区”（建制镇），只有行政建制“乡”的中心才是“集镇”。这里的“集镇”概念显然既包含了行政建制“乡”的“镇区”也包含了行政建制“镇”的“镇区”。

(5)“所谓城市指的是国家按行政建制设立的直辖市、市、镇，市区和镇区称为城市聚落。”

“城市”本身就是“聚落”。根据我国宪法，直辖市、市、镇是国家的一级行政建制，少则几十平方公里，多则几千、几万平方公里，如何能称为“城市”？只有国家按行政建制设立的直辖市、市、镇的“城区”“镇区”才是“城市”、才是“聚落”。有许多“市区”[县级市的“市区”即“市（县）域”，有的多达几千平方公里]并不能成为“聚落”。

(6)“中心村”现代农村小都市—湖北黄冈小城镇建设的启示。

在这里“中心村”也列入了“小城镇”的范畴。

(7) “把四龙、水川建设成为……新型卫星小城镇,使之成为白银市的粮食、蔬菜、瓜果基地。”

成为“粮食、蔬菜、瓜果基地”的能是小城镇吗？显然这里的“小城镇”指的是“镇域”。

(8) 某镇的性质定义为“以农业为主,综合发展林牧业的集镇。”

何为“集镇”姑且不说,小城镇能“以农业为主,综合发展林牧业”吗?

(9) “市里于今年6月份将4个位置偏远、规模相对较小的镇并入周围的××、××、××、××镇,使重点镇区人口增多和建设速度加快。”

合并“镇”如何能使“镇区人口增多和建设速度加快”？合并“镇”是行政区划与行政建制的调整,对“城镇”(即“镇区”)起码在一定时期内是难以有直接的、立竿见影的影响的:行政区界调整,导致行政管辖范围扩大,使调整后的新镇总人口增加,但这并不一定会使镇区人口短期内迅速产生集聚。这里显然是把行政建制的“镇”与“城镇”(即“镇区”)完全等同了。“撤乡并镇”工作是必要的、有益的,但媒体的宣传把“撤乡并镇”的意义重点放在加快小城镇建设、推动城镇化进程上,就有些牵强附会了,实际上是宣传者们把行政建制的“镇”与“城镇”(镇区)的概念混淆了。而之所以会造成混淆,就在于现在的“市”与“镇”概念已发生变化,已不具有原来的意义了。

(10) “必须按照合并乡镇的基本思路,加快小城镇建设步伐。”

同上,这里将“小城镇”混同于行政建制的“乡、镇”了。

(11) “平川六县区即未来晋中市城区的三大重点发展方向是:特色农业、劳动密集型加工工业和旅游业。”

六县区如何能成为“城区”？即使是六县区(南北相距百十来公里)的城区部分也不能称为是晋中市城区！再者城区的发展方向如何能是“特色农业”？显然是“撤区设市”后,把全市域当成城市了,尽管“撤区”设了“市”,其“市”的主城区仍然是市政府驻地的原榆次城区。

(12) “小城镇镇域农业剩余劳动力的转移趋势……”

小城镇何来“镇域”？只有行政建制“镇”才有“镇域”。

(13) “据有关部门推算,××××年全国小城镇总人口将达到3.6亿……”

不知这里的“小城镇”是何指？是指“镇域”总人口,还是指“镇区”总人口？

……

如此种种,“城与乡”“镇域与镇区”概念混淆的事例屡见不鲜,频频出现在报刊、文件、讲话中,已对城镇的规划与管理造成了极大混乱与危害,已到了非澄清不可的地步了。

“镇域”“镇区”都要发展,但“镇域”“镇区”毕竟是两类性质、作用截然不同的地域实体,因而会有截然不同的发展战略、发展方向和布局方式,这是绝不能混淆的。

(四) 行政建制中的“市”“镇”与本来含义的“市”“镇”(亦即城镇)有着本质的差别,二者分属于行政建制与城镇地理两个完全不同的系列。

省、市、县、镇、乡属行政建制系列,与之对应的政府驻地—(省会)、城区、县城、镇区等属城镇地理系列,详见表1、表2。

表 1

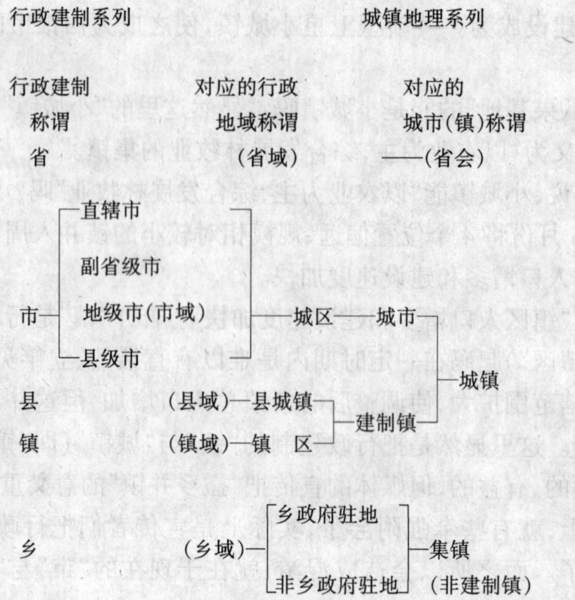

两 个 系 列 的 差 别

表 2

行 政 建 制 系 列	城 镇 地 理 系 列
是行政建制概念、是一级行政建制	是地理概念、聚落概念
是行政地域,行政区划名称	按"形态"、景观特征区分,是实体地域、景观地域,是居民点类型名称
相应设有一级政府,是人为设置的	一般是一级政府的所在地,是社会经济发展到一定阶段的必然产物
历史短	历史相对悠久
地域范围大,有明确行政界线界线相对稳定	地域范围相对小,行政界线模糊、不确定,界线处于动态变化中
是"域",是"面"	相对而言是"点"
涵盖后者,包括农村	是前者的一部分,仅是"城镇实体"
审查资格归民政部门	审查资格归建设部门

简言之,行政建制意义上的"市""镇"一般都由城市和农村两部分组成,"城市"只是"市(镇)"的一部分,而一定规模的"城市"则是设市(镇)的绝对必要条件。现在的状况是:是"市"的但不一定是"城市",是"镇"的但不一定是"城镇"。例如重庆是"市",行政区域面积几千平方公里,但重庆的主体"城市"部分(中心城区)至多只有几百平方公里。一个"镇"一般有几十或百十余平方公里,但其城镇部分,即"镇区"至多只有几平方公里,甚至不足一平方公里。

我们现在是在"市""镇"概念已完全失去本来含义、承认"市""镇"已成为一级行政建制的条件下开展工作的,这是必须明确的前提。除非恢复"市""镇"概念的本来含义,但这又将意味着行政建制的巨大变动,实行起来很困难。

(五) 所谓发挥"城镇"的中心作用,就是专指发挥"镇区"的作用。

因为"镇"已经成为了一级行政建制,所以名义上被称为"镇"的地域已不具有"城镇"的实体意义,真正具有"城镇"实体意义的是"镇"的"镇区"。所谓发挥"镇"的中心作用、所谓建设"小城镇",所谓形成规模经济、集聚人口成为"蓄水池"等等都专指的是"镇"的"镇区"部分,不是指的"镇域"。"镇区"即"城镇"。如果城乡不分,把行政建制的"镇"(镇域)与"城镇"(镇区)混淆起来,把发挥小城镇"中心"作用理解为即是发挥"镇"(镇域)的作用,那么全部"撤乡设镇"了的地区,行政建制上都已成为了镇,岂不全地区都成了一个中心?都是中心也就没有了中心,于情于理不通。所谓小城镇具有吸纳农村剩余劳动力的"蓄水池"作用,也应指的是"镇区",如果"蓄水池"指的是"镇域",那么本来就散布在"镇域"即"蓄水池"中的农村剩余劳动力,又如何用得着"吸纳"呢?中央关于农业和农村工作若干重大问题的决议指出:"发展小城镇……有利于乡镇企业相对集中,更大规模地转移农业富裕劳动力,避免向大中城市盲目流动,有利于改善生活质量…..."如果小城镇指的是"镇域",又从何谈起"集中"?又如何需要"转移"?又如何能"改善生活质量"?这是再明显不过的事情了。

只有"镇区"才是"镇"的真正"城镇实体"。我们在城市规划中所提发展、建设"小城镇"就是特指发展、建设"镇"的"镇区",发展、建设"镇"的"镇域"是发展、建设"农村",二者从概念上应区分开来。城、乡密不可分,虽然"城"与"乡"都要发展,从宏观的整体角度也应该考虑城乡之间的协调发展问题和城乡一体化的发展趋势,但严格地讲,全"镇域"(农村)的发展问题与"城镇"(镇区)的发展问题不属于同一个范畴。所谓发展、建设"小城镇",就是专指发展、建设行政建制"镇"的"镇区"。

(六) 绝大部分"镇"是可以分清城与乡、"镇域"与"镇区"界线的。

从形态上划分我国的城镇整体上可分为两大类:一类城乡界线分明、以完整的独立形态存在,一类城乡一体、以连片发展的"城镇连绵带" 形态存在。二者形成条件不同,城镇化的实现形式与城镇化发展战略也不同。前者占据城镇的主流,后者只在沿海部分发达地区存在。以"城镇连绵带"形态存在的城镇以珠江三角洲(尤其是东莞—深圳一线)、厦门—福州(尤其是泉州—莆田一线)为典型,城乡不分,镇域镇区不分,城镇村落密布,城乡连成一片。但即使在这些沿海发达地区,也存在着较明显的内部地区差异,实际上深圳至惠州沿线、福建福州以东地区的城镇也仍旧以独立形态存在。在我国绝大部分地区包括北方城镇发达的胶东、京津唐地区等,除个别地段有城镇带状发展趋势外,城镇大都以独立形态存在,城乡分明,城是城,乡是乡,大致上轮廓分明。因此在我国的绝大部分地区要求划清"镇域""镇区"界线是应该能够做到的。

城乡该不该分清与能不能分清以及用什么办法分清,是两码事。不能因为存在着少部分"城镇连绵带" 城乡不易分清的状况,或现实中分清城乡界线确实存在着一定技术上的难点,就放弃对绝大多数镇分清城乡界线的要求。尽管镇区(建制镇)、集镇、村庄都是居民点,不管是哪类都要规划、建设,尽管无论是"城"还是"乡"都有需要发展的问题,但它们毕竟性质、功能、作用不同。强调分清城乡界线,其意义并不在于一定要以一定的标准在城乡之间划出一条清晰明确的地理界线,而在于让人们在头脑中首先应清醒明确地树立这样一个"城镇"观念,即"发展小城镇是个大战略",这里的发展、建设小城镇指的主要是发展、建设点状形态的"镇区",而不是面状的"镇域"。在"市""镇"概念已发生变化并已造成很大混乱的现状下,仍不强调分清城乡界线,"镇域""镇区"不分,"点""面"不分,是导致乡镇企业"村村点火、户户冒烟”、分散布局现象愈演愈烈及“城不像城，村不像村，城又像村，村又像城”现象发生的重要原因之一。因为在许多非专业人员，尤其是不少基层领导干部中，相当多的人存在着“撤乡设镇”后发展“镇”（镇域）就是发展小城镇（镇区）的误解，把发展小城镇与发展农村、发展农业完全等同并混淆了起来，但这也就违背了中央制定的“发展小城镇是个大战略”的初衷。

二、为什么“小城镇”的涵盖范围可以适当上下延伸？

（一）目前对“小城镇”的涵盖范围有多种认识

目前对“小城镇”涵盖范围的认识可以概括为如下组合：

县城镇 ⎡设市建制的县城镇（指县级市的城区—小城市） ①
⎣设镇建制的县城镇 ②

建制镇 ⎡设镇建制的县城镇 ②
⎣县城以外的建制镇 ③

集　镇 ⎡乡政府驻地集镇 ④
⎣非乡政府驻地集镇 ⑤

（1）小城镇专指所有县城以外的建制镇　③

（2）小城镇指县城及县城以外的建制镇　②+③

（3）小城镇指县城以外的建制镇和乡政府驻地集镇　③+④

（4）小城镇指县城以外的建制镇和所有集镇　③+④+⑤

（5）小城镇指县城、县城以外的建制镇和所有集镇　②+③+④+⑤

（6）小城镇指县城、县城以外的建制镇和乡政府驻地集镇　②+③+④

（7）小城镇指小城市、县城及县城以外的建制镇　①+②+③

（8）小城镇指小城市、县城、县城以外的建制镇和乡政府驻地集镇　①+②+③+④

（9）小城镇指小城市、县城、县城以外的建制镇和所有集镇　①+②+③+④+⑤

上述所有的组合中都包括建制镇。各种组合的差异是有的上延到小城市，有的下伸到非乡政府驻地集镇。

（二）具有小城镇形态的居民点是多种多样的

现实状况是很难用一个确定的范围涵盖多种多样的居民点。

1. 全国现状小城市中有1/3不够新的设市标准。

全国城市分类　　**表3**

	特大城市	大城市	中等城市	小城市	小　计
直辖市	4	—	—	—	4
副省级市	12	3	—	—	15
地级市	21	45	119	27	212
县级市	—	—	86	351	437
小　计	37	48	205	378	668

注：根据1998年行政区划资料整理。

根据1993年经国务院批准试行的新的设市标准要求，设市的下限标准最起码为县域非农业人口达到10万人（同时要求县政府驻地镇非农业人口达8万人，其中具有非农业户口的6万人；还有其他经济实力、基础设施水平、人口密度等指标）。这里，非农业人口口径已相当于"从事非农产业活动的人口"，与以往的"非农业人口"口径已有很大不同，原"非农业人口"口径已由"非农业户口人口"代替。

但历经解放后50年的行政建制变迁，我国现状的378个小城市中，仍有35%即132个没有能够达到(镇域)非农业人口10万人规模的下限标准。其中131个的行政建制是县级市，占全国县级市总数量(437个)的30%。这些不够"小城市"下限标准的城市，在某种程度上相比较而言更接近于一些发达的建制镇(尤其是发达的县城镇)。这132个小于10万人的小城市的平均规模是7万人，其中小于5万人的城市占20%，规模最小的畹町市仅0.55万人(据"1998年全国设市城市及其人口统计资料")。

这些在"小城市"下限标准之下的小城市，该不该算"小城镇"？

2. 现有的县城也不全都是建制镇。

全国2122个县级行政单位中除去设市(县级市)建制的以外，其余1586个单位为"县"建制，占全国县级行政单位总数的75%。但同为"县"建制、县政府驻地同称为"县城"，内部也有很大差异：其中1507个县驻地为"建制镇"(内有22个与地区行署驻地同在一地)，但也还有79个县驻地未设镇建制(主要集中在偏远的少数民族地区：西藏54个、青海19个、甘肃4个、云南贵州各1个)。由上可知，同为县城差别也还是很大的，并不是县级行政单位的政府驻地非市即镇建制，而是还有村。

3. 地区差异导致同名称的小城镇在各地成色不同。

我国小城镇的分布特点是"区内有区"，即以市、县为规划的地域单元，几乎任何一个地区内都存在着小城镇发展的地区不均衡性：经济发达地区内也有小城镇发展欠发达的地方(如江苏的苏北地区)、而经济欠发达地区内也会有小城镇发展较发达的地方(如陕西的关中地区)。发达省区中的欠发达地区有的在经济与城镇发展上甚至强于欠发达省区内的发达地区(见表4~6)。例如江苏省的苏北地区，面积与人口分别占江苏省的52%和44.5%，但其各项经济指标与苏南比相去甚远。苏南、苏中、苏北三地区人均GDP之比为3.9:1.5:1；苏北五个省辖市的财政收入之和不如一个南京市；苏北28个县(市)在岗职工的平均工资、农民人均纯收入等基本排在全省后30名。

江苏省区域差异 **表4**

	人均GDP	职工平均工资	GDP结构	农民人均纯收入	城镇密度	城镇化水平
	元	元	1:2:3	元	个/百 km^2	%
苏南	19032	8565	1:8.2:5.2	4848	1.99	35.1
苏中	7422	7422	1:3.7:2.7	3408	1.20	27.7
苏北	4927	5609	1:1.3:0.9	2677	0.54	15.5

福建省闽东南地区沿海山区两大部分差异 **表5**

	城镇化水平(%)	人均GDP(元/人)	人均工业产值(元/人)	人均耕地(亩/人)
沿海部分	36.2	13428	18496	0.33
山区部分	23.0	5630	6300	0.55

广西壮族自治区东、中、西部地区差异 **表 6**

	城镇化水平(%)	人均 GDP(元/人)	人均工业产值(元/人)	人均地方财政收入(元/人)	乡镇密度(个/百 km^2)	城镇密度(个/百 km^2)
东　部	14.2	4491	4086	189	0.71	0.51
中　部	22.3	5392	5583	254	0.55	0.24
西　部	13.1	3243	2452	164	0.51	0.13

注：据各省(自治区)省(区)域城镇体系资料。

与之对应，同样被称之为“县城”、“建制镇”、“集镇”，但南方与北方、沿海与内地、发达地区与欠发达地区却成色大不一样：南方的、沿海地区的、经济发达地区的小城镇比较发育，这些地区的某些县城、建制镇、集镇会分别好于北方的、内陆的、经济欠发达地区的城市、县城、建制镇，甚至经济发达地区的富裕村庄都会比欠发达地区的建制镇乃至县城强。也可能 1 万人口规模的“小”城镇在南方很普通，但在西北尤其是偏远的山区却是凤毛麟角的“大”城镇。新疆昌吉市六工乡政府驻地紧临公路，距昌吉市城区仅 11 公里，距首府乌鲁木齐也不过四、五十公里，属于新疆天山北麓经济发达地区，是昌吉市拟重点发展的小城镇，但驻地人口仅几百人，城镇面貌远不如中部地区(如晋中)的一个普通村庄。

全国“一刀切”人为地圈定“小城镇”范围，必定造成各地小城镇良莠不齐、名实不符。

4. 行政区划的调整不断改变着城镇的性质、地位。

许多“非乡政府驻地集镇”就是行政区划调整—“乡镇合并”的结果：它们也曾是某个乡或镇的政府驻地，但只因行政建制的变更或行政区划的调整，不再是新“镇”或新“乡”的政府驻地了，从而也就从“建制镇”或“乡政府驻地集镇”演变为“非乡政府驻地集镇”了。在行政主导作用仍然很大的现行行政管理体制下，行政建制的变更与行政区划的调整改变了这些非乡政府驻地“集镇”的原有地区中心地位，从而使之在未来的发展中极有可能因失去行政主导作用的凝聚力而走向相对的衰落。但从现状看，它们经多年建设而形成的基础设施和公共设施已有一定基础(虽然一般而言在区划调整中多属于相对落后的一方)，而且即使在“乡镇合并”后也仍旧保留下了集市贸易的传统，其驻地人口规模及城镇建设用地规模在相当一段时间内也不会因行政建制的改变而发生明显的变化。它们的性质、地位发生了变化，但已形成的城镇形态并不会随之消失。在我国行政区划的变动虽不会太频繁，但变动总是会有的，且目前这种变动还有很大的人为因素在起作用，随着镇乡撤并的反复，这些城镇的性质也就可能不断地发生变化：时而变为“建制镇”，时而变为“乡政府驻地集镇”甚至“非乡政府驻地集镇”。如果这样，假如我们规定“乡政府驻地集镇”或“建制镇”以上才算小城镇，那么同样一个地区“乡镇合并”前后，小城镇无论是数量还是城镇化水平上就会有很大变化(2001 年山西撤乡并镇完成后将减少 1/3 的乡镇级行政单位)。

5. 同样是独立的工矿区等，有的设镇，有的不设镇。

具有“城镇”形态的地方并不一定就都是“城镇”。在现实中就还存在着一些具有城镇的形态，从广义上讲“像城镇”而实际上又不是城镇的“准城镇化地区”。

凡属城镇(即行政建制市的“城区”、行政建制“镇”或“乡”的“镇区”)以外，具有城镇的形态和一定的人口密度但又未达到设市、设镇标准的以非农业活动为主的居民聚集点可称为“准城镇化地区”。

许多脱离城市母体而存在的独立工矿点、大专院校科研院所、开发区、风景区等都具有城镇的形态，都以非农业人口和非农业活动集聚为主，但其中只有极少部分因“确有需要”而能被设镇建制外，大部分只能以“准城镇化地区”的形式存在。一些发达地区的富裕村庄，具备了一定的基础设施和公共设施，也是从事非农产业活动人口集聚的居民点，也具有一定的密度，但它们或腹地小，或不具有辐射作用（或辐射范围与作用很小），不是一片地区的中心，因此虽然具有一定“城镇”的形态，但设镇建制的可能性很小，所以也只能列入“准城镇化地区”范畴。

这一类“准城镇化地区”在城镇的现代化方面要远远强于许多建制镇、集镇甚至县城，难道它们不应包括在小城镇的范围内？

6. 许多农场、林场的场部都不在建制镇之列。

农场、林场等虽然不是一级地方政府，但其下属组织机构形式与行政建制的“镇”、“乡”极其相近，场部之下有同“村”差不多的分场、连队等。农（林）场的场部所在地具有一片较大地区的中心作用，可以认为应属于“城镇”范畴，但实际上它们并没有设立镇的建制，一般也不在镇的统计之列（除新疆生产建设兵团外），建设部门一般也不去管理。在过去，因农场、林场属企业性质，一般按部门由上至下受“条条”的垂直领导，一切自成体系，与地方横向联系又不多，所以在城镇体系规划中也往往忽视了这一部分的存在。

以上情况说明，现实存在的状况是，叫“镇”的有的并不一定够设“镇”标准，而够城镇标准的又不一定就是“建制镇”。有的“建制镇”比“城市”强，也有的“集镇”比“建制镇”强……总之情况是千变万化的，要用一个人为确定的范围来涵盖多种多样的居民点具有很大困难。

（三）“小城镇”范围的确定应有一定的灵活性

以上说明，任何概念的确定、任何范围的圈定，实际上最终都有人的主观因素在起作用（算与不算以及上下限的确定等等）。我们即使明确了一定的概念、做了一定的规定，也很难保证不挂万漏一，也很难保证没有特例存在，总之很难保证“规定”覆盖的全面性、完整性与准确性。而且在规定的执行中、在对规定的理解上也仍然会存在许多偏差。比如现在一些地区之间建制镇数量上的差别，在很大程度上就是由于建镇政策因素而导致的，并不单纯是由于人口聚集数量和经济发展水平高低的缘故造成的：有些地区对设镇标准执行得宽松些、把“非农业人口”理解为是按从事职业划分而不是按户籍划分、把城镇的范围圈大些……就很有可能比同等类型同等经济发展水平的地区设有更多的建制镇、具有更多的城镇人口和更高的城镇化水平……。在我国这样一个地域广阔、区域差异极大、情况千差万别、人的素质参差不齐的国家内，要想以一个统一的口径确定“小城镇”的范围，执行起来将会是困难极大的。面对着客观存在的种种具有城镇形态的非农村的居民点，我们没有必要也不可能人为的按照行政管理的需要只圈定出其中的某一部分就是“小城镇”，某一部分就不是“小城镇”。

本专题认为在明确（1）“小城镇”不是行政建制概念，“小城镇”专指的是“点状”的政府驻地的“镇区”部分，（2）建制镇（包括县城镇）是“小城镇”的最基本主体的基础上，应允许各地根据各自的情况与需要因地制宜地确定“小城镇”的范围，也就是说“小城镇”范围的上下限确定应允许有一定的灵活性，不应“一刀切”，各地根据需要、从不同的工作角度出发，以建制镇（包括县城镇）为基础，可以将“小城镇”范围向上延伸到小城市或向下延伸到非乡政府驻地的集镇。比如：

在以中等规模以上城市为中心城市做城镇体系规划时，“小城镇”的下限可限制在“建制镇”以上；而在以小城市或县城为中心城市、以市(县)域作为城镇体系规划的地域单元时，“小城镇”的上限可是小城市或县城，而下限则可向下延伸到乡政府驻地集镇甚至非乡政府驻地集镇。

在“镇”建制设置已较多的经济发达地区以及在“镇”建制设置特少的欠发达地区，做城镇体系规划时则可以考虑把“集镇”排除在“小城镇”范畴之外，因为前者余下未及设“镇”建制的“乡”，经济实力及区位一般均已较差，而后者连现有的“建制镇”都已勉为其难，余下的“集镇”与城镇标准差距更大，因此不宜笼而统之地把所有乡政府驻地或非乡政府驻地“集镇”均视为“小城镇”。

在研究城镇化水平时，如果资料允许，可以将“集镇”作为工作的基本单位，这样就不会因国家政策变动在短时期内大量设市镇或撤市镇而使城镇化水平出现不合理的变化，同时也可避免因各地设市镇政策的差异或对同一政策理解上的偏差而导致不同地区不可比现象的出现。

为了能较真实地反映地区城镇化水平，在工作范围相对较小、资料容易取得的地区甚至也可以将“准城镇化地区”纳入工作范围；但在进行大范围的如全国、全省范围的宏观性研究时，受资料来源所限，同时也为了更有可比性或者为了能与国际通用口径接轨，按照《城市规划法》的城镇口径，将建制镇作为基本的统计单元就可能更合适些。

如果我们工作的重点是农村、农业、农民，那么从强调发挥小城镇功能、从便于实施管理的角度出发，将“乡政府驻地集镇”乃至“非乡政府驻地集镇”也作为带动地区经济发展的中心，也列入“小城镇”的范畴也未尝不可。

不同级别的城镇行政主管部门，因事权不同，对“小城镇”的管辖范围也会有所不同，从行政管理的需要出发，越是往下的基层单位，“小城镇”向下延伸的越深，甚至在某些地区将“中心村”也纳入“小城镇”管理范畴也是有可能的。

总之，对“小城镇”的范围，没有必要进行非此即彼的强求规定，实际上即使以明文形式确定了，也未必能执行得下去，也未必能坚持得长久。“小城镇”是一种客观存在，为了适应人为的需要而硬要把“城镇”中的某一部分“挖”出来、套上行政级别，只把它们称之为“小城镇”的作法有欠科学。在明确前述两点(“小城镇”指“镇区”、“小城镇”的基本主体是建制镇)的基础上，应允许不同地区按不同需要因地制宜、实事求是地确定“小城镇”的上下限范围。但在小城镇涵盖范围超出基本主体而适当延伸时须加以说明，以便比较。

(执笔人：晏 群)

2 小城镇镇域经济发展趋势预测

一、小城镇建设与经济发展概况

根据建设部统计资料，到1999年底，全国建制镇17341个（不含县城关镇），用地167.53万公顷，集镇28704个，用地92.56万公顷。全国建制镇住户3230.76万户，其中农业户1786.79万户，占建制镇总户数的55.31%，非农业户1443.97万户，占建制镇总户数的44.69%。全国建制镇人口11635.48万人，其中农业人口6756.64万人，占建制镇总人口的58.07%，非农业人口4878.84万人，占建制镇总人口的41.93%。全国集镇住户1579.06万户，其中农业户1154.85万户，占集镇总户数的73.14%，非农业户424.21万户，占集镇总户数的26.86%。全国集镇人口5931.42万人，其中农业人口4452.05万人，占集镇总人口的75.06%，非农业人口1479.37万人，占集镇总人口的24.94%。

小城镇建设方面，1999年，建制镇人均居住面积13.19平方米，人均使用面积17.12平方米。建有供水设施的建制镇14552个，占建制镇总数的83.29%，自来水用水普及率80.21%。实有通电建制镇镇数17330个，占建制镇总数的99.94%。实有道路长度194207公里，人均公共绿地面积2.86平方米。建制镇建设投资980.08亿元，其中，住宅建设投资464.04亿元，占建制镇建设投资总额的47.35%，公共建筑建设投资199.68亿元，占20.37%，生产性建筑建设投资156.75亿元，占15.99%，公用设施建设投资159.61亿元，占16.29%。

1999年全国集镇人均居住面积13.02平方米，使用面积16.74平方米。建有供水设施的集镇14973个，占集镇总数的52.16%，自来水普及率58.20%。实有通电集镇数28186个，占集镇总数的98.20%。实有道路长度1436674公里，人均公共绿地面积2.23平方米。集镇建设投资324.64亿元，其中，住宅建设投资193.09亿元，占集镇建设投资总额的59.48%，公共建筑建设投资64.35亿元，占19.82%，生产性建筑建设投资31.06亿元，占9.57%，公用设施建设投资36.15亿元，占11.14%。

小城镇经济发展状况与整个国民经济和农村经济发展水平直接相关，根据农业部对全国农村改革实验区范围内的20多个小城镇的统计调查和数据分析，其经济发展的主要特点表现为：

第一，经济总量增加，产业结构转换滞后。从总产值看，被调查建制镇镇平均产值（仅包括建制镇镇区）由1990年的5641.54万元增加到1997年的6.4亿元；乡镇企业产值（口径同前）由3410.02万元增加到55751.2万元，增长了10多倍（未剔除价格因素）。企业的平均规模也有不同程度的扩大。1990年，建制镇镇区乡镇企业的平均产值为17.28万元，1997年达121.94万元。但相比之下，产业结构变化却不尽如人意。1990年被调查小城镇第一产业的比重由9.12%降低到2.07%，但第三产业的比重上升幅度仅为1.8个百分点，第二产业的比重仍然保持在80%以上。而且在1990～1997年8个年份中，有4个年份第三产业比重是下降的。小城镇的劳动力就业结构也反映了这一点。1990年被调查小城镇的一、二、三产业劳动力比重分别为39.54%、38.32%、21.74%,1997年则变为29.87%,47.25%,22.88%。第三产业吸收的劳动力份额仅仅增加了1个百分点,由第一产业流出的劳动力绝大部分进入了第二产业。

第二,农民收入和小城镇居民收入同步增加,相对差距缩小。1990年,被调查的建制镇农民的收入为811.35元,镇区非农业户口的居民收入为1853.84元,两者的绝对差距为1042.49元,后者为前者的2.28倍。1997年,农民和非农业居民的年收入分别增加到3383.5元和4666.05元,绝对差距1282.55元,后者仅为前者的1.38倍。

第三,个人成为小城镇建设投资主体,基础设施建设投资不稳定。从被调查小城镇投资来源构成看,国家和集体的投资份额逐渐降低,个人投资比重迅速提高。1990年,在被调查的建制镇,国家财政投资额为305.7万元,占固定资产投资总额的23.5%,1997年则分别为530万元和5.9%;集体投资所占份额由55.3%降为12.37%;个人投资份额则由16.96%提高到64.62%。显然,个人已经成为小城镇建设的投资主体。从另一方面看,由于目前大多数建制镇还没有建立完全财政,无法形成一个以税收为基础的稳定的资金来源用于镇区各项公共设施的建设和维护,很多镇政府往往通过垄断征占农村土地、出卖户口或者收取杂费、进行社会集资等筹集基础设施建设资金,这些措施筹资的资金由于形势和政策的变化时多时少,影响了基础设施建设的有序发展。

二、影响小城镇镇域经济发展因素分析

发展小城镇是带动农村经济和社会发展的一个大战略,充满活力的经济是小城镇繁荣和发展的基础。小城镇经济发展要受到国家政策、国民经济整体发展水平和农村经济发展状况等诸多因素影响。从目前看,我国小城镇经济发展既存在着有利条件,也存在着制约因素。

(一) 我国小城镇经济发展的有利条件分析

目前我国小城镇经济发展存在以下有利条件:

1. 党和国家十分重视小城镇建设和发展,提出了"小城镇,大战略"的发展方针

1998年10月,江泽民总书记到长江三角洲农村考察了乡镇企业和小城镇建设的情况时说:我国有12亿人口,9亿在农村。有计划、有步骤地把农业劳动劳动力转移到新兴的小城镇和乡镇企业,是实现我国农业现代化的必由之路。并在此明确地提出:发展乡镇企业是一个重大战略,是一个长期的根本方针。在大力发展乡镇企业的同时,积极推进小城镇建设,也是一个大战略。

随后,1998年10月党的十五届三中全会通过的《中共中央关于农业和农村工作若干重大问题的决定》指出:"发展小城镇,是带动农村经济和社会发展的一个大战略,有利于乡镇企业相对集中,更大规模地转移农村富余劳动力,避免向大中城市盲目流动,有利于提高农民素质,改善生活质量,也有利于扩大内需,推动国民经济更快增长。要制定和完善小城镇健康发展的政策措施,要合理布局,科学规划,重视基础设施建设,注意节约用地和保护环境。"

1999年11月中央经济工作会议公报又提到:"发展小城镇是一个大战略,小城镇建设要合理布局,抓紧规划,规模适当,注重实效,要注意运用市场机制,更多地发挥民间投资的作用,走出一条在政府引导下主要通过市场机制建设小城镇的路子。"

2000年6月13日,中共中央、国务院出台了《关于促进小城镇健康发展的若干意见》。

《意见》指出，当前，加快城镇化进程的时机和条件已经成熟。抓住机遇，适时引导小城镇健康发展，应当作为当前和今后较长时期农村改革与发展的一项重要任务。《意见》还指出，城镇化水平的提高是一个渐进的过程。发展小城镇既要积极，又要稳妥。力争经过10年左右的努力，将一部分基础较好的小城镇建设成为规模适度、功能健全、环境整洁、具有较强辐射能力的农村区域性经济文化中心，其中少数具备条件的小城镇要发展成为带动能力更强的小城市，使全国城镇化水平有一个明显的提高。

党中央、国务院提出的一系列小城镇发展的战略措施，为小城镇经济发展提供了有力的政策保证。

2. 我国国民经济和农村经济的稳步发展，为小城镇经济发展提供了有利条件和环境

改革开放以来，中国经济连续保持了20年的快速增长，1980～1997年，GDP年均增长9.8%。近两年，国民经济仍保持稳定增长，1998年国内生产总值78345亿元，比上年增长7.8%。1999年国内生产总值81911亿元，比上年增长7.1%，其中，第一产业增加值14457亿元，比上年增长2.8%；第二产业增加值40418亿元，比上年增长8.1%；第三产业增加值27036亿元，比上年增长7.5%。经过20年的发展与改革，中国的经济面貌已经发生了质的飞跃。从产业结构方面看，按当年价格计算，1999年第一产业占国内生产总值17.7%，第二产业占49.3%（其中工业占42.7%），第三产业占33.0%。特别重要的是，改革开放以来，我国农村经济得到了全面发展。

首先，农业持续高速增长，摆脱了农产品长期严重短缺的困境。全国粮食总产量由1978年的30477万吨增长到1999年的50839万吨，相应人均粮食占有量由318.74公斤提高到405.55公斤。农业总产值由1978年的1397.0亿元增长到1999年的24519.1亿元。

其次，农村产业结构发生了重大变化。农村第一产业比重大幅度下降，第二、第三产业比重上升。按产值计算，第一产业比重由1991年的42.9%下降到1998年的22.3%，第二产业比重由1991年的49.5%上升到1998年的63.6%，第三产业比重由1991年的7.6%上升到1998年的14.1%。

第三，农民基本上摆脱贫困，走向小康。改革开放后，农民收入有了较大提高，农民人均年纯收入1978年为134元，1999年增至2210元。农民的消费结构也发生了变化，农民的住房、衣着、日用品消费、耐用品消费、文化教育、医疗和储蓄水平等都有了很大程度的提高。

我国国民经济和农村经济的稳定发展，为小城镇经济发展奠定了基础，提供了条件，创造了机遇。

3. 乡镇企业或中小企业的进一步发展，为小城镇经济发展带来了生机与活力

改革开放20年间，乡镇企业得到了迅速发展，数量1998年比1978年增长了12倍，总产值增长了几百倍，就业人数也增长了约5倍。乡镇企业增长速度“七五”期间30%；“八五”期间40%；“九五”期间的1996年21%，1997年17.4%，1998年17.3%。乡镇企业的异军突起，打破了二元结构下城乡产业发展的界限，促进了农村工业化和第二、第三产业的发展，带动了小城镇经济发展，对优化城乡结构发挥了极其重要的作用。目前，国内生产总值的1/3、财政收入的1/3、出口创汇的38%、工业增加值的47%、农村社会增加值的2/3、农民收入的1/3都来自乡镇企业。乡镇企业对农村经济和国民经济增长的拉动作用日益增强，乡镇企业增加值每增长3个百分点，就能带动国内生产总值增长1个百分点；乡镇企业增加值每增长2个百分点，将带动全国工业增加值增长1个百分点。乡镇企业对农民纯收入新

增部分的贡献达到50%。

我国现有的农村非农化是我国未来城镇化的重要基础。“十五”期间,为解决巨大的社会就业压力,中小企业将会有较快的发展,这给农村企业的发展提供了空间,必然会带动小城镇的经济发展。中小企业是工业化国家经济结构的重要组成部分,对发展中国家初期发展阶段的研究表明,这些国家的经营活动较高地集中在中小企业部门。我国目前工商注册登记的中小企业已超过1000万家,占全国企业总数的99%,中小企业占全国工业产值的60%,利税占到40%,在我国设立的外商投资企业90%以上也是中小企业。从改革和就业两个角度看,中小企业在“十五”期间依然是我国经济发展的重点。中小企业包括乡镇企业,以“中小企业”取代“乡镇企业”已经因国际国内环境变化而成为一个必然的历史趋势。因此,包括乡镇企业在内的中小企业发展将为小城镇经济发展提供新的空间。

4. 农业产业化的发展,将进一步带动小城镇的建设和发展

农业产业化是指以国内外市场为导向,以经济效益为中心,围绕区域支柱产业,实行区域化布局、专业化生产、系列化加工,通过市场牵龙头、龙头带基地、基地连农户的形式,逐步形成种养加、产供销、贸工农、农工商、农科教一体化生产经营体系,推动农业现代化进程。农业产业化的实质是分工在农业中的深入发展,是传统农业走向现代农业的过程。

在农业产业化发展过程中,龙头企业是不可或缺的一大要素。发展龙头企业,延伸产业链条,不仅促进农村经济发展,而且通过龙头企业向工业园区和小城镇的集中,拉动小城镇建设,使产业和城镇共同发展。同时,随着龙头企业的发展壮大,组建企业集团,带动相关产业,小城镇的规模也会随之扩大。

(二)我国小城镇经济发展的制约因素分析

小城镇经济发展虽然有着以上有利条件,但从我国目前经济发展现状来看,小城镇经济发展也存在着一些制约因素,其中主要有:

1. 社会有效需求不足。从1996年开始,国内需求不足的现象已经出现。由于城乡居民收入增长速度难以明显提高,居民在增支减收的心理预期仍然在相当程度上存在,因此储蓄倾向将居高不下,消费需求总体上仍将呈现疲软态势。其中城镇居民由于预期支出提高,持久性收入增长缓慢,收入分配差距过大,高收入阶层占有的国民收入多,但消费倾向低,低收入者消费倾向高,但缺乏现实的购买力等问题一时难以改变,而农村居民由于收入增长缓慢,特别是农业收入增长缓慢引起的消费不足比城镇居民消费不足更为明显。因而,在城市消费需求还不能迈上新台阶的时候,农村消费却不能补充上来,农村消费还仅是一个潜在的市场,使扩大内需的政策受阻。这对小城镇经济和整个国民经济的快速发展已产生直接影响。

2. 农村剩余劳动力大量存在,农民收入增长减缓。农村剩余劳动力的就业问题受到大中城市国有大中型企业不景气,就业压力大,各地采取倾向性政策,对农村劳动力的雇用实行限制,乡镇企业分散化、规模小,无法使农村第三产业得到较大发展,以及要参与国际和国内竞争,进行技术和制度创新几方面的制约,吸纳农村劳动力的能力持续下降,因而使大量农村剩余劳动力滞留在农业。据农业部门的调查研究,我国现阶段农业部门需要的合理劳动力数量约1.96亿人,按1998年我国农业劳动力3.48亿人计算,剩余劳动力达1.52亿人,到“十五”期末,农业劳动力将增加到1.8亿人。大量农村剩余劳动力滞留在农业,使农民收入难以增加。1999年,农民人均纯收入2210元比上年增长2.2%,考虑物价因素,实际

增长3.8%。自1997年以来,农民纯收入的增幅从4.6%到4.3%,再到3.8%,连续三年下跌,这是改革开放以来所没有过的情况。农业剩余劳动力的大量存在和农民收入增长缓慢,对扩大消费,聚集小城镇建设资金带来不利影响,从而影响小城镇经济发展。

3. 当前乡镇企业发展处境困难。经过改革开放20年的发展,乡镇企业已成为中国农村经济的主体力量和国民经济的重要支柱。但当前乡镇企业发展出现了不少令人担忧的严重问题,主要表现在:

第一,乡镇企业发展的外部环境日益趋紧。与城市企业相比,乡镇企业的总体实力无论在企业整体素质,还是在产品竞争力上都存在较大的差距。同时,随着国有银行商业化和农村金融市场的清理整顿,资金短缺问题进一步加剧。

第二,乡镇企业经济增长速度明显放慢,主要指标下滑。乡镇企业的经济增长率在"八五"期间平均达到42.27%。"九五"以来,尽管从绝对值看乡镇企业仍然保持了较高的增长速度,但增长势头与"八五"期间相比明显趋缓。1996年乡镇企业经济增长率为21.0%,比上年下降了37%;1997年又进一步下降到17.4%;1998年为17.3%;1999年的增长速度进一步放慢到14%。据估算,改革开放20年间共有1亿人转到了非农产业,但近些年来,劳动力回流,企业倒闭,乡镇企业吸纳劳动力的速度在1997年和1998年连续出现了3%~4%的负增长。

第三,乡镇企业产业结构、产品结构层次低。从乡镇工业的结构来看,传统产业所占比重畸高,新兴产业和产品所占比重畸低。产品质量差、档次低,产品结构调整滞后于市场需求结构的矛盾相当突出。从整个乡镇企业结构来看,突出的问题是第三产业总量不足、发展相对滞后。且第三产业主要集中于一些传统的、低水平的交通运输和商业饮食服务上,而科技服务、信息技术咨询、金融保险等农村经济发展亟需的第三产业严重不足。乡镇企业发展在总体上已开始进入分化重组时期,结构不合理已成为制约乡镇企业发展的重要因素。

第四,乡镇企业向小城镇集中仍有障碍。乡镇企业"村村点火、户户冒烟"的情况仍然大量存在,分散布局的问题比较严重。国家统计局的调查结果表明,乡镇企业办在村里的仍占92%,办在镇上的只占7%,办在县城里的仅占1%。目前,受投入渠道少、土地政策制约和小城镇规划滞后等因素影响,乡镇企业向小城镇集中仍有许多困难。

目前乡镇企业发展过程中存在的各种困难对小城镇经济发展会产生严重影响。

此外,小城镇基础设施条件差,建设资金不足等问题的存在,也会影响到小城镇经济发展。

从以上分析可以看出,我国小城镇经济发展也可谓既有机遇,又有挑战。问题的关键是我们必须从战略高度,抓住党和国家小城镇发展的政策机遇,我国经济和社会稳步发展的经济环境机遇,采取有力措施,开拓进取,克服困难,把小城镇经济发展不断推向新的高度,加快我国城镇化、现代化战略目标的实现。

三、小城镇镇域经济发展趋势预测

在以上小城镇建设和经济发展状况以及小城镇经济发展影响因素分析的基础上,对小城镇经济发展趋势进行预测分析。

(一) 小城镇经济总量发展趋势预测

自1998年以来中央采取的各项旨在扩大内需的各项政策,在方向上是正确的,效果是积极的。当前影响中国经济增长的因素已出现了积极变化,增长动力有所增强,增长质量提高，国民经济呈现稳步回升的良好态势。据国家统计部门初步测算，2000年上半年国内生产总值为39491亿元，按可比价格计算，同比增长8.2%，增速比上年同期加快了0.6个百分点。从产业角度看，经济增长的加快主要是第二产业中的工业和第三产业带动的，其中，工业生产保持较高增长，第三产业发展有所加快，而农业的贡献率则有所下降。目前的经济回升主要是各项宏观调控政策的作用，但这种回升还只是初步的回升，基础上不稳固。从总体上看，社会有效需求不足的问题仍然比较突出，制约当前经济增长的一些主要矛盾尚未明显改观，经济增长的内在活力仍然不足。经济的宏观调控政策对刺激经济的短期回升是有利的，但经济的中长期增长的持久动力更多的将来自经济本身的内在活力。

1991～1998年，我国GDP平均增长速度为10.8%，其中，自1996年以来，增速减缓，1996、1997、1998、1999年GDP的增长速度分别为9.6%、8.8%、7.8%、7.1%。随着我国国民经济发展速度的回升和各级政府对小城镇发展的重视，预测今后几年，我国小城镇GDP增长速度为8%左右。

(二) 小城镇产业结构变动趋势预测

在一般情况下，工业化是小城镇发展的必经阶段。而在工业化的过程中，根据发达国家的经验，一、二、三产业的国内生产总值所占的比重一般由初期的正金字塔型转变为加速期的鼓型，并最终转变为倒金字塔型。1990～1999年，我国一、二、三产业的国内生产总值所占比重分别由27.1%、41.6%和31.3%变化为17.3%、49.7%和33.0%，第一产业的国内生产总值所占比重平均每年下降1.1个百分点，第二产业的国内生产总值所占比重平均每年上升0.9个百分点，第三产业的国内生产总值所占比重平均每年上升0.2个百分点。从农村产业结构的变化趋势看，1990年，我国农村按产值计算的一、二、三产业结构分别为46.1%、46.3%和7.6%，1998年分别为22.3%、63.6%和14.1%，这期间第一产业的产值比重平均每年下降3.0个百分点，第二产业的产值比重平均每年上升2.2个百分点，第三产业的产值比重平均每年上升0.8个百分点。总体上，无论是从国民经济整体还是从农村经济发展水平来看，都呈现出第一产业比重下降，第二产业和第三产业上升的趋势，产业结构比重表现为结构转化加速期的鼓型，这种鼓型的产业结构还要维持相当一段时期。从小城镇发展来看，近期第一产业所占比重仍将继续下降，第二产业和第三产业比重会继续上升。但由于目前小城镇的经济主体仍是第二产业，而且在一些经济不发达地区，第二产业还没有充分发展起来，因此第二产业比重的增加速度要相对较快，第三产业的比重由于小城镇人口集聚和工业集聚等因素影响，增加速度会相对慢些。预计近期小城镇第一产业的产值比重平均每年下降2.5～3.0个百分点，第二产业的产值比重平均每年上升1.5～2.0个百分点，第三产业的产值比重平均每年上升1.0个百分点。

(三) 小城镇乡镇企业发展趋势预测

小城镇建设是与乡镇企业发展相结合的，小城镇接近于农村，乡镇企业集中在小城镇，农民就近转入小城镇就业，与土地的关系维持一段时间，既可降低农村剩余劳动力转移的成本和就业风险，又可有效地避免在大中城市吸纳能力有限的情况下，农民大量涌入城市所产生的种种问题。目前乡镇企业发展虽然面临各种困难，其增长速度不可能达到“八五”期间平均42.27%的水平，但其继续向前发展是必然的。1999年，全国乡镇企业2000多万家，乡镇企业实现增加值25300亿元，同比增14%；实现利润总额5600亿元。同比增12%；上缴税金1750亿元，同比增11%；出口增幅亦有所回升，实现出口交货值7200亿元，同比增

5%。因此，乡镇企业今后几年仍将保持平稳增长的势头，预测其发展速度可望保持在15%左右。

受市场竞争和国家关闭“十五小”等因素影响，全国乡镇企业数量从1995年的2202.7万个减少到1998年的2002.9万个，但随着各地对小城镇建设和发展的高度重视，小城镇乡镇企业数量今后将会有所增加，其产值等规模也会在一定程度上扩大。

从乡镇企业产业结构变化趋势看，近5年全国乡镇企业一、二、三产业增加值结构1994年分别为1.5%、84.3%、14.2%，1998年分别为1.6%、78.0%、20.4%。未来小城镇乡镇企业的增加值结构变化将出现第一产业比例小幅上扬，第二产业比例下降，第三产业比例逐步提高的态势，小城镇乡镇企业三类产业中的就业结构也将出现类似的变动趋势。

乡镇企业集聚是促进小城镇建设和小城镇经济社会发展的重要条件，乡镇企业集聚可以通过共同利用基础设施、能源、动力及原材料，进行专业化生产与协作，达到降低成本，提高经济效益的目的。企业集聚还可带来小城镇人口集聚，增加消费，带动第三产业发展，扩大就业，促进经济发展。随着小城镇建设和发展，乡镇企业向小城镇(镇区)集聚是必然趋势，但受经济条件和政策等因素影响，乡镇企业向小城镇(镇区)集聚的速度将是缓慢的。

(四) 小城镇居民收入水平趋势预测

小城镇居民收入水平一般高于农村居民平均收入水平，但低于城镇居民平均收入水平。1999年，我国农村居民人均纯收入2210元，城镇居民人均可支配收入5854元。由于小城镇主要是在农村经济发展基础上发展起来的，因此，小城镇居民收入水平的提高与农村居民收入水平的提高相关性更强。据国内经济专家分析预测，近期我国农村居民收入增长速度将低于城镇居民。1997～1999年，我国农民纯收入实际增长速度分别为4.6%、4.3%、3.8%。未来一段时期，农民人均纯收入增长速度按4%～5%计算，2005年，我国农民人均纯收入将达到2796～2962元，2010年将达到3402～3780元。根据调查分析，小城镇居民人均收入一般比农民人均收入高出60%，所以，到2005年，我国小城镇人均收入将达到4474～4739元，2010年将达到5443～6048元。

以上预测分析说明，小城镇经济总量的增长，产业结构变化，乡镇企业的发展，居民收入水平的提高，必将是生产力和农村人口向小城镇聚集，增加小城镇发展数量，扩大小城镇规模，加快小城镇建设步伐。

(执笔：孔凡文)

3　小城镇镇域农业剩余劳动力转移趋势的预测

一、人口现状及城镇化分析

根据国家建设部统计年报汇总统计，1999 年底，全国建制镇（不含县城关镇）17341 个，建制镇人口 11635.48 万人。其中农业人口 6756.64 万人，占建制镇总人口的 58.07%；非农业人口 4878.84 万人，占建制镇总人口的 41.93%（全国集镇 28704 个；集镇人口 5931.42 万人。其中农业人口 4452.05 万人，占集镇总人口的 75.06%；非农业人口 1479.37 万人，占集镇总人口的 24.94%）。按经济发达地区（我国东部地区）、经济中等发达地区（我国中部地区）和经济欠发达地区（我国西部地区）分类统计，从图 1 可见经济发达地区农业人口比例小，城镇化水平较高，而经济欠发达地区农业人口比例大，城镇化水平较低。因此，我们在划分村镇体系层次与规模时要从我国的镇域人口现状出发，合理制定镇村的层次与规模。

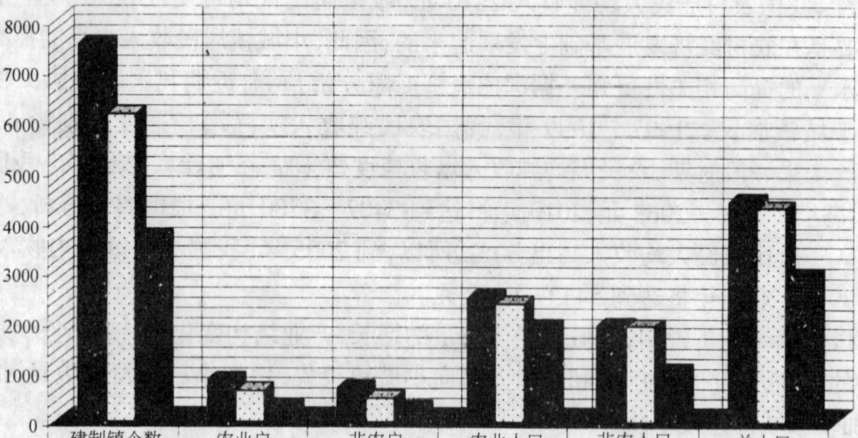

	建制镇个数	农业户	非农户	农业人口	非农人口	总人口
■经济发达地区	7527	846.51	681.61	2478.43	1932.36	4410.79
□经济中等发达地区	6120	628.43	473.23	2365.91	1915.55	4281.46
■经济欠发达地区	3694	311.85	289.13	1912.3	1030.93	2943.23

图 1　我国三类地区城镇化比较

图 2 为近 10 年我国建制镇非农人口占总人口比例的变化曲线，由此可见，我国城镇化发展水平不平衡，东部经济发达地区非农人口增长速度快，幅度大，以每年 8.06% 的速度递增且城镇化发展水平较高；中部经济一般发达地区的非农人口以每年 7.39% 的速度增长，增长速度仅次于发达地区，且该地区的城镇化发展水平在稳步提高；西部地区经济欠发达，由于原非农人口少，农业人口多，虽然非农人口少于东部和中部地区，但是非农人口的增长速度和幅度却很大，即每年增长 6.37%，可见西部地区是我国未来城镇化发展的战略重点。

二、镇村人口规模预测

人口规模的确定对于镇域村镇体系层次与规模的划分，是一个非常重要的因素。因为

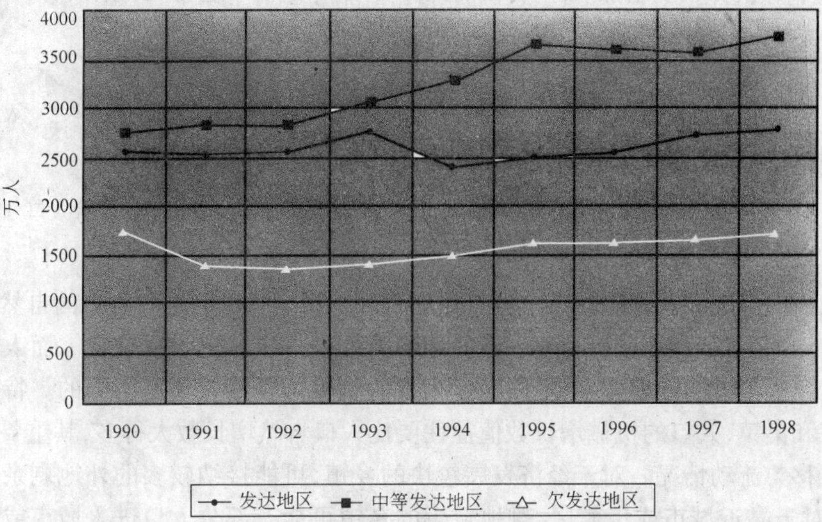

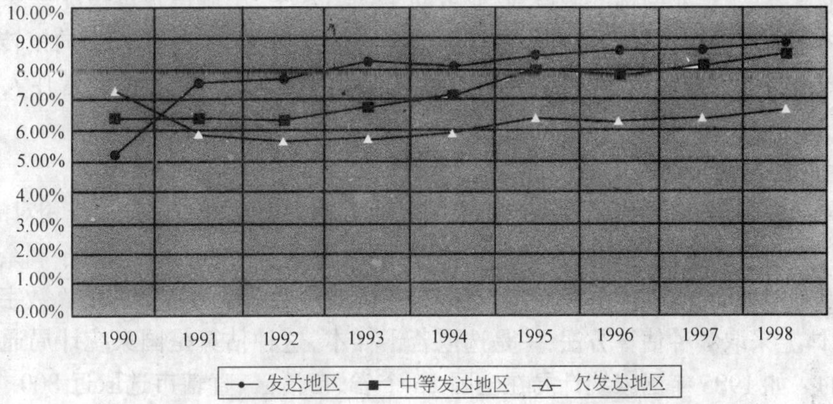

图 2　我国建制镇非农人口占总人口比例的变化

城镇的规划规模一般是用规划人口规模来表示的。城镇规划人口规模是根据城镇发展的需要，考虑人口的自然增长、机械增长和农业剩余劳动力转移等情况，对城镇规划期末人口的预测数量。在集镇的规模上，由于各地的自然条件、人口密度、经济发展水平等差异较大，人口规模也不相同。从目前来看，一般是在 3000 人左右，有的达 4000～5000 人，甚至有的多达 7000～8000 人。但在人口密度较低的地区（山区、牧区）人口规模要低于 2000 人。从人口的构成来看，目前在农业区，非农业人口占集镇总人口的比例（城镇化水平）约占 10%～30%，个别的可达 40%。当然，这个比例随着农业产业化、乡村工业和商业服务业的发展，还会发生较大变化。

截止到 1999 年底，全国村镇总人口 98889.65 万人，其中农业人口 90326.25 万人，占村镇总人口的 91.34%。非农业人口 8561.40 万人，占村镇总人口的 8.66%。镇域总人口的预测是根据某一城镇的人口自然增长和机械增长两方面的因素，计算出规划范围内所有村镇在规划期内达到的总人口数，并根据镇村经济发展趋势和生产力的部署，分析人口的转移去向，明确哪些村镇的人口要增加、哪些村镇的人口要减少，进而确定村庄和集镇的人口规模。

图3　经济发达地区经济中等发达地区现状人口分析

图4　经济欠发达地区现状人口分析

人口规模的确定涉及到镇村人口的自然增长和机械增长率问题。人口的自然增长率应根据国家的计划生育政策，分析当地人口的年龄与性别构成状况予以确定。而人口的机械增长值的计算要考虑的因素较多，不同地区人口的机械增长的数值是不同的。特别是较大规模的村庄和集镇，人口的机械增长数值往往要比人口自然增长数大得多，其重要影响因素是人口的转移与流动情况。对于经济发展较快的乡镇，可能接纳较多的外地剩余劳动力进入本乡镇，对于靠近城市或工矿区、耕地较少的乡镇可能有部分人口进入城市或转移到外地。因此对镇村人口总量的预测，首先要计算镇域农业剩余劳动力总量，分离其中镇区量。根据乡镇企业发展、产业结构的调整、农业劳动生产力水平、小城镇建设情况等综合考虑人口向镇的转移速度和转移量。根据经济发展情况直接预测农业剩余劳动力向镇转移量及规划区农业剩余劳动力进镇、农业剩余劳动力由季节性的“摆动人口”过渡到常住人口转移的趋势等，由此确定了镇村人口总量范围。

三、对农业剩余劳动人口的估计

农业劳动力剩余量，是指超过生产需求的农业劳动力供给量。这是一个相对的概念，在不同的生产力水平和劳动力供给水平的条件下，剩余量是不同的。因此，对于剩余劳动人口的估计要因时因地而异，不能一概而论。目前，我国对剩余劳动力数量的估算数字尚未完全统一，但大体上采取3种估算方法：一是选取若干样本，这种估算是国家统计局通过抽样调查做出来的。如1985年国家统计局在全国26个省、自治区、直辖市选取近800个县、2000多个乡（镇）共600万个农户做调查样本，认为我国农业剩余劳动力占农村总劳动力的25%，据此算出当年我国农业剩余劳动力数。二是运用人均耕地负担法对当年的农业剩余劳动力进行估算，得出当年农业剩余劳动力数，即占农业劳动力总数的30%左右。三是利用工日计算法测算。即由种植业现有劳动力数、各种农作物播种面积、每亩用工量及每个劳动力全年完成的工作日数得出种植业劳动力合理需求量，与供给相比，即是劳动力剩余数，剩余率约为40%。

按1998年我国农业劳动力（种植业劳动力）3.48亿人计算，目前，我国农业剩余劳动力为1.52亿人（《中国农村经济》2000.5“21世纪初我国农业就业及剩余劳动力利用问题研究”）。

四、转移趋势对村镇体系层次与规模结构的影响

我国农业剩余劳动力转移主要有两类，一类是产业转移，即农业向二三产业专业；一类是地区转移，包括某一地区的农业剩余劳动力向另一地区转移，由农村向城市郊区农业转移。但总的发展趋势是就地转移，主要转移到二三产业，并向小城镇集中，向乡镇企业集中，小城镇将是吸纳农村剩余劳动力的主体。

从转移趋势来看，经济发达地区农业剩余劳动力较多，向非农产业转移的数量较大，且以本地转移为主。同时吸纳大量的外地剩余劳动力。因此，经济发达地区镇域规模扩大，而村庄的规模应是逐渐缩小的趋势。其非农人口随着经济的发展不断增多，而农业人口不断减少，一般每中心村：小型级1500人；中型级1500～2500人；大型级大于2500人较合理。

对于经济中等发达地区来说，农业剩余劳动力在转移的方式和途径上有交叉。即，既有向外转移的，又有本地消化的，而以本地消化为主。其中以季节性转移为主要方式。属于农闲时外出打工，农忙时回本乡村务农的人口流动形式。因此，在确定村镇层次和人口规模时应维持基本现状，或变化较小来考虑。一般每中心村：小型级小于1000人；中型级1000～2000人；大型级大于2000人较合理。

对于经济欠发达地区，因为农业人口规模大，非农人口较少，农业剩余劳动力较发达地区和中等发达地区的剩余劳动力少，而这部分剩余劳动力由于受经济利益的吸引，绝大多数是异地转移，既向经济较发达地区转移，约2/3转移出去，1/3就地消化。中心村：小型级小于500人；中型级500～1500人；大型级大于1500人较合理。

我国农业剩余劳动力转移将以发展劳动密集型产业为重点，以小城镇为主要载体，积极发展第二三产业，这样一条相对集中的转移道路。这条道路在地域选择上的主要特点是城乡结合，大、中、小城市结合。随着劳动力转移条件和环境的变化，离土不离乡，进厂不进城的转移方式会变为离土又离乡，进厂又进城的形式及趋势所代替。因此，就地转移与异地转移结合是未来剩余劳动力转移的重要特点，也是劳动力转移中地域选择上的一条基本原则。

农业剩余劳动力在异地转移中，向何种类型(从规模角度衡量)城市转移，是受生产力区位布局内在特有规律的制约。人口集聚程度是由经济发展水平、自然地理环境、政治文化等因素决定的。其中关键因素是经济发展水平，不同的经济发展水平对人口集聚的规模有不同的要求。我国地域辽阔，各地经济发展水平差异较大，对人口集聚规模必须有不同的要求。

我国农业剩余劳动力将向中小城市(包括建制镇)转移，这是由于：(1)我国现有的土地承包制度决定了每个农民不会轻易割断与土地的联系，亦工亦农的兼业生产活动要求农民选择非农生产场所时尽量接近农村和自家，而中小城市(包括镇)恰恰可以满足上述要求。(2)工业区位布局的制约，按照工业区位布局原理，这些产业的区位布局一般都与中小城市(镇)联系在一起。(3)我国农村社区经济的制约，使劳动力的合理流动受到阻滞。

由此可见，目前农村小城镇的人口集聚规模是较小的，经济集聚规模低、产业结构层次低。为了对农村小城镇的发展方向给予清晰的描述，我国有学者从微观入手，通过对江苏省六县一郊区的190个农村小城镇的系统调查，以“人均社会总产值”、“工业企业劳动生产率”、“工业企业产值利润率”、“镇区人均工业产值”、“镇区社会总产值密度”和“商业人员人均社会商品零售额”等6项指标为标准，通过经济效益评价得出结论是：3～4万人口的小城镇经济效益最高；其次是1.6～2万人口的小城镇；处于第三位的是1.4～1.6万人的小城镇，总的来说1.4～4万人的小城镇经济效益较好，规模较为合理(陈吉元：《论中国农业剩余劳动力转移》，经济管理出版社)。全国其他试点县的情况也表明，农村小城镇较为合理的人口集聚规模1.5～5万人左右。从经济、社会、生态效益相结合的观点考虑，县城镇为5万人左右；中心镇为1～3万人；一般乡镇为0.3～0.5万人左右。我国目前每个小城镇人口平均规模要比理想状态少1～2万人。若以1万人计算，全国1万个建制镇就可吸纳农村人口1

亿。

从经济发达地区农业剩余劳动力转移实证分析来看，就地转移是最主要的方式，就地转移的速度和数量大小与当地的经济发展水平成正相关，经济越发达、收入越高的地区，就地转移的比例越高。此外，就地转移比例的高低还受国家政策宏观调控的影响。对于经济中等发达地区农业剩余劳动力转移，主要是离土又离乡的转移为基本特点。而经济欠发达地区农业剩余劳动力转移，主要是离土不离乡的转移方式。

五、未来剩余劳动力转移分析

(一) 转移趋势的模式和特点

1. 转移规模不断扩大，以省内转移为主，向跨省区转移模式发展，由东部地区向西部地区转移。80年代以来，农村劳动力转移呈逐渐增加趋势。以市场为导向的经济体制改革推动了经济的迅猛发展，农业劳动生产率迅速提高，农村劳动力由隐性剩余转化为显性剩余。同时，农村劳动力从封闭走向开放，流动的空间大大拓宽，流动的速度加快，流动的强度加大。根据1990年人口普查和1987年、1995年两次人口抽样调查资料，在1982～1987年、1985～1990年、1990～1995年3个时期，我国农村迁出人口累计规模分别为2076万、2130.1万和2176.2万人，年均规模分别为415.2万、426万和435.2万人。另据调查，5省区劳动力转移在近两年均呈现大幅度递增的趋势。两年中新转移到非农产业的劳动力，四川为260万，广西为180万，湖南达200万，年均转移量均超过有史以来最高记录。调查中，转移最快的是城郊较发达地区，如成都市、长沙市城郊的大部分县、乡、镇，不仅现有的剩余劳动力均转移完毕，其兴办的乡镇企业还吸收了大量外乡、外地的劳动力；转移速度居中的是传统农业地区，如四川广安地区、贵州等，农村剩余劳动力的利用率已超过60%；一些贫困地区、边远山区的转移工作虽然是近几年才开始的，如广西百色地区、云南弥渡县等，但其对剩余劳动力的开发利用率也已达20%。5省区非农就业的比重也发生了较大变化，1993年与1991年相比，从事第二、第三产业的劳动力，湖南上升了8个百分点，四川上升了6个百分点。由于从事非农产业人员增多，农民人均纯收入逐年提高，1993年与1991年相比，贵州和湖南上升6个百分点，广西上升16个百分点。以四川省为例，1983年四川省在乡镇企业从业的劳动力不到100万人，外出劳动力约30万人。

2. 转移的产业上，主要由农业向非农业产业转移。我国农村劳动力转移涉及的行业颇多，除有少部分农民进入经济发达地区从事农业生产外，绝大部分是转向第二产业和第三产业。据初步调查，1997年安徽省农村劳动力中，从事第二产业的人数占10.7%；从事第三产业的人数占16%。进入城市的农村劳动力，从事第二产业的，主要就业于建筑、建材、采矿等繁重体力行业；从事第三产业的，主要就业于饮食和家庭服务。同时，从就业企业的所有制性质看，在国有企业就业的少，95%的农村劳动力都进入各类集体企业、乡镇企业、“三资”企业、民营企业和个体私营企业。这种吸纳就业的形式，体现出了市场选择的趋向。

3. 转移的形式多样化，乡镇企业成为主渠道。集体、个体、联户、家庭等多种经济形式和各种生产组织方式都充分发挥了作用。5省区的乡镇企业均摆脱前几年的徘徊不前状况，实现了新的突破，乡镇企业吸纳的农村剩余劳动力，一般都占总转移量的50%以上。如湖南强调把乡镇企业作为全省经济工作的第一件大事来抓，在大力发展起点较高的企业的同时，放开个体联办企业，使乡镇企业产值实现了70%的增长；四川省近两年大力加强对乡镇企业的资金投入和政策扶持，1993年产值增长95%，从业人员增加23%；广西出台一系列扶持乡镇企业的措施，使产值增长1.48倍，吸纳从业人员数增加25%。

4. 在转移的区域上，主要由中西部向东部转移，由农村向城市转移。改革开放以来，我国农村劳动力转移日趋活跃，90年代仍然保持稳定。迁出人口主要集中分布在中、西部地带，以中部地带最多，约占全国农村省际迁出人口的42.5%。东、中、西三大地带农村省际人口的迁出率分别为0.68%、1.06%和1.08%，表现出迁出强度由东向西逐步增强。在农村劳动力转移过程中，中部地区的72.4%和西部地区的53.0%均迁往东部地区。同时，东部地区的省外农村迁入人口约占全国农村省际迁移人口的66.90%，呈明显净迁入状态，中、西部地区呈净迁出状态。如西部地区的四川省，迁出农村人口约占全国农村省际迁出人口的16.5%；中部地区的安徽、河南两省迁出人口比例也都高于全国。北京、天津、上海3个直辖市的农村省际人口迁入率都在5%以上，其中上海地区则高达22%。反映出城镇化和未来小城镇建设对我国农村农业剩余劳动力的吸引力。

（二）农业剩余劳动力转移前景分析

1. 乡镇企业吸纳农村剩余劳动力前景分析

乡镇企业仍将是农村剩余劳动力转移的重要途径。改革开放以来，尤其是80年代以来，由于房地产和旅游等新兴产业的兴起，乡镇企业累计吸纳了1亿左右的农村劳动力就业，年均吸纳近600万人。它作为转移农村剩余劳动力的主渠道，为农村经济的发展和农民收入的增加做出了巨大贡献，也为减轻整个国民经济的就业压力开辟了新的路径。但是，90年代以来，乡镇企业吸纳就业的能力明显下降，1990～1998年，年平均吸纳就业409万人，仅相当1980～1989年期间每年新增就业707万人的57.9%，尤其是近两年甚至出现就业负增长。

需要指出的是，乡镇企业就业弹性下降并不意味着就业不再增长。从时间序列上看，乡镇企业就业自1978年以来有过4次减员，即1981年、1989～1990年、1994年、1997～1998年，而每次减员后，就业又恢复增长。也就是说，乡镇企业受内部、外部因素影响，年度就业增长率的波动很大，个别年份也会出现负增长，但从长远看，就业总量还是趋势性扩张的。1978～1998年，乡镇企业就业率年度间波动，高的可达55.40%，低的为-3.9%，而年平均就业增长率为7.73%，其中，80年代为12.40%，90年代以来为3.86%。导致乡镇企业吸纳劳动力弹性过度下降，主要是两个问题：一是乡镇企业作为社区导向型企业，以增进本社区的就业最大化和收入最大化为目标，它不能不依赖于本社区的各种资源而又很少能摆脱社区的控制。因此，总体上而言，乡镇企业的要素和资产很难跨社区进行自由流动和重新组合，这种社区壁垒导致发达地区乡镇企业高估劳动力价格而低估资本价格，这是导致相当部分发达地区乡镇企业资本趋密过快的重要原因。二是乡镇企业长期以来以“进厂不进城、离土不离乡”为自身发展模式，但这种模式在后来的自身发展中逐步被凝固化了，导致乡镇企业的空间布局高度分散。我国2000万家乡镇企业中，仅有少数企业分布在建制镇以上，而90%以上都分散在乡村并长期与城镇化相脱节。乡镇企业脱离城镇化发展的一个严重后果，就是导致自身产业结构畸轻畸重。目前乡镇企业中，80%以上的企业属于第二产业，属于第三产业的企业的比重仅占百分之十几，这是导致乡镇企业就业弹性下降的又一深层原因。有研究表明，如果乡镇企业改善布局，向小城镇集中，由此将产生积极的连带就业效应，将带动小城镇第三产业的发展。

依据上述情况和认识，可以根据长期趋势和已有经验对“十五”期间及今后15年乡镇企业吸纳剩余劳动力做出情景性描述。以下是用线性外推方法进行预测的结果。

假定"十五"期间乡镇企业计划 GDP 年增长率为 14%，乡镇企业从业人员从 1998 年的 12537 万人回升到 2000 年的 13000 万人，依此为基数进行推算。先假定此期间乡镇企业就业弹性仍保持 1990～1998 年的 0.08 不变，则就业率年均增长为 1.12%，那么，到 2005 年，乡镇企业从业人员总数将达 13799 万人，净增 799 万人，5 年平均每年吸纳就业 159.8 万人。到 2005 年，就业总量如达到 13991 万人，净增 991 万人，年均吸纳就业 198.2 万人。乡镇企业年吸纳就业可能为 200～350 万人。

2. 城镇化吸纳农村剩余劳动力前景分析

加快城镇化进程是农村剩余劳动力转移的根本出路。90 年代以来，我国出现的大规模的农村剩余劳动力跨地区流动现象，从一个侧面表明，主要依靠"离土不离乡，进厂不进城"的农村就地吸纳模式，已无法解决数以亿计的农村剩余劳动力的出路问题。在"十五"期间，我们将面临着重新选择农业剩余劳动力转移道路这样一个重大的战略问题。我们认为，加快城镇化进程应成为今后解决农村剩余劳动力就业问题的根本出路。而实施这样一个新的战略，关键是解决好以下两个问题。

首先，引导乡镇企业发展与小城镇建设相结合。乡镇企业向小城镇集中，农民就近转入小城镇就业，与土地的关系维持一段时间，既可降低农村剩余劳动力转移的成本和就业风险，又可有效地避免农民大量涌入城市所产生的种种问题。当然，鼓励乡镇企业向小城镇集中，并不意味着可以选择"遍地开花建小城镇"的非农化和城镇化道路。因为小城镇遍地开花，分散发展，规模过小，形不成相应的城市功能，不利于提高投资效益，也不利于保护土地和环境资源。应在统一规划下，以现有的县城为骨干，同时选择部分条件好的建制镇重点加以发展。为了促进小城镇的发展，应制定优惠政策，鼓励乡镇企业连片集中、合理发展，建立大批乡镇工业小区，引导技术要素较高的乡镇企业向小城镇集聚。小城镇建设需要大量资金，应主要通过自筹资金来解决，广开资金筹集渠道。小城镇基础设施建设的资金，应本着共同享用，共同负担的原则来筹集，鼓励农民自带资金进城办企业，发挥农民自己建城的积极性。此外，应搞活小城镇房地产市场，以地聚财，把出让土地使用权获得的收入作为小城镇建设的重要资金来源。实现乡镇企业发展与小城镇建设的结合，必须通过深化乡镇企业产权制度改革和发育要素市场，逐步打破乡镇企业的社会区封闭性，为乡镇企业向小城镇集中创造条件(农业部课题组《中国农村经济》2000.5)。

长期以来，由于种种原因，我国的城镇化严重滞后。到 1998 年底，我国的城市人口为 37924 万人，城镇化率为 30.4%，而世界平均水平为 45%，发达国家为 75%，我国的城镇化率比同等人均 GNP 的国家要低 12 个百分点。中国的城镇化滞后表现为工业化超前的城镇化滞后。有研究表明，与国际一般水平比较，在我国 1997 年非农产业增加值比重达到 81.3%的水平上，城市人口比重应该达到 54.1%，而我国的实际城镇化水平仅为 29.9%，比同等工业化水平国家滞后 24.2 个百分点；在非农产业就业比重达到 50.1%的水平上，中国的城镇化比重应该达到 45.3%，而实际上滞后了 15.4 个百分点。

我国目前已经具备了加快推进城镇化的条件和能力。首先，第三产业正进入加快发展阶段。1995～1998 年，我国第三产业的就业弹性为 0.38，不仅高于第二产业的 0.18，而且高于整个非农产业的 0.28；其次，作为城镇化加速的先兆，90 年代以来，农村劳动力开始大规模跨地区流动，每年外出农村劳动力在 7000 万人左右，其中的 4000 多万人进入大中城市和小城镇务工经商。第三,更重要的是加速城镇化已成为人们的共识,并已提上制定国民经济发 展计划的日程。根据有关部门和专家学者的预测。"十五"期间,我国的城镇化率将每年提高 0.7 个百分点。在其他条件假定不变的情况下,城镇化的速度将主要取决于国内生产总值(GDP)的增长率和产业结构的变动率。假设"十五"期间 GDP 年增长率为 7%,在产业结构变动中,第三产业比重的提高有快、中、慢三种情况,据此,城镇化水平每年的提高速度分别是 0.65 个百分点、0.7 个百分点和 0.75 个百分点。

从表 1 可知,"十五"期间,城镇化的推进不仅可以全部吸纳城市自然增长的人口和劳动力,而且依城镇化率提高速度的不同,大致可以吸纳 600～700 万农村劳动力,每年城镇化率多提高 1 个百分点,即意味着可多吸纳 100 万农村劳动力。如以 1995～1998 年全国非农产业、第二产业、第三产业就业弹性分别为 0.28、0.18 和 0.38 计算,以 2000 年全国非农产业、第二产业、第三产业就业人员分别为 36669 万人、16904 万人、19803 万人为基数,在"十五"期间 GDP 年增长 7%的情况下,如第二、第三产业结构保持不变,非农业就业可增加 3737 万人,而如果继续保持 1995～1998 年的产业结构变动速率,则非农产业就业可增加 3870 万人,即多增加 133 万人就业。

2000～2005 年我国城市人口增长及吸纳

农村劳动力前景预测　　单位:%,万人　　表 1

A	*B*	*C*	*D*	*E*	*F*	*G*
0.65	46767.5	6407.68	1706.63	4701.05	3055.68	611.14
0.70	47102.0	6742.22	1711.73	5030.49	3269.82	653.96
0.75	47436.5	7076.75	1716.82	5359.93	3483.95	696.79

注:*A* 为城镇化率每年增加的百分点;*B* 为相应的城市人口数;*C* 为 2000～2005 年随着城镇化水平提高所增加的城市人口;*D* 为城市人口自然增长数量;*E* 为扣除城市人口自然增长后所能吸纳的农村人口数量;*F* 为按劳动年龄人口在总人口中占 65%的比重,城市吸纳农村人口中的劳动年龄人口数量;*G* 为每年转移的农村劳动年龄人口(资料来源:《中国统计年鉴,1999》《人口普查资料》)。

2005～2010 年将是农村剩余劳动力转移的黄金时期。在此期间,城乡劳动年龄人口每年新增量骤然下降至 245 万人,其中城市净减少 76.85 万人,农村新增 320 万人左右,以劳动参与率 87%计,农村每年新增劳动力 280 万人。而同期城镇化和乡镇企业的每年新增就业需求可至少保持在"十五"期间的 700～800 万人的水平上,加之城市劳动力供给已净减少,城市下岗职工就业问题缓解,因此,农村剩余劳动力转移的速度会大大加快。

(执笔:殷鸣镝　武宏伟)

4 不同地区小城镇镇域村镇体系层次的分级标准和村庄规模的合理化指标研究

一、小城镇镇域村镇体系规划层次和村庄规模的原则

(一) 政策性原则

村镇体系层次、村庄规模的合理确定及其发展是在村镇体系规划期内为实现规划目标而制定的。村镇体系规划是激励与控制各小城镇开发与经营主体活动,协调开发利益主体(包括国家、地方政府、公司企业和居民)的利益关系的一系列行为准则的总和,其标准的制定和执行受控于相关政策的制定,及政策的实施、政策实施的手段和政策目标等诸方面的因素。村镇体系规划本身是一种具有政策形态的结构规划,它与形体规划为主的小城镇总体规划、详细规划有性质上的区别,通过村镇体系规划,实际上是制定了一定的政策目标,即实现村镇体系的优化结构。为了实现每个区域的公共目标,村镇体系规划需要确定村镇哪些事是可以做的,哪些事应鼓励他们去做;哪些事是不应当做的,哪些事应当限制去做;哪些事,在当前可以做,哪些事应当在中远期才可以做;哪些事,在一定条件下才可以做,哪些事应无条件地加以禁止。这样,对村镇的总体发展建立一个行为规则、是非标准规范要求。

按此原则,我国小城镇体系规划在适应经济发展和农村富裕劳力转移趋势的前提下,既要吃透党和国家有关大力发展小城镇的方针政策,又要把握当地国民经济发展计划和国土规划的要求,促进小城镇在层次和规模上的合理、健康发展。

(二) 区域整体性原则

与其他任何规划一样,小城镇镇域村镇体系规划应从镇域和整体社会经济发展的需要去协调村镇群体发展中的诸多关系,制定相应法规或提出政策建议。按规划法它们经上级政府权力机关批准后,由相应一级政府规划主管部门执行、实施。这样政府和规划行政管理部门是实际上的主体。这个主体更要坚持区域整体性原则,就村镇体系而言,有村镇发展群体的整体利益,也有个别村镇的个体利益。规划应维持社会个体利益与整体利益的平衡,任何一种形式的利益失衡,对发展都是不利的。此外,在考虑全镇的因素,即在考虑全镇的要求和条件的同时,还要考虑周边的影响。从区域规划的角度规划村镇体系,在考虑区域内的整体性同时,又要考虑地区间的差异性。

由于城乡规划就某一角度而言,是对经济聚集效益的现实反映和预测,而这种聚集效益主要是生产力和人口的聚集产生的,所以在兼顾其他因素的情况下,在大区分类上,我们主要分为经济发达地区(江浙等东南沿海一带及广东珠江三角洲地区)、经济中等发达地区(辽宁、吉林等中部地区)和经济欠发达地区(宁夏、甘肃、内蒙等广大西部地区)3 个类型。当然,本文的合理化指标研究还要兼顾山地、边疆等地区的情况,而同一地区也是不平衡的。

(三) 可持续性原则

规划期内村镇体系发展的目标通常是具体的、清晰的。村镇体系规划规定了从村镇体系的环境结构与经济结构、总体空间结构、个别村镇的等级规模范围、性质、功能直至主要的

基础设施等物质基础设施的目标。这是村镇体系发展的重要内容,它规定了小城镇发展与建设的同时要注意环境和生态保护,要依据环境容量,而且要节约用水,节省土地。小城镇体系规划要为下一代发展创造条件,打下基础,留有发展余地。这就是从体系规划的角度来促进小城镇的可持续发展。

按照这一原则,村镇体系规划要完善指标体系,强化标准的科学性和规范性。新的指标和标准不仅有人口指标,还应增加能够反映当地经济发展水平的定量经济指标,要具备较为完善的公共基础和社会服务设施及保护环境、生态、耕地要求。

(四) 特色性原则

我国的小城镇,特别是一些重要的小城镇都有着相当悠久的历史。它们与当地的自然山水相融,和一定的经济社会相配,并随着社会的进程,年复一年的发展着。小城镇体系规划必须深深依据当地自然环境和人文环境特点,剖析经济社会发展阶段,从而制定切合当地实际的村镇体系、规模和建设格局。避免小城镇体系规划中的“千城一面”、“一刀切”和“一窝峰”。特色是小城镇的活力之所在。村镇体系在现实中不仅作为状态而存在,也随时间而发生阶段性变动。这一点上,规划又不同于一般法律,法律在相当长时间内是稳定的,且不受地域限制。规划必须考虑发展过程中的各种变化、诸多新因素的产生,且因地域差异和政策环境不同,需作出调整和改变,因地因时制宜是其根本。虽然如此,随意性仍是规划的天敌,在村镇体系规划中,仍然必须尽可能加强政策的规范性。必须对村镇开发行为的引导、激励、限制、空间范围、数量指标范围直至一些重要的技术规范要求做出明确的规定,提出协调各级村镇发展及其利益关系的基本准则。

这是对不同区域小城镇镇域村镇体系分别规划的核心基础,对于指定类型区域或村镇而言,要求根据区域或村镇的不同类型编制不同的层次及规模规划,如针对高新技术产业园区的规划等等。对于唯一的指定区域或村镇的,往往针对村镇体系发展中具有特殊意义的区域或村镇,如指定的具体某个港口小城镇、区域经济中心和自然保护区等为引导其发展而有明确的针对性的体系规划。

(五) 系统性原则

村镇体系具有地域系统性,具有等级性和层次性,系统逐级组成。小城镇的发展政策也有各级政策制定的系统性,就城镇各物质要素,也是一个系统。此外,政策还有反应时间的过程系统性。因此,村镇体系发展是一个需要互相协调的过程,具有系统功能。其中,经济系统的规划与村镇物质开发的规划;产业规划与空间布局;人口规划与就业规划、分布规划;不同村镇等级规模、功能与物质实施的技术标准与规范,村镇发展战略与环境,资源保护规划是城镇体系发展规划系统性的中心内容。各种矛盾和利益冲突,需要通过系统分析和综合,加以协调,只有加强规划措施的系统性,才能实现村镇体系整体功能的优化。

村镇规模分级按地位与职能分为基层村、中心村、一般镇或中心镇或县城关镇 3 个层次,按规划范围的常住人口分为大中小 3 级,所以共 9 级。

(六) 前瞻性原则

要规划出完善、高效的区域村镇体系,就必须有一个前瞻性的思路,要为规划期及以后的发展留有余地。在小城镇的建设和发展中,其体系规划是指导我们行动的科学依据,它关系着小城镇的生产力布局和未来发展。因此,以前瞻性的思路制定好村镇体系规划,就成为推动小城镇健康发展的重要一环。要做好这一环,我们认为要做到五个方面的相结合:宏观布局与微观规模相结合；近期规划与中长期要求相结合；工程规划与技术方案相结合；区域整体规划与特色规划相结合；村镇层次规模规划与社会、经济和生态目标的实现相结合。

前瞻性原则要求我们以小城镇的现状和现实为基础，以小城镇的前进目标和发展方向为导向，以科学的预测结果和数据为思路。

二、经济发达地区小城镇镇域村镇体系层次的分级标准建议和村庄规模的合理化指标

（一）经济发达地区村镇规划规模分级（见表1）

经济发达地区村镇规划规模分级　　表1

常住人口数量（人）＼村镇层次 规模分级	基层村	中心村	一般镇	中心镇
大　型	＞1500	＞2500	＞40000	＞100000
中　型	500～1500	1500～2500	20000～40000	40000～100000
小　型	＜500	＜1500	＜20000	＜40000

注：1. 伴随着城镇化进程的加快，生产力和人口将向经济发达地区聚集；2. 小城镇大、中、小型规模主要与经济发达程度有关，而村庄人口规模主要与平原、丘陵、山地地区有关，此处既有主要因素考虑又有综合考虑；3. 小城镇包括县城关镇和建制镇；4. 常住人口指小城镇镇域内连续居住一年以上的人口；5. 根据2000年《中国农村乡镇统计概要》，我国东部地区农村建制镇平均人口32241人，故将经济发达地区中型一般镇人口规模确定为20000～40000人，中心镇40000～100000人，大型和小型的一般镇和中心镇（含城关镇）人口按此规模上下调整确定；6. 中心村一般是村居民委员会所在地，是农村中从事农业、工业生产活动的较大居民点，具有商店、医疗站、小学等，其目前人口规模一般在1000～2000人；7. 基层村是农村从事生产活动的最基本居民点，一般只有简单的生活福利设施，甚至没有。在我国经济发达地区，如上海的市郊、县，江苏省的苏、锡、常地区，广东省的珠江三角洲地区，已开始实施若干基层村合并建设一个中心村，以加快农村城镇化的进程。

（二）经济发达地区一般应满足下列指标：

1. 近期人均国内生产总值（GDP）1万元以上或人均年纯收入8000元以上；
2. 第三产业占GDP比重30%以上；
3. 城镇人口比重45%以上；
4. 市政公用设施投资率5%以上。

（三）经济发达地区区域村镇体系性质界定

经济发展水平处在由小城镇向外空间扩散，由中心小城镇向较低级村镇逐步发展的村镇体系。其前途和方向是区域高水平的均衡，形成以网络化、均衡化、多中心为特征的村镇体系。这种村镇体系的城镇化水平较高，村镇群体在空间分布和规模结构上较为均衡，以一个综合性小城镇或几个数个职能各异、互补的中心村为核心，构成大、中、小村镇之间交错联系的均衡网络。

（四）经济发达地区区域村镇体系组织结构的主流模式

这种模式的村镇体系是由发达村庄逐步向欠发达村庄推进的，前者是经济发展的中心村（区）或核心区。核心区外围形成逐渐向外推进的前缘带，整个区域村镇体系外缘是一个长长的前缘城镇弧。村镇体系的发展动力，是发达的核心区向前缘带的投资。

三、经济中等发达地区小城镇镇域村镇体系层次的分级标准建议和村庄规模的合理化指标

（一）经济中等发达地区村镇规划规模分级（见表2）

经济中等发达地区村镇规划规模分级 **表 2**

村镇层次 / 常住人口数量（人） / 规模分级	基层村	中心村	一般镇	中心镇
大　型	>1000	>2000	>35000	>50000
中　型	300～1000	1000～2000	20000～35000	35000～50000
小　型	<300	<1000	<20000	<35000

注：1. 小城镇及村庄大、中、小型规模分别主要对应经济中等发达地区的各种程度和平原、丘陵、山地地区情况并综合确定；2. 小城镇包括县城关镇和建制镇；3. 常住人口指小城镇镇域内连续居住一年以上的人口；4. 根据 2000 年《中国农村乡镇统计概要》，我国中部地区农村建制镇平均人口 30335 人，故将经济中等发达地区中型一般镇人口规模确定为 20000～35000 人，中心镇 35000～50000 人，大型和小型的一般镇和中心镇（含城关镇）人口按此规模上下调整确定；5. 中心村一般是村居民委员会所在地，是农村中从事农业、工业生产活动的较大居民点，具有商店、医疗站、小学等，其目前人口规模一般在 1000～2000 人。6. 基层村是农村从事生产活动的最基本居民点，一般只有简单的生活福利设施，甚至没有。

(二) 经济中等发达地区一般应满足下列指标：

1. 近期人均国内生产总值(GDP)0.6 万元以上或人均年纯收入 4 千元以上；

2. 第三产业占 GDP 比重 27%以上；

3. 城镇人口比重 40%以上；

4. 市政公用设施投资率 3%以上。

(三) 经济中等发达地区区域村镇体系性质界定

此类地区的村镇体系是以中心小城镇作为极核发展为特征的空间结构。经济部门在空间集聚发展，促使较高级村镇发展速度加快，形成区域经济的发展极核。较低等级村镇变化不大，村镇之间联系仍以不同等级的纵向联系为主，形成了极核小城镇发展较快的非均衡村镇体系。

(四) 经济中等发达地区区域村镇体系组织结构的主流模式

这种村镇体系一般呈群状集聚体，分布在交通便捷的区位。其发展的动力是追求集聚优势，村镇体系内村庄发展次序取决于市场经济条件下的经济发展速度和方式。

四、经济欠发达地区小城镇镇域村镇体系层次的分级标准建议和村庄规模的合理化指标

(一) 经济欠发达地区村镇规划规模分级

经济欠发达地区村镇规划规模分级(见表 3)。

经济欠发达地区村镇规划规模分级 **表 3**

村镇层次 / 常住人口数量（人） / 规模分级	基层村	中心村	一般镇	中心镇
大　型	>500	>1500	>30000	>40000
中　型	200～500	500～1500	20000～30000	30000～40000
小　型	<200	<500	<20000	<30000

注：1. 小城镇及村庄大、中、小型规模分别主要对应经济欠发达地区各种程度和平原、丘陵、山地地区情况并综合确定；2. 小城镇包括县城关镇和建制镇；3. 常住人口指小城镇镇域内连续居住一年以上的人口；4. 根据 2000 年《中国农村乡镇统计概要》，我国西部地区农村建制镇平均人口 25292 人，故将经济欠发达地区中型一般镇人口规模确定为 20000～30000 人，中心镇 30000～40000 人，大型和小型的一般镇和中心镇（含城关镇）人口按此规模上下调整确定；5. 中心村一般是村居民委员会所在地，是农村中从事农业、工业生产活动的较大居民点，具有商店、医疗站、小学等，其目前人口规模一般在 1000～2000 人，经济欠发达地区多为山地、丘陵和边远地区，人口居住较为分散，村庄规模较小，故将其人口规模适度下调；6. 基层村是农村从事生产活动的最基本居民点，一般只有简单的生活福利设施，甚至没有。

（二）经济欠发达地区一般应满足下列指标：

1. 近期人均国内生产总值(GDP)0.6万元以下或人均年纯收入4千元以下；

2. 第三产业占GDP比重27%以下；

3. 城镇人口比重40%以下；

4. 市政公用设施投资率3%以下。

（三）经济欠发达地区区域村镇体系性质界定

在村镇体系演化过程中，这是低水平的均衡阶段，以经济活动分散独立、小地域范围内的封闭式循环为特征。村镇体系中，村镇等级均衡，各级村庄单个和总体的规模较小，村镇的职能均较单一，相互联系较少，而且是以上、下等级村镇之间的行政、商业以及其他服务性活动的联系为主，同级村镇之间缺乏较密切的联系，更无职能分工，诸多相互孤立的村镇是区域村镇体系的主体，形成低水平的、均衡的、稳定的村镇体系。

（四）经济欠发达地区区域村镇体系组织结构的主流模式

这种村镇体系是由边境地区逐渐向内地推进的。村镇的空间分布往往决定于原材料资源区的分布，一般较分散。发展动力是外部市场对原材料的需求。村镇间联系主要为等级传递型，村镇规模分布基本上为等级分布型。村镇内各村庄的发展次序为按等级由上到下逐级传递。

（执笔：张福昌　刘亚臣）

5 小城镇镇域迁村并点的合理规模与标准建议

目前我国有5万余个乡镇,其中建制镇约为1.9万个,乡集镇约为3.1万个。这些乡镇是我国农村城镇化的重点,是龙头,他们的健康发展必将推进我国农村城镇化进程。在我国广大的农村除了5万余个乡镇外,还有370多万个村庄,还有为数众多的少则几户,多则十几户、几十户的自然村屯,这也应是我们实现农村城镇化不可忽视的。否则必然要重复历史上的盲目发展的错误。因此在搞小城镇建设的同时,要统筹、协调小城镇(乡)镇(乡)域内村屯的建设,使小城镇建设不只是镇区建设,也应是镇域范围内的建设,从而真正的实现农村城镇化。

一、我国小城镇镇域内村屯分布的状况

在以农业为主要经济基础的社区里最基本的生活单位是由农民以亲属关系组成的农户,若干个农户聚居一地构成一个农村自然村或屯。各地的自然村或屯大小不同。少至几户、多则几十户几百户。为了行政管理的便利,常把若干个较小的自然村或屯组成在一个系统里称作行政村。若干个行政村组成一个称之为镇或乡的行政单位。对于经济较为发达的平原地区、盆地等人口密集的地区,其自然村都比较大,一般为几百户,多则上千户,人口均在千人以上。而那些经济不发达地区如山区、牧区、边境地区则自然村、屯数量比较多。而居住的户数、人口都比较少。

这种自然村落化格局式的人口,不仅阻碍了城市文明的传播速度。而且使得以自然村落为基础的传统的社会结构难以打破。在小农经济下形成的一些乡村文化、物质是以自然分布的乡村聚落为依托的。中国乡村聚落的形成与存在已经有几千年的历史了,它与封建文化传统习惯相互关联,相互强化,并形成了自身的封闭性。近年来,农村经济发展了,但是由于没有打破传统的居住格局与自给自足的小农经济相关联的乡村文化仍然占据着主体地位,束缚了商品经济的发展,需要通过内部的推动和外部的拉动来改变这种状况。

二、迁村并点的内在因素及发展趋势

党的十一届三中全会以后,我国的广大农村已经发生了根本的变化,农民已经超越了原来自给自足的小农经济思想的束缚,他们在思维上、行动上已经冲破了农民意识的束缚。这也是我们在进行小城镇建设的同时,必须要重视的,因为他们的思维方式的改变已经变成了行为上的改变,逐步在改变农村的社会结构。

(一) 迁村并点的内在因素

首先,从农村社会学的角度看。农村社区是从事农业生产的人组成的地区性社会,在我国它大体上由散村和集村两种类型或层次的社区构成。

散村主要由若干个相距很近的小型自然村、屯组成的。每个村、寨、屯多则十几户,少则三五家。集村通常是由一个大型的村、屯单独构成,它的规模较大,结构也比较复杂,不仅聚居着数十乃至成百户人家,而且社区内一般都有生产、生活、文教卫生等方面的简单服务设

施。如小型的商业、手工业和加工工业网点、文化娱乐中心、小学等。这种社区一般都是自发形成的，有很大的盲目性。

不论是散村或集村，规模都比较小，但却占全国地域的80%，使整个社区呈现高度分散的状态，这种状态极不利于城乡之间的交通发展、信息沟通以及生产与生活等各方面的交流，是城乡之间的协同发展，缩小差别的重大障碍。在我国广大农村中，除了少数地域外，大多数农村人们的聚居地点并没有变化，自然经济条件下形成的村落仍然存在并发展，形成了一种特殊的村落经济，这种“村落经济”模式阻碍了第三产业的发展，阻碍了工业化对农村富余劳动力的吸纳能力。第三产业是以第一、二产业为基础的，它的发展要求人口有一定的聚居规模。

其次，我国农村有很多不同于城镇和城市的特点，而这些特点又决定了农村的落后状况。

1. 社会结构简单。农村的生产力一般较低，社会分工不发达，兼之人口密度稀疏等原因，使社会结构的各个方面都比城镇或城市简单。如经济、政治、文化这三个基本方面的结构无论是构成他们的相应制度、组织、设施，还是具体的活动内容、活动过程，抑或比较集中而明了地反映这三个基本方面结构状况的职业结构都远不及城镇和城市复杂。社会结构简单虽使农村社会问题较少，而管理相对容易，但从城乡协调发展，缩小差别的总体上看都很不利。例如简单落后的自给自足的自然经济结构，就严重地阻碍了城乡商品交换以及城市先进的生产技术，生活方式，思想观念等向农村传播，促成农村的长期落后。

2. 生活方式落后。农村社区的人无论是物质生活和精神生活的现实表现，还是心理、意识上，都普遍落后于城市社区的人。并在许多地方表现得十分突出。例如，在行为方式方面，农村社区的人十分看重习俗。习俗这种不成文的社会规范对于社会行为的约束，往往大于成文的社会规范。这与城市里的情况恰恰相反。这使得各级政府的规章、制度、法令，尤其是一些关于改变农村落后面貌，保护和推行新事物、新观念的规章、制度、法令，难以在农村社区里真正贯彻落实。旧的习俗常常阻碍对农村社区进行变革的社会行为。由于农村社区的生活方式整体上落后于城市社区，所以通常是农村社区的人追求城市社区的生活方式，农村社区的生活方式趋向于城市社区的生活方式。研究这种社会现象，把握它的变化规律，有助于我们改造农村社区的生活方式，使之与城市社区的生活方式协调起来。

3. 封闭性较强。信息闭塞。外界的信息、社会的变化，大都间接传来，速度慢且不具体。这从一个方面造成农民的思想保守，对新生事物不易接受，对不同观点不易持容忍态度。这种状况又反过来促使信息进一步闭塞。其次是与外界的联系少。一个农村社区，往往与周围其他社区之间在经济、政治、文化、生活诸方面没有多少往来，比较偏远山区的农村尤其如此。这也是农村社区信息闭塞的一个重要原因。再次是人口的社会流动性小。大多数农民祖祖辈辈都在同一个狭小的地域范围内从事同一性质的农业劳动，子承父业，世代相传。很多人一生的活动，仅在其村、寨周围方圆数十里之内。这同样也促成农村社区信息的闭塞。诸方面的封闭性，使农村社区往往成为没有什么活力、难以发展的封闭系统。而这种封闭系统形成的基本原因，在于通行了两千余年、至今仍在很多农村社区不同程度地存在的自然经济。它使农村社区在生产、生活等各个方面都处于一种低水平的自给自足状态，使农村社区可以以不同外界社会环境发生什么交流而简单地生存下去。这种自我封闭的状态不打破，就谈不上城乡的协同发展。而要打破这种自我封闭状态的关键是搞活其商品经济，改变单一的农业生产结构，促进社会分工，使农村社区像城镇社区、城市社区那样，不能不与外界社会环境发生经济、政治、文化、生活等各个方面千丝万缕的紧密联系,由一个缺乏活力的封闭系统变为一个生机勃勃的开放系统。

4. 人际关系较密切。城市社区里由于住宅高层化、单元化等原因,邻里之间同住一栋楼而互不熟悉、很少往来的现象十分普遍。农村社区里人际交往则很频繁。农村社区居民点的规模很小且较分散,一个村、寨里的人开门便见面,天天同在一个狭小的范围内活动,世代同居一处,更兼之彼此往往沾亲带故,血缘观念、亲缘观念、家族观念比较浓厚,因而守望相助的情况很普遍。这种密切的人际关系既有助于社区居民的生产、生活,以及社区秩序的稳定,又因其同宗法思想、制度的残余有紧密的联系,而具有抵制新思想、新观念、新事物的保守性,往往成为农村社区变革的阻力。

5. 家庭的作用重要。在农村社区,家庭是人们活动的主要场所。这不仅明显地表现于人们的闲暇时间通常是在家庭里度过,更突出地表现在家庭的生产功能和家庭经济上。千百年来,农村社区的生产过程及产品的分配、交换、消费,都是以家庭为单位进行的,而不是像城镇社区和城市社区那样,普遍以工作者个人为单位进行;即使是在过去的合作社、公社化制度和今后的多种合作经济制度下,仍是以家庭为单位组成各种形式的生产单位。家庭经济是农村社区经济的基础之一。今天,在改革的推动下,家庭的生产功能和家庭经济的基础作用更显得重要,在农村社区的发展和城乡经济交流中更占有举足轻重的地位。因而,我们必须进一步采取措施,完善家庭联产承包责任制,疏通农村家庭经济与城市和城镇各个经济部门的交往渠道,使农村家庭经济这块城乡经济交流的基石更为牢固。再次,党的十一届三中全会以来,我国的广大农村实行了经济体制改革。这个新的制度规定农民在承担向国家有偿提供定量的粮食等主要农产品的责任外,有权承包一定面积的土地使用权。这种规定实际上解放了农村大量的劳动力。各农户获得了对自己和家属的劳动力支配权,他们可以主动的对家庭现有的劳动力充分利用,除了耕种责任田外,主动地寻找多种、多样的生产行业。以求增加家庭收入,原来闲置和浪费掉的劳动力由农民自发地变成了生产力,出现了多种行业的个体专业户,利用家有庭院和闲着的土地进行各种副业生产,组织销售,增加收入或组织劳动输出至外地承包工程,或者搞农业结构调整,种植各种经济作物。他们是农村中第一批向自然经济告别的人,在调整农业产业结构,促进社会分工,活跃商品经济,融合城乡关系等方面,都起到了积极的作用。而这些又从不同的方面和程度上加强或推动了城乡交流与城乡相互补益。他们率先接受并在自己周围推广城市的先进科技文化、思想观念、生活方式,又率先将城市需要的农副商品、信息等从农村大量地提供给城市。这种个体经济的发展中又出现了多种形式、多种层次的合作经济,在一定的程度上成为了农村中的产业或支柱产业。除此以外,还有原来的队办企业,在新的形势下有了新的发展。所有这些都说明了现在的农村正在发展、变化,同时也在呼唤更加适合他们发展的空间。如果说前两种因素是被动因素的话,那么第三种因素则是主动因素求变,求发展。

(二) 迁村并点的发展趋势

中国的社区结构仍然是城——镇——村三种形式,其中村庄作为社会最基本的功能单位而不可忽视。特别是那些发展较快的村庄,对那些比较落后的村、屯呈现出拉动作用,成为迁村并点的基础或极核,使较为落后的村屯向其聚集。

1. 超级村的兼并。在我国广大农村中除了乡镇政府所在地,还有一大批村庄自身就存在工业化和城镇化可能性。80 年代中后期,特别是 90 年代以来,这些村庄发生了很大的变化，一些半耕半工的村庄已经成为超级村庄。由于这一类村庄的基本经济功能转向工业和其他非农产业，自身的社会性质已经发生了向非农业的转化，那些设在村子里的工业网点发展变化很快，作为龙头企业不仅具有中型或大型企业的规模，而且进入了地方和国家达标的优秀企业的行列；不仅现有的村民不想离开，已经离开的又重新返回，而且有大量的民工进入其中。村庄的景观也已经大大地改变，拟似城市了。它们之中有的已经成为地方的非建制“中心地点”。这种情况不仅出现在苏南和珠江三角洲。辽宁省大石桥市的青花峪村、海城市的夕阳村等也具备了这样的规模。这些超级村庄都为迁村并点提供了空间。

2. 以富村带动，实行联合兼并。以富村带动，实行联合兼并是当前农村中迁村并点的另一个模式，例如山东省荣成市，针对沿海分布着 53 个港口渔业公司和 436 个渔业农业结合村，正处于开放前沿和旅游热线，是经济发展最具有活力的“隆起带”。相比之下，边远的村庄受地理环境和经济基础等因素的制约发展较慢，因此必须打破传统的村落格局，实行人口相对集中，即以兼并主体为单位，合理规划，集中建设现代化住宅和进行基础设施配套，这样可使原来的村庄一方面退耕还田，另一方面倒出仅有的土地从事工业副业生产。如：俚岛镇原有 58 个村庄，其中有 12 个内陆村庄人口都在 200 人以下，土地只有 300 亩，村民们祖祖辈辈守着点山间薄地过穷日子。该镇采取贫富兼并的办法，将富裕的渔业公司、沿海渔业村、强企业与贫困村庄结成扶贫对子。镇渔业公司是个年创产值超亿元、利税千万元的大企业，1991 年兼并了高家庵、八里庵村后，将村庄变成了农场。由公司投资 160 万，并出人才、出技术，在村庄建企业厂房，办起了养猪场、养鸡场和石料场，不但使贫困村甩掉了贫穷落后的帽子，走上了富余道路，而且出现了优势互补的可喜局面：农村富余劳动力转化，有效地缓解了企业劳动力紧张的局面，又解决了海产品晾晒场地缺乏的问题。使资金、人才、技术、自然资源四个优势得到了充分发挥，壮大了企业综合经济实力。1995 年利税达到 2500 万元。今年该镇 7 家渔业公司变成了 4 家，11 家镇办企业变成 7 家，58 个村庄变成了现在的 46 个村庄，全镇经济一跃跨入全市经济强镇前列。又如该市成山卫镇的马山渔业公司，是个拥有 6 个村庄仅有 402 户 1242 人，1400 亩地，平均一个村庄只有六七十户、200 多亩地。村庄经济很薄弱，丰富的海洋资源无法开发，工业项目没钱干，剩余的劳动力无处安排，农民收入低下。该市采取了六村合一的办法，首先在规划上划出住宅区域，建设一批不同档次的住宅楼，将村庄农民划入公司实行企业化管理，逐步迁进新居。其次是利用原有村庄发展饲养、加工、海产品晾晒等专业生产，以实现优势互补。现在马山渔业公司兼并区已有 300 多户农民迁进新居，公司还为生活小区投资 1500 多万元，铺设供水管道，建设变电站，增设卫星电视接收系统，并铺上了沥青道路。农民收入是兼并前的 3 倍多。公司先后投资 3000 多万元，利用村庄和土地优越的自然条件，兴建大型养猪场、养鸡场和工厂化养鱼场以及果园、蔬菜大棚等。土地的产出比兼并前增长 1 倍以上。千年沉睡的海洋也得到了开发利用，该公司先后投入 2000 多万元向海里投放鱼苗，海参等，使昔日的荒滩变成了今日的“海底银行”。现在，该公司已经发展成为很有规模的小城镇。内陆的富村强企业也采取了同样的办法，大力发展工业、商业贸易，广泛利用地域优势，吸引周边村庄农民进镇务工经商，建设一定规模的商品经济区域。目前，荣成市已有 10 个镇的 23 个经济强村强企业兼并了 55 个落后村庄，合并土地达到 7500 多亩，安置农村就业劳动力 8500 多人。按照这个发展规划，荣成市将用 20 年左右的时间，可使自然村由原来的 1080 个合并到 600 个左右，退耕还田可达到 60000 亩以上。人口的相对集中，便利了区域经济和城镇化建设的规模发展，是造福于民，功在当代，利在千秋的伟大事业。这样做的好处：一是通过兼并，可以使自然资源和生产要素得到合理配置，有效地解决了因为劳动力缺乏阻碍区域经济发展的问题，使农村蕴藏的富余劳动力和潜力得到了有效的发挥，促进了区域经济的迅猛发展；二是可以有效地改善农民生活条件，缩短城乡差别。彻底解决自古以来人畜同居的问题，提高人民的健康水平，实现农民梦寐以求的小康水平；三是便于集中投入资金，进行统一的规划、建设和管理，加速城乡一体化建设，有效地避免道路、供水等农村基础设施的重复建设造成人财物力的巨大浪费；四是有效地促进了城乡文化的交流，变农村意识为城市意识，促进精神文明建设的健康发展。总之，实行镇村的联合兼并，是新生事物，是切合中国农村实际的。可以有效解决农村人口的就业问题，为发展区域经济提供了劳动力保证。同时可以节省大量的土地，由有经济实力的兼并实体投资开发建设，使有限的荒芜土地得到开发利用。因此，兼并联合是今后农村走向富裕的必由之路，是实现乡村城镇化的总趋势。

(三) 迁村并点达到的社会效果

合理调整小城镇内部区划，是小城镇经济社会发展的客观需要，是农村经济政治体制改革不断深化的必然，也是小城镇行政管理体制改革的重要组成部分。对村级区划进行适度调整，撤并基本无集体经济收入的"空壳村"和若干年内无望脱贫的经济困难村，有利于改变农民的生活环境，提高生活质量，促进农村城镇化，吸收较好的社会效果。

1. 迁村并点是重新配置资源，形成新型机制，发展农村经济的重要手段之一。村屯合并是对资源的隶属关系和产权的重新组合，使原来只在小范围配置、使用的资源和生产要素，有可能在较大范围内重组，不均衡的生产要素，在新的空间范围内以最低的交易成本得以重新配置，从而形成合理、高效的组合，创造出更大的规模效益，产生新的经济增长点，形成新的利益机制，从制度上长久地支持农村经济发展，为具有一定活力和规模的小城镇经济组织(如产供销一条龙、贸工农一体化)的发展提供了可能。

2. 迁村并点是改善农村条件，缩小城乡差别，推进乡村城镇化的主要途径之一。首先，迁村并点使村的规模扩大，村民日常活动的空间扩大，村民居住、生活和生产活动的选择范围扩大，在客观上使部分区位条件好、自然条件优越、基础设施建设相对完善的地点成为较大范围内人口和经济活动的集聚地，推动了小城镇和中心村的建设和发展。第二，迁村并点使村庄形成一定规模，利于进行统一的村镇规划，集中人力、物力和财力，重点建设现有基础好、发展潜力大的村镇，使其基础设施、生活服务设施、市场及信息服务设施的建设等，有可能按照城镇规划功能分区的要求形成规模，并进而以规模效益和流通、服务、居住、商贸等功能来吸引人口和产业，在客观上起到了改善农民生活条件，提高物质文明和精神文明水平，缩小城乡差别的作用。第三，迁村并点有利于土地集中使用，使各村在一定规模基础上形成发展特色，加速农村专业化分工、产业化和产业结构调整的进程，一方面使部分农民从事与农业产业化相关的服务业，另一方面，农村专业化和产业化，使更多的劳动力脱离农业生产，就地务工经商，部分进入城市从事非农业生产，这在客观上加速了农村人口的非农化和农村城镇化的进程，农村社区的传统构架也将随之发生变化，新的城镇型社区必将得到发展。

3. 迁村并点是解决贫困问题，缩小贫富差距，实现共同富裕的有效方式之一。将利益关系密切、区位相邻的富村和穷村合并，实行产权和利益关系重组，降低交易成本，从机制和组织上给贫困村创造良好的发展条件和发展机会，使资源得以在较大范围内和较高层次上合理配置和开发利用，穷村、富村形成新的"中心—边缘"关系，穷村可以获得发展所需要的启动资金、得力的领导、甚至先进的思想观念和良好的发展思路,而富村从贫困村得到进一步发展所需的土地、劳动力和其他资源。经过一段时间的逐渐磨合,穷、富村优势互补,形成更加有效的组织经济和协调发展的新机制。这种建立在双方自愿结合、互惠互利基础上形成的共同发展机制,既有资源重组、利益共享等内部的合力和利益不可分割的基础,又有组织和制度上的保证。适度调整村级区划,打破因历史形成的自然村为单位造成的宗族派性、姓氏家族、乡土观念对社会进步的制约,有利于改变传统的思维模式、价值观念和生产生活方式,唤起新的追求。

4. 迁村并点是实行精兵简政,减轻农民负担,加强基层建设的战略举措之一。通过村级区划的调整、合并,适当扩大管理范围,相应地合并学校、卫生所等单位,实行精兵简政,大大减轻农民的负担,在较大范围内挑选年富力强的干部,充实到村党支部和村委会,解决了村级干部素质偏低(缺少文化、思想僵化、年龄老化),部分后进村干部选上不愿干、下派干部工作难的问题,有利于加强小城镇基层政权建设。

三、迁村并点的基本条件

一般而言,农村城镇化需要满足三个基本条件:一是要有第一产业的支持(有饭吃)。二是要有第二三产业提供的就业机会(有钱赚)。三是要有必须的基础设施住房、商业网点。农村城镇化需要满足这三个条件,迁村并点的成功也需要满足着三个条件。改革开放以来我国的农业取得了巨大的成功,粮食连续几年获得丰收,粮食问题得到了基本解决,为我国农村城镇化打下了一个坚实的基础。第一个条件得以满足,而第二第三个条件则应在农村结构调整中加以解决满足。

自党的十一届三中全会以后,我国的农村经济得到了快速的发展,目前我国的农村经济处于一个大调整时期;在今年年初全国农村工作会议上,党中央提出在农村进行经济结构和农业产业结构调整,使农村的经济发展有一个大的空间,同时农村经济结构实施也为迁村并点提供了条件。

(一) 农业产业化调整推动迁村并点

农村经济结构调整的一个重要方面就是农业产业结构调整;农业产业化是农业产业结构调整的基本方向,是集中农业商品化和市场化的必然结果。农业产业化包括农村资源的适当集约化和农业产品的专业化生产和经营。将仅有的土地向种田能手集中。这一方面进一步的提高了农业生产效率。使得更多的农村富余劳动力需要找寻出路。另一方面农业的集约化和专业化要求建立更加全面,完善的农业生产的产前、产中、产后的社会化服务体系,又为农村的富余劳动力就业提供了一个途径。因此农业产业化既为迁村并点提供了人力资源,又为这些人力资源转移创造了就业机会。当然农业经济结构调整不单单是农业产业的结构调整还应该包括种植业的结构调整,除种植粮食品种外,还应扩展到经济作物的种植与开发。

(二) 村办企业的拉动

改革开放以来,乡村企业的异军突起,极大的改变了农村的面貌。在实行农村经济结构调整的过程中村镇企业的发展已成为重头戏,对原有的企业实行增长方式的转变,包括企业的生产手段上,产品类型上,使村镇企业由小型密集性产业向资本和劳动双密集型产业方向转变,更多地依靠规模的扩张加速发展;在产业布局上,由分散走向集中,更多地依靠聚集效应获得外部经济效应来发展。同时还要大力吸引外资和广泛动员社会闲散资金相结合办法开展多种经营生产,充分利用村庄的有利条件,大力开办工业、副业和第三产业的项目。

(三) 搞好重点区域的开发建设

按照城市的标准搞好道路、路灯、供水、排水等的基础设施建设,尤其要搞好市场建设,以活跃乡村经济载体,强化中心区域的流通和商贸职能来吸引农村人口迁移。要注重改善迁移劳动力的居住环境,大力开发商品住宅楼,搞好住宅楼的配套设施建设。

(四) 抓住规划这个龙头

以农村城镇化建设为主题做好长期兼并规划和近期规划。在县城或市域内,确定出较为合适的村庄和乡镇为重点发展区域,以减少兼并的盲目性,然后先将周边经济实力薄弱的村庄向重点区域集中,再逐步向周边辐射,最后实现行政区划,建立新的社区。在详细规划上要规划好生活居住区、工业开放地区、商品经营区、副业养殖区等。并重点做好基础设施规划。基础设施,包括工程基础设施和社会基础设施两部分。前者包括能源供应、给水排水、道路交通、邮电通信、环境保护、防灾灭灾 6 个小系统;后者包括商业网点、维护服务、中小学校、医疗卫生、文化体育、福利事业、行政管理 7 个子系统。基础设施是保证村庄城镇化整体功能正常运行的基本条件,又是衡量村庄经济、社会发展水平和人们生活质量的重要指标。通过完善基础设施可以提高村庄的吸引力和辐射力、为迁村并点创造了条件。

四、迁村并点的原则,规模与在人口因素方面的原则建议

在农村城镇化进程中,乡村是不可缺少的。它不仅不会消失,而且有着十分重要的生态意义。正如地理学家杰斐逊(Mjefferson)在很久以前就已经注意到:城市和乡村是一回事,如果说一个比另一个更重要,那就是自然环境,而不是人工在上面的堆砌。我国特殊的城乡关系、城乡生产、生活上的差距为我们指明了农村城镇化的方向和任务。当城乡生活水平基本接近时,城乡人口将只代表人口在空间的居住特征。乡村不会消失,乡村人口也不会消失。尤其是我国这样一个农村人口众多的国家,可以实行"乡村地区有序退缩,稳步提高"更有实际意义。况且农村城镇化,不仅要抓小城镇建设,而且要抓村庄建设。乡村城镇化离开了村庄这一块,就是不全面的。农村城镇化绝非消灭农村和农业,只不过他们和城市与工业一样,也日益现代化,从生产到生活都会走向现代化。

加强和完善农村基层政权建设;发挥行政村内在潜力,完善行政村功能。进一步减轻农民负担,促进农村经济发展,重新配置农村现有资源,使其形成适度规模,发挥农村基层政权潜力,促进区域经济发展的重要手段。随着我国农村生产力水平的提高、农村经济的不断发展,原有村级区划和管理体制已不能适应当前社会发展的需要。调整村级区划,实行村级合并已经成为加强乡镇域内村镇建设,促进农村城镇化进程的发展趋势。

(一) 迁村并点的基本原则

迁村并点工作要以党的十五届三中全会精神为指针,以《中华人民共和国村民委员会组织法》和《国务院关于行政区划管理的规定》为依据,坚持从实际出发,尊重历史,尊重现实,尊重民意,紧紧围绕经济建设这个中心,积极、稳妥、有序地开展此项工作。

1. 坚持经济主导和长远规划的原则。迁村并点工作要把发展农村经济放在首位,坚持以经济建设为中心,对资金、劳动力、物质、技术等资源进行统一规划,合理布局,综合发展,要统筹兼顾,着眼于未来。

2. 坚持方便管理和因地制宜的原则。乡镇要根据本地实际制定本区域迁村并点方案。对地处辖区边缘地带,经济落后,交通不便,不利于管理的行政村进行合并,要把合并后的村部设在交通便利的中心区,但不能破坏因历史和地理等因素形成的整体区域。也不能将两个不同的区域硬性合并在一起。

3. 坚持民族团结和保持稳定的原则。对少数民族居住的民族村，在合并过程中要注意民族问题，认真听取少数民族的意见，加强相互沟通，避免引起民族矛盾，以保持社会的稳定。

4. 坚持区位相邻和精简高效的原则。在迁村并点过程中，对拟合并的村，应该是彼此相邻的地区，严禁将不相接壤的村合并到一起，以免形成飞地，给合并后的村在管理上带来不便。同时，要精简村干部，减少财政压力，减轻农民负担，提高工作效率。

(二) 迁村并点后村庄的合理规模

随着小城镇的发展，在镇(乡)域体系规划中应以基层村(自然村)——中心村——镇(乡、集镇)为主要层次。对于那些人口分散，地域面积较大的乡镇，也可以采取基层村(自然村)——中心村——集镇(镇副中心或次中心)——镇四个层次。其分布可遵循中心地理论按行星与卫星的关系分布。其比例关系为 1:3:9。镇域内的迁村并点应向这三个层次集中。村庄的合理规划不仅取决于村庄的层次分布，同时还受环境、资源、人口、可持续发展以及各种配套的基础设施制约，因此在确定村庄的合理规模时要以上面的制约因素作为依据。另外过去由于生产力不足村庄设置要考虑农民生产的工作半径。随着我国农村城镇的进程加上生产效率的提高，农民的生产工作半径已经不是设村的基本条件了。村庄的设置主要是依据人口的聚集效应和行政管理。

迁村并点的目的是促进农村城镇化水平，城镇化的水平是区域经济发展程度的标志。农业专业化生产和农村劳动力的富余，导致农村城镇化；而现代工业、商业、交通运输的发展则加速了城镇化的进程。通过对村庄各种公共服务设施和基础设施的综合技术分析，以及满足小学教育最佳人口。村庄的人口规模应在 500～2500 之间，基层村人口规模在 500～1500 之间，少于 500 则会造成物、资源的浪费；况且人口少了，则人气不旺，不能形成物流、财流的集聚。大于 2500 则已经接近设镇的标准。考虑到人口分布情况不均衡，特别是高山区和平地区、内地和边远地区、东部和西部地区、农业种植和牧区人口分布差异较大，镇域内村屯体系的布局，各地应因地制宜，根据本地区经济和社会发展情况确定。

(三) 迁村并点在人口方面的原则要求建议

1. 经济发达地区迁村并点的原则要求.

(1) 平原地区应迁并不足 300 人的自然村或居民点。

(2) 丘陵地区应迁并不足 200 人的自然村或居民点。

(3) 山地地区应迁并不足 150 人的自然村或居民点。

2. 经济中等发达地区迁村并点的原则要求

(1) 平原地区应迁并不足 250 人的自然村或居民点。

(2) 丘陵地区应迁并不足 150 人的自然村或居民点。

(3) 山地地区应迁并不足 100 人的自然村或居民点。

3. 经济欠发达地区迁村并点的原则要求

(1) 平原地区应迁并不足 200 人的自然村或居民点。

(2) 丘陵地区应迁并不足 100 人的自然村或居民点。

(3) 山地地区应迁并不足 50 人的自然村或居民点。

(执笔：冯明凯　赵天力)

6 小城镇镇域规划的相关问题建议

一、小城镇镇域规划与开发分析

即对特定区域小城镇镇域的自然、经济和社会资源进行综合利用，在不损害环境与生态环境的基础上，求得最大的经济发展和社会进步。

不同的区域有不同的区情，在区域开发的内容上必须体现各自小城镇的水平与特色，服从不同发展目标的需要，确定不同的发展方向与开发步骤。具体来说，主要包括以下3个方面的内容。

1. 资源的综合评价

资源评价是区域开发的基础，它用动态的、经济的观点，分别对区域自然资源禀赋、经济发展实力、资金多寡、技术高低、人力资源状况等做出系统分析。通过资源的综合评价确定小城镇区域发展的优势和制约区域开发活动的劣势资源、短线资源，从而对区情有一个全面了解、概算出综合区力。

小城镇区域开发要走可持续发展之路，即在资源开发的同时，注意环境整治，既要满足当代人生产、生活的需求，又不会损害后代人满足需求的能力，这是一种符合城市边缘区长远利益的选择，可保证新区资源永续利用，经济持续发展。在国家提出“完善自然资源有偿使用制度和价格体制，逐步建立资源更新的经济补偿体制”的政策后，应对自然资源进行正确估价，理顺价格，推进资源节约和综合利用。

2. 小城镇区域开发战略的制定

在资源评价基础上制定出开发战略，确定小城镇区域经济发展的方向、目标和具体措施，区域开发是一种具有全局性、长远性和稳定性的战略行为。首先它必须符合县级区域综合开发的总体规划，同时还要符合小城镇的发展方向，要有统筹全局的决策高度；其次，应从长远着眼，避免掠夺资源和以破坏生态为代价的短期行为；再者，要保证小城镇发展战略的连续性和稳定性，通过预决性研究来保证项目的可行性，从目标制定到组织实施过程都要认真研究，实行有效开发。

3. 生态环境保护

由于资源利用和经济开发往往缺乏环保经验，从而导致生态环境的变化。因此，在生产过程中要以“预防为主，防治结合，综合治理，全面规划”，推行清洁生产，尽可能将污染消灭于生产过程之中，对已造成污染的产业或部门应本着谁污染、谁治理的排污收费制度，并且确定环保目标责任制，使污染源业主有意识的减少环境污染；小城镇建设中经济建设、城乡建设、环境建设应同步规划、同步实施、同步发展，实现经济效益、社会效益和生态效益的统一。

二、小城镇镇域规划的超前性和适应性

1. 小城镇镇域规划的超前思维

(1) 建设一个可持续发展的小城镇

联合国《人居议程》中明确提出了“城镇化进程中人类住区的可持续发展”的目标、原则和行动纲领。“城镇化要把经济发展、社会发展和环境保护结合在一起。可持续性要求按照自身的条件,使资源的地区分布或其他适当的分布能保持平衡。要求超前性与国际化标准相接轨,适应性与本地实际发展情况相结合;要求促进经济与社会发展,促进人的健康与教育,保持生物多样性和可持续地使用其组成部分;要求维护文化多样性,并按照能够充分维持未来世世代代之人类生命和幸福的标准,保持空气、水、森林、植被和土壤的质量。”

(2) 要把城市边缘区建设成生活型新区,注重生活质量的提高

城市改革是从国有大型企业改革开始,城市土地资源的日益市场化,使城市的产业结构和空间布局发生重大的变化,出现了从生产型城市向生活型城市转变的现象。这一变化早已从我国最发达的大城市开始,并且会逐步向其他城市蔓延。

随着小城镇经济实力的提高和基础设施的向外扩张,小城镇的对外扩张能力和对周边区域的影响能力大为增强。所以不仅要强化小城镇内部的建设管理,更重要的是要加强区域之间小城镇发展的协调,如限制基础设施建设中“大而全、小而全”的发展倾向,引导区域基础设施共享;防止从局部利益出发从而导致区域土地、水体的不合理开发、开采和污染、损害。

2. 小城镇镇域的超前规划

我国正处于经济体制转变,城市扩张的时期,城镇化发展面临的问题日益突出,如基础设施落后和重复建设,性质雷同,缺乏特色,城镇化进程滞后且地区差异很大,环境保护等众多问题。这些问题的出现,使各级政府认识到小城镇建设的重要性,也加强了对规划的超前性的认识。

从小城镇体系规划成果看,要更加注重对新区发展有重大影响问题的专题研究,更加注重规划的可操作性和实用性。在规划理论、方法上突破了以规模体系为主体的规划模式。

3 .小城镇镇域规划应促进小城镇体系走向网络化

在原有经济体制下,我国的城镇体系基本以行政体系为依托,城镇的联系以行政关系为主。经济联系也是上下级之间的分配与上交模式。改革开放以后,经济体制发生了根本的变化,多种制经济的发展,包括外资的进人,新兴小城镇的发展,大大改变了城镇的经济关系,城市与城市新区之间的经济关系建立在市场联系的基础之上。与此同时,城市边缘区的区域基础设施获得了极大的发展。这些经济体制的建立,区域基础设施建设的发展,从根本上改变了原有城镇体系的布局结构。小城镇建设规划要突破单一的行政等级结构,建立起新的对外开放体系,市场联系体系,使原有的城市体系从垂直体系走向网络化。在我国经济发达地区,城镇体系出现网络化趋势,小城镇相互连接,连绵一片,相互渗透,相互影响加大。

4. 防灾规划应受到重视

《中华人民共和国防震减灾法》于 1998 年 3 月 1 日开始在全国实施,标志着我国的防灾减灾行政管理工作进入法制化管理的轨道。在许多地区总体规划的修订中,区域防灾规划受到很大重视。如深圳市在新一轮修编的总体规划中就专门编制了防灾专项规划。

不仅天灾,而且随着小城镇开发的复杂化和人们生活的电气化、管道化、网络化,各种灾害随时随地可能发生,造成的灾害也将逐年增大。因此在灾害组织系统,尤其是新区紧急救援系统的建设上应加大力度。

5. 小城镇镇域规划的适应性

自20世纪30年代以来,代表现代规划理论的《雅典宪章》就系统地将居住、工作、交通及游憩作为城镇的四大基本功能,并以此来指导我们的新的居住环境建设。在人们衣、食、住、行的活动中,居住水平的好坏既反映了一个地区的经济状况,又反映了居住区的适应性,又成为人们追求的生活目标,居住区的规划建设也随经济社会的进步而发展,变得更加适应环境适应社会。回顾城镇规划模式的演变过程,我们不难发现,每一种模式的演进无不与其所处的社会经济形式相适应,而每一次演进的动力无不来自于生活方式的改变与社会经济体制的变革,因此,对于小城镇规划,总离不开当时的社会环境、经济状况与生活习俗。

小城镇镇域规划要考虑小城镇的形象设计问题,小城镇的形象,犹如企业产品的形象一样,是一种潜在的资源和经济效益,包含有许多方面,但整个小城镇区域是否具有特色及文化内涵,则是其重要的内容。因此,在小城镇规划设计时,应着力创造出小城镇的特色,提高其文化内涵,塑造出良好的小城镇形象是规划设计需要着墨的重要方面。

三、小城镇区域产业布局的合理性

1. 影响小城镇产业分布的条件。包括:自然因素、人口及劳动力、技术因素、资本的供给及地方政府的政策。其中技术因素包括:技术是一种生产手段,技术因素是指特定区域所拥有的先进技术装备与技术批发条件而不是通常所说的一般劳动素质和熟练手工业技术。而地方政府的政策包括:地区产业政策是地方政府规划和调节本地区产业活动,以促进地区协调发展的措施。通过产业政策介入,资源分配已成为地方政府的主要行为。政府的这种行为对产业的分布有重要的影响,它可以通过有效的政策、措施,如优惠的投资、税收、价格外贸政策,改变落后的地区的条件,吸引更多的资金、技术、劳动力向区域内流动,从而为产业发展创造条件。

2. 小城镇产业结构优化。产业结构的优化包括两方面的基本内容:一是产业结构的合理化,二是产业结构的高度化。前者着眼于产业结构的量的分析,强调产业结构的均衡和协调;后者着眼于产业结构质的分析,强调产业进步条件下的结构非均衡演进,追求产业结构水平和效益的不断提高。产业结构和质量的对立统一,构成产业结构的全部内容。产业结构的合理化是评价产业结构的最重要的内容之一。产业结构合理化的本质涵义是追求产业规模适度、增长速度均衡和产业联系协调。产业结构合理化的思想在各国经济发展战略中都得到重视和运用。特别是在社会主义国家更加强调其重要性,并把按比例发展作为社会主义经济发展的规律之一。产业结构具有独立性和完整性。就是要建立门类齐全、独立完整的结构体系。确保国家或地区在政治上、经济上、国防上的独立自主。产业发展速度具有均衡性。在产业结构演变过程中,产业部门的增长速度是不均衡的,但是也不能差距太大,否则会造成再生产过程中的结构性滞差。产业部门增长速度分布得均衡表现为两个方面:一是高速增长部门、低速增长部门和潜在增长部门之间增长速率的差距要合理。二是各产业之间关联的比例关系要均衡。产业结构具有协调性。产业协调是指各产业之间有较强的相互转换能力和互补关系的和谐运动,它主要表现为3个方面:一是各产业的素质之间的协调。即各产业之间存在技术水平的断层,不存在劳动生产率的强烈反差,否则产业之间就会产生较大的摩擦,表现为不协调。二是产业之间相对地位的协调。即产业结构内部具有比较丰富的层次性,产业之间的层次与轻重关系比较明确和适宜。三是产业之间联系方式的协调。产业之间存在着生产技术经济联系,它表现产业之间的相互依赖和相互影响关系。从我国产业结构的联系方式来看,相互产业之间服务和相互促进的功能较差,往往是在"自我服务中发生联系”,同时重工业的发展又是以牺牲农业、轻工业及基础产业的发展为代价,因而结构不协调、不合理。

3. 小城镇产业结构的高度化。产业结构的高度化是评价产业结构的最重要的内容之一。在产业经济学更加强调产业高度化的作用。

(1) 地区的市场规模。

对以市场为指向的产业的最优规模影响最大。这要看该产业是要求集中的大消费市场,还是小的分散市场。对于要求分散小市场的企业,生产规模不能太大,太大必然增加产品的运销距离,从而增加运费支出,造成规模不经济,这时就要缩小企业的技术经济规模。

(2) 地区交通运输业的发展与分布状况。

这对运输指向的产业的最优规模影响最大。若地区交通条件差,企业规模过大,就会大幅度增加运费支出,而且有可能使原料运不进来,产品运不出去,对这类地区最优规模应适当缩小。

(3) 地区对现代化大生产的接受能力。

在为区域确定企业最优规模时,还要考虑如何把大、中、小企业合理组合,形成区域经济效益最大化的产业系统。

4. 小城镇规划要引导区域经济发展水平和速度合理发展

小城镇所在的区域的经济发展的状况决定了城镇化的发展和小城镇的规模,城镇化水平和小城镇的规模反映了所在区域经济发展的状况,二者之间存在着必然的有机联系。

我国经济结构具有二元性特征明显,发展水平不均衡的特点。因此,城镇化的水平和小城镇的规模也呈现出由此而产生的差异,这严重的阻碍了农村城镇化的进程。小城镇是大中城市联系农村的桥梁和纽带,是大小城市经济向农村辐射的中心环节,而且小城镇比大小城市更能直接地组织农村的经济活动,推动农村经济社会协调发展。要推进城镇化,必须改变二元经济社会结构,把城市和广大农村作为一个整体,根据城乡发展的目标和任务,统筹安排社会生产力,合理配置城乡生产要素,统一调整城乡产业结构。充分利用和开发城乡的经济、社会资源,把城乡两个生产基地、两个市场、两个资源优势有机地结合起来,建立统一的城乡社会经济网络。

四、小城镇镇域内农村剩余劳动力应有序就近就地转移

城镇化是经济社会发展的必然趋势,也是一个国家和地区经济实力和现代化水平的重要标志。据统计,世界发达国家城镇化水平达80%以上,发展中国家已达55%~60%,全世界城镇化的平均水平已达到47%,而我国仅为30.4%。从这些数字可以看出我国城镇化发展的滞后。任何国家要实现城镇化的目标,都必须把农业剩余劳动力逐步转移到非农产业,把一部分农村人口转为城镇人口。

我国转移农业劳动力和农村人口不能走发展大城市的路子。在我国,由于农业剩余劳动力人数众多,要实现农业剩余劳动力向非农产业转移,农村人口向非农人口转化,任务非常艰巨;而且大量的农民进城,就会造成大城市发展过快,容易导致人口膨胀,交通拥挤,环境恶化,就业困难,水资源缺乏,社会治安难维持等“城市病”。

从城镇化进程中的经验教训来看,发展小城镇是解决农业剩余劳动力和农村人口转移的必由之路。小城镇具有“人口蓄水池”的作用,大量农业剩余劳动力进入小城镇,是最现实的,也是最好的选择。

据估计2010年底我国总人口将达14亿，要实现国家的城镇化战略目标，城镇人口要比现在增加2.185～2.6亿人。据有关部门预测，21世纪初的头几年，我国将有2亿劳动力从农业中转移出来。目前，我国50万人口以上的大城市和特大城市仅94座，城市总数量仅为663座，如果让这2亿农民都进入城市，现有城市无法接纳；如果建新城市来安置，100万人口的城市，则要建200个；50万人口的城市，则要建400个，需占地4000万公顷，投资12000亿元，这是不切合实际的；但是，我国有县级行政区2400多个，如果每个县级行政区重点发展县级市或县城关镇和2～3个中心镇，总数将有8000个左右，每个平均吸纳2.7～3.3万人就可以实现目标。

经济发展水平较高的地区，城镇化的水平必然很高，其中的小城镇规模就可能很大；而在边远贫困地区的城市，小城镇就很难发展壮大。

影响小城镇规模的大小还有一个重要的因素，就是在一定区域内，该小城镇与其他小城镇的相对位置和相互关系。这是因为，小城镇的发展依赖于所在区域的经济基础和市场容量。当该区域内已经存在一个较大的小城镇时，另外一个小城镇的发展就受到限制，这相当于在总量既定条件下的竞争问题。另外，一个小城镇的政治地位也影响其规模。这是由于作为行政中心对很多经济部门有较大的吸引力，因而一般城关镇的规模都较大。

五、迁村并点的动力和机制

在村庄的发展过程中应有所选择。一般说来，有些村庄规模较大，设置了政治、经济、文化等公共设施（如村委会、初级中学、小学、幼儿园、托儿所、银行、信用社、文化站、卫生所、百货店、饮食店、食品店、理发、洗浴、蔬菜副食市场等）和给水、排水、电力、电讯、供暖、燃气等基础设施；而有些村庄规模则较小，除了组织农业生产和满足基本生活需要外，几乎没有什么其他功能。

在小城镇镇域村镇体系中要发展的村庄，应该是规模较大，设施完备，吸收劳动力的能力较强，功能比较明显，正处于上升阶段的村庄。在大城市周边、经济发达地区，主要是完善村庄的功能，提高建设和发展水平。对其中已经形成较大规模、辐射能力较强的村庄，适时引导其发展为集镇或建制镇；在中西部地区，重点建设区位优势和发展潜力都比较明显的村庄。对于已经纳入城镇体系规划的村庄，应加大政策引导和扶持力度，促进资金、人口、土地等要素向其聚集，使其尽快成长起来，完善村庄功能，增加其聚集效益。而对于那些规模较小，发展潜力不大的村庄，则应适当调整行政区划，鼓励按照合理的经济布局，迁村并点。

随着社会主义市场经济体制的逐步建立，村庄发展的过程已不是一个计划和行政控制过程，而是一个经济发展和社会自然变迁的过程。发展不同类型的村庄有不同成本及收益状况。村庄的发展主要取决于各自的经济发展基础以及农业人口在不同村庄生产和生活的成本效益状况和估价。要让不同的村庄在市场机制的作用下平等竞争，优胜劣汰，防止造成重复建设和要素的均衡化配置。

总之，在村庄发展方面要搞好迁村并点，农村主要的通过减人提高效率，因为狭义上的农业是不可能无限地加上去的。“让农民富裕起来的唯一办法是减少农民”。虽然减少不容易，减少要有过程，但减少是历史趋势。农民从事产业的转移必须和农民身份的转变相结合，迁村并点，发展重点村庄。

1. 条件吸引

中心镇建设要着力其规模的扩大和功能的完善，以充分发挥其规模聚集效益。要根据实际需要，结合行政区划调整，扩大规模，增强其辐射能力。对所辖分散、零乱的村庄，要根据有利生产，方便生活，群众自愿的原则，进行迁村并点的试验工作。要优化、配套基础设施和公共设施的建设，提高设施建设的品位和档次；积极引导乡镇企业向工业小区集中、住宅向居住小区集中。中心镇所辖村庄新建工厂原则上停止规划审批，停止镇区居民分散建住宅宅基地的规划审批。要加大综合开发、配套建设的力度。加快城镇基础设施建设，推进城镇化进程。

抓好交通项目建设。特别要加快对外联系和内部连接的交通建设，改善县城与县城、县城与地区、地区与地区的交通条件，尽快拓展城镇框架和发展空间，支持鼓励各乡镇加快乡村道路建设，改善路面状况。加快市政基础设施及配套设施建设。城镇街道要科学规划、合理布局，建设新街道和改造旧街道相结合，尽快形成县城和中心镇的主体道路骨架。同时，加快完善市政配套设施建设，尽快建好垃圾处理场和污水处理厂，积极鼓励城乡居民在城镇兴建住宅。抓好社会公共设施建设，做好文化娱乐中心、青少年宫、老年活动中心，公园等社会公共场所的续建、扩建及其他社会事业项目的建设。建成一批设施完备、功能齐全的城镇公用基础设施，达到城乡一体，共建共享的目的。

2. 政策引导

有利于乡镇企业依托城市载体而进入集约经营轨道；有利于农业产业化的发展；有利于农村第三产业并促进整个国民经济结构改变；有利于增加投资需求；有利于提高对农村投资的效益；有利于扩大农村消费需求；有利于解决耕地减少问题；有利于解决环境污染问题；有利于解决："天下第一难题"计划生育问题；有利于减轻农民负担，改善干群关系，巩固农村基层政权，完善制度和政策，为小城镇发展提供动力。市场经济条件下的小城镇发展的活力在于创新，如科技创新、管理创新、组织创新，其中最重要的是制度创新，要继续制定和完善允许农民流动的户籍制度，保障制度，城区土地管理等一系列制度及政策措施。农村投融资体制改革要有意识、有步骤地筹集小城镇建设的中长期投资资金，逐步形成多元的、有投资回报的发展机制，调动和发挥人民群众建设小城镇的积极性。

现行有关小城镇体制已经不能适应情况需要。实际上，镇不是完备的一级政府、如镇没有完全财政、没有全面的行政权。这严重妨碍小城镇独立地制定和履行规划，进行建设和管理。一些镇随着规模的增大，管理事务的变化和增多，组织机构已经不能满足工作需要，县以下机构改革，国家将只出大的政策和进行指导，在编制总量限制的前提下，地方可以根据需要自行设置机构。县级下派机构能下放的将一律下放。而达到一定规模的小城镇将改市。

要把小城镇建设纳入全市经济社会发展的总体框架中进行规划部署。充分发挥社会各方面的力量，千方百计筹措资金，投资于小城镇建设。

加快户籍制度改革，大力鼓励和引导农村人口向城镇聚居。要提高我国城镇化水平，一要增加城镇常住人口，消除人口流动的不合理因素，将市场机制引入城镇就业制度，使农村剩余劳动力和外来人口合理有序地流向城镇。凡在城镇有合法的固定住所、具有稳定职业和收入来源的，要给予安排城镇常住户口，在就业、子女入学等方面享受与城镇居民同等待遇。二要大力发展小城镇的第三产业，拓宽其空间，引导乡镇企业和务工经商的农民加速向小城镇集聚。三要继续实施"下山脱贫"计划，将一些地处高山、地理条件恶劣、生活水平低下的村落，安置到建制镇、集镇的规划区内，以加快人口的集聚。

中央经济工作会议鼓励“在政府引导下主要通过市场机制建设小城镇的路子”。利用民间投资、建立多元投资机制仍然是小城镇建设的主要筹资思路。出台有利于小城镇建设的财政政策和信贷政策,如平衡县镇两级财政、财政包干超收自留,对重点镇进行财政倾斜等。制定有利于小城镇基础设施建设和中小企业发展的信贷政策。

各级政府和部门要逐年加大对小城镇建设的投入。各级政府要逐步加大小城镇基础设施建设的投入,主要建设项目要列入各级政府基本建设计划。各县(市)收取的城市维护建设税,每年要提取一定比例用于试点小城镇建设。从小城镇收取的城市维护税要全额用于小城镇基础设施建设。在建制镇扩、改、新建的建设项目,均应按有关文件的规定交纳基础设施配套费。小城镇市场建设,各级工商管理部门要在资金和设施上给予支持。各级水电、交通、文卫等部门,每年要列出计划,从财力、物力上支持小城镇基础设施、公益事业的建设。各级建行、农行和其他金融机构对部、省级试点小城镇建设项目,应优先安排贷款。

(执笔:刘亚臣　李殿生)

7 小城镇规划设计中节约用地的途径研究

我国是世界上人口最多的国家，随着国民经济和社会事业的蓬勃发展，以及人口在继续增加和人民居住条件的日益改善，要求建设用地迅速增大，致使耕地日渐减少，人多地少的矛盾日益突出。

据有关资料，1949 年末全国拥有耕地 14.68 亿亩，人均耕地 2.7 亩，1957 年末耕地总面积 16.77 亿亩，人均 2.6 亩，以后呈逐年减少趋势，至 1999 年末人均耕地为 1.76 亩。我国人均耕地不及世界人均耕地 0.25 公顷（合 3.75 亩）的 47%。预计到 2030 年，我国人口将达到 16 亿，从现在起由于占用耕地的因素增加，将减少耕地约 3.1 亿亩（其中：生态退耕 1.1 亿亩、基础设施、水利和独立工矿 1.1 亿亩、灾毁和种养结构调整 0.9 亿亩）。在不包括小城镇用地的情况下耕地将减少 1/6，人口将增加近 1/3。虽然我国补充耕地的潜力尚有 2 亿多亩，但至少需要投资 2 万多亿元。因此在这一背景条件下，小城镇建设发展空间，必须立足于土地的集约利用。

我国幅员辽阔，自然环境、生产条件、风俗习惯非常多样，又由于过去长时期以来自发进行建设，致使现状人均建设用地水平差异很大。根据有关部门提供的 1988～1999 年小城镇与村庄建设统计资料，全国各省（自治区、直辖市）现状人均建设用地指标的相差幅度依然很大，1988 年各省建设用地指标中，镇区为 50～742m^2/人、村庄为 55～865m^2/人，各省间相差幅度约为 15 倍左右；经过十多年规划和管理的实施，1999 年各省建设用地指标中，镇区为 64～428m^2/人、村庄为 60～462m^2/人，相差幅度缩小为 7 倍左右。上述情况既表明了全国各地差异性很大，同时再加上各地规划水平参差不齐、建设管理尚不健全等因素，说明各地建设用地节约的潜力依然不小。

在小城镇规划设计中，应当贯彻合理用地、节约用地的原则。规划工作者必须加强节约用地的意识，将其贯彻到规划的各个阶段的每个环节之中。要根据国家和地方的有关政策、技术标准和规范等规定，在合理用地的前提下，将节约用地的各项措施结合实际情况，因地制宜地灵活运用到各个规划阶段内容的细部。

1. 编制县（市）域城镇体系规划是各县（市）规划建设小城镇工作序列中依据性的重要环节。

要拟定符合我国国情和各地实际的城镇化的进程和目标，逐步发展形成合理的城镇体系，引导各项产业的协调发展和人口的合理分布。小城镇虽属于城市范畴，但绝不是大中城市的简单缩小。小城镇的发展不应是以我为中心“小而全的个体”，而应是“承上启下、突出特色、优势互补、协调发展的群体网络。”

在县（市）域城镇体系规划中：

① 要提出城镇化的战略目标，确定城乡居民点有序发展的总体格局；

② 依据城镇各自的区位条件、服务范围和各项设施的分布，选定中心镇；

③ 合理确定产业布局和发展规模，避免各自为政、规模不当；

④ 布置基础设施和社会服务设施，防止重复建设，提倡共建共享；

⑤ 保护基本农田和生态环境，防治污染。

合理确定各个小城镇的性质、规模、各项职能和发展方向，以促进小城镇的有序发展，实现城乡协调可持续发展的目标。避免了规模不当和重复建设，这将是建设用地和资金的最大节约。

2. 切实做好镇域村镇体系规划

科学协调土地规划与城镇规划的关系。合理安排农业用地和建设用地，做到地尽其用，做好用地管理，严格控制建设用地总量，切实保护好基本农田，维护环境生态平衡，以有利于经济、社会、环境的可持续发展。严格依据法规和各自的标准进行规划，相互协调，统筹兼顾综合平衡。并通过实施的检验，及时进行调整，阶段滚动修订，不断更新完善。

为支持小城镇建设的试点工作，国土资源部将实行如下的政策：对完成了县、乡土地利用总体规划和小城镇建设规划符合土地利用总体规划的试点，给予一定的建设用地周转指标，封闭运转、到期归还。省级国土资源管理部门可在土地利用年度计划外列出部分周转指标，专门在小城镇建设过程中使用。

在镇域村镇体系规划中，要细致调查现状的人口分布、产业结构、资源状况、各项设施。并应做好规划预测：

① 农业剩余劳力的转移、镇域人口的增减与流向。

② 合理确定村镇体系的层次、镇区的发展规模与村庄的合理迁并，要做好建设用地的还耕，保护生态环境，做好退耕还林、退耕还草、平垸行洪、退田还湖等。

③ 统一安排交通、供水、排水、供电、电讯、环保、防灾等基础设施和教育、文体科技、医疗卫生、商业贸易等社会服务设施，避免求大求全和重复设置。

3. 科学编制镇区总体规划，因地制宜合理布局，避免过多、过早占地。

依据县(市)域城镇体系规划所确定的近远期发展规模。

① 细致调查分析镇区建设用地的现状和存在的问题，比较镇区发展方向的多种可能性，予以优选，合理用地。

② 依据县(市)域城镇体系规划所定的城镇性质与规模，合理选择确定镇区近远期的人口规模，严格控制建设用地指标，镇区建设用地布局应与基本农田保护区规划相协调，尽量利用荒地、劣地，少占耕地、菜地、园地和林地。

规划建设分期和发展过程的阶段明确，每个阶段的布局紧凑，相对完整，避免拉大架子，过早占地。

4. 居住建筑的规划设计

① 根据人口构成分别计算居住用地，合理选址，注意现状用地的挖潜，结合翻建进行调整改造。

② 应根据不同住宅的需求，严格控制宅基地，合理选定住宅建筑类型，鼓励减少分户，宜设计为一户多套、一楼多套式住宅，对于非农业户提倡建设水平分户的单元式住宅，提高建筑层数，节约建设用地。

③ 住宅建筑设计中，宜加大进深，减小每户面宽，适当增多每幢住宅建筑的单元数和户数，以利于提高建筑密度。

居住类型	住宅选型	住宅用地面积	选地及设计要求
职工户	单元式水平分户 连排式垂直分户	参考城市 的各地规定	镇区中、靠近工作地点
农业户	院落式	各地宅基标准	村镇边缘
专业户	院落式	各地宅基标准	村镇边缘邻近生产用地
商业户	下店上宅 前店后宅 垂直分户	各地宅基标准	沿商业街、市场布置，减小面宽、加大进深、提高层数
集体户	集体宿舍 青年公寓		单独建宿舍楼或与底层的厂房、办公、门市结合建设

④ 住宅群体的院落组合的改进，宜采用一条巷路服务两侧住宅的组合型式。

⑤ 搞好旧区的改建与利用，提高居住用地的利用率。改造“空心村”，做好迁村后的村基及时复耕或还林、还草，改变双重占地的状况。

⑥ 提倡住宅与商业服务等公建、无污染不扰民的小型厂房相结合，设计为底商住宅、下宅上厂或下厂上宅等综合性的建筑。

⑦ 住宅底层或半地下室设计为停车、附属设施等。

⑧ 工厂的集体宿舍不宜各厂分散建设，避免工厂用地的扩大，应结合住宅区成片进行建设，以适应环境优化及人口转化的需求。

5. 公共建筑的规划设计

① 公共建筑的用地面积指标应严格符合国家标准和地方标准。

② 提倡公共建筑的多功能组合设计，性质相近的项目建成综合楼，提高建筑层数，统筹安排所属设施场地的综合利用，避免各自建小楼、圈小院、附属设施各搞一套的做法。节约用地，减少投资，增大建筑体量。

③ 集贸市场选点布局合理，避免盲目求大，布点过密，造成“有场无市”的浪费现象。用地的面积应按平集规模确定，非集时应考虑设施和用地的综合利用，并应妥善安排好大集时临时占用的场地和部分次要道路的措施。

④ 部分商业服务设施，可以采用灵活设点、流动经营等方式，不必占地。

6. 生产建筑的规划设计

① 挖掘现有生产建筑用地的潜力，适应发展应留有余地，相对集中进行布置。统一解决交通、基础设施以及环境保护等问题。

② 在生产工艺允许的条件下，宜设计为多层厂房。

③ 无污染不扰民的生产项目，可与住宅建筑、公共建筑结合进行设计。

④ 同类生产项目和协作密切的生产项目应邻近布置，利于减少附属设施的建设，利于辅助设施和服务设施的共同安排。

⑤ 污染严重的生产项目规划远离生活居住用地，并逐次布置其他项目，以减少防护绿带的宽度。

⑥ 分散加工的生产项目，镇区可只设发料、验收、销售的业务门市。

专业户生产用地应根据生产内容、经营特点集中进行安排，不宜分散布置在每户宅基地内，以适应发展变化，且避免经营内容干扰居住。

7. 道路与绿化的规划设计

① 理顺道路系统，减少过境交通穿越镇区内部。疏导河流，恢复水系运输功能，减轻道路运输压力，降低运输成本。

② 道路断面符合功能需要、宽度适宜。

③ 根据使用需要设置必要的广场、停车场，减少路面停车，以充分利用路面宽度，避免单一地加宽道路路面。

④ 充分利用不宜建筑的地段作为绿化用地。

（执笔：任世英）

8 小城镇公共建筑用地面积及建筑面积控制指标制定研究

小城镇公建用地面积和建筑面积应采用其用地面积指标和建筑面积指标加以控制，并应通过公建用地的合理选址与布局及其同类项目的优化组合，达到合理配置、高效利用和节约用地的目的。

小城镇公建用地面积及建筑面积指标的制定研究是小城镇公建配置标准研究的难点，也是其标准制定的重要技术支撑。目前小城镇相关深入研究缺乏，小城镇公建用地面积及建筑面积指标制定研究除参考《城市居住区规划设计规范》和《村镇规划标准》的相关规定外，主要基于不同地区、不同规模小城镇的相关调查和小城镇各类公建用地需求和规划设计优化的相关综合分析。

一、公建用地相关调查分析及其占建设用地比例控制

根据对四川、重庆、湖北、浙江、福建、广东、山东、河南、河北、天津等 10 省、直辖市不同地区、不同规模有代表性的 42 个小城镇镇区用地现状和规划的调查统计与分析，镇区公建用地占建设用地的现状和规划比例及人均公建用地见表 1。

42 个小城镇公建用地相关调查分析 表 1

	①公建用地占建设用地比例(%)	②人均公建用地(m^2/人)	备　注
现状	3.3～8.7	3.02～10.0	占一部分，表中①最小为山东文登葛家镇，②最小为福建南平太平镇
	11.96～19.6	10.34～20.1	占多数
	21.4～24.1	25.5～31.6	占一部分，表中①最大为河南禹州方家镇，②最大为山东威海初林镇
规划	3.1～8.0	5.08～7.6	占一部分，表中①最小为山东文登葛家镇，②最小为福建南平太平镇
	11.4～22.9	11.55～23.3	占多数

对照《村镇规划标准》中心镇、一般镇公共建筑用地占建设用地的比例：12%～20%和10%～18%，目前尚有一些小城镇现状和规划的上述比值都明显偏低，分析主要是经济发展一般地区和经济欠发达地区的一些一般小城镇，公建设施基础落后、薄弱，规划、建设滞后，而调查的多数小城镇现状与规划的上述比值均符合标准要求，也有部分小城镇现状与规划的上述比值都已超过标准。

上述超过标准，一是由于现《村镇规划标准》适用范围不包括县城镇、对县城镇而言，小城镇(县)镇级公建多含了县级公建部分，且小城镇县级教育科技类、商业服务类公建规模尚应适当考虑辐射服务范围的人口因素；二是反映了经济发达地区和经济发展一般地区，近年小城镇公建的实际需求与发展；三是由于目前我国小城镇规模普遍过小，镇区人口超过 1 万

人是少数,多数在5000人以下,小城镇规模过小,其集聚能力弱,辐射功能不强,公建设施不能高效利用。

为有利小城镇健康发展,小城镇应通过适当迁并调整,增加人口规模。小城镇公建用地控制指标,应按规划调整与发展的人口规模考虑,即既考虑现在情况,也考虑小城镇人口规模增加,公建利用率提高的因素,以及不同性质、不同规模小城镇公建的差别,对照现行《村镇规划标准》和上述调查分析,提出小城镇公建用地占建设用地比例控制的适宜范围如表2。

小城镇公建用地占建设用地的比例控制 **表2**

	县城镇	中心镇	一般镇
公建用地占建设用地的比例(%)	15~24	12~20	10~18

二、小城镇公建用地需求及指标制定相关因素分析

1. 行政管理类

行政管理类用地范围为政府、团体、经济贸易管理机构等用地。此类用地多为公益性机构用地,配套一般比较齐全,且政府大院环境条件较好,容积率较低,多为0.4~0.7左右,其他机构多为0.6~0.8左右。上述调查有少数镇容积率过低,只有0.009~0.176,占用面积过大,如山东威海温泉镇、荣成邱家镇等;也有面积偏小,但主要指建筑面积。在该类用地面积和建筑面积需求中,国土规划、建设管理机构和工商税务管理机构需要加强,以适应小城镇建设和市场经济的快速发展。

根据行政管理类职能等特点,其公建用地千人指标尚可以每机关工作人员的建筑面积指标为考虑基点,再提出相应用地指标,最终推算出千人指标。根据调查,小城镇行政机关工作人员,规模较大的镇一般在80~100人左右,规模较小的镇在40~60人左右。

小城镇行政管理类用地面积和建筑面积指标换算,容积率可按0.3~0.6考虑。

2. 教育科技类

不同地区、不同规模等级小城镇的教育科技类公建现状差别较大,但是一个共同点是需求正在较大增长。这主要基于:

1) 农村中学教育普及、贫困地区希望工程实施;

2) 知识经济时代到来,县城镇、中心镇对规划设立各类高、中级专科院校,成人学校和少部分条件较好县城镇民办大学有较迫切要求;

3) 科技致富、知识扶贫,使小城镇科技站、信息馆(站)、培训中心、成人教育等应运而生,并在小城镇经济发展中起到了积极作用。

小城镇教育科技类用地容积率可按0.4~0.6考虑。

3. 文化娱体类

小城镇文化娱体公建设施与小城镇精神文明建设直接相关,文化娱体公建设施的完善是社会进步的象征。

近些年来,随着小城镇经济、社会发展和居民生活水平提高,小城镇对文化、文艺、体育、娱乐等方面的需求也在明显增加。不仅是中央组织的"三下乡"活动很受欢迎,而且是小城镇自身文化、艺术、体育、娱乐活动,也正处在普及和较大发展当中,并各具特色。

此外，近年小城镇文物、古迹，以及文化旅游资源的挖掘也普遍开始重视，据浙江、福建、四川、重庆等省、直辖市小城镇有关调查，文化古迹保护和文化旅游资源的挖掘是生态旅游型小城镇相关规划的重要内涵。在小城镇总体规划中，加强这方面的用地统筹规划更为重要，同时在文化娱体类用地指标的幅值确定中，应适当考虑潜在需求的发展余地。

文化娱体类公建规划综合平均容积率可按 0.5～0.7 考虑。

4. 商业服务类

小城镇商业服务类公建涉及项目很多，随着小城镇居民生活水平提高和第三产业发展，这方面需求增长也很快，且有较大的潜在需求。

小城镇商业服务类用地控制指标，不仅与其需求分析和精确预测有关，而且与其合理选址与布局，及其性质相近、服务同类的项目采取综合楼和商城等个体、群体建筑的增大建筑体量、合理配置、高效利用相关，也与位于不同街区地段，采用不同的适宜容积率有关。

5. 集市贸易类

小城镇集市贸易在促进我国广大农村地区商品流动、城镇经济繁荣中起到了桥梁和纽带作用。近些年来随着改革开放和小城镇发展，集市贸易需求普遍增长，尤其是商贸、工贸、边贸一类小城镇、集市贸易更呈较大增长趋势。

集市贸易主要相关因素不在于镇区人口，而在于小城镇类型、区位、交通、经商基础等的优势，因此集市贸易类用地宜按其经营、交易的品类、销售和交易额大小、赶集人数以及相关潜在需求和地方有关规定确定。

三、相关标准衔接与公建用地总量控制

现《村镇规划标准》对一般镇和中心镇的公建用地分别按大型、中型、小型规划规模分级，规定行政管理、教育机构、文化科技、医疗保健、商业金融等用地指标，在村镇规划中起到积极作用。

《村镇规划标准》的一般镇和中心镇的规划规模分级如表 3。

《村镇规划标准》一般镇和中心镇规划规模分级 **表 3**

	人口规模（人）		
	大　型	中　型	小　型
一 般 镇	＞3000	1000～3000	＜1000
中 心 镇	＞10000	3000～10000	＜3000

小城镇规划标准研究，小城镇界定为县城镇和县城镇外的其他建制镇（包括规划期将发展为建制镇的集镇），公建用地指标研究宜分县城镇、中心镇、一般镇三级。

其中的中心镇系指县（市）域内的农村分区中，一般位置相对居中，功能完善，对其周边村镇有密切联系和较强经济辐射、带动作用的小城镇，即含若干镇的农村分区经济、文化中心的小城镇。

鉴于前述我国小城镇人口规模偏小的存在问题分析和小城镇适宜规模的相关研究，以及国家强调，小城镇建设应重点抓好中心镇建设，一个县（市）一般仅宜设 1～2 个或 2～3 个中心镇的考虑，小城镇公建用地指标研究主要基于表 4 规划人口规模范围的考虑。

小城镇公建用地指标制定研究的小城镇适用人口规模 **表 4**

	县城镇	中心镇	一般镇
人口规模适用范围(万人)	2~8	1~4	0.3~2
与《村镇规划标准》衔接	大型中心镇	大、中型镇	一般镇

表4.0.4对小城镇主要6类公建用地面积和建筑面积指标作出的规定,主要基于对不同地区、不同性质、类别,不同特色小城镇公建项目和用地的不同需求调查研究与分析,并参考《村镇规划标准》100多个镇调查研究分析得出的相关规定,同时采用总体与分类结合,进行指标控制,以便在符合条文4.0.3和4.0.4的相关要求的公建用地总量控制前提下,小城镇规划可根据小城镇不同性质、类别、潜在需求、周边条件,对公建项目和分类用地指标有所不同侧重的选择。

(执笔:汤铭潭)

9　小城镇公共建筑规划设计优化途径研究

1　公建规划设计优化措施

1.1.1　小城镇公建规划设计优化应贯穿总体规划——详细规划——单体建筑设计全过程，要做到各阶段相互协调，彼此默契融合，确保"优化"落到实处，最终方便居民。

1.1.2　规划优化

1.1.2.1　小城镇公建规划优化主要通过"公建定位"、"群体布局方式"和"建筑物功能与形态"三个途径来付诸实施。

1.1.2.2　公建的地址选择应综合考虑该城镇在镇域中的区位、镇区形状、面积大小、路网结构以及建设条件等多种因素合理确定。根据上述条件的不同情况，分别采取不同处理方式：

1. 一般城镇级公建宜设在镇(城)区中心地带，但医院及集贸市场则应根据其特定选址要求和环境保护原则合理定位。

2. 若受自然或人工环境条件的制约，镇(城)级公建亦可设在临近衔接过境交通的镇(城)区主要出入口处。

3. 镇(城)级公建还可设在环境条件较好的城镇主干道附近的适宜地段。

4. 对于改建和扩建的旧城镇，可依托原镇(城)级公建群扩建，并同时对原有公建进行改造调整，以形成新的城镇级公共中心。

5. 小区级公建一般设在小区中心地带或小区出入口附近的合宜地段。

1.1.2.3　小城镇公建群体布局方式主要取决于公建基地形状、面积大小、地形地貌以及环境条件等因素，依上述条件的不同，其布局方式亦应作相应改变：

1. 大部分公建常集中建设，以形成本城镇的公共中心。由行政办公楼、厅堂、展览馆、博物馆、广场及至公共绿地等项目组建形成的政治文化中心，常布置在镇区的核心部位或中轴线上，它既是城镇的主体，也是该城镇的象征和标志。城镇公共中心是一个有机的整体，所有公建可按不同性质分别组合，各组团之间可布置道路或绿带。

2. 顺应人们习惯的购物方式，尚可将商业、金融、邮电、餐饮和娱乐等公建集中布置成组团式购物城，也可布置成步行商业街。其区位可选择在城镇的中心区，也可布置在临近对外交通便于招来人流的开放地段。无论是块状的商业城，还是带状的商业街，宜与游园式的中心绿地结合布置，并配有成人休憩和儿童游乐设施，这种将购物、餐饮、娱乐和休闲融为一体，人工环境与自然环境交相渗透的布局方式，是深受国内外城镇居民欢迎的一种新时尚。

3. 其他各类公建可根据其不同的使用要求作相对分散或相对集中布置。总的说来，一般的公建集中，有特定要求的公建分散并依照其具体条件合理定位，也可采取集中、分散相结合的布局方式。

4. 根据地形的不同情况，尚可分别采用正面和背面不同高程出入口的错层建筑，或围绕下沉式广场周围布置的地下或半地下建筑。

5. 凡无对居民产生干扰的噪声、振动、车流和过量垃圾的公建，亦可采用商住楼方式，设在小区级道路路旁住宅的底层，但公建和住宅的出入口反向布置；前者面向小区级道路；后者面向庭院。

6. 属餐饮、娱乐、休闲等公众活动类的公建，可与广场、中心绿地、小游园等结合布置。同时，尚可相应配置广告橱窗、雕塑、建筑小品、台桌、坐椅以及儿童游戏器械等室外设施。

1.1.3 设计优化

1.1.3.1 小城镇公建的单体设计应视建筑物的不同使用要求采用相应的创作手法，赋予建筑物以“灵活性”和“可改性”，以便适应不断发展变化的市场经济机制的需求。

1.1.3.2 视不同情况，建筑物的平面布局和空间组合可分别采取下列几种形式：

1. 建多功能厅。小城镇人口规模小，不可能分门别类建造多个专门性的观演建筑，惟有建多功能厅堂，集电影、戏剧、音乐和会议等功能于一身，以科技为支撑，确保视线、音响、灯光、布景等功能质量及其良好的适应性，达到一厅多用的目的。

2. 建综合体。化零为整，将多种类似的公建组建成同一建筑物。该多层建筑物内部采用“夹层”处理手法，中央为通高共享空间，这样，既方便了顾客，又壮大了建筑体量，还强化了繁华氛围，从而增加了对顾客的吸引力。

3. 建大空间、大柱网建筑。可根据不同时期不同用途的实际需要，灵活划分平面和空间，常采用空间分隔、空间连通、空间功能互换等手法来提高建筑物使用频率，更好地满足使用要求。

4. 建庭院式建筑。仿北京四合院形式，建筑物围绕庭院四周布置，庭院上方加建采光防雨透明顶盖，以形成多进带盖院落，该建筑形式极富民族传统和地方特色，宜用做购物、餐饮和娱乐等公建用房。

1.1.4 小城镇环境设计

1.1.4.1 小城镇包括公建在内的各类建筑及其空间的形态、尺度和风格，不应照搬照抄大城市的惯用手法，而应因地因环境条件制宜，要顺应原有水系、山体和林木等地形、地物精心规划设计，将建筑小品等人工环境元素与自然环境元素有机地融合起来，以充分体现小城镇镇区的整体性、协调性和环境个性。

1.1.4.2 小城镇建筑的造型、体量、尺度和色彩的处理要得体，宜精致玲珑，淡雅明快，彼此呼应，对比统一。无论群体或单体的建筑创作，均应尽可能运用蕴含地方建筑文化传统和民居优秀遗产的建筑元素和建筑符号。

1.1.4.3 小城镇的城市设计还应着力于建筑物的个体与个体、个体与群体，公共空间的条条(街巷)与块块(庭院、广场)、人工环境与自然环境等关系处理上。视具体的空间环境条件，可分别采用界定(有形界面与无形界面)、延伸、下沉、高耸、轴线、环圈、放射、对景、借景等手法来达到协调、融合、拓展、烘托、过渡、高潮等目的，必要时，尚可运用灯饰、雕塑、碑塔、牌坊、台阶、堡坎、水池、假山和亭榭等建筑小品，作为丰富、美化城镇风貌的辅助手段。

2 继承发扬建筑文化传统和地方特色

从多个小城镇的实地考察来看,小城镇公建,常常是该城镇的象征和标志。这种象征性和标志性,是通过某一单体建筑或某一建筑群体来体现的。而这种象征性和标志性的主要内涵,则是体现在单体建筑上或建筑群体上的当地建筑文化传统和地方特色。因此,在小城镇公建规划设计工作中,着力于继承和发扬建筑文化传统和地方特色的建筑创作,则是提高小城镇建设总体水平和优化美化小城镇人工环境的重要措施之一。这也就是我们为何将“传统”和“特色”纳入“小城镇公共建筑规划标准研究”专题的缘由所在。建筑文化传统和地方特色,既可体现在建筑群不同形态的平面布局和空间围合上,也可体现在单一建筑物的不同建筑符号、不同比例尺度和不同建筑色彩的运用上。惟有将充分挖掘、巧妙运用“传统”和“特色”的创作方法贯穿于从规划到设计的全过程,那小城镇的个性才会鲜明,特征才会显著,可识别性才会增强,这样才能摆脱“千城一面”的低水平建设现状,从而开拓我国各具特色的小城镇建设的新阶段,使我国小城镇总体水平上一个台阶。总之,建筑“传统”和“特色”的弘扬,必须同时从单体、群体,以及彼此关系的处理上去把握。

3 关于小城镇公建的规划设计如何适应市场经济机制的问题

小城镇建设既要以发展经济为支撑,又要服务于经济发展。搞好小城镇的规划设计,特别是搞好商贸和服务行业类公建的规划设计,从而为繁荣市场经济,为促进“民营型”商业、服务业等类公建的发展创造条件,提供舞台,这是本“规划标准研究”,公建规划设计优化的主要指导思想之一。具体做法是:①结合本城镇资源、技艺和产品的优势,规划建设集贸市场或小商品批发市场,备有足够的空间供“民营型”小规模经济个体户的经营和发展;②城镇级商业街或商业区亦应体现市场经济机制、商贸服务业应由多种经济成分构成。落实在规划设计上,商业街(区)的店铺宜大小并举,综合商场和专卖店齐备。即便是在国营的大型商场内,为了花色品种齐全以方便顾客,亦可给个体户开辟专卖柜台;③商业街(区)、大型商场及集贸市场的规划设计,应具有较好的可改性和灵活性,以适应不断发展变化的商机和市场竞争机制的需要;④居住小区中沿城镇级或小区级干道的住宅,可安排底商或无污染的手工艺品生产用房,根据需要,可将住宅楼整个底层用做规模较大的商店,也可采取垂直分户,各户底层用做私营商店和手工作坊,灵活机动,能更好地符合小规模“民营型”个体工商户和私营企业的需要。

(执笔:杜白操)

10 小城镇居住小区规划设计优化途径研究

1 优化目标

小城镇居住小区及住宅的规划设计优化的指导思想是，立足于满足小城镇居民当代并适当超前的物质精神生活需求，融入地理气候条件、文化传统及风俗习惯等特征，体现地方特色，以精心规划设计为手段，达到改善小城镇住区、住宅功能并优化室内外环境的目的。

2 规划布局优化

2.1 小城镇居住小区及定位应符合总体规划要求，居住小区及其下属居住单位，宜与街道办事处、居(村)委会及居(村)民小组等行政管理体制相对应；空间布局及景观设计应与地形地貌有机结合，以突出各自特色和可识别性。

2.2 考虑到源于乡村传统带给小城居民多种职业、宗教信仰和亲缘关系密切等特定因素，为利于管理和安定，可按居民意愿自由组合来划分住宅组群、院落和住栋。

2.3 基于各种不同从业户的特定需要，为有利生产，方便生活起见，小区组群等居住单位布局定位时，可参照下列原则：

2.3.1 种植户靠近农田和林地或布置在靠近耕作地点的居住小区边缘；或在城镇边缘兴建农(林、牧、副、渔)业生产及其从业人员居住的产业化居住小区。

2.3.2 职工户住宅群可布置在靠近镇区机关、企业和工厂等地段，以缩短行程，减少交通负荷。

2.3.3 为利于商业户、手工业户等个体经营者的经济效益和商机，个体工商户住宅宜沿人流较多的街道布置，或靠近小区中心及小区主要出入口等地段。

2.4 规划布局优化应地上地下兼顾。要充分利用地下空间。可将主要停车场、库分散布置于就近住宅组群中心绿地或其他空地的地下，在组织好人流车流路线的同时，搞好地面土地的利用及外观处理，达到适用、节地、节能和美观的统一。

2.5 小区道路要密切结合地形，因地因周边条件灵活布置，做到安全便捷，运行通畅，必要时，可将车行、人行道路分开设置，自成系统。

2.6 各种中心绿地和户外公共活动空间定位要适中，休闲娱乐设施分级配置要得当，力争周边住户享用机会均等。

3 环境设计优化

3.1 要立足小区全局，统筹安排小区的景观路线和景观节点的规划设计。要运用多种创作手法，将庭院、道路、广场、中心绿地和小区游园等大大小小的空间及建筑群体有机组合起来，以形成一个优美宜人的外部空间环境。

3.2 住宅群体布置既对比又统一，住栋布置既要有适度的规律性和节奏感，又要与地形地貌随机融合，做到疏密有致，彼此衔接、高低错落，层次分明。

3.3 在保障日照、采光、通风的前提下，户外空间可采取多种形式的向心式围合，其尺度大小应视活动人数的多少确定，其空间形状，可根据居民户外活动行为规律和环境条件妥善安排。

3.4 将环境保护和环境美化密切结合起来。对垃圾站、公厕、锅炉房一类有异味、烟尘、噪声、振动的建筑物和构筑物，除将其远离住宅和公共活动空间布置外，还应设置绿化隔离带，用树木花草将其掩蔽起来。同时还应注意搞好该类建筑物和构筑物的造型和色彩设计，尽一切可能消减其对环境带来的负面影响。

4 住宅设计优化

4.1 建立多元、多层次的住宅套型系列。按照不同户类型、不同户结构和不同户规模的级配系列及家庭收入高、中、低三个层次，相应设置不同种类、不同数量和不同标准的基本功能空间和附加功能空间的套型系列，以适应不同住户的需求。

4.2 视需要提供选择适应家庭养老的“多代同堂住宅”居住模式。即多代(三代甚至四代)同堂，一户大套含 2～3 个小套，可分可合。合则便于对老小的照顾，分则可避免因年龄和生活方式不同所产生的矛盾，以保障老、中、青各自不同的需求。

4.3 选择与户类型、户结构和户规模相应的住栋类型，应根据住户从业特点，辈分结构、人口多少以及平面布置和空间组合科学合理的原则，随机妥善处理住栋的水平分户和垂直分户以及联立联排和层数等问题。

4.4 搞好住宅的功能布局。在住宅的平面布局和空间组合上，一是要做到生产经营与生活区分；二是在流线上要做到内外区分；三是在功能布局上要做到“公”、“私”区分，“洁”、“污”区分；四是要文明居住，实行科学合理的生理分室(孩子 3 岁以上与父母分寝；6 岁以上分室)等等。

4.5 合理掌握住宅建筑面积标准。和小城镇其他各类建筑一样，住宅建筑面积也过大，自发建设的户均建筑面积更大，两类平均计算，户均建筑面积达 130～$200m^2$ 左右，$200m^2$ 以上的也屡见不鲜，通病是贪大，但大而不当，为了达到合理压缩住宅户均建筑面积标准的目的，本规划设计标准研究采取先按一般要求合理确定住宅基本功能空间和附加功能空间各类房间面积作为基数，再参照不同户类型、不同户结构、不同户规模等特定要求，科学地确定各类功能空间确切的数量及其建筑面积，以确保在满足使用要求的前提下，控制户建筑面积标准，防止超标，不带附加功能空间的户均小套(两代以下住户)建筑面积控制在 90～$120m^2$ 幅度内。合套面积标准低些，可分可合及独套面积的标准可高些。

(执笔：杜白操)

11 我国小城镇基础设施现状调查与剖析

一、小城镇基础设施的现状调查研究

我国地域辽阔,小城镇量大面广,至1999年全国已有小城镇5万多个,其中建制镇19000多个,集镇30000多个。由于不同地区小城镇的人口规模、自然条件、历史基础、经济发展差别很大,因而与小城镇所在地区、小城镇人口规模、建设基础、经济发展直接相关的小城镇基础设施建设差别也很大。

我国对小城镇基础设施建设的研究基础比较薄弱,有关资料统计和积累不多,建制镇特别是乡镇相关技术管理很薄弱或很不健全,某些方面的调研资料收集难度很大。

为了解清楚我国小城镇基础设施的现状水平,宜按经济发展的三种不同地区(经济发达地区、经济发展一般地区和经济欠发达地区)各选择一些典型的、有代表性的不同层次规模小城镇现状调查和其前一轮规划与建设的对比调研。东部地区主要选择调研广东、福建、浙江、上海、江苏、山东、天津等省、市经济发达地区和经济发展一般地区小城镇,并侧重于前者调研;中西部地区主要选择调研河南、湖北、四川、重庆、云南、内蒙等省、市、自治区小城镇,侧重经济发展一般和经济欠发达地区的小城镇,也选择调研其大城市周边地区经济发达小城镇。

上述在东部、中西部都选择经济发展一般地区小城镇调研等的考虑,有利全国三种不同经济发展地区小城镇基础设施的综合分析比较和基础设施规划标准研究地区分类的衔接。

为了弥补调研面的不足,并从宏观、微观结合分析研究的角度考虑,在上述调研的同时,着重收集、分析各省市小城镇及其基础设施发展建设的综合资料和部、省、市试点小城镇的规划、建设资料。

二、小城镇基础设施的现状水平总体评价

小城镇基础设施是小城镇生存和发展所必须具备的工程基础设施和社会基础设施的总称,通常指工程基础设施。工程基础设施指能源供应、给水、排水、交通运输、邮电通信、环境保护、防灾安全等工程设施。小城镇基础设施规划标准研究专题对小城镇基础设施的现状分析,着重于小城镇供水、排水、供电、通信、防洪、环境卫生等6项基础设施的现状分析。

改革开放以来,尤其是进入90年代以后,小城镇基础设施建设,随着小城镇的蓬勃发展,有了很大发展,据统计1990～1997年全国小城镇镇区(不含县域)的建设投资总额5765亿元,其中公共建筑投资1300多亿元,基础设施投资近700亿元,至1997年小城镇公共建筑总面积为12.31亿平方米,人均7.51平方米,全国有小城镇文化站、影剧院和图书馆共约5万个,医院和卫生所约5万个,集市约6.5万个,1990～1997年小城镇累计新建水厂2.35万个,日供水能力2714万吨,至1997年底建有供水设施的小城镇达2.77万个,也即55%左右小城镇(含集镇)建有供水设施,82.76%建制镇和50.83%的集镇用上了自来水,99.58%建制镇和97.67%集镇通了电,乡村公路达315.5万公里,电话普及率达3部/百

人。

但是，我国小城镇基础设施建设发展很不平衡，不同地区小城镇基础设施差别很大。东部沿海经济发达地区一批小城镇基础设施建设颇具规模，有的甚至接近邻近城市水平，如广东中山小揽，深圳龙岗、浙江台州路桥，温州龙港等镇；而对照城镇化要求，我国小城镇基础设施规划建设现状整体水平普遍不高，道路缺乏铺装，给水普及率和排水管线覆盖率低，基础设施建设普遍滞后、"欠账"严重，建设不配套，环境质量下降；基础设施工程规划一是缺乏城镇基础设施统筹规划，各自为政，水厂等设施重复建设严重，未能建立起区域性（城镇群）大配套的有效供给体系；二是县（市）域城镇体系起步晚，县（市）域基础设施规划水平低，不能充分发挥其对县（市）域小城镇基础设施建设的指导作用。

三、小城镇单项工程基础设施的现状剖析

1．给水工程设施

全国小城镇给水工程设施发展较快，有一定基础，但发展不平衡，集镇供水设施普及率较低，小城镇给水工程设施整体现状水平不高。

1）20 世纪 70 年代至 90 年代中期，新建县镇供水企业日生产能力为 1271.50 万吨，占现总数的 41.85%，供水管道 29523.27 公里，占现总数的 75.89%，县镇供水企业发展很不平衡，规模较大主要集中在东部经济发达地区，上海 9 县有 6 个日综合生产能力在 10 万吨以上（全国 1165 个县镇供水企业仅 17 个企业在 10 万吨以上），浙江、广东、北京 160 个县镇供水企业日综合能力超过 3 万吨有 80%，西部及其他经济欠发达地区县镇供水业日综合生产能力普遍很低，基本上都在几千吨或 1 万吨左右，经济发展一般地区日综合生产能力以几万吨居多。

2）部分建制镇，主要是中西部经济欠发达地区和缺水地区一些建制镇以及全国近半数的集镇，尚未建有供水工程设施，或者供水设施不足。

3）缺乏较集中分布小城镇给水工程的区域统筹协调规划，多数小城镇各自建设水厂，规模小、运行成本高、水源保护困难。

以重庆市调查为例，重庆 624 个建制镇共有水厂 659 个、日供水能力 63 万吨，分析平均每个水厂日供水能力不到 1000 吨。

4）多数小城镇供水管网为树枝状，供水可靠性不高；供水管道特别是配水管道材质差、敷设简陋、不符合规范、不加更新改造，难以确保用水点水质满足饮用水健康要求。

5）不同地区小城镇水源保护和供水水质达标情况差别很大。

生态环境条件良好的山区小城镇山泉等水源不经处理或简单处理即符合饮用水水质要求，对福建南平 10 多个山区小城镇分散和集中供水水质抽样调查均属上述情况；但有不少地区小城镇供水水质达不到要求，一些地区水污染造成的水资源短缺成为城镇发展的突出问题。由于乡镇企业规模小、技术含量低、污染点多面广、治理困难，东部沿海平原如浙江沿海平原水网密布，水流无定向，无法进行上、下游之分，一些地区城镇下游水厂几乎成了上游城镇的污水处理厂。

2．排水工程设施

目前，小城镇排水和污水处理设施处于相当落后的水平，排水设施投资普遍很小，也从一个侧面反映小城镇基础设施的整体水平普遍不高，排水工程设施应是加强小城镇基础设施建设、改变小城镇落后面貌的一个突出重点。

1）根据对四川、重庆、湖北、福建、浙江、广东、山东、河南、天津等9省、市小城镇有关调查，小城镇现状排水管网面积普及率估约40%～60%，东部沿海地区尚有不少建制镇无系统排污管渠，绝大多数小城镇没有集中污水处理厂，只有东部经济基础和发展条件优越地区的少数小城镇开始建设小型污水处理厂，中西部经济发展一般地区和欠发达地区许多小城镇尚只有明渠或简单排水渠道，更没有系统排污管渠。小城镇基本上没有污水处理厂，不少小城镇污水未经处理就近排入环境水体，污染严重。如据重庆市有关调查，由此造成一些地区次级河流污染还相当严重，以致下游地区人畜饮水都成问题。

2）根据9省市小城镇现状排水体制调查，多数为合流制，少数为分流制。

由于合流制，特别是直排式合流制，污水不经处理，直接就近排入水体，对水体污染严重，一般不宜采用；选择截流式合流制，雨天仍有部分混合污水，经溢流井溢出，直接排入水体，对水体污染仍然较严重；而分流制适应小城镇建设发展，环境保护和卫生条件好，应是小城镇排水体制的发展方向。

我国多数小城镇排水设施尚处建设阶段，为便于排水体制过渡，避免今后改造困难，应结合小城镇实际和近期、远期结合，经分析比较，改变目前不适宜排水体制，因时因地而宜选定各时期适宜排水体制。如经济发展一般地区小城镇可先采用不完全分流制，某些条件适宜或特殊地区（如雨水稀少、废水全部处理的地区）小城镇可采用截流式合流制。

3）我国小城镇污水排放量逐年增加，大量污水未经处理或未经有效处理排放，一方面污染水环境，另一方面加剧水资源短缺。

我国雨水资源丰富，年降水量达61900×108m^3，然而由于没有很好利用，雨水资源浪费，许多缺水城镇一是暴雨洪涝，二是旱季严重缺水。

当今，许多国家把雨水资源化作为城镇生态系统的一部分，在德国的一些地区利用雨水可节约饮用水达50%，在公共场所用水和工业用水中节约更多，并且雨水利用还有更多的经济、生态意义。

我国小城镇雨水资源、污水处理的综合利用，尚只处于试点起步阶段，并较多用于农业。但发展前景看好。以干旱的新疆为例，充分利用光热资源丰富的有利条件，1994年除城市外，全区69个县城已有40个县城因地制宜立项建设稳定塘污水处理工程，初步形成污水处理稳定塘体系，经过处理的污水，夏季多用于农田灌溉，而非灌溉期的污水利用，采取秋天整地，冬天稳定塘出水，处理水取代清水压盐碱地取得很好的效益。

3．供电工程设施

我国电力工业发展较快，随着国家电网和地方电网、农村电网不断扩大，我国小城镇用电除极少数外都已解决，供电工程设施大多有一定基础，但也存在较多问题。

1）平原、丘陵地区小城镇以大电网和地方小电网供电为主，有丰富水资源的山区等地区小城镇以小水电供电为主。

小城镇电网最高一级电压县城和中心镇较多为110kV，一般镇多为35kV，小城镇电网多数属农村电网。

2）小城镇农村电网小容量火电机组效率低，污染严重；小水电规模小，受河流季节性和气候的影响，保证出力低。

3）多数小城镇电网电源点单一，形不成环网供电，一旦线路事故检修，容易造成较大范围停电。

4）地方小电网和农村电网网络结构不健全，供电可靠性得不到保证。

5）大多数小城镇变配电设备落后、陈旧，输配电线路老化，供电半径大，线损高，事故隐患多。

6）由于历史原因，多数地区小城镇供电工程缺乏统一规划和管理，电网重复建设，结构不合理，交叉供电现象突出；农村电网电价高。

小城镇供电工程规划建设必须把加快农村电网改造放在重要位置，同时必须加强区域统筹规划。

4．通信工程设施

改革开放以来，我国通信事业发展很快，我国小城镇通信工程设施，已建有一定基础，特别县驻地镇通信能力有很大提高；传输落后、带宽不足已成为制约小城镇通信发展的主要瓶颈；小城镇广播电视网络已初步建成。

1）除少数经济欠发达地区外，本地网县城 C4 汇接局市话和长话基本上都已实现程控交换，县以上传输电路基本上都已数字化；一般镇建有程控模块局或农话自动端局，乡镇全部开通自动电话农话交换点，实现自动交换。

2）据东部沿海省市以及京津唐地区和海南等省、市有关调查，经济发达地区和经济发展一般地区光纤网络和接入网发展较快，已实现光缆到镇，但大多数尚属起步阶段，而中西部经济发展一般地区和经济欠发达地区的许多小城镇，早期建设的传输网采用准同步数字传输体制（PDH），部分地区甚至还是铜缆传输，同时，小城镇用户接入仍以模拟铜线为主要接入方式，网络光纤化进程缓慢，网络层次不清，传输体制落后，带宽不足已成为制约小城镇通信发展的主要瓶颈。

小城镇通信工程设施应着眼于通信网络的可持续发展，加速小城镇传输网改造，并以网络带动业务发展，这应是小城镇近中期通信规划、建设的一个突出重点。

据对四川、重庆、海南等省市的有关重点调查，许多地区小城镇都已开始传输网的改造升级。以四川仁寿县为例，改造后的传输网包括一个 8 个站点的 2.5G bit/s 主环和 4 个 622M bit/s、8 个 155M bit/s 的子环，形成分层网络结构，不同网层配套不同速率的传输设备，主干层搭建宽带业务平台，有利网络可持续发展，配线层便于业务发展在线升级，有力促进小城镇通信发展。

3）小城镇镇区现状电话普及率约 8～35 部/百人，大多数小城镇电话普及率较低，同时经济发达地区和经济欠发达地区的小城镇电话普及率差别很大。

4）经济发达地区移动通信网已覆盖至大多数小城镇，经济发展一般地区和欠发达地区移动通信一般已覆盖到县城和部分重点小城镇。

5．防洪工程设施

1995 年以来几次大洪灾，特别是 1998 年的特大洪灾以后，我国防洪工程设施得到普遍重视和加强，许多小城镇防洪工程设施有了一定基础，但对照防洪标准要求还有一定距离，特大洪灾也暴露了小城镇防洪和建设中，一些地区小城镇选址、建设不当，防洪设施薄弱，水利设施老化，环境生态破坏严重，江河湖泊淤积，排洪能力减弱，以及水库管理技术水平低，泄洪调度失误等较多问题。

1）据对四川、重庆、湖北、福建等省市山区、长江流域、三峡库区防洪的有关调查，小城镇洪灾与当地环境生态严重破坏有密切关系，如重庆山区小城镇多属老少边穷地区，由于一是多年来毁林开荒、广种薄收、山高陡峭、耕作粗放，森林资源遭到破坏，水土流失严重，水土流失面积占土地面积的60%以上，二是山区小城镇建设不结合当地地形地貌及地质条件，追求规模，采用削山填沟，高边坡深开挖方式建设，不但破坏自然生态组合，造成隐患，而且大量的弃渣、弃土、破坏植被、引起水土流失，加上山区小城镇防洪工程设施较薄弱，造成山洪、暴雨崩塌、滑坡和泥石流等灾害频繁。

三峡库区小城镇，位于水陆生态交错地带，小城镇分布较密集，近年来毁林开荒、陡坡垦植，库区原有森林植被被遭受严重破坏，沿江两岸森林覆盖率仅为5%～7%，且主要为人工林和次生林、水源涵养和水土保护能力较低，加之地形破碎，地面切割强烈，地质薄弱，以及土地过度垦植状态，致使水土流失严重，导致滑坡、崩塌和泥石流比较严重。

上述地区小城镇防洪应在加强防洪设施建设同时，封山植树，退耕还林，保护环境生态，库区小城镇移民迁建、选址布局规划与建设，应重视防洪和环境生态及考虑必要的异地移民。

2）沿江滨湖洪水重灾区一般小城镇由于多年来河道、湖泊、沙滩不断被不合理围垦和利用，加上河道上游水土流失日趋严重，导致江河湖泊淤积，排洪能力减弱，且水利设施老化，而长年受洪水困扰、损失惨重。

如江西省鄱阳湖地区及赣、抚、信、饶、修等河流尾闾地区，由于上述原因造成对鄱阳湖调蓄洪水及河道行洪的严重影响，鄱阳湖由建国初期高水湖面面积约5100km^{2}减为现在3900km^2，蓄洪容积370×108m^{3}减为现在298×108m^3，赣、抚、信、饶、修五大河流及其支流也普遍出现同流量下水位升高的现象，而该地区对1万亩以上5万亩以下圩堤按相应湖水位21.68m设防，绝大多数的圩堤现状防洪能力约3～30年一遇不等，中小圩堤的现状防洪能力一般在3～15年一遇，1995～1999年五年中有四年洪灾，且最高水位超过21.8m，洪水溃垸时有发生，特别是1998年特大洪水使江西省溃决千亩以上，10万亩以下圩堤240座，仅此淹没农田就有109万亩。

沿江滨湖洪水重灾区一般小城镇防洪应按"平垸行洪、退田还湖、移民建镇"的国家重大防洪举措和洪水灾后小城镇重建规划，改变原来就地防洪、避洪为易地主动防洪，通过碍洪圩堤的平退、扩大江河行洪断面，增加湖区蓄洪容积以及移民建镇，新镇科学合理规划选址、布局与建设，为分蓄洪区防洪水利设施安全建设和沿江滨湖洪水重灾区小城镇根除水患创造条件。

6．环境卫生工程设施

我国大多数小城镇环境卫生工程设施基础十分薄弱，与小城镇排水、污水处理设施一样，整体现状水平相当落后。小城镇环境卫生工程设施是加强小城镇基础设施建设，改变小城镇"脏、乱、差"面貌的另一个突出重点。

1）据对四川、重庆、福建等省市小城镇的环境卫生工程设施现状的重点调查，小城镇生活垃圾的收集、运输设施数量少、不配套，多数小城镇生活垃圾主要采用露天堆放等简易处理方式，而且一些小城镇固体垃圾和建筑垃圾无序随意堆放，侵占溪流、池塘、水洼，对小城镇水体和周围生态环境造成严重破坏，如同污水未经处理任意排放，对环境的不负责任，可能获得短期利益，但必将造成难以治理，终究付出更大代价。

2）根据四川、重庆、福建等省、市小城镇有关调查资料的综合分析，小城镇现状固体垃圾有效收集率约在15%～50%左右，现状垃圾无害化处理率约在5%～35%左右，现状资源回收利用率约在5%～25%左右，而大多数小城镇现状固体垃圾有效收集率、垃圾无害化处理率和资源回收利用率都处在上述中的较低水平。

3）许多小城镇镇容镇貌脏、乱、差现象突出，以路为市，以街为市，车辆、人流混杂，污水、垃圾不能得到有效收集与处理，严重影响小城镇环境质量。

4）许多小城镇公厕少，且大多是旱厕，卫生面貌差。为改变小城镇环境卫生落后面貌必须统筹规划、因地制宜、搞好垃圾收运、处理、综合利用和环境卫生公共设施的规划建设，加强管理队伍建设，提高规划建设与管理水平。

尚应指出，建设资金缺乏是各地调查反映的基础设施建设中普遍存在的问题，同时目前许多小城镇规模偏小、布局过于分散也是影响小城镇基础设施建设与效益的问题之一，宜在小城镇有关专题研究中深入探讨。

（执笔：汤铭潭）

12 基础设施在小城镇经济社会发展中的作用调查与研究

小城镇基础设施是小城镇生存和发展所必须具备的工程基础设施和社会基础设施的总称。

小城镇基础设施作为小城镇生存与发展必须具备的要素，无可置疑，在小城镇经济、社会发展中起着无可替代的极为重要作用。

小城镇基础设施的不断完善，促进小城镇经济、社会的不断发展；同时小城镇发展的进程又对小城镇基础设施提出不同的、更高的、超前的要求；当今世界，基础设施现代化，正在加速实现城镇化和城镇现代化。

一、小城镇基础设施与小城镇发展

古代，由于人们生活、生产及其相关设施的原始与落后，城镇基础设施作用主要在于水陆交通，世界上历史悠久的城市大都源于主要内河河埠上的集镇和沿海港口的小镇。

现代，小城镇发展与小城镇基础设施的促进作用更是密切相关。

一）三种分布形态小城镇发展基础设施的依托作用

我国小城镇从其分布形态划分，可分为三类。三类小城镇依托基础设施条件不同，发展各不相同。

一类是紧临大中城市中心城，城市规划区范围内的郊区建制镇，这类小城镇由于依托城镇基础设施，经济、社会发展较快，与城市发展差别相对较小，较多成为大中城市的卫星镇。

第二类是距中心城相对较近，沿主要交通干线等较集中分布的小城镇。如东部长江三角洲、珠江三角洲、京、津、唐、辽东半岛、山东半岛、闽东南和浙江沿海等城镇密集地区；中部江汉平原、湘中地区、中原地区等城镇密集区和长春——吉林、石家庄——保定、呼和浩特——包头等省域城镇发展核心区；西部四川盆地、关中地区等城镇密集区的小城镇。这类小城镇处于城镇发展核心区、密集区或连绵区，一般位于城镇发展历史较长、发育程度较高的沿海地区、平原地区，因能依托区域内重要综合交通走廊和水、电、通信等重要区域基础设施，本身基础设施也有一定基础，小城镇经济、社会发展较快，其主要地带将逐步形成省、市农村区域经济发展中心，其东部地带将成为农村区域城镇化和现代化推进最快的地区。

第三类是点状独立分散分布小城镇，这类小城镇主要是位于山区、边远地区、西部一般地区，多因依托区域交通、水、电等基础设施困难，本身基础设施基础薄弱，经济发展落后，城镇化和现代化水平低。

需要指出，上述结合区域、区位探讨基础设施与小城镇发展，一是由于基础设施与小城镇都离不开区域的概念，反映在小城镇地域空间结构具有与区域交通等设施相关的特定地理、历史条件、每一小城镇拥有各自的腹地和经济辐射面，其发展的集聚和扩散活动与临近城镇一个更大的区域范围密切相关，而为其服务、促进其发展的基础设施有最佳区域共享范围，更需有在城镇体系区域范围的合理布局与规划。二是因为理论研究与实践都表明，推进我国的城镇化进程必然是一个建设小城镇和发展大中小城市相结合的过程。

小城镇与大中小城市协调发展是符合我国情的我国城镇化道路，这不仅要求必须加快提高我国的城镇化水平，使更多的农业富裕劳动力和具备条件的农村居民转入城镇就业和定居，也要求因地制宜，完善各级城镇体系，而交通、通信、水、电等区域基础设施的合理布局和建设，形成城镇发展联系的经济与基础设施的轴线、走廊与网络，也即是小城镇发展与城镇体系形成与完善的不可缺少的要素。

世界上城镇间的集聚和扩散活动总是通过城镇间的交通、通信、供水、供电等联系的基础设施网络进行。正是这一原因，依据城市间交通、通信、供水、供电等联系勾画出城市间的网络线，按其重要程度划分节点和连线，分析城市间通过网络的集聚与扩散作用的网络法是城市地理的经典研究方法之一。

二）不同功能分类小城镇发展基础设施作用分析

根据国家计委试点示范小城镇类型选择和对四川、重庆、湖北、福建、浙江、广东、山东、河南、天津等省、直辖市小城镇的有关调查，分析四类不同功能分类小城镇发展中基础设施的作用。

1. 综合型小城镇

一般为政治、经济、文化中心的县驻地镇。基础设施较有基础，在本地区小城镇中，其经济、社会发展较快，并有较长发展历史；对基础设施规划建设要求较高水平，以适应和满足政治、经济、文化中心城镇的发展需要。

2. 特色产业型

利用当地特色资源，已形成特色主导产业的小城镇。这一类小城镇如生态旅游型小城镇，在形成主导产业中，除其生态旅游资源外，基础设施特别是交通、通信、环保、环卫基础设施起了更为重要作用，同时对这些设施的要求也更高。

3. 工业主导型

工业起主导地位的小城镇，这类小城镇因工业发展为主导产业，交通、水电、通信等基础设施均需有超前发展的较好基础。

4. 商贸流通型

包括工贸型、边贸型小城镇。促进工贸、边贸发展，基础设施特别是交通、通信、环境卫生、市场一类基础设施与公共设施均需有较好基础和较高水平。

三）基础设施的完备，关系到小城镇建设的成败

据四川、重庆、湖北、福建、浙江、广东、山东、河南、河北等省、市试点小城镇的有关调查，基础设施的高标准、高水平、超前建设是小城镇经济、社会快速发展取得成功的主要经验之一；而迁就眼前利益基础设施低起点、低标准、低水平、布局不合理、配套不完善，势必影响小城镇经济、社会发展，带来交通、通信不畅，水电困难、环境污染严重等一系列问题和短期勉强维持，长期无发展、难治理的被动局面。

基础设施的不断完善，带来小城镇投资环境、企业发展外部氛围的明显改善，促进小城镇二、三产业发展和生产多样化，转移农村富裕劳动力，扩大小城镇经济贸易。

小城镇基础设施建设带动产业发展，据有关测算，小城镇基础设施建设每投入 1000 亿元，将产生国民经济相关行业的 2008 亿元消费需求。

同时小城镇基础设施的完善，也丰富了小城镇文化生活、促进小城镇文明建设和社会进

步。

二、国外基础设施与城镇发展

世界上发达国家在20世纪80年代初城镇化水平大多已达70%～80%,城镇的高度发展无不与其基础设施高度完善和现代化密切相关。

城镇化发展水平很高的美国东海岸、欧洲北部、英格兰中部、日本东海道的太平洋沿海、韩国的京釜沿线以及美国、加拿大的五大湖区,数量众多的城镇依托区域内的重要综合交通走廊和基础设施呈带状分布的城市连绵区,已成为区域经济重心和枢纽地区,工业化发展的先导区域。

上述综合交通走廊往往成为城镇密集发展的经济轴线,如韩国的京釜经济轴、日本的京阪经济轴,通过推进大城市之间的高速综合交通系统,促使大城市地区的人口和经济的高度集聚,城镇沿轴线密集分布和高度发展。

同时,由于交通和通信基础设施的高度发展,城镇时空距离缩短,以及各类基础设施、配套服务设施的高度完备,许多发达国家小城镇建设与城市已没有明显区别。

日本80年代中后期全国村镇的基础设施已达到城市水平,日本、意大利、法国、西班牙、荷兰等国的小城镇,多数为环境优雅的田园城市。因而,在推动城镇化进程,缓解大中城市在人口、土地和环境问题等方面的压力上发挥重要作用。

美国80年代建设"都市化的村庄",发展景观优美、环境优雅、设施齐备的小城镇,同样离不开现代化基础设施的促进作用,基础设施高度现代化,实现了小城镇的高度现代化。都市化小城镇的吸引力使美国已有50%的人口居住在小城镇。

三、调查实例分析

一）牛佛镇的调查

牛佛镇位于四川省富顺县城以北31公里的沱江河东岸,距隆昌、自贡、内江各约30公里,镇区现状人口约1.3万人,是川南最大的农村重镇之一,同时又是建设部和四川省的双重试点镇。

1. 著名水陆口岸与历史文化名镇

牛佛镇历史悠久,始建于北宋,原名高市镇,因镇址沱江河对岸有一牛王山酷似水牛卧于江边,山下有渡口称牛佛渡,明朝镇因渡口改名牛佛镇。

历史上自贡盐业生产的发展,当地制糖作坊的兴旺和其得天独厚水陆交通便利及区位优势,使之成为古盐道上的一个著名的水码头和物资集散地。自贡的盐和白马庙的纸陆运过此恰好一天路程,因而是重要水陆口岸,"江上舟帆川流不息,陆上挑夫骡马成群",水陆运输的发达和商贸集市的繁荣,促进了集镇的形成和发展。

至17世纪末,逐步形成了"九街十八巷,中间一个鸭儿凼和三宫五庙"为主体的颇具特色的小镇建筑风格,清咸丰十年(1860年),李永和与蓝朝鼎领导20万农民起义军在此会师并建都,王府设在今天的天后宫,1988年牛佛镇定为历史文化古镇,并成为自贡市历史文化名城的重要组成部分。

2. 日趋完善基础设施,再塑社会经济辉煌

牛佛镇于1994年完成总体规划修编,规划以沱江为界分为东西二大片区,一个工业区、一个行政文化及商贸中心区外,旧镇、大桥村为古镇保护和综合居住区。城镇性质为"历史文化古镇,跨地区的商贸及以食品、机械工业为主的区域中心城镇。"并规划远景(2050年)

将建为现代化小城市。

6年来，牛佛镇严格按照规划进行城镇建设，首先大力加快基础设施的配套工程建设，牛佛沱江大桥、汽车运输站、新客运西站、连结成渝、内、宜高速公路的太大二级水泥路、牛佛至富顺的县级网化水泥路面公路和其他镇域的县级公路改造，1.2km宽14m的商业大街、3000门程控电话、有线电视差转台，1万千伏安变电站、自来水厂及引水工程、分流制排水管道、民用天然气和综合市场等相继建成和完成，同时近期重点建设太大路片区，还将在镇下游建设污水处理厂。

交通、水、电、气、通信、街道、市场以及文教、卫生等基础设施的日趋完善，使得城镇面貌发生很大改观；由于改善投资环境，筑巢引凤为招商引资创造了条件，为全镇经济建设和社会发展奠定了坚实基础，从而有力促进城镇经济、社会发展。

1）如今牛佛镇交通更为便利，公路四通八达，每天进出镇区的公共汽车就达157班次，沿江农村水运也十分繁忙，商业集市贸易十分活跃，牛佛镇建成川南最大木材市场、皮毛市场等，每逢农历的三、六、九赶场人数多达5～6万人，市场交易额突破5000万元，集市贸易仍然是牛佛镇经济发展的重要因素。

2）工业区以“牛佛烘时”、“香辣酱”为主的食品工业和以碳制品（磨料、磨具）为主的机械工业颇具规模，拥有食品厂、内联厂、碳化硅厂、砂轮厂、丝棉厂、化工厂、轧钢厂等60余家企业，个体私人企业1800余户，一批地方特色的拳头产品畅销国内外，成为城镇经济增长的重要支柱。

3）促进“四个一”工程为主的“两高一优”农业，包括建成自贡、内江两市的近郊菜篮子工程。

牛佛镇抓基础设施建设，促进全镇社会经济发展上了一个新台阶。全镇社会总产值实现5.31亿元，比1993年净增3.84亿元，农民年人均纯收入达2286元。与此同时，牛佛镇已成为自贡市“东进南移”战略目标的重要组成部分。

二）芦溪镇的调查

芦溪镇地处四川省三台县北，镇区人口1.57万人，建成区面积3.5平方公里，是绵阳市的卫星城镇，四川省试点镇。

芦溪镇境内有“绵渝”、“涪江”两条重要交通枢纽横贯全境，交通方便，信息灵通，能源充足，资源丰富，建有一座装机容量13850千瓦的中型水电站，并结合旧镇改造和新区扩建加大供电、供水、排水、供气和电信等基础设施建设投资，修建拓宽镇区街道、整治河道。基础设施的完善使场镇面貌焕然一新，有力促进全镇经济、社会的全面发展。

1. 大大增强了对外招商引资的吸引力，仅1999年就吸引外地客商来镇经商办企业6个，带资进场镇建房达196户。

2. 改善投资环境，为企业发展创造良好的外部氛围，促进乡镇企业和二、三产业的健康发展。全镇拥有三台黄磷厂、天鹤化工有限公司等三家县属骨干企业和三台复合肥厂、塑胶压铸公司等10余家镇属骨干企业外，尚有130余户个体工商户和20多家私人企业，仅1999年全镇就发展个体工商户120多户，私人企业5家，转移农村剩余劳动力2万余人，增加了消费、扩大了内需，启动了市场。

3. 促进了镇域经济全面发展，带动了全镇农业和农村经济的大发展，加快了产业化步伐。1999年全镇工农业总产值实现3.2亿元，其中乡镇企业实现1.66亿元，分别比1998

年增长 23.1%和 38.3%,财政总收入实现 609.97 万元,农民人均收入达到 1810 元,分别比去年增长 10.3%和 9.2%。

(执笔:汤铭潭)

13 小城镇环境保护的现状及规划对策

一、小城镇环保现状及面临的问题

一）现状

改革开放以来，农村经济的持续发展，乡镇企业的快速兴起，农村经济实力的不断强大，为农村城镇化找到了有力的依托，中小城镇建设的步伐明显加快，农村面貌得到极大改善，城镇数量迅速扩张。1996年以来，建制镇从1.5万个增加到现在的1.7万个，镇区总人口增加了2300多万，平均规模扩大了36%，镇区人口在3万人以上的小城镇已达到800个。

目前小城镇经济发展的模式主要以传统的粗放型为主，新兴产业和产品所在比例很小，片面追求发展经济效益，而不注意城镇的社会效益和环境效益的提高。城镇普遍存在的问题是镇区用地布局分散无序，乡镇企业遍地开花，人口容纳能力低，经济辐射力不强，第三产业发展不足，致使企业和人口难以聚集。小城镇的另一个特点是产业结构层次低，地区间功能结构、产业结构、平面布局和建筑设计雷同，个性单一，难以形成自己的风格和特点。企业规模小，配套服务设施不齐全，技术管理水平低，人才资源缺乏，难以形成规模经济，大部分小城镇无力建设必要的环保设施，使乡镇企业的排污水平大大高于城市企业。乡镇工业在高速发展的同时，污染物的排放量也以较高的速度增加，特别在东部沿海地区，小城镇规模和人口数量的不断扩大，加之资源利用方式的不合理等多种因素，造成土地资源紧张，环境污染严重，小城镇已成为我国环境污染、生态破坏的重点和难点区域，在一定程度上制约了城镇建设的良性发展。因此在小城镇快速发展的同时，保持生态环境的可持续发展就更为迫切。

二）存在问题

1. 土地资源形势严峻

与小城镇数量、规模和城镇人口迅速增加相对应的是土地资源的锐减，人增地减现象非常突出。全国有三分之一的省市人均耕地面积不足一亩，特别是在人口密度比较大的地区，如珠江三角洲、潮汕地区东部、沪宁杭、成都平原、京津唐以及辽宁、福建等地，城镇和人口密度都非常大，土地资源十分紧张，人均所占耕地面积已明显低于全国的平均水平。广东、福建、浙江三省人均耕地都在0.6亩以下，如福建省全省人均耕地面积为0.57亩，浙江省温州市的人均耕地只有0.36亩，是联合国粮食组织公布的极限耕地0.85亩的42.3%，该市的永中镇人均耕地面积甚至只有0.24亩。在这些区域城镇密集，相互毗邻，镇与镇、村与村之间已没有明显的界限。在小城镇密集的地区，很多城镇都是沿国道、省道等道路周围发展，形成了连绵不断的城镇群。

目前大部分城镇的城镇建设和土地利用在很大程度上还处于一种粗放型发展的水平，对土地资源的重要性还未得到足够的重视，城镇的建设带有很大的盲目性和随意性，这种粗放型发展方式一方面造成土地资源浪费、闲置，土地利用集约度不高，土地利用效率低下，另一方面也制约了小城镇基础设施的建设水平，影响了小城镇经济的发展和居民生活水平的提高。

由于全国小城镇经济状况和建设水平差异很大,所以导致小城镇土地浪费的原因也不尽相同。对于以农业生产为主、乡镇企业相对落后的城镇,土地资源减少的原因主要是宅基地的迅速扩张造成的,而其他非农建设用地所占比例较少。对于正在向工业化过渡的城镇,其经济收入和就业结构转向以非农产业为主,城镇中除了住宅用地迅速增加外,其他非农建设用地也急剧增加。图中照片分别是乡镇企业和个私经济比较发达的三乡镇(中山市)和永中镇(温州市)的城镇建设和土地利用情况。

图1 中山市三乡镇镇区建设情况

图2 根据规划这片耕地将成为某镇的中心区

另外"空心村"现象也是造成土地资源浪费的一个主要原因。在经济较发达地区的小城镇,由于农民私房建设混乱,住宅更新频繁,住房面积逐步扩大,旧村的区位不理想,公用设施老化,生活环境衰退,加上旧村改造跟不上去,很多地方就撇开老村重新选址建新村,结果造成大量住房弃置不用,旧村变成"空心村"。

由于土地资源锐减,已使一些城镇特别是东部沿海城镇的土地资源非常缺乏,现有耕地的垦植程度几乎已达到承载极限,人均粮食占有量也在进一步减少,一些地方已由粮食调出地区转变为粮食调入地区。

2. 环境质量下降

目前小城镇的总体环境质量普遍好于大中型城市。但个别小城镇特别是经济快速发展的小城镇,在城镇的建设过程中环保意识淡薄,工作中心只放在城镇发展和经济效益方面,而忽视对环境保护的建设,小城镇经济的快速发展付出了沉重的环境代价,并由此产生了一系列的生态环境问题。在乡镇企业比较发达、经济活动比较活跃的地区,环境状况更令人担忧。具体表现在工业区和生活区混杂,工业用地与居住用地交叉,随着小城镇的滚动式发展,造成工业区与居民区相互包围,工厂包围城镇,污染遍地开花,环境质量持续下降和退化,一些城镇的整体质量已明显低于大中型城市,个别乡镇甚至已无环境容量可言。目前小城镇在生态环境方面普遍存在的主要问题是:

(1) 水体污染

小城镇环境质量的下降主要体现在水体环境质量的下降。随着城镇人口及乡镇企业的迅速崛起,污染物的排放量也大量增加;相对于城市工业而言,乡镇企业多数为低技术层次、单位产品物耗能耗都比较高、污水排放量大的企业,如建材、化工、纺织、金属制品等,目前乡镇工业废水排放量已占全国工业废水排放量的50%左右,其中造纸、纺织、煤炭采选、非金属矿物制品、化工及食品加工等六个行业的污水排放量已占其排放总量的70%以上。由于乡镇企业科技水平低、企业规模小、运营成本高、净利润低,远不能形成规模效益,更谈不上对自身污染进行有效治理。而乡镇工业各自为政、无计划发展,导致空间布局过于分散,加剧了污染源的扩散,也进一步加大了污染治理的难度。乡镇企业的废污水还具有分散、浓度高和处理率低的特点,即使一些工业废水排放前经过了厂内处理,但一般只能达到行业排放标准,而达不到排放水体的要求。

生活污水和面源污染也是造成小城镇水体污染的主要原因。目前几乎所有的生活污水都未经处理直接排入周围的河道,成为继乡镇工业污染点源后的又一重要污染源。而面源造成的水体污染也不可忽视,面源污染主要是通过降雨产生的径流携带土壤中的化肥、农药等成分一起进入河流,以及洪水期将地表上的垃圾、人畜粪便等带入河流形成的污染。上述污染源已使小城镇的江河湖库等水体都受到不同程度的污染,很多水体的水质已不能满足其使用功能的要求,一些污染严重的水体甚至失去了生态使用功能。近岸海水也存在明显的污染带,赤潮发生频率明显增加。

在我国由于城镇间距在缩短,区域间的联系日益密切,地理区位的一致性使得区域各城镇的生态相关性强,水资源和水环境问题具有雷同性,如京津唐地区各城镇的严重缺水,长江三角洲城镇群的河道水质极度恶化。1999年全国城镇废污水排放总量为606亿吨,受污染的河长比例平均达38%,其中污染比较严重的流域是淮河、海滦河、松辽河和黄河,污染河长的比例分别高达80%、64%、60%和50%。根据有关资料,目前全国78%的城镇河段不适宜作饮用水源,50%的城镇地下水受到污染,在缺水的城镇中60%~70%是水质性缺水。而水资源短缺、饮用水水质下降,将会对小城镇的持续发展和居民的身心健康造成潜在威胁。

以福建省为例,虽然1999年大部分河流水质和往年相比污染呈减轻趋势,但各水系仍受到一定程度的污染,污染类型以有机污染为主,石油类的超标较为突出,特别是城镇内河水质污染更为严重,水质呈富营养化,部分城镇的地下水源也受到严重污染。近岸海域主要受营养盐污染,一些港湾的重金属出现超标。

下面照片是该省某镇河流的污染现状。

图3　某镇镇区河流的污染情况

1995年，在浙江省160个地面水水质监测点中，水质低于Ⅲ类水质标准的有53个，其中低于Ⅴ类水质标准的有9个，特别是城镇密集区、经济发达地区、河网地区和支流河段，地面水污染更为严重。主要河流入海口水质恶化，已呈富营养化，沿海赤潮频频发生。下列照片是温州市三垟乡的水体污染情况。三垟乡的水网很密集，水网之间相互贯通，有“东方威尼斯”之称，但由于水体保护不利，水网水体也受到一定程度的污染。

图4　温州市三垟乡水网现状

在吉林省由于工业“三废”不断增加，农用化肥和农药的大量投入和不适当使用，造成农业环境和农蓄水产品污染;另外全省每年有4亿吨工业废水和3亿吨的生活污水排入各类水体,主要河流达不到一般工业用水和人体非直接接触用水的V类水质标准。

在小城镇由于受环保意识和资金技术的限制,加上没有政策的大力扶持,污水治理进程非常缓慢,远远落后于小城镇的经济发展速度,加上水体污染的流域性、迁移性及积聚性,致使小城镇的水污染治理成为我国环境保护的薄弱环节。通过实地调查了解,在经济发达的珠江三角洲和长江三角洲一带,几乎所有的小城镇都还没有把污水治理的建设列入当前的议事日程当中。如浙江省在1996年只有8座规模较小的城市污水处理厂,且主要集中在几个较大的城市,中小城镇都没有建设相应的污水处理设施,排水管网普及率也非常低,这与该省快速发展的乡镇经济不相匹配。

(2) 大气污染

我国的能源消耗主要以燃煤为主,煤在一次能源结构中占76%左右,是世界平均值的2.3倍,煤是造成我国大气环境污染的最大污染源。煤燃烧后释放的SO_2占到全国SO_2总排放量的87%,CO_2为71%,NO_x为67%,粉尘为60%,燃煤所造成的污染已成为制约我国国民经济和社会持续发展的一个重要因素。小城镇的大气环境质量与城镇的地理位置、产业结构、能源结构、供热方式以及对大气污染的治理措施等密切相关。虽然小城镇的大气环境质量要好于大中型城市,但大气环境质量呈下降趋势。例如在沪宁地区,乡镇工业的迅速发展和耗煤量的增加,使小城镇的大气环境质量在不断下降,大部分地区的环境质量已由过去常好于国家一级标准,降为目前只能维持二级标准,二氧化硫、氮氧化物、总悬浮物严重超标,其中二氧化硫污染最为严重。

1999年对338个大中型的城市环境统计中,226个城市超过大气环境质量二级标准,137座城市超过三级标准,而小城镇的大气环境质量基本上都满足大气环境质量二级标准。随着农村工业化的加速发展,乡镇工业排放的大气污染物也在逐年上升,1995年,全国乡镇工业二氧化硫、烟尘和工业粉尘的排放量已分别占全国工业排放量的23.9%、50.3%和67.5%,同1989年相比,其排放量分别增长了23%、56%和182%,乡镇工业中的电力、建材、化工、纺织、机械、黑色冶金、非金属矿物制品等行业产生的有害气体是主要的大气污染源。小城镇大气中的主要污染物是尘埃和二氧化硫,其次是工业有害气体和汽车尾气。尘埃来源主要是交通带入、工业烟尘,其次是基建扬尘和砂土散失、道路路面起尘、区域环境降尘等,加上小城镇清扫工具落后,造成灰尘搬家。

因此,造成大气污染的主要原因是工业生产产生的气体排放、第三产业(餐饮业)的油烟污染和机动车辆的流动污染,以及陶瓷窑和建材加工等排放的烟尘等。对于陶瓷制造和砖瓦制造比较发达的小城镇,氟化物的排放量增加很快,造成的危害也较大,特别是对人体健康和植物都有很大的影响,过量的氟化物含量可造成人体的骨骼疾病并引起植物的枯萎死亡。图中照片是个私经济非常发达的温州市某镇废气的排放情况。

居民落后的燃料结构也对大气环境有一定影响,目前小城镇燃气普及率还很低,其他清洁燃料的使用也多受到限制,居民炊事主要靠燃煤炉灶提供热量,由于这些炉灶众多、遍及整个镇区,并且是低空排放,产生的二氧化硫和浮尘等有害物质不易扩散,对大气的环境质量影响很大。在一些燃料短缺的丘陵或山区,小城镇甚至以烧柴为主,不仅污染了大气环境,也可能造成对生态环境的破坏。

影响小城镇大气环境质量的另一个原因是污染工业混杂于城镇的居住用地中,既限制

图 5　某镇区的废气排放情况

了工业的发展，又影响了城镇的大气环境环境。对处于城镇上游、上风向的污染企业也未能加以很好地控制与有效地治理，这些因素都导致城镇大气环境质量的不断下降。

小城镇酸雨污染也非常严重。目前我国酸雨分布区域广泛，酸雨区面积已占全国国土面积的 30%，而且酸雨也发生频率逐年递增，降雨酸度也有加重的趋势。以下图形是 1999 年全国大气酸雨污染的分布情况，从图中可以看出，酸雨主要分布在长江以南、青藏高原以东的广大地区及四川盆地，酸雨污染最严重的地区位于华中、华南、西南和华东地区。

例如福建省全省 85%的城市均出现酸雨，降雨 pH 年均值范围为 4.78～7.09，平均值为 5.59，闽东南沿海各城市与闽西北相比，其降雨酸度更强，酸雨出现频率更高，已成为酸雨污染中心区域。

1999 年，温州市全市平均酸雨率为 56.1%，降雨 pH 值范围在 3.84～7.26 之间，降雨 pH 均值为 4.94，低于 5.60 酸雨临界值。在经济发达地区和沿交通干道发展的小城镇，机动车的尾气污染也比较严重。在小城镇机动车车况一般都比较差，拖拉机、农用车和重型车的比例很高，所用油品质量偏低，并且缺乏必要的尾气净化装置，在机动车流量比较大的地区，不仅噪声污染严重，而且车辆尾气污染现象也日益突出，机动车排放的碳氢化合物、一氧化碳、氮氧化物等废气所占的比重越来越大。

(3) 噪声污染

对于大部分小城镇，镇区噪声值明显低于大中型城市，而且昼夜噪声分贝相差很大，对居民的日常生活还没有造成严重的影响。但在东部沿海和经济发达地区的小城镇，以及沿交通干道两侧发展的城镇，噪声污染就比较突出。像温州市的永强大道，沿途形成 20 多公里长的城镇带，不仅使城镇基础设施建设成本提高，而且造成交通干线全部路段噪声超标，超标幅度达 19.5 分贝。

在小城镇中，交通噪声的污染最突出。小城镇的车辆本身噪声高，机械性能差，保养不善，是造成交通噪声污染的最直接原因；道路路面差，道路狭窄、密度大，车流过于集中，亦是造成道路交通噪声污染的主要原因。随着交通流量的增加，道路交通噪声污染呈明显上升趋势，使临街住宅的噪声污染问题越来越尖锐，如何控制城镇的交通噪声污染已成为人们普

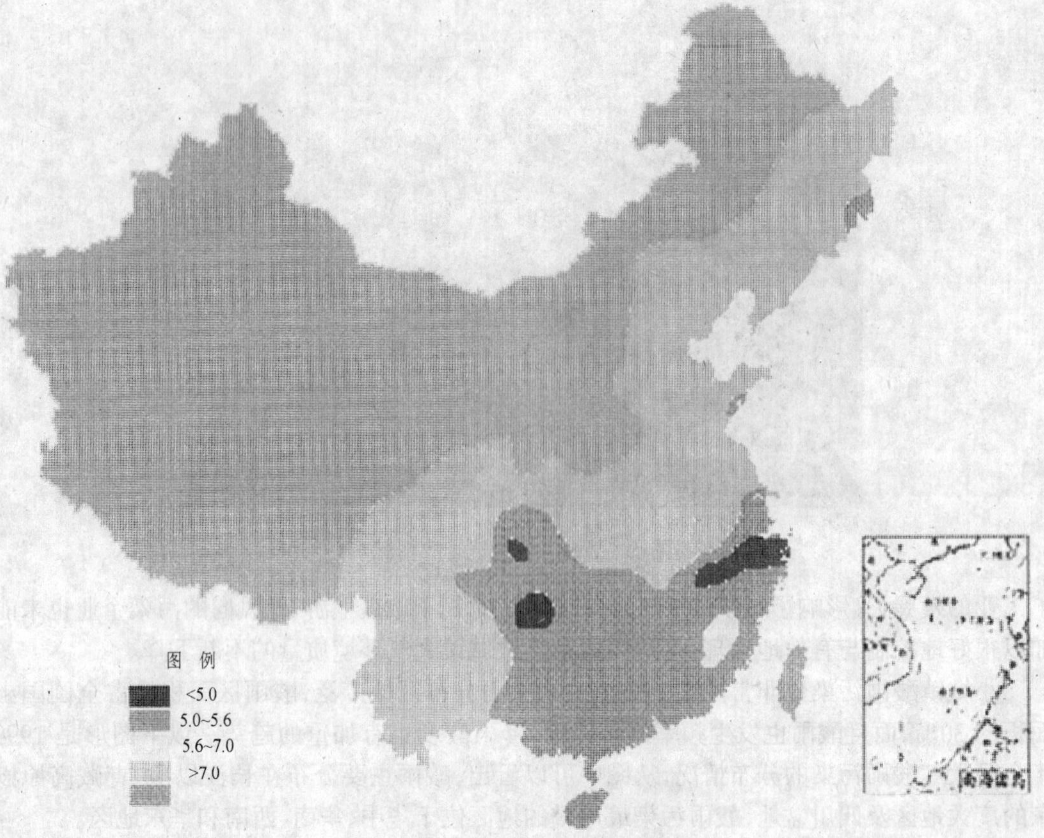

图 6　全国大气酸雨污染分布现状

遍关注的问题。

同时随着人口的增加、城镇经济活动的加剧，乡镇企业、第三产业和施工作业产生的噪声也比较突出，如在商业经营活动中使用高音广播喇叭来招徕顾客和建筑施工中的高噪声等，都给居民的正常生活带来较大的负面影响。

在很多城镇工业用地与居住用地混杂现象普遍，而且工厂周边大多没有设置隔离带（绿化屏障），经常给附近居住区造成噪声污染。噪声污染不仅影响居民的生活和工作，危及居民的身体健康，而且对城镇的整体环境质量和投资环境造成不利影响。

（4）垃圾污染日趋严重

随着经济的增长和人民生活水平的提高，城镇产生的工业固体废弃物和生活垃圾量也随之成倍增长，垃圾的成分也越来越复杂，其危害性也日益突出。目前小城镇的环卫队伍都比较薄弱，垃圾收集的范围和能力有限，收集方式比较原始；环卫设施建设和管理比较落后，垃圾收集和处理设施明显不足，现有的垃圾中转站比较简陋，环境卫生条件很差。垃圾收集运输系统不够完善，加上居民环卫意识淡薄，普遍存在垃圾随意丢弃、随意堆放处置的现象，特别是在人流、物流比较集中的地方如车站、农贸市场等场所，脏、乱、差的状况还没有从根本上加以解决，对城镇的面貌影响很大。

在生活垃圾的处理方面，存在的问题也比较多，首先是垃圾粪便无害化水平低，垃圾处理方式落后，垃圾处理能力严重不足。目前小城镇生活垃圾处理的处理方式多采用堆肥法和简易填埋法，由于各种垃圾相互混杂，在采用堆肥法时又没有经过必要的筛选，造成垃圾肥颗粒大,玻璃砖头等杂物多,减低了土壤的保水保肥能力,而垃圾肥中越来越多的重金属离子和其他有害物质,也使堆肥法的推广受到影响。而小城镇普遍使用的简易垃圾填埋法很不规范,远远满足不了卫生填埋的要求,填埋场在建设时未进行衬垫防渗处理和气、水收集处理系统的设置,垃圾产生的沼气和渗透液对环境又造成了二次污染,尤其对地下水构成严重的威胁。其次是集中垃圾处理场短缺,特别是在人口密度非常密集的东部沿海地区,处理场的选址非常困难。一些城镇由于没有合适的处理场所,许多垃圾就露天堆置于路旁河边或填入坑塘,这些随意丢弃的垃圾对城镇的环境质量影响很大。

(5) 生态环境脆弱

城镇化进程的加快、城镇规模的不断扩大和人口的快速增长,伴随而来的是大规模的平整土地,采矿取石,取土修路等,使原来的生态平衡被打破,开发地带的森林被砍伐,天然植被遭破坏,大大降低其防风固沙、蓄水保土、涵养水源、净化空气等生态功能;盲目性的建设也破坏了城镇的自然景观,使整体生态质量明显下降,人居环境问题日渐突出。目前在小城镇生态破坏的范围在扩大,程度在加深。特别是一些经济建设高度集中和发达的城镇,也是环境生态问题最为突出的地区。

在城镇建设中一些水塘、河流等天然水体常常被改造或填平,道路网的建设又使得原有自然水系支离破碎,排水不畅,明显影响水体的自净功能,随着废弃物排放量的增加,水体环境质量急剧下降。同时天然水体的破坏与消失,也减少了水体对暴雨流量的调蓄能力,使暴雨径流在地面的滞留时间缩短,洪峰流量集中,导致破坏性很强的水灾频频发生。如水土流失产生的泥沙使河道淤积,河床抬高,河道萎缩和洪水水位升高,从而使河堤防洪能力降低。一旦发生洪水,极易造成灾害。而很多城镇的发展建设都没有考虑必要的生态恢复和补偿建设,对于平而未建、批而未建的闲置土地,也没有进行恢复植被、复耕复种等工作,因此城镇中水土资源流失的现象很严重,大量肥沃表层土的流失,不仅使土层变薄、肥力下降、土壤耕作层退化,土地越来越贫瘠,而且流失土壤中的化肥、农药等污染物会加剧对城镇水体的污染。

生态环境遭到破坏的后果之一是直接引起城镇水资源的紧张。在生态环境脆弱的地区多是缺水地区,失去了土地植被的水源养蓄作用,水资源会大量流失,河道和地下水得不到补充水源,会造成水位下降、径流减少以至干涸。因水土流失造成的水库山塘等蓄水工程的泥沙淤积,也使城镇的取水资源进一步减少。而水资源的短缺不仅制约着城镇经济的发展,而且又导致生态环境的进一步恶化。如西部地区特别是西北地区,由于干旱缺水,土地承载力不足,随着人口剧增,密度提高,环境压力也逐渐加大。传统的生产生活方式和土地的不断开发,减低了自然资源的承载力,造成水土大量流失,土地大面积沙化,泥石流、滑坡、洪灾等自然灾害时有发生。

二、小城镇建设与环境保护的关系

一) 城镇化现状及发展趋势

现阶段我国城镇化水平的地域差异很大,如东部沿海地区的土地面积虽然只占全国土地面积的 13.5%,却集中了 48.4%的全国城市人口,西部地区的土地面积占整个国土面积的 56.3%,集中的城市人口却不及全国的 1/6。从城市分布密度来看,东部沿海地区与西部地区相差近 8 倍,两者在城市人口密度方面的差距也达 13 倍之多。

98 年底建制镇的总数量约 19000 个,若不含县城建制镇数量为 1.7 万个左右,驻地城镇人口10920万人。据有关资料预测,到2005年,建制镇的数量(不含县城建制镇)为1.85万个左右,人口为1.15亿人左右,到2010年数量为2万个左右,人口1.2亿人左右;2020年数量为4万个左右,人口2亿人左右,由此可见在今后相当一段时间内,我国城镇化过程将处于快速发展时期,有更多的农村地域将纳入到小城镇的建设范围。而城镇化的快速发展将不可避免地对城镇的生态环境造成巨大的冲击。

1978～1998年建制镇数量(含县城建制镇)的变动情况 **表1**

年　份	1978	1979	1980	1981	1982	1983	1984	1985	1986	1987	1988
建制镇	2173	—	2874	2843	2678	2786	6211	7511	8463	9121	—
年　份	1989	1990	1991	1992	1993	1994	1995	1996	1997	1998	
建制镇	—	—	10309	11985	12948	14293	15043	17770	18000	19000	

二)城镇化与环境保护的辨证关系

小城镇建设与环境保护是相互制约又相互促进的。一方面小城镇建设和数量的快速发展,为农村剩余劳动力的转移创造了很好的条件,通过利用小城镇的农副产品和矿产资源等优势,大力发展乡镇企业和农村的第三产业,促进农村剩余劳动力的有序转移和生产要素的优化组合。由于小城镇用地相对比较紧凑,基础设施完善,吸收投资的能力比较强,因此有很好的社会整体经济效益,有利于城镇经济实力和居民收入水平的提高。同时小城镇经济的发展,将不断增强城镇的经济实力和公共资本的积累,这为乡镇企业污染的集中治理、城镇环境保护和基础设施的建设创造了必要的物质条件,有利于小城镇净化、绿化、美化等工作的逐步开展以及生态环境质量的改善。而对于经济发展比较落后的乡镇,由于缺乏必要的物质基础,环境污染的治理进程将会非常缓慢。以福建省一个山区乡镇为例,该乡的人均耕地只有0.3亩,产业主要以农业为主,乡镇企业比较少,且以木竹加工为主。镇区居民收入很低,属于温饱性乡镇。通过实地考察,该乡的植被覆盖率非常高,大气环境质量优良,但镇区内的河流因生活污水的直接排放而受到一定程度的污染(见图7)。由于乡镇的经济实力有限,在相当长的时间内很难在镇区建成完善的排水系统和污水处理设施,因此水体污染的状况不可能在短期内得到改善。

图7　某山区乡镇清新的空气与污染的河流

另外从生态环境来看,发展小城镇、人口和乡镇企业向小城镇集中,既有利于提高土地资源的使用效率，也有利于控制生态环境保护区的农牧业人口分布和密度，减轻水土流失区现有耕地的压力，达到还田于林，还田于植被的目的。特别是对于生态环境比较脆弱的地区如西北地区，应通过发展小城镇，鼓励一部分人离开农村进入城镇从事非农生产。

但在另一方面，城镇化进程对城镇的环境质量也造成了很大的压力，城镇建设往往会对小城镇的环境质量造成不利影响。特别是小城镇在发展初期，乡镇企业规模小、布局分散、经济实力弱、技术水平落后，往往忽略对污染的治理和环境保护，结果造成森林、农田、草地、水面等自然资源的快速减少，水土流失、环境污染和生态环境恶化的现象日益突出。在现阶段很多小城镇的发展是以廉价或无价环境资源的大量消耗取到的，而且在今后一定时期内仍将沿袭扩大资源投入的传统发展模式。如果长期不采取有效的措施对环境资源加以保护，对环境污染进行治理，将会导致小城镇生态环境质量的急剧下降。而生态环境质量的衰退将影响小城镇的投资环境和居民的生活质量，反过来制约小城镇的进一步发展。

因此如何协调两者之间的关系，是目前小城镇建设中需要特别关注的问题。只有在进行城镇发展的同时，加大对环境保护建设的力度，通过制定灵活的管理政策和经济政策，刺激工厂企业把污染物的排放量降低到最低程度，才能保持小城镇建设的持续、快速增长。

三、小城镇环境保护的对策与措施

一）土地的利用与保护

小城镇要合理布局，科学规划，从实际出发确定建设用地规模，严格执行建设用地标准，把节约用地和保护环境放在首要位置，这也是小城镇规划标准研究中的一项主要内容。为保护好小城镇的土地资源，应首先做好土地利用规划，划定不准发展区、控制发展区及近期发展区，实现城镇土地的合理配置和使用。积极引导农村人口向小城镇的有序集聚和乡镇企业集中连片发展，充分挖掘现有建设用地潜力，正确处理好改造与新建的关系，搞好旧镇、旧村的改造，加大农村居住点的土地整理力度，对空心村和不能改造的旧村庄，实行退村还田或退村还林。大力提倡公寓式住宅、综合开发和集中成片建设，建立与城镇化相适应的高效、集约的用地布局结构。以下图片分别是中山市三乡镇的新农民住宅和福建省某镇新建的联建住房，采用集中式住房，既节约了用地，也改善了镇区景观和居民的生活质量。

乡镇企业应集中配置工业用地，统一规划、统一开发，对乡镇企业作适当的集中调整，避免工业开发在各自然村遍地开花，对于自然条件与基础较差的小城镇，不提倡设立工业区。为鼓励农民和乡镇企业向小城镇集中，应制定切实有效的政策措施，如拓宽小城镇建设资金

图8 镇区中的农民新居与联建住宅

来源和融资渠道，适当加大对小城镇的投资力度，提高城镇基础设施和服务设施的建设标准，增强对农民和乡镇企业的吸引力，鼓励新建的乡镇企业落户城镇的乡镇企业小区或工业小区；引导一部分原有的分散乡镇企业向城镇搬迁。

对于沿海和河网地区，要加强对滩涂资源和湿地的保护，围海造田要适度，尽量多保留一些天然水体、森林、湿地等；对于被填埋或污染的水体，要有计划地进行疏浚、治理和保护；在城镇周围应划定生态敏感区，对于敏感区内的一切经济活动要严格加以限制，在城镇内部，尽多种植适合当地生长的乡土植物和绿地，扩大绿化覆盖率，使城市内部的绿化与乡镇外围的田园绿地有机地结合在一起，给城镇的进一步发展提供足够的环境容量。

二）产业结构的优化与调整

目前小城镇的产业结构比较单一，产品结构层次低，主要是一些布局分散、加工简单、产品链较短、彼此联系不多的传统产业，而且能源和资源消耗量都比较大，对环境的污染也很严重，而新兴产业和产品所占比例很低。为改善城镇的环境污染问题、进一步加快城镇的经济发展，要对小城镇的经济结构进行调整。即在发展经济的同时，要根据自身的资源状况，建立以节约土地和水资源为中心的集约化农业生产体系和节约能源和原材料为中心的节约型工业生产体系。

对于农业服务型的小城镇，应充分利用本地资源，逐步建立起比较完备的农业生态系统，将现代科学同传统农业结合起来，建立优质、高产、高效、低耗良性循环和持续发展的农业生态体系，积极扶持旅游、种植、养殖、手工、农副产品深加工等无污染或低污染的产业，并大力发展为农村、农业服务的各类第三产业。对于向工业化过渡的城镇，应根据当地的实际情况，确定合理的产业结构。

在工业项目的引进中，乡镇企业要更多地依靠技术进步求得发展；避免无条件接受安排被“转嫁”的高污染、高能耗产业，特别是对环境容量已比较小的地区，应更多地考虑无污染或低污染的产业，由小型的劳动密集型产业向资本和劳动双密集型产业方向转变，通过发展节地、节水、节能型产业，提高资源的利用率和单位资源的人口承载力，提高水资源的综合利用率和重复利用率，减少污染物的排放，缓解城镇发展对环境造成的巨大压力，从根本上保证小城镇建设的可持续发展。

三）环境保护的建设

由于小城镇科技水平和经济水平较低，环保意识比较落后，因此环境保护和基础设施的建设明显落后于大中型城市。根据1996年第一次全国小城镇抽样调查结果，在调查的1035个小城镇中，非城关镇的生活燃气普及率为47%，自来水普及率为63%，与大中型城市相比还有明显的差距；且上下水不配套，对废水和垃圾处理能力弱，废水处理率仅为27%，垃圾处理率为45%，垃圾和废水处理率及处理标准都大大低于城市和城关镇水平，如果按照国家规定的处理标准来计算，小城镇的废水处理率和垃圾处理率几乎接近于零。

针对小城镇目前存在的问题，今后需要加大环境保护建设的力度，把环境保护的任务放在小城镇建设的首位位置。根据小城镇的实际情况，其环境保护的建设应有别于大中型城市。首先小城镇应把预防和防止放在首位，避免“先污染后治理”，对于污染的控制应该“变末端的控制为全过程的控制”，即减少城镇污染应主要从控制污染物的产生着手，使“三废”的产生量减少到最低限度。随着城镇经济实力的增加，在充分利用城镇环境容量的同时，应加快小城镇的环境建设，如在镇区建立比较完善的排水管网系统，对收集到的污水进行妥善处理;对城镇产生的生活垃圾进行合理的管理和处置;在城镇用地布局上协调好工业区与生活区的关系,将污染型工业安排在生态适宜性大的地区,形成规模适当的工业区,并与生活区保持适当的间距。

小城镇位于城镇与农村的结合之间,是城乡经济结合点,为改善环境质量,还应积极发挥城乡结合、工农结合的共生作用,如开拓废物再生、循环利用的途径,节约资源、降低污染,这种不断增值、良性循环的能量转换利用方式,不但有助于解决小城镇本身的环境问题,而且对区域环境的改善也具有重要的作用。

1. 水环境污染治理

对于我国大量的小城镇,产生的污水量一般小于2万m^3/d,通常在1000~5000m^3/d之间,属于小型污水处理厂范围。如苏南地区平均每个建制镇(不包括县城关镇)的常住人口为5200人,每天产生的污水量非常少。由于存在经济发展水平偏低、处理要求偏高、可供选择的经济适用技术很少和运营管理经验严重缺乏等多方面的问题,与大中型城市污水处理厂相比,小城镇小型污水处理厂的设计、建设和运行更加困难。小城镇污水治理已成为我国水污染控制的重点和难点之一,因此小城镇污水治理技术与设备的研究开发是当前急需解决的问题。

污水处理工艺按其作用的原理,可分为物理法、化学法和生物法。其中物理处理方式主要包括沉淀、筛滤、气浮、离心与旋流分离、反渗透等。化学处理方式则主要包括混凝法、中和法、氧化还原法、电解法、吸附法、离子交换法、化学沉淀法、电渗析法等。而生物法又可分为活性污泥法、生物膜法、自然生物处理法和厌氧生物处理法,其中生物法在城镇的污水处理中应用最为广泛。

由于影响污水处理工艺的因素很多,在出水达到水质标准的前提下,根据污水水质、水量等因素,选择几种工艺流程进行全面的技术经济比较,从中择优出技术上可行、工程投资和运行费用低、操作简单,经济适用,符合当地实情的污水处理工艺。

目前大中城市常采用的生物二级处理方式属于资金密集性工程,其基建和运行费用都很高,每日每吨生活污水的投资高达2000元以上,处理每吨污水的运行费用多在0.7~1.20元之间,高昂的投资和运行管理费用,使很多经济实力单薄的城镇对建造污水处理厂望而却步,即使经济比较发达、具有一定实力的大中型城市,也希望能找到一种技术可靠,经济实用的污水处理工艺。而且常规的活性污泥处理法存在着明显的规模效益,单位基建投资和运行费用一般与污水厂的处理规模成反比。实践表明,建小于2万m^3/日规模的污水处理厂最不经济,建7.5~15万m^3/日的污水厂则比较有利;建中型厂可比建小型厂单位基建投资节省30%,单位处理费用节省40%左右,因此在小城镇不宜采用常规的活性污泥法。

目前城镇污水处理设施的规划布局几乎都是以行政区划来确定的,即只考虑在自己的行政范围内规划建设污水处理设施,而很少在大的区域内统筹安排基础设施的建设,结果一方面是资金短缺,污水治理进展缓慢,污水处理规模小,基建和运行费用高;另一方面由于每个城镇都独立建自己的污水处理设施,不可避免地造成基础设施重复建设,资金浪费。随着城镇化水平的提高,乡镇的数量和规模也在迅速增加,在城镇化程度比较高、经济比较发达的地区,如珠江三角洲和江浙平原,乡镇分布非常密集,镇区范围几乎连成一片。若该地区每个乡镇的污水各自分散处理,将需建设很多污水处理厂,造成投资浪费,而且管理分散,运行困难,其处理结果也很难预料。对于这些城镇密集地区,采用区域性污水集中收集处理方式则更加符合当地的实际情况，即用污水干管把各乡镇的污水收集输送到区域性的大污水处理厂进行集中处理，处理后的污水向大水体排放，采取这种基础设施共享的方式可明显降低污水的处理成本，减轻各乡镇的经济负担，并能取得较好的经济、社会和环境效益。

例如浙江省绍兴县将柯桥、钱清、安昌等八镇一城的工业废水和部分生活污水，通过总、支、分管三级管道及多座泵站一起输送到污水处理厂进行集中处理，出水排入曹娥江，该污水处理厂从1996年建成投产后运行效果良好。

对于经济基础较差，近期不可能建污水处理厂的小城镇，污水处理可选择初级（一级处理或一级强化处理）处理方式。城镇污水经过一级沉淀处理后，SS及BOD_5的去除率能分别达到55%～60%和30%～35%，从而在一定程度上缓解小城镇的水污染状况。为保证污水初级处理能正常运行，应在镇区建立比较完善的排水管网系统，而且在污水处理设施的规划建设中应预留足够的城镇用地以满足将来污水的深度处理。

对于沿海城镇，污水排海前的处理水平取决于多种因素，如海水水域的功能及其水质目标、水域的容量、排污口的位置、海水的稀释能力及继后的扩散、自净能力等。所以在确定该类城镇的处理工艺时，首先应根据海洋生态系统和景观保护以及近海海域功能区划等要求及对应的海水水质目标，确定污水处理厂的处理工艺以及出水目标。当海水水体环境容量比较大时，小城镇的污水可经过格栅处理或一级处理后直接排海。当对排海水质要求较高时，城镇污水应采用一级强化处理工艺或二级生物处理后再排入大海。

相对于大中型城市，小城镇有较多的土地资源。因此在小城镇应推广以土地净化为核心的污水处理工艺，如废水养殖、稳定塘技术、自然和人工湿地技术、土地渗滤技术等。虽然这些处理系统都需要占用较大面积的土地，但不需要占用良田，在有荒漠化土地，以及山丘、坑塘、洼地的地方都可以利用。这种处理方式在处理污水、回收水资源的同时还能起到涵养水源，改善生态环境的作用，能逐步把荒地改造成良田、森林、绿地。与传统的城市污水处理技术相比较，土地净化法的基建费用可以降低50%～70%，运行管理费用可以降低40%～80%，能源消耗可以降低40%～80%，对污水中的氮、磷也有明显的去除功能。

在水资源比较紧张且近期又没有经济实力建污水处理厂的小城镇，特别是北方地区的一些城镇，可谨慎采用污水灌溉的土地处理方式。采用这种方式只需对污水进行简单的处理，就可用于农田灌溉。采用污水灌溉不仅解决了城镇污水的污染问题，而且能实现废水资源化、缓解水资源短缺的矛盾。该方法还具有处理成本最低，运行管理方便的优点。目前我国在污水农灌方面已积累了很多的经验和教训，在采用该方式时，可参照国内外的成功经验，同时也要进行详细的实地调查和可行性研究，加强对污水水质和土壤结构的检测，使水质达到或尽量达到《农田灌溉水质标准》，防止污水对农作物、土壤和地下水造成二次污染。当污水中的重金属含量较高和含有不利于农作物生长的成分时，不宜采用农灌污水处理方式。

2. 大气污染治理

在确定小城镇大气环境质量标准时，既要考虑小城镇当地的自然条件如大气环境容量大、污染物排放量少的特点，又要考虑小城镇经济快速发展以及跨区域污染物对小城镇大气环境质量的影响等因素，总体上讲，小城镇的大气环境质量标准应适当高于大中型城市，并具有时间和空间上的过渡性。

小城镇大气污染的主要原因是乡镇企业生产活动所排放的有害气体，加上城镇布局不合理,高能耗污染型的企业对大气的环境质量影响很大。为改善这种状况,应合理规划城镇布局,把污染性的工业布置在城镇的下风向或大气环境容量比较大的区域,从布局上减轻工业大气污染物对整个镇区的影响。同时对产业结构和能源结构进行调整,对产业结构进行升级,逐步淘汰严重污染大气的落后工艺和设备。

目前小城镇民用燃气的普及率远低于大中型城市,居民炊事主要靠烧原煤和烧柴提供热量,落后的炊事和供热方式,对小城镇的大气环境也造成一定程度的污染,也不利于居民生活质量的提高。为减轻居民生活所造成的大气污染,今后应推广使用固硫蜂窝煤以及民用型煤,逐步取代原煤燃烧,在有条件的城镇应加大居民燃气和其他清洁燃料的普及,实现能源结构向无污染、气化、电气化方向的转变。在采暖地区和工业小区应推广区域集中供热等清洁供热方式,以节省燃料,提高供热效率,减少大气污染物的排放量,同时还可以把分布广泛的污染物面源改为比较容易集中处理的点源。

加强对机动车尾气污染的治理。在经济较发达地区,机动车排放的碳氢化合物、一氧化碳、氮氧化物等废气所占的比重越来越大,而且小城镇的机动车车况一般都比较差,拖拉机、农用车和重型车的比例很高,所用油品质量偏低,并且缺乏必要的尾气净化装置,在机动车流量比较大的地区,不仅噪声污染严重,而且车辆尾气污染现象也日益突出,因此应采取必要的措施来控制机动车的污染,对于检验不合格的车辆,不准在镇区的主要道路上行驶。同时提高机动车的油品质量,推广使用无铅汽油和天然气等清洁燃料。

在小城镇应充分发挥植物对大气的净化作用。植被不仅可以美化环境和减弱噪声,而且还有吸尘滞尘、净化空气污染物的功能。可以在大范围内、长时间连续地净化大气,尤其是在大气中污染物范围广、浓度比较低的情况下,植物净化是行之有效的方法。为此在小城镇的用地布局中,要重视绿地系统的规划建设,预留足够的绿化用地,并不得挪为它用,同时结合镇区外围的林地、果园、农田等生产性绿色植物来净化大气。小城镇的绿化树种应以乡土树种为主,实行花乔灌木搭配,形成具有一定内涵和特色的绿化系统。

3. 噪声污染治理

为使小城镇的区域噪声达到相应的规划标准,给居民创造一个安静的、不受噪声干扰的良好生活环境,应合理规划安排小城镇的建设用地,避免工业用地与居住用地相互混杂。在非工业区内一般不得新建、扩建工业企业,并把噪声污染严重的工厂与居民住宅、文教区分隔开,区域之间可用公共建筑或植被作为噪声缓冲带,也可利用山岗、土坡等自然地形来减弱工业噪声对居民生活的影响。

在厂址选择上,把噪声极高、污染面大的工厂、车间或作业场尽量建在城镇的边缘地区。对严重扰民的噪声源可采用隔声、吸声、减振、消声等技术进行必要的治理,无法治理的要转产或搬迁。同时控制生产经营活动噪声和建筑施工噪声,减轻噪声扰民现象。对于建筑施工,其作业时间应避开居民的正常休息时间,在居住稠密区施工作业时,尽可能使用噪声低的施工机械和作业方式。

在经济发达和沿交通干道发展的小城镇,交通噪声的影响面大,强度也比较高,因此应把交通噪声污染作为重点治理的对象。主要治理措施包括:

限制小城镇沿过境公路两侧发展建设。小城镇既要利用过境交通的经济优势,又要避免骑路式布局;通过在城镇内部形成相对独立的道路系统,减少过境道路对小城镇的干扰,把噪声影响控制在最低限度。交通噪声严重超标的城镇,视具体情况可采取禁止机动车使用高音喇叭，加强公路两侧隔离绿带的规划与建设，解决交通拥挤、道路不畅的状况或在镇区外围开辟过境公路专线。

加强交通管理，改善城镇道路状况，实现人车分流，提高道路的通行能力。

4．固体废弃物的处理

针对小城镇在环境卫生中存在的脏、乱、差现象以及落后的生活垃圾处理方式，在小城镇首先应建立一只稳定的保洁队伍，负责镇区道路的清扫、生活垃圾的收集、清运与处置工作。

镇区应逐步实行垃圾清扫的机械化，提高垃圾清扫的效率，减轻工人的劳动强度，在垃圾收运过程中也应实现封闭化。为改善小城镇的环境质量，应根据有关环境卫生规范设置小型密封式垃圾收集站，以取代开敞式的垃圾站，并尽量做到隐藏、美观，与周围环境相协调。同时制订和完善环境卫生的管理条例和法规，加强环境卫生的管理和监督，大力推广环境卫生的教育和宣传，加强居民的环卫意识，摒弃乱扔、乱倒、乱排脏物的不良习惯。小城镇的垃圾处理方法比较落后，很多采用简易填埋或露天焚烧后填埋的方法，填埋场一般选在镇区周围的低洼地、废弃的水库鱼塘等，由于垃圾处置不当，经常对大气、土壤和水体造成污染。为使垃圾处理达到无害化、减容化和资源化的目标，应根据小城镇的具体情况选择适宜的垃圾处理方式。

目前国内外常采用的生活垃圾处理方法主要有三种，分别是卫生填埋法、堆肥法和焚烧法。对于土地资源相对比较丰富、周围农田较多的城镇，垃圾处理方法应首推堆肥法，该方法的主要优点是垃圾产生的有机肥可作为农田、园林地的肥料，能最大实现垃圾的资源化，特别是当没有工业固体废弃物、建筑垃圾和医疗垃圾混入时，产生的垃圾肥肥效较高，而且对环境造成污染的可能性也很小。不足之处是占地面积大，运行费用较高；如果分检不当，会使土壤中的瓦砾类物质增多，垃圾中的有毒有害物质还可能对土壤造成污染。另一个不利条件是目前农民在施肥时趋向方便化，常使用化学肥料，而不喜欢利用垃圾有机肥，这在一定程度上影响了堆肥产品的出路和堆肥法的推广。

在低山、丘陵地区可选用卫生填埋法。该方法特点是工艺技术比较简单，垃圾处理量大，投资和运行费用相对较低，不足之处是垃圾减容效果差，需占用大量的土地资源，场地受地理和水文地质条件限制较多；填埋场产生的渗透液和沼气可能对环境造成二次污染。

焚烧法在处理城镇垃圾时能同时达到减容化、无害化的目的，焚烧产生的热能还可以利用。一般垃圾经焚烧处理后，其体积可减少85%～95%，重量减少70%～80%，高温焚烧还能达到去除垃圾中的有害病菌和有害物质。另外焚烧法还具有处理周期短，占地面积小，选址灵活，燃烧的热量可用以发电等优点。其缺点是投资和运行费用大，管理水平、设备维修要求较高，并要求垃圾达到一定的热值，因此一般情况下小城镇不宜采用处理成本很高的焚烧法。但对于城镇群密集、土地资源紧张、经济比较发达且垃圾组分中易燃成分含量高的地区，可考虑采用焚烧法来处理区域内的垃圾。

在垃圾处理方面也应实现基础设施的共享。由于小城镇规模小，日产垃圾量不多，如果各镇自行处理不仅点多面广，造成选址困难，用地浪费，而且也影响了一些规模化的先进垃圾处理工艺和技术的推广应用，因此在城镇群比较密集的地区，应向区域性垃圾综合处置的方向发展。

（执笔：郝天文）

附录　小城镇规划标准研究课题鉴定意见

2001年12月25日,建设部科学技术司主持召开了“小城镇规划标准研究”课题鉴定会。由国务院发展中心等8个单位9名专家组成的专家鉴定委员会审阅了全部成果文件、听取了课题组的汇报,采用会议集中评议的方式进行了鉴定。鉴定意见如下:

1. 该课题选题正确,研究的目标结合了我国目前小城镇存在的主要问题和未来规划发展的实际需要,对积极稳妥地推进城镇化、带动农村经济和社会发展具有重要的现实意义。

2. 该课题目标明确、技术路线正确,所提供的文件齐全、资料翔实、分析透彻、内容丰富、技术水平高、实用性强。课题通过大量细致的调查研究,分析对比了不同地区、不同类型的数百个小城镇,所提出的小城镇规划标准体系框架和小城镇规划管埋的政策措施,符合我国小城镇发展的实际,对我国小城镇未来的规划建设将起到重要的指导作用。

3. 该课题对小城镇的涵盖范围进行了科学、合理的界定;建立了小城镇镇域和镇区规划的标准体系框架;提出了小城镇迁村并点的原则和政策;提出了县城镇的用地规划标准,完善了中心镇和一般镇的用地规划标准和节约用地的方法和途径;提出了小城镇公共建筑和居住小区组织结构、住宅建筑等新的体系和构架,以及量化的控制指标;比较系统完整地提出了小城镇基础设施规划标准和定量化指标。提出了小城镇环境保护措施和规划定量控制指标;提出了小城镇规划制图的标准和图例。上述研究成果为制定新的不同地区、不同类型的小城镇规划标准提供了坚实、完整的技术支撑,为提高我国小城镇规划建设管理水平、解决当前小城镇规划建设面临的问题、促进小城镇健康快速发展将起到重要作用。

4. 该课题在研究过程中,采用共性和个性相结合、理论和实践相结合、吸纳原有标准规范和创新相结合、规划的高标准和小城镇发展实际相结合的方法,科研成果具有较高的学术价值和重要的实践意义。课题成果达到国内领先水平。

5. 建议:研究报告中个别概念和表述尚需进一步推敲,力求准确;各个专题报告中的某些用语应进一步统一、规范;对小城镇的道路交通规划标准以及迁村并点政策等尚需进一步立项深化研究。

鉴定委员会主任:赵士修　**副主任:**刘勇、党国英

2001年12月25日

国家科学技术部农村与社会发展司和建设部科技司组织、主持的小城镇规划标准研究课题专家验收组和专家鉴定委员会名单：

组　　长、主任委员：	赵士修	建设部城乡规划顾问委员会	原建设部城乡规划司司长、教授级高级城市规划师
副组长、副主任委员：	刘　勇	国务院发展研究中心	研究员
	党国英	中国社会科学院农村所	主任、研究员
组　员、委　员：	黄小虎	国土资源部中国土地勘测规划院	书记、研究员
	叶舜赞	中国科学院地理所	研究员
	何兴华	建设部城乡规划司	副司长、高级城市规划师
	王　东	北京市城市规划设计研究院	顾问总工、教授级高级城市规划师
	段　宁	中国环境科学研究院	副院长、研究员
	陈韶君	中国水利水电科学研究院	研究员